ES6 速查表

模板字面量（template literal）是允许嵌入表达式的字符串字面量：`'${ninja}'`。

块级作用域变量：
- 使用新的 `let` 关键字创建块级作用域变量：`let ninja = "Yoshi"`。
- 使用新的 `const` 关键字创建块级作用域常量，常量在创建后不能被重新赋值：`const ninja = "Yoshi"`。

函数参数：
- **剩余参数**（rest parameter）可以将未命中形参的参数创建为一个不定数量的数组。

  ```
  function multiMax(first,...remaining){/*...*/}multiMax(2,3,4,5);//first: 2;
      remaining: [3, 4, 5]
  ```

- **函数默认参数**（default parameter）允许在调用时没有值或 undefined 被传入时使用指定的默认参数值。

  ```
  function do(ninja,action="skulk"){return ninja+" "+action;}
  do("Fuma");//"Fuma skulk"
  ```

扩展语法（spread operator）允许一个表达式在期望多个参数（用于函数调用）或多个元素（用于数组字面量）或多个变量（用于解构赋值）的位置扩展：`[...items,3,4,5]`。

箭头函数（arrow function）可以创建语法更为简洁的函数。箭头函数不会创建自己的 `this` 参数，相反，它将继承使用执行上下文的 `this` 值：

```
const values = [0, 3, 2, 5, 7, 4, 8, 1];
values.sort((v1,v2)=> v1 - v2);/*OR*/ values.sort((v1,v2) => {return v1 - v2;});
values.forEach(value => console.log(value));
```

生成器（generator）函数能生成一组值的序列，但每个值的生成是基于每次请求，并不同于标准函数那样立即生成。每当生成器函数生成了一个值，它都会暂停执行但不会阻塞后续代码执行。使用 `yield` 来生成一个新的值：

```
function *IdGenerator(){
    let id = 0;
    while(true){ yield ++id; }
}
```

promise 对象是对我们现在尚未得到但将来会得到值的占位符。它是对我们最终能够得知异步计算结果的一种保证。promise 既可以成功也可以失败，并且一旦设定好了，就不能够有更多改变。

通过调用传入的 resolve 函数，一个 promise 就被成功兑现(resolve)（通过调用 reject 则 promise 被违背）。拒绝一个 promise 有两种方式：显式拒绝，即在一个 promise 的执行函数中调用传入的 reject 方法；隐式拒绝，如果正处理一个 promise 的过程中抛出了一个异常。

- 使用 `new Promise((resolve, reject) =>{})`;创建一个新的 promise 对象。
- 调用 `resolve` 函数来显式地兑现一个 promise。调用 `reject` 函数来显式地拒绝一个 promise。如果在处理的过程中发生异常则会隐式地拒绝该 promise。
- 一个 promise 对象拥有 `then` 方法，它接收两个回调函数（一个成功回调和一个失败回调）作为参数并返回一个 promise：

  ```
  myPromise.then(val => console.log("Success"),err => console.log("Error"));
  ```

- 链式调用 `catch` 方法可以捕获 promise 的失败异常：`myPromise. catch(e => alert(e));`。

ES6 速查表（续）

类（Class）是 JavaScript 原型的语法糖：

```
class Person {
    constructor(name){this.name = name; }
    dance(){return true; }
}
class Ninja extends Person {
    constructor(name, level){
        super(name);
        this.level = level;
    }
    static compare(ninja1, ninja2){
        return ninja1.level - ninja2.level;
    }
}
```

代理（Proxy）可对对象的访问进行控制。当与对象交互时（当获取对象的属性或调用函数时），可以执行自定义操作。

```
const p = new Proxy(target, {
    get:(target, key) => { /*Called when property accessed through proxy*/ },
    set: (target, key, value) => { /*Called when property set through proxy*/ }
});
```

映射（Map）是键与值之间的映射关系：
- 通过 new Map() 创建一个新的映射。
- 使用 set 方法添加新映射，get 方法获取映射，has 方法检测映射是否存在，delete 方法删除映射。

集合（Set）是一组非重复成员的集合：
- 通过 new Set() 创建一个新的集合。
- 使用 add 方法添加成员，delete 方法删除成员，size 属性获取集合中成员的个数。

for...of 循环遍历集合或生成器。

对象与数组的解构（destructuring）：
- const {name: ninjaName} = ninja;
- const [firstNinja] = ["Yoshi"];

模块（Module）是更大的代码组织单元，可以将程序划分为若干个小片段：

```
export class Ninja{}; //导出 Ninja 类
export default class Ninja{} //使用默认导出
export {ninja};//导出存在的变量
export {ninja as samurai}; //导出时进行重命名

import Ninja from "Ninja.js"; //导入默认值
import {ninja} from "Ninja.js"; //导入单个导出
import * as Ninja from "Ninja.js"; //导入整个模块的内容
import {ninja as iNinja} from "Ninja.js"; //导入时重命名单个导出
```

JavaScript 忍者秘籍（第 2 版）

[美] John Resig

Bear Bibeault　Josip Maras　著

一心一译前端小组　译

人民邮电出版社

北京

图书在版编目（CIP）数据

JavaScript忍者秘籍 / （美）莱西格（John Resig），
（美）贝比奥特（Bear Bibeault），（美）马瑞斯
（Josip Maras）著；一心一译前端小组译. -- 2版. --
北京：人民邮电出版社，2018.1（2021.12重印）
ISBN 978-7-115-47326-4

Ⅰ. ①J… Ⅱ. ①莱… ②贝… ③马… ④一… Ⅲ. ①
JAVA语言－程序设计 Ⅳ. ①TP312

中国版本图书馆CIP数据核字(2017)第289270号

版权声明

◆ 著　　　[美] 约翰·莱西格 (John Resig)
　　　　　[美] 拜尔·贝比奥特（Bear Bibeault）
　　　　　[美] 约瑟普·马瑞斯（Josip Maras）
　译　　　一心一译前端小组
　责任编辑　陈冀康
　责任印制　焦志炜

◆ 人民邮电出版社出版发行　　北京市丰台区成寿寺路 11 号
　邮编　100164　　电子邮件　315@ptpress.com.cn
　网址　http://www.ptpress.com.cn
　北京七彩京通数码快印有限公司印刷

◆ 开本：800×1000　1/16　　　　　插页：1
　印张：28　　　　　　　　　　　2018 年 1 月第 2 版
　字数：605 千字　　　　　　　　2021 年 12 月北京第 17 次印刷
　　　　　　著作权合同登记号　图字：01-2016-7581 号

定价：99.00 元

读者服务热线：**(010)81055410**　印装质量热线：**(010)81055316**
反盗版热线：**(010)81055315**
广告经营许可证：京东市监广登字20170147号

内容提要

JavaScript 语言非常重要，相关的技术图书也很多，但至今市面没有一本对 JavaScript 语言的最重要部分（函数、闭包和原型）进行深入、全面介绍的图书，也没有一本讲述跨浏览器代码编写的图书。而本书弥补了这一空缺，是由 jQuery 库创始人编写的一本深入剖析 JavaScript 语言的书。

本书共分 4 个部分，从不同层次讲述了逐步成为 JavaScript 高手所需的知识。本书从 JavaScript 语言及最重要的特性谈起，由浅入深地探讨了函数、作用域、闭包、生成器函数、对象、数组、模块化、JavaScript 与 Web 页面的交互以及事件等主题，引导读者更加深入地了解 JavaScript 的方方面面，充分展示了 JavaScript 语言的各种特性。本书结合 ECMAScript 6 和 7 的相关概念，涵盖了流行的 JavaScript 框架所使用的技术。

本书适合具备一定 JavaScript 基础知识的读者阅读，也适合从事程序设计工作并想要深入探索 JavaScript 语言的读者阅读。

译者简介

一心一译前端小组是一群热爱前端和 JavaScript 的技术人员，他们因兴趣而走到一起，致力于为读者奉献高品质的中译版技术图书。

郭凯

美团点评酒旅事业群前端团队负责人，高级技术专家，资深互联网人，全栈工程师，工作狂，崇尚工匠精神，曾就职于音悦台、淘宝旅行。译作有《编写可维护的 JavaScript》《第三方 JavaScript 编程》《JavaScript 开发框架权威指南》，有 In、Juicer、jSQL、F2E.im、PM25 等开源项目，业余时间负责开源前端技术社区 F2E 的开发和维护。

赵荣娇

前端开发工程师，也是《响应式设计、改造与优化》一书的译者。著有《超实用的 CSS 代码段》《代码逆袭：超实用的 HTML 代码段》等书籍。喜欢旅行，热爱前端开发。

王思可

北京大学在校学生，热爱 JavaScript，热爱技术。

巩守强

猫眼基础交易负责人，美团前端高级技术专家，对于前端工程化、前端性能优化和客户端动态化感兴趣。

康明轩

北京师范大学硕士，现就职于北京指南针科技发展股份有限公司，从事网络应用开发，认为编程也是一门可以长相厮守的手艺。

作者简介

John Resig 是可汗学院（Khan Academy）的一名资深工程师，是 jQuery JavaScript 库的创建者，也是《JavaScript 忍者秘籍（第 1 版）》和《精通 JavaScript》的作者。

John 开发了日本版画综合性数据库和图片搜索引擎：Ukiyo-e.org。他是美国和日本艺术学会的董事会成员，也是立命馆大学（Ritsumeikan University）的客座研究员，致力于研究浮世绘。

Bear Bibeault 编写软件已经超过 30 年，刚开始是通过 100 波特的电传打字机在控制数据网络超级计算机上编写井字程序。Bear 有电气工程双学位，本应从事设计天线之类的技术工作，但自从他在数字设备公司从事第一份工作起，他就更着迷于编程。Bear 还分别在 Dragon Systems、Works.com、Spredfast、Logitech、Caringo 等诸多公司工作过。Bear 目前是一名高级前端开发工程师，在一家对象存储软件的领先供应商工作，提供可伸缩性的海量存储和内容保护服务。

除了本书的第 1 版，Bear 也是其他一些 Manning 书籍的作者，包括《jQuery 实战》（第 1 版、第 2 版、第 3 版），《Ajax 实战》《原型脚本实战》。他也是 O'Reilly 出版社出版的 "Head First" 系列书籍的审稿人，例如《Head First Ajax》《Head Rush Ajax》和《Head First Servlets and JSP》。

除了日常工作外，他还经营着一家小型企业，致力于创建 Web 应用程序，为其他媒体提供服务，并作为"引领者"（超级管理员）管理 CodeRanch.com。

Josip Maras 是克罗地亚斯普利特大学电气工程学院、机械工程学院、造船建筑学院的博士后研究员。他获得软件工程博士学位，论文题目是"在 Web 应用程序开发中实现自动复用"，其中包括使用 JavaScript 实现的 JavaScript 解释器。在他的研究中，他已经出版了十多篇科学会议和期刊论文，主要是分析客户端 Web 应用程序的处理程序。

不做研究时，他从事教学工作，教授学生网站开发、系统分析和设计、Windows 开发等知识（过去 6 年培养了几百位学生）。他还拥有一个小型软件开发公司。

致谢

    参与编写本书的人数之多会让你们感到吃惊。天才们的共同努力付出带来了此刻你捧在手里的这本书（或在屏幕上阅读的电子书）。

    Manning 出版社的工作人员不知疲倦地帮助我们确保本书的质量，感谢他们的付出。没有他们，本书不可能完成。包括出版人 Marjan Bace、编辑 Dan Maharry，还有以下贡献者们：Ozren Harlovic、Gregor Zurowski、Kevin Sullivan、Janet Vail、Tiffany Taylor、Sharon Wilkey、Alyson Brener 和 Gordan Salinovic。

    感谢本书的审阅者们，从简单细致的排版到术语的纠正以及代码中的错误修正，再到组织本书的章节，他们每一轮的审阅，对本书最终出版的质量都有很大的提高。非常感谢他们花时间审阅本书：Jacob Andresen、Tidjani Belmansour、Francesco Bianchi、Matthew Halverson、Becky Huett、Daniel Lamb、Michael Lund、Kariem Ali Elkoush、Elyse Kolker Gordon、Christopher Haupt、Mike Hatfield、Gerd Klevesaat、Alex Lucas、Arun Noronha、Adam Scheller、David Starkey 和 Gregor Zurowski。

    特别感谢 Mathias Bynens 和 Jon Borgman，他们对本书提供技术校对。除了在多种环境中逐一校对书中的每一个示例代码，他们还对本书的技术准确性提供了非常重要的指导意见，他们找到初始版本已经遗失的信息，快速同步了浏览器上对 JavaScript 与 HTML5 的最新变化。

John Resig

    感谢我的父母多年来对我的支持和鼓励。他们为我提供了很多有用的资源和工具，激发我对编程的兴趣——他们一直都鼓励着我。

Bear Bibeault

    首先要特别感谢 coderanch.com（JavaRanch）的工作人员。如果不加入 CodeRanch，我就不会有机会开始参与写作本书，我衷心感谢 Paul Wheaton 和 Kathy Sierra 让我开始这项工作，以及以下同事对我的鼓励和支持，包括（但不限于）：Eric Pascarello、Ernest Friedman-Hill、Andrew Monkhouse、Jeanne Boyarsky、Bert Bates 和 Max Habibi。

感谢我的伴侣 Jay 忍受我参与这项工作时，只专注于浏览器和缺乏打字技术的胖手指。除了抱怨一下糟糕的 Word、某个浏览器或者任何使我愤怒的事之外，我几乎很少从键盘上抬起头来。

最后，感谢我的合著者 John Resig 和 Josip Maras，没有他们就没有这本书。

Josip Maras

最大的感谢献给我的妻子——Josipa，感谢她忍受我将大量时间投入到本书的写作中。

还要感谢 Maja Stula、Darko Stipanicev、Ivica Crnkovic、Jan Carlson 和 Bert Bates：感谢他们的指导和有用的建议，以及在本书截止日期之前对我的包容。

最后，感谢我的家人——Marijas、Vitomir 和 Zdenka，感谢你们的陪伴。

序

自 2008 年我编写《JavaScript 忍者秘籍》起，到现在 JavaScript 的世界发生了翻天覆地的变化。我们现在编写的 JavaScript，虽然大部分仍然是基于浏览器，但是几乎快认不出来了。

由于功能全面、跨平台的特性，JavaScript 的流行度呈爆发式增长。Node.js 是一个强大的平台，人们已基于 Node.js 开发了无数的生产应用程序。开发人员实际上是在使用一种语言——JavaScript 编写应用程序以及同时可运行于浏览器端、服务器端甚至移动设备上的本地应用。

现在所需的 JavaScript 知识，比以前任何时候都更为重要。对 JavaScript 这门语言有一个基本的理解，并且了解最佳编程方式，有助于创建几乎可在任何平台运行的应用程序，几乎没有其他语言可以做到这一点。

与以往 JavaScript 增长的时代不同，平台不兼容的情况没有得到改善。你常常会垂涎于使用最基本的浏览器新特性，但是过时的浏览器却占领了太多的市场份额。我们已经进入了一个和谐的时间，大多数用户都在快速更新最符合标准的平台。浏览器厂商甚至推出专门针对开发人员的特性，希望这能使他们的生活更加简单。

浏览器目前提供给我们的工具以及开源社区，是过去实践之后的光明。我们现在有大量的可供选择的测试框架，有持续集成测试的能力，可以生成代码覆盖报告，在真正的全球移动设备上做性能测试，甚至可在任何平台上自动加载虚拟浏览器进行测试。

这本书的第 1 版极大地受益于 Bear Bibeault 的开发洞察力。这个版本得到 Josip Maras 大量的帮助，他研究 ECMAScript 6 和 7 的相关概念，深入了解测试最佳实践，了解流行的 JavaScript 框架所使用的技术。

我们编写 JavaScript 的方式发生了巨大的变化，这很难阐述。好在这本书可以帮助你了解当前的最佳实践。不仅如此，本书还会帮助你改善思维方式，如何将开发实践作为一个整体，以确保为未来编写 JavaScript。

John Resig

前言

JavaScript 非常重要。过去并非如此，但现在的确如此。如今 JavaScript 已经成为最重要的、使用最广泛的编程语言。

Web 应用程序为用户带来了丰富的用户界面体验，如果没有 JavaScript，可能只能显示小照片。Web 开发人员比以往任何时候都更需要熟练掌握 JavaScript 语言，JavaScript 为 Web 应用程序注入了生命。

JavaScript 不再只应用于浏览器了。JavaScript 打破了浏览器的界限，可应用于服务端的 Node.js，可应用于桌面设备和移动设备如 Apache Cordova，甚至可内置在设备中如 Espruino 和 Tessel。虽然本书主要集中介绍在浏览器端执行 JavaScript，但本书介绍的 JavaScript 基础适用范围非常广泛。深刻理解概念、了解多种技巧有助于你成为全栈 JavaScript 工程师。

随着使用 JavaScript 的开发人员逐渐增多，熟练掌握 JavaScript 基础比以往任何时候都更加重要，这样才能成为真正的 JavaScript "忍者"。

目标读者

如果你不熟悉 JavaScript，那么这本书并不适合作为你的第一本 JavaScript 图书。但也别太担心，我们试图介绍基本的 JavaScript 概念，对于初学者也相对容易理解。但是，本书更适合于至少掌握 JavaScript 基础、了解 JavaScript 代码执行的浏览器环境，并且希望深入理解 JavaScript 语言的 Web 开发人员。

路线图

本书通过 4 个部分，让你从"学徒"晋升为"忍者"。

第 1 部分介绍我们后续学习的主题和所需要的工具。

- 第 1 章介绍 JavaScript 语言及最重要的特性，推荐目前我们开发应用时需要遵循的最佳实践，包括测试和性能分析。

- 因为我们对 JavaScript 的研究是基于浏览器上下文，因此在第 2 章中，我们介绍客户端 Web 应用的生命周期，这有助于我们理解在开发 Web 应用程序时 JavaScript 所扮演的角色。

第 2 部分重点关注 JavaScript 的核心支柱之一——函数。我们将研究为什么函数如此重要，函数之间的区别，以及定义和调用函数的细节内容。我们还将特别关注一个新的函数类型——生成器函数，它在处理异步代码时尤为有效。

- 第 3 章从彻底检查 JavaScript 函数的定义开始涉足基础语言，也许你会感到吃惊。预期中可能是把对象作为重点，但是，让我们充分理解函数、JavaScript 函数式语言，从普通的 JavaScript 程序员升级为 JavaScript "忍者"！

- 在第 4 章中，我们继续研究函数，深入研究函数调用的机制，以及隐式函数参数的来龙去脉。

- 关于函数的内容还没有结束，在第 5 章我们把讨论推向更高的一个层级，研究两个密切相关的概念——作用域和闭包。闭包是函数式编程中的关键概念，闭包允许更细粒度地控制程序中声明和创建的对象作用域范围。控制对象的作用域范围是 "忍者" 编写代码的关键因素。即使不阅读后续的章节（但我们希望大家不要停下来），编程水平也会比刚开始学习时提高很多。

- 在第 6 章中，我们通过一种全新的函数类型（生成器函数）和一个新的对象类型（promise）帮助我们处理异步代码，最后结束对函数的研究。我们还展示了如何结合 generator 与 promise，优雅地处理异步代码。

第 3 部分研究 JavaScript 的第二支柱——对象。我们将彻底地探索 JavaScript 中的面向对象，研究如何保护对对象的访问，如何处理集合和正则表达式。

- 第 7 章阐述对象，彻底了解 JavaScript 中面向对象是如何工作的。此外，我们还将引入一个新的 JavaScript 关键字:class。其背后概念可能与你所期望的有所不同。

- 第 8 章继续探索对象，我们将学习使用多种不同的技术保护对对象的访问。

- 在第 9 章中，我们将特别关注 JavaScript 中几种不同类型的集合。数组，从 JavaScript 诞生起就是 JavaScript 的一部分，map 和 set 是最近新加入 JavaScript 的集合类型。

- 第 10 章着重介绍正则表达式，正则表达式是经常被忽略的一项语言特性，但正确使用正则表达式,可以减少很多代码量。我们将学习如何构建和使用正则表达式，以及如何使用正则表达式及其相关方法，优雅地解决一些重复出现的问题。

- 在第 11 章中，我们将学习使用不同技术实现代码模块化：更小、相对松耦合的代码片段，以及改善代码的机构和组织方式。

最后，第 4 部分研究 JavaScript 与 Web 页面的交互以及浏览器如何处理事件，最后结束本书。在结束之前的最后一个重要话题是跨浏览器开发。

- 第 12 章研究如何通过 DOM API 动态修改页面，如何处理元素属性、样式，以及一些重要的性能注意事项。

- 第 13 章讨论 JavaScript 的单线程执行模型的重要性，以及单线程执行模型对事件循环的影响。我们还将学习间隔定时器的工作原理，以及如何使用它们提高 Web 应用程序的性能。
- 第 14 章检查开发时主要关心的 5 项跨浏览器问题：浏览器缺陷、缺陷修复、外部代码、功能缺失和回归。讨论诸如特性模拟和对象检测等方法，有助于跨浏览器开发的挑战。

代码规范

代码清单或文本中的所有源代码都采用等宽字体，与普通文本进行区分。

在某些情况下，为了适应页面，会对源代码进行格式化。一般来说，编写源代码时需要考虑页面宽度限制，但有时你会发现本书中的代码和下载的代码之间的格式有所不同。在极少数情况下，为了不改变代码的含义，代码过长无法被格式化，本书的代码清单中使用行连续符号进行标记。代码注释和许多列表用于突出重要概念。

源代码下载

本书中示例的源码清单（以及一些未在文本出现的其他代码）可以在本书的网页 https://manning.com/books/secrets-of-the-javascript-ninja-second-edition 或异步社区（www.epubit.com.cn）下载。

本书的示例代码按章节分类，每一章为一个文件夹。文件夹排列顺序由本地 Web 服务器完成，如 Apache HTTP 服务器。将下载的代码解压缩到所选择的文件夹，并将该文件夹设置为应用程序的根目录。

除了少数示例外，大多数示例不需要 Web 服务器，如果需要，可以直接加载到浏览器中执行。

在线交流

本书作者和 Manning 出版社邀请读者访问本书的论坛，该论坛由 Manning 出版社直接运营，在论坛上你可以评论本书、询问技术问题，并获得作者和其他读者的帮助。在浏览器上登录 https://manning.com/books/secrets-of-the-javascript-ninja-second-edition，访问并订阅论坛，然后单击作者在线链接。作者在线页面提供关于如何注册并登录论坛，可以获得哪些帮助，以及论坛行为规则等相关信息。

Manning 承诺为读者提供一个读者与作者能够进行有意义交流的场所。Manning 不强制要求作者的参与次数，对本书论坛的贡献仍然是自愿的（无报酬）。我们建议读者尝试询问一些有挑战性的问题，以免作者丧失兴趣！

本书在售期间，在线交流论坛和先前发布的讨论帖都可以在出版商的网站上访问。

封面插图简介

《JavaScript 忍者秘籍》(第 2 版) 封面上的图像是 "能乐剧 (Noh) 演员，武士"，是 19 世纪中期一位不知名的日本艺术家制作的木刻版画。能乐剧 (Noh) 衍生自日语**天赋**和**技能**，是从 14 世纪开始出现的一种经典音乐剧。许多人物都戴着面具，男性同时扮演男性和女性的角色。作为日本数百年来的英雄人物，武士经常在表演中出现。在本书封面中，精致的服装和威武的雄姿展示了这位艺术家的精湛技艺。

武士和 "忍者" 都是日本艺术作品中善于打斗的勇士，他们都非常勇敢和精明。武士是精英士兵，受过良好教育，文武双全。战争时，武士们穿着精致的盔甲和彩色的服装，震慑对方。"忍者" 则是通过武术技能筛选，而不是依仗社会地位或受教育水平。"忍者" 们身着黑色服装，蒙面，单独行动或小组出动，以诡计或隐身攻击敌人，千方百计地完成任务。他们的代号唯一，并且保密。

封面插图是 Manning 出版社的一位编辑多年来收集到的三个日本人物版画中的一个。当我们在为本书寻找 "忍者" 封面时，这幅引人注目的武士版画吸引了我们，该版画细节精致、色彩鲜明，生动地描绘出一位威武的武士志在必得的决心。

有时很难区分不同的计算机图书。Manning 非常有创意，使用 200 年前的版画作为计算机图书的封面，这些插画描绘世界各地丰富多彩的传统服装，将其印刷在封面上，带来新的活力。

目录

第 3 部分　深入钻研对象，强化代码

第 4 部分　洞悉浏览器

第 1 部分

热身

本书的第 1 部分将为你奠定 JavaScript "忍者" 修炼的基础。在第 1 章中，我们将一览 JavaScript 的现状，并探讨几种能够运行 JavaScript 代码的环境。作为 JavaScript 的 "发祥地"，浏览器将是我们的重点关注对象。此外，我们还将讨论一些 JavaScript 应用开发中的最佳实践。

由于我们对 JavaScript 的探索限定在浏览器中，因此我们在第 2 章中介绍了客户端网络应用的生命周期以及 JavaScript 代码的执行过程与该生命周期的对应关系。

当你读完这部分之后，就可以开始 JavaScript "忍者" 的修炼了。

第 1 章　无处不在的 JavaScript

本章包括以下内容：
- JavaScript 核心语言特性
- JavaScript 引擎核心要素
- JavaScript 开发中的 3 个最佳实践

　　我们先来聊聊 Bob。2000 年年初，在花了几年时间学习 C++桌面应用开发之后，新晋程序员 Bob 从学校毕业，奔向了软件开发的广阔天地。那个时候，互联网的跨越式发展才刚刚开始。每个公司都想成为下一个亚马逊。有鉴于此，他做的第一件事就是学习网络开发。

　　最初他用 PHP 动态生成网页，并在其中穿插 JavaScript 代码来实现复杂的功能，例如表单验证，甚至是动态的页内计时器。时光如梭，几年之后，智能手机已然成了气候。预见到一个庞大的新兴市场即将形成，Bob 决定先行一步，开始学习使用 Objective-C 和 Java 来创建运行于 iOS 和 Android 上的移动端应用。

　　几年来，Bob 开发了很多成功的应用软件，并且都需要维护和扩展。遗憾的是，日日辗转于不同的编程语言和应用框架之间，可怜的 Bob 已经筋疲力尽了。

　　现在我们来谈一下 Ann。两年前，Ann 在获得软件开发相关的学位后毕业。她的专业方向偏向于网络以及基于云的应用开发。她已经开发出了一些中等规模的网络应用。这些应用基于现代的模型—视图—控制器（Model—View—Controller, MVC）框架，并且还有相应的移动应用供 iOS 和 Android 用户使用。她还开发了一款能够同时在 Linux、Windows 和 OS X 上运行的桌面应用，甚至着手将其改为完全基于云的无服务器的版本。

最重要的是，**她所做的所有事情都是通过 JavaScript 来实现的。**

真是一件了不起的事情。Bob 花了 10 年用 5 种语言才完成的事情，Ann 只需要 2 年以及 1 **种语言就完成了。**纵观整个计算机的发展史，还没有哪个特定的知识集合能够如此容易地通行于不同的领域，并发挥作用。

1995 年的一项 10 天内仓促完成的项目，现在却成为世界上使用最广泛的编程语言之一。JavaScript 现在确确实实是无处不在，这得归功于更强大的 JavaScript 引擎和一众框架的出现，如 Node、Apache Cordova、Ionic 和 Electron，是它们让这门粗陋的语言冲出了网页的牢笼，飞向了更广阔的空间。此外，如同 HTML 一样，这门语言本身也正处于期待已久的进化当中，从而被打造成更加适合现代应用开发的语言。

在本书中，我们首先要保证让你了解所有你需要了解的关于 JavaScript 的内容，这样无论你的情况与 Ann 还是 Bob 更为接近，都能够开发各种类型的应用。

你知道吗?
- Babel 和 Traceur 是什么？为什么它们对现在的 JavaScript 开发者至关重要？
- 在网络应用中，什么才是浏览器的 JavaScript API 的核心组成部分？

1.1 "理解" JavaScript 语言

随着职业生涯的发展，许多有着与 Bob 和 Ann 类似经历的 JavaScript 程序员，都到了在工作中运用构成这门语言大部分的元素的阶段。但实际上，很多时候这些技能的运用都处于相当初级的层次。我们对此做出的猜测是，由于 JavaScript（采用类似于 C 语言的语法）有着与其他得到广泛使用的类 C 语言（比如 C#和 Java）相近的皮相，从而给人留下了与这些语言相似的印象。

人们总是觉得他们对 C#或者 Java 的了解，能为他们理解 JavaScript 的工作原理打下坚实的基础。然而这是一个陷阱。与其他主流语言相比，JavaScript 函数式语言的血统更多一些。JavaScript 中的一些概念从根本上不同于其他的语言。

这些根本性的差异包括以下内容。
- 函数是一等公民（一级对象）——在 JavaScript 中，函数与其他对象共存，并且能够像任何其他对象一样地使用。函数可以通过字面量创建，可以赋值给变量，可以作为函数参数进行传递，甚至可以作为返回值从函数中返回。在第 3 章中我们将花费大量篇幅解释函数，探索它作为第一类对象在编写代码中的好处。
- 函数闭包——大部分人对闭包都缺乏理解，然而它却从根本上例证了函数之于 JavaScript 的重要性。尽管就目前而言，了解当函数主动维护了在函数内使用的外部的变量，则该函数为一个闭包就已经足够。现在还没看到闭包的好处也不要紧，第 5 章中我们会把它搞得一清二楚。除了闭包以外，在第 3 章和第 4 章中我们也会深入探讨函数的方方面面，第 5 章中还会讨论标识符作用域。

- 作用域——直到最近，JavaScript 都还没有（类似 C 语言中的）块级作用域下的变量，取而代之则只能依赖函数级别的变量和全局变量。
- 基于原型的面向对象——不同于其他主流的面向对象语言（例如 C#、Java、Ruby）使用基于类的面向对象，JavaScript 使用基于原型的面向对象。很多开发者是从基于类的面向对象语言（例如 Java）转而开发 JavaScript，他们试图像开发 Java 一样开发 JavaScript。然而由于某些原因，他们会因为结果与预期不同而感到出乎意料。这种情况就是我们要深入理解原型的原因，我们要知道基于原型的面向对象如何工作，以及怎样在 JavaScript 中实现面向对象。

对象、原型、函数和闭包的紧密结合组成了 JavaScript。理解这些概念的密切联系能大大提高你的编程能力，为你开发各种类型的应用提供坚固的基础，无论你的应用是开发在网页上、桌面应用上、移动应用上还是服务器端。

除了这些基本概念，JavaScript 的一些其他功能也能帮你书写优雅高效的代码。对于经验老道的 Bob 一样的开发者来说，这些部分特性在其他语言中也出现过，例如 Java 和 C++。我们会特别聚焦于以下特性。

- 生成器，一种可以基于一次请求生成多次值的函数，在不同请求之间也能挂起执行。
- Promise，让我们更好地控制异步代码。
- 代理，让我们控制对特定对象的访问。
- 高级数组方法，书写更优雅的数组处理函数。
- Map，用于创建字典集合；Set，处理仅包含不重复项目的集合。
- 正则表达式，简化用代码书写起来很复杂的逻辑。
- 模块，把代码划分为较小的可以自包含的片段，使项目更易于管理。

深入理解 JavaScript 的基础知识，以及学习如何最大程度地利用 JavaScript 的高级特性，能够让你的代码编写水平提升到一个更高的水平。磨炼代码技能、并将这些概念和特性连贯起来也能让你对 JavaScript 的理解更上一层楼，从而为你编写各种类型的 JavaScript 应用赋予强大的创造力。

1.1.1 JavaScript 是如何发展的

ECMAScript 语言标准化委员会已经完成了 ES7/ES2016 版本 JavaScript 的制定。对于 JavaScript（至少相对于 ES6 而言）ES7 是个较小的升级。这是因为委员会的未来目标是每年都能为 JavaScript 更新较小的改动。

本书中将彻底探索 ES6 以及 ES7 的新特性，例如用于处理异步代码的 async 函数（第 6 章中会讨论）。

注意　在本书中涉及 ES6/ES2015 或 ES7/ES2016 的 JavaScript 特性时，你将能看到，凡是在提供浏览器是否支持该特性的链接旁边都会有一个这样的图标。

尽管每年都能增量发布语言新特性是个利好消息，但这并不代表 Web 开发者能在标准一发布就能立即使用新特性。由于 JavaScript 代码必须由 JavaScript 引擎来执行，所以我们必须耐心等待心爱的引擎更新，从而能支持那些令人激动的新特性。

尽管 JavaScript 引擎开发者也在力求始终保持对最新特性的支持，但开发者还是很可能陷入想使用新特性却还没被支持的困境。

好在你还能通过下列方式 https://kangax.github.io/compat-table/es6/、http://kangax.github. io/compat-table/es2016plus/以及 https://kangax.github.io/compat-table/esnext/进行查看，由此保持对浏览器支持状态的了解。

1.1.2　如今的转换编译器已经能让我们体验未来的 JavaScript

由于浏览器版本的飞速发布，我们通常不需要等待多久就能等到对 JavaScript 的支持。但当我们想利用 JavaScript 的最新特性时，也往往会被残酷的现实绑架：用户依然在使用老旧的浏览器。这时该怎么办？

解决这个问题的方式之一是使用转换编译器 transpilers（即"转换器+编译器"，"transformation + compiling"），这类工具能够把最前沿的 JavaScript 代码转换为等价的（如果不能实现，则使用相似的）能在当前浏览器中运行的代码。

最流行的转换编译器是 Traceur 和 Babel。使用如下教程可以很容易地配置它们：https://github.com/googLe/traceur-compiler/wiki/Getting-stanted 或 http://babeljs.io/docs/setup。

本书中，我们会主要集中讨论浏览器中的 JavaScript 代码。为了有效利用浏览器平台，你需要多多实践，学习浏览器的内部原理。让我们开始吧！

1.2　理解浏览器

现如今，JavaScript 应用能在很多环境中执行。但是，Java Script 最初的运行环境是浏览器环境，而其他运行环境也是借鉴于浏览器环境。本书将重点专注浏览器环境。浏览器提供了多种概念和 API 让我们来探索，如图 1.1 所示。

我们将集中讨论如下概念。

- 文档对象模型（DOM）——DOM 是 Web 应用的结构化的 UI 表现形式，至少最初由 Web 应用的 HTML 代码构成。为开发大型应用，你不仅需要深入理解 JavaScript 的核心机制，还要学习 DOM 是如何构成的（第 2 章）以及如何书写有效的 DOM 操作代码（第 12 章）。你将学会如何创造高级的、动态的 UI。

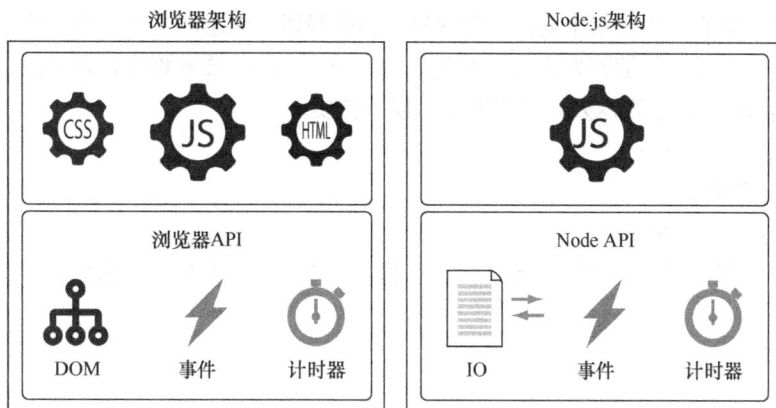

图 1.1　客户端 Web 应用依赖于浏览器提供的架构。我们主要讨论 DOM、
事件、计时器和浏览器 API

- 事件——大部分 JavaScript 应用都是事件驱动的应用，这表示大部分代码执行在对某个特殊事件响应的上下文中。这样的事件例如网络事件、计时器、用户生成事件例如点击、鼠标移动、键盘按压事件等。因此，第 13 章中我们将完整探索事件机制。我们特别关注计时器，计时器通常像个谜团一样，但它能帮我们处理复杂编码任务：例如长期执行的计算和流畅的动画。
- 浏览器 API——帮助我们与世界交互，浏览器提供获取设备的信息、存储本地数据或与远程浏览器交互的 API。本书我们会探索其中的一些 API。

完善编程技能并对浏览器提供的 API 有深入理解能让你走得更远。但是迟早，你将会遇到浏览器的不一致性等问题。在完美的世界中，所有浏览器都应该没有缺陷，应该都能以一致的方式支持 Web 标准。然而我们的现实世界并不完美。

近来浏览器的质量已经大大提高了，但我们仍然需要面对一些缺陷：例如缺失的 API、某个浏览器的奇怪问题。针对浏览器的这些问题开发出一种易于理解的机制，并搞清楚它们的差异和宽松模式，这与精通 JavaScript 几乎同等重要。

当我们开发浏览器应用或 JavaScript 库时，选择支持哪个浏览器是很值得深思熟虑的。我们希望全部支持，但受限于开发测试资源要求或其他要求。因此在第 14 章中，我们将彻底地探索跨浏览器开发的策略。

开发高效的跨浏览器代码显著依赖于开发者的经验和技巧。本书旨在提高开发者技能水平，所以让我们通过当前的最佳实践来开始学习吧。

1.3　使用当前的最佳实践

精通 JavaScript 语言和掌握跨浏览器代码问题对于专家级 Web 应用开发者来说是重

要课题，但它们不是整个蓝图。若想进入整个联盟，你还需要展示出一些已经被大量先前开发者所证明能够开发出高质量代码的特质。这些特质被称为最佳实践，所以你除了精通 JavaScript 语言以外，还需要具有以下特质：

- 调试技巧；
- 测试；
- 性能分析。

在编程中把这些技能有效结合在一起非常重要，本书会使用它们。接下来看看这些技巧。

1.3.1   调试

以前，调试 JavaScript 代码意味着使用 alert 来验证变量的值。好在，由于 Firefox 浏览器的开发者扩展 Firebug 的流行，所以调试 JavaScript 代码的能力大大增强了。所有主流浏览器的类似工具也都被开发出来：

- Firebug——开发者扩展工具 Firefox 的流行成为调试工具的开端；
- Chrome DevTools——由 Chrome 团队开发，并应用在了 Chrome 和 Opera 浏览器中；
- Firefox 开发者工具——包含在 Firefox 中的工具，由 Firefox 团队开发；
- F12 开发者工具——Internet Explorer 浏览器 及微软 Edge 浏览器中包含的调试工具；
- WebKit 检视器——Safari 中包含的调试工具。

如你所见，主流浏览器都为开发者提供了调试 Web 应用程序的工具。使用 alert 来调试 JavaScript 代码的日子一去不复返了！所有这些工具都有着类似于 Firebug 最初引入的概念，故而它们都提供着相似的功能：探索 DOM、调试 JavaScript、编辑 CSS 样式和跟踪网络事件等。其中的每样工具都做得很棒。你既可以使用你自己选择的浏览器所提供的调试工具，也可以使用你发现缺陷时所用的浏览器调试工具。

除此之外，你也可以使用其中的几个工具，例如用 Chrome 开发者工具来调试其他类型的应用，例如 Node.js 应用（在附录 B 中，我们会向你介绍一些调试技术）。

1.3.2   测试

在本书中，我们会使用一些测试技术来确保示例代码按预期执行，同时这些测试技术也用于展示一般情况下如何测试代码。我们用于测试的主要工具是一个断言函数，其目的在于断定某个假设是真值还是假值。

该函数的一般形式如下所示：

```
assert (condition, message);
```

第一个参数是一个应为真值的条件，第二个参数是当断言为假时所展示的一句话。
例如：

```
assert (a === 1, "Disaster! a is not 1!");
```

如果变量的值不等于 1，则断言失败，然后那段有点儿戏剧性的消息就会被展示
出来。

注意　断言函数并不是 JavaScript 的标准特性，所以我们在附录 B 中会展示它的实现。

1.3.3　性能分析

分析性能是另一个重要实践。尽管 JavaScript 引擎已经让 JavaScript 以惊人的效率
提升，然而我们依然没有理由书写粗糙低效的代码。

我们会使用如下的代码来收集性能信息：

```
console.time("My operation");                ←——开始计时器

for(var n = 0; n < maxCount; n++){
  /*perform the operation to be measured*/   ——执行多次操作
}

console.timeEnd("My operation");             ←——停止计时器
```

这段代码中，我们把要被测量的代码放在两个计时器调用之间，分别是内置 console
对象上的 time 和 timeEnd 方法。

在操作开始执行之前，调用 console.time 启动一个命名计时器（本例中计时器名为
My operation）。然后在特定的循环次数下运行代码（本例中运行 maxCount 次）。由于一
次操作执行太快很难测量，所以我们要多次运行代码从而取得一个能够测量的值。运行
次数可以成百上千，甚至上万，其完全依赖于将被测量的代码性质。几次摸索后我们就
能得到一个合理的值。

操作结束后则用相同的计时器名字调用 console.timeEnd。随后浏览器就会输出从开
始到当前的时间差。

把这种技术与前面所学到的最佳实践技术统一起来，你对 JavaScript 的开发能力就
会大幅度提升。在浏览器提供的有限资源下，在浏览器能力和兼容性逐渐复杂的世界中
开发应用，需要一套健壮和完整的技巧。

1.4　提高跨平台开发能力

Bob 初入 Web 开发行业时，他会发现每个浏览器都有一套自己的脚本及 UI 样式的解释方式，并试图鼓吹他们的方式才是最好的方式，这使开发者们沮丧地咬牙切齿。好在浏览器之争以 HTML、CSS, DOM、API 和 JavaScript 的标准化而结束，从而开发者能集中精力开发高效的跨浏览器 JavaScript 应用。确实，集中精力于把网站开发为应用催生了大量的想法、工具和从桌面应用到网站应用的技术。现如今，这些知识和工具的转换再次发生，想法、工具和源于客户端 Web 开发的技术逐渐渗入应用开发的其他领域。

对 JavaScript 基本原理和核心 API 的渗入理解能让你成为更全能的开发者。通过使用浏览器和 Node.js（源自于浏览器的环境），你能够开发几乎你能想到的任何类型的应用。

- 桌面应用，通过使用如 NW.js（http://nwjs.io/）或 Electron（http://electron.atom.io/）的库可以开发桌面应用。这些技术通常通过包装浏览器使我们能用标准的 HTML、CSS 和 JavaScript（我们可以完全依赖我们的核心 JavaScript 和浏览器知识来开发）以及一些额外的访问文件系统的能力来构建桌面应用。从而能够开发真正独立于平台的桌面应用，它和我们在 Windows、Mac 和 Linux 上见到的应用看起来一样。

- 移动应用，使用类似 Apache Cordova（https://cordova.apache.org/）的框架开发。与使用 Web 技术构建桌面应用一样，该应用框架也包装了浏览器，不过其中还包含一些额外的针对特定平台的 API，从而让开发者能与移动平台交互。

- 使用 Node.js 开发服务器端应用和嵌入式应用，Node.js 是源自于浏览器的环境，使用了很多类似浏览器的底层原理。例如，Node.js 能执行 JavaScript 代码，并且也基于事件驱动。

Ann 并不知道自己有多幸运（尽管 Bob 有个很棒的想法）。无论她是否需要构建一个标准的桌面应用还是移动应用、服务器端应用或嵌入式应用都没问题——所有这些应用都共享同样的标准客户端 Web 应用底层原理。

只要理解了 JavaScript 工作的核心原理、理解了浏览器提供的核心 API（例如事件，同样与 Node.js 提供的机制有很多共同点），她就能加速所有应用的开发。在这个过程中，你将变得更全能，知识和理解力也逐步增长，从而能够处理各种各样的问题。你将能够在云上通过使用 JavaScript API 构建无需依赖服务器的应用，例如使用类似 AWS Lamda 来部署、维护和控制你应用的云组件。

1.5 小结

- 客户端 Web 应用作为如今最流行的应用，其概念、工具和技术从仅开发客户端 Web 应用已经深入到其他应用领域。理解客户端 Web 应用的基础能帮助你开发一系列不同领域的应用。

- 为了提高开发技能，你需要深入理解 JavaScript 的核心机制和浏览器所提供的架构。

- 本书集中探讨了核心 JavaScript 的机制，例如函数、函数闭包和原型，还有一些新的 JavaScript 特性，例如生成器、promise、代理、映射、集合和模块。

- JavaScript 可以在大量的环境中执行，但所有环境的开端是我们将集中探讨的浏览器环境。

- 除了 JavaScript 以外，我们还将探索浏览器内部，例如 DOM （网页 UI 的一种结构化表示方式）和事件，这是因为客户端 Web 应用是事件驱动的应用。

第 2 章　运行时的页面构建过程

本章包括以下内容：
- Web 应用的生命周期步骤
- 从 HTML 代码到 Web 页面的处理过程
- JavaScript 代码的执行顺序
- 与事件交互
- 事件循环

　　我们对 JavaScript 的探索从客户端 Web 应用开始，其代码也在浏览器提供的引擎上执行。为了打好后续对 JavaScript 语言和浏览器平台的学习基础，首先我们要理解 Web 应用的生命周期，尤其要理解 JavaScript 代码执行在生命周期的所有环节。

　　本章会完整探索客户端 Web 应用程序的生命周期，从页面请求开始，到用户不同种类的交互，最后至页面被关闭。首先我们来看看页面是如何从 HTML 代码建立的。然后我们将集中探讨 JavaScript 代码的执行，它给我们的页面提供了大量交互。最后我们会看看为了响应用户的动作，事件是如何被处理的。在这一系列过程中，我们将探索很多 Web 应用的基础概念，例如 DOM（Web 页面的一种结构化表示方式）和事件循环（它决定了应用如何处理事件）。让我们开始学习吧！

你知道吗？
- 浏览器是否总是会根据给定的 HTML 来渲染页面呢？
- Web 应用一次能处理多少个事件？
- 为什么浏览器使用事件队列来处理事件？

2.1　生命周期概览

典型客户端 Web 应用的生命周期从用户在浏览器地址栏输入一串 URL，或单击一个链接开始。例如，我们想去 Google 的主页查找一个术语。首先我们输入了 URL，www.google.com，其过程如图 2.1 所示。

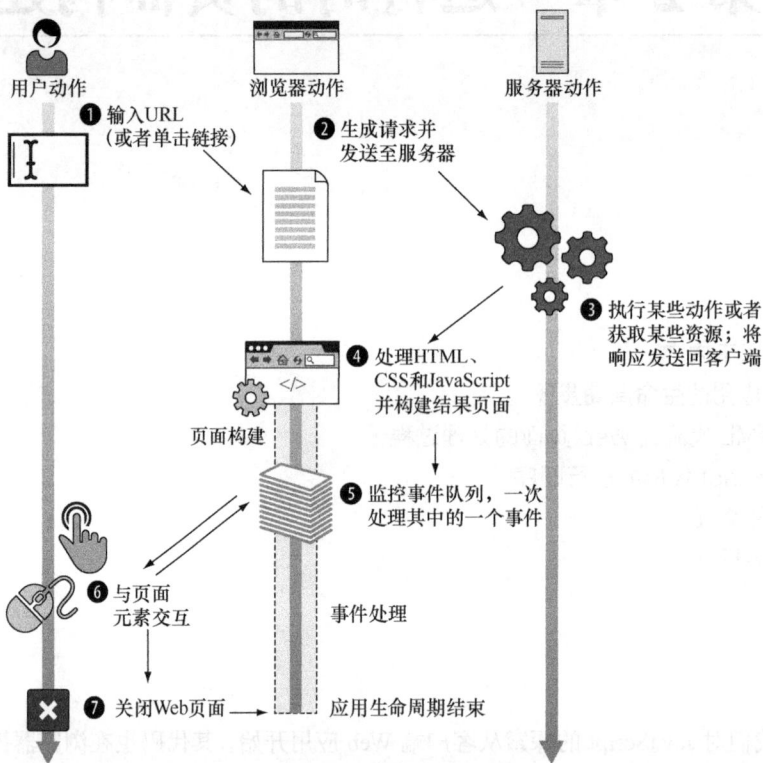

图 2.1　客户端 Web 应用的周期从用户指定某个网站地址（或单击某个链接）开始，
由两个步骤组成：页面构建和事件处理

从用户的角度来说，浏览器构建了发送至服务器（序号 2）的请求，该服务器处理了请求（序号 3）并形成了一个通常由 HTML、CSS 和 JavaScript 代码所组成的响应。当浏览器接收了响应（序号 4）时，我们的客户端应用开始了它的生命周期。 由于客户端 Web 应用是图形用户界面（GUI）应用，其生命周期与其他的 GUI 应用相似（例如标准的桌面应用或移动应用），其执行步骤如下所示：

1．页面构建——创建用户界面；

2．事件处理——进入循环（序号 5）从而等待事件（序号 6）的发生，发生后调用事件处理器。

应用的生命周期随着用户关掉或离开页面（序号 7）而结束。现在让我们一起看一个简单的示例程序：每当用户移动鼠标或单击页面就会显示一条消息。本章会始终使用这个示例，如清单 2.1 所示。

清单 2.1　一个带有 GUI 的 Web 应用小程序，其描述了对事件的响应

```html
<!DOCTYPE html>
<html>
  <head>
    <title>Web app lifecycle</title>
    <style>
      #first { color: green;}
      #second { color: red;}
    </style>
  </head>
  <body>
    <ul id="first"> </ul>

    <script>
      function addMessage (element, message) {
        var messageElement = document.createElement ("li");
        messageElement.textContent = message;
        element.appendChild (messageElement);
      }

      var first = document.getElementById ("first");
      addMessage (first, "Page loading");
    </script>

    <ul id="second"> </ul>

    <script>
      document.body.addEventListener ("mousemove", function () {
        var second = document.getElementById ("second");
        addMessage (second, "Event: mousemove");
      });

      document.body.addEventListener ("click", function () {
        var second = document.getElementById ("second");
        addMessage (second, "Event: click");
      });
    </script>
  </body>
</html>
```

定义一个函数用于向一个元素增加一条信息

为 body 附上鼠标移动事件处理函数

为 body 附上鼠标点击事件处理函数

清单 2.1 首先定义了两条 CSS 规则，即#first 和#second，其指定了 ID 为 first 和 second 两个元素的文字颜色（从而使我们方便地区分两者）。随后用 first 这个 id 定义了一个列表元素：

```
<ul id="first"></ul>
```

然后定义一个 addMessage 函数，每当调用该函数都会创建一个新的列表项元素，为其设置文字内容，然后将其附加到一个现有的元素上：

```
function addMessage (element, message) {
  var messageElement = document.createElement ("li");
  messageElement.textContent = message;
  element.appendChild (messageElement);
}
```

如下所示，通过使用内置的方法 getElementById 来从文档中获取 ID 为 first 的元素，然后为该元素添加一条信息，用于告知页面正在加载中：

```
var first = document.getElementById ("first");
addMessage (first, "Page loading");
```

然后我们又定义了一个列表元素，这次给该列表赋予的 ID 属性为 second：

```
<ul id="second"></ul>
```

最后将这两个事件处理器附加到 Web 页面的 body 上。每当用户移动鼠标，鼠标移动事件处理器就会被执行，然后该处理器调用 addMessage 方法，为第二个列表元素加上一句话"Event: mousemove"。

```
document.body.addEventListener ("mousemove", function () {
  var second = document.getElementById ("second");
  addMessage (second, "Event: mousemove");
});
```

我们还注册了一个单击事件处理器，每当用户单击页面就会输出该消息"Event: click"，并添加至第二个列表元素中。

```
document.body.addEventListener ("click", function () {
  var second = document.getElementById ("second");
  addMessage (second, "Event: click");
});
```

该应用的运行结果和交互如图 2.2 所示。

我们还会用这个例子来展示 Web 应用生命周期阶段之间的不同之处。让我们从页面构建阶段开始讲起。

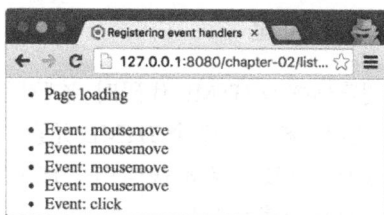

图 2.2 清单 2.1 中的代码运行后，用户的动作会被记录为消息

2.2 页面构建阶段

当 Web 应用能被展示或交互之前，其页面必须根据服务器获取的响应（通常是 HTML、CSS 和 JavaScript 代码）来构建。页面构建阶段的目标是建立 Web 应用的 UI，其主要包括两个步骤：

1．解析 HTML 代码并构建文档对象模型 （DOM）；

2．执行 JavaScript 代码。

步骤 1 会在浏览器处理 HTML 节点的过程中执行，步骤二会在 HTML 解析到一种特殊节点——脚本节点（包含或引用 JavaScript 代码的节点）时执行。页面构建阶段中，这两个步骤会交替执行多次，如图 2.3 所示。

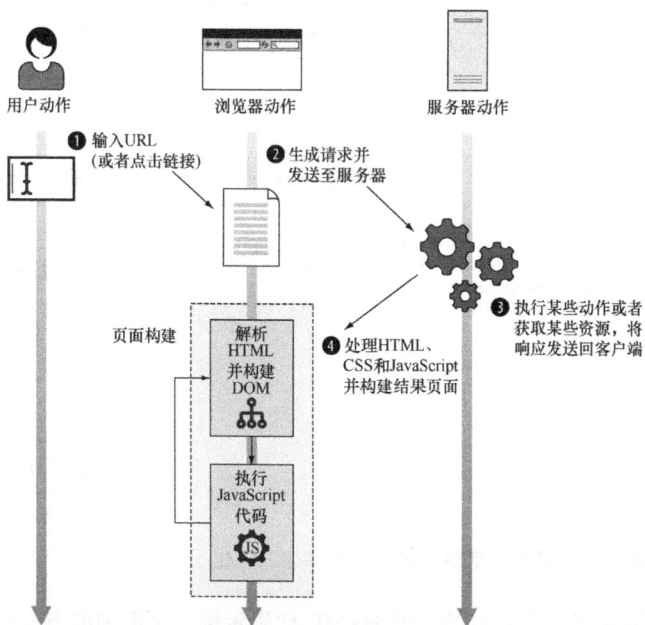

图 2.3 页面构建阶段从浏览器接收页面代码开始。其执行分为两个步骤：
HTML 解析和 DOM 构建，以及 JavaScript 代码的执行

2.2.1　HTML 解析和 DOM 构建

　　页面构建阶段始于浏览器接收 HTML 代码时,该阶段为浏览器构建页面 UI 的基础。通过解析收到的 HTML 代码,构建一个个 HTML 元素,构建 DOM。在这种对 HTML 结构化表示的形式中,每个 HTML 元素都被当作一个节点。如图 2.4 所示,直到遇到第一个脚本元素,示例页面都在构建 DOM。

　　注意图 2.4 中的节点是如何组织的,除了第一个节点——html 根节点(序号 1)以外,所有节点都只有一个父节点。例如,head 节点(序号 2)父节点为 html 节点(序号 1)。同时,一个节点可以有任意数量的子节点。例如,html 节点(序号 1)有两个孩子节点:head 节点(序号 2)和 body 节点。同一个元素的孩子节点被称作兄弟节点。(head 节点和 body 节点是兄弟节点)尽管 DOM 是根据 HTML 来创建的,两者紧密联系,但需要强调的是,它们两者并不相同。你可以把 HTML 代码看作浏览器页面 UI 构建初始 DOM 的蓝图。为了正确构建每个 DOM,浏览器还会修复它在蓝图中发现的问题。让我们看下面的示例,如图 2.5 所示。

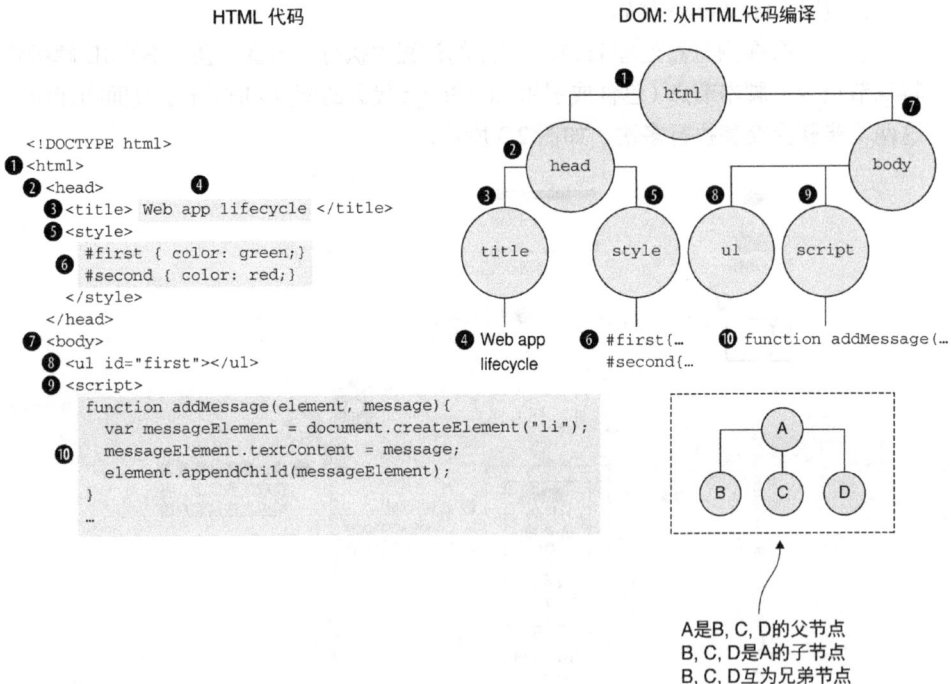

HTML 代码　　　　　　　　　　　　　　　　　DOM: 从HTML代码编译

```
<!DOCTYPE html>
❶<html>
❷<head>
  ❸<title> Web app lifecycle </title>
  ❺<style>
    ❻#first { color: green;}
     #second { color: red;}
    </style>
  </head>
❼<body>
  ❽<ul id="first"></ul>
  ❾<script>
    function addMessage(element, message){
      var messageElement = document.createElement("li");
❿     messageElement.textContent = message;
      element.appendChild(messageElement);
    }
    ...
```

A是B, C, D的父节点
B, C, D是A的子节点
B, C, D互为兄弟节点

图 2.4　当浏览器遇到第一个脚本元素时,它已经用多个 HTML 元素(右边的节点)创建了一个 DOM 树

　　图 2.5 展示了一个简单的错误 HTML 代码示例,页面中的 head 元素中错误地包含了一个 paragraph 元素。head 元素的一般用途是展示页面的总体信息,例如,页面标题、字符编码和外部样式脚本,而不是用于类似本例中的定义页面内容。故而这里出现了错

误，浏览器静默修复错误，将段落元素放入了理应放置页面内容的 body 元素中，构造了正确的 DOM（如图 2.5 右侧）。

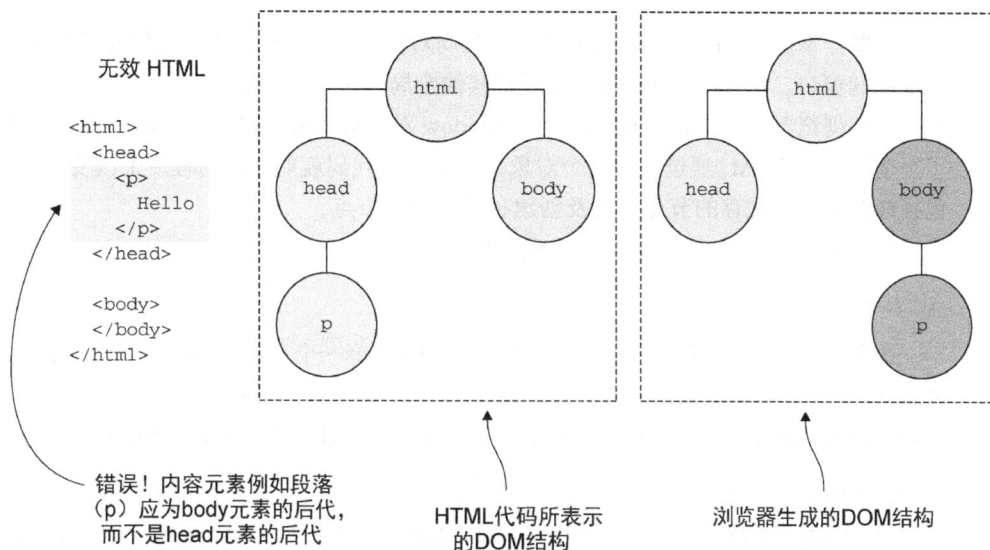

无效 HTML

```
<html>
  <head>
    <p>
      Hello
    </p>
  </head>

  <body>
  </body>
</html>
```

错误！内容元素例如段落
（p）应为body元素的后代，
而不是head元素的后代

HTML代码所表示
的DOM结构

浏览器生成的DOM结构

图 2.5　浏览器修正了错误的 HTML 代码

HTML 规范和 DOM 规范

当前 HTML 的版本是 HTML5，可以通过 https://html.spec.whatwg.org/ 查看当前版本中有哪些可用特性。你若需要更易读的文档，我们向你推荐 Mozilla 的 HTML5 指南，可通过 https://developer.mozilla.org/en-US/docs/Web/Guide/HTML/HTML5 查看。

而另一方面，DOM 的发展则相对缓慢。当前的 DOM 版本是 DOM3，可以通过 https://dom.spec.whatwg.org/ 查看该标准。同样，Mozilla 也为 DOM 提供了一份报告，可以通过 https://developer.mozilla.org/en-US/docs/Web/API/Document_Object_Model 进行查看。

在页面构建阶段，浏览器会遇到特殊类型的 HTML 元素——脚本元素，该元素用于包括 JavaScript 代码。每当解析到脚本元素时，浏览器就会停止从 HTML 构建 DOM，并开始执行 JavaScript 代码。

2.2.2　执行 JavaScript 代码

所有包含在脚本元素中的 JavaScript 代码由浏览器的 JavaScript 引擎执行，例如，Firefox 的 Spidermonkey 引擎，Chrome 和 Opera 的 V8 引擎和 Edge 的（IE 的）Chakra 引擎。由于代码的主要目的是提供动态页面，故而浏览器通过全局对象提供了一个 API

使 JavaScript 引擎可以与之交互并改变页面内容。

JavaScript 中的全局对象

浏览器暴露给 JavaScript 引擎的主要全局对象是 window 对象，它代表了包含着一个页面的窗口。window 对象是获取所有其他全局对象、全局变量（甚至包含用户定义对象）和浏览器 API 的访问途径。全局 window 对象最重要的属性是 document，它代表了当前页面的 DOM。通过使用这个对象，JavaScript 代码就能在任何程度上改变 DOM，包括修改或移除现存的节点，以及创建和插入新的节点。

让我们看看清单 2.1 中所示的代码片段：

```
var first = document.getElementById ("first");
```

这个示例中使用全局 document 对象来通过 ID 选择一个元素，然后将该元素赋值给变量 first。随后我们就能在该元素上用 JavaScript 代码来对其作各种操作，例如改变其文字内容，修改其属性，动态创建和增加新孩子节点，甚至可以从 DOM 上将该元素移除。

> **浏览器 API**
>
> 本书自始至终都会描述一系列浏览器内置对象和函数（例如，window 和 document）。不过很遗憾，浏览器所支持的全部特性已经超出本书探讨 JavaScript 的范围。幸好 Mozilla 为我们提供支持，通过 https://developer.mozilla.org/en-US/docs/Web/API，你可以查找到 WebAPI 接口的当前状态。

对浏览器提供的基本全局对象有了基本了解后，我们可以开始看看 JavaScript 代码中两种不同类型的定义方式。

JavaScript 代码的不同类型

我们已能大致区分出两种不同类型的 JavaScript 代码：全局代码和函数代码。清单 2.2 会帮你理解这两种类型代码的不同。

清单 2.2　JavaScript 全局代码和函数代码

```
<script>
  function addMessage (element, message) {
    var messageElement = document.createElement ("li");
    messageElement.textContent = message;
    element.appendChild (messageElement);
  }

  var first = document.getElementById ("first");
  addMessage (first, "Page loading");
</script>
```

函数代码指的是包含在函数中的代码

全局代码指的是位于函数之外的代码

这两类代码的主要不同是它们的位置：包含在函数内的代码叫作函数代码，而在所有函数以外的代码叫作全局代码。

这两种代码在执行中也有不同（随后你将能看到一些其他的不同，尤其在第5章中）。全局代码由 JavaScript 引擎（后续会做更多解释）以一种直接的方式自动执行，每当遇到这样的代码就一行接一行地执行。例如，在清单 2.2 中，定义 addMessage 函数的全局代码片段使用内置方法 getElementById 来获取 ID 为 first 的元素，然后再调用 addMessage 函数，如图 2.6 所示，每当遇到这些代码就一个个执行。

```
<script>
function addMessage(element, message){
  var messageElement = document.createElement("li");
  messageElement.textContent = message;
  element.appendChild(messageElement);
}

var first = document.getElementById("first");
addMessage(first, "Page loading");
</script>
```

图 2.6　执行 JavaScript 代码时的程序执行流

反过来，若想执行函数代码，则必须被其他代码调用：既可以是全局代码（例如，由于全局代码的执行过程中执行了 addMessage 函数代码，所以 addMessage 函数被调用），也可以是其他函数，还可以由浏览器调用（后续会做更多解释）。

在页面构建阶段执行 JavaScript 代码

当浏览器在页面构建阶段遇到了脚本节点，它会停止 HTML 到 DOM 的构建，转而开始执行 JavaScript 代码，也就是执行包含在脚本元素的全局 JavaScript 代码 （以及由全局代码执行中调用的函数代码）。让我们看看清单 2.1 中的示例。

图 2.7 显示了在全局 JavaScript 代码被执行后 DOM 的状态。让我们仔细看看这个执行过程。首先定义了一个 addMessage 函数：

```
function addMessage (element, message) {
  var messageElement = document.createElement ("li");
  messageElement.textContent = message;
  element.appendChild (messageElement);
}
```

然后通过全局 document 对象上的 getElementById 方法从 DOM 上获取了一个元素：

```
var first = document.getElementById ("first");
```

这段代码后紧跟着对函数 addMessage 的调用：

```
addMessage (first, "Page loading");
```

这条代码创建了一个新的 **li** 元素，然后修改了其中的文字内容，最后将其插入 DOM 中。

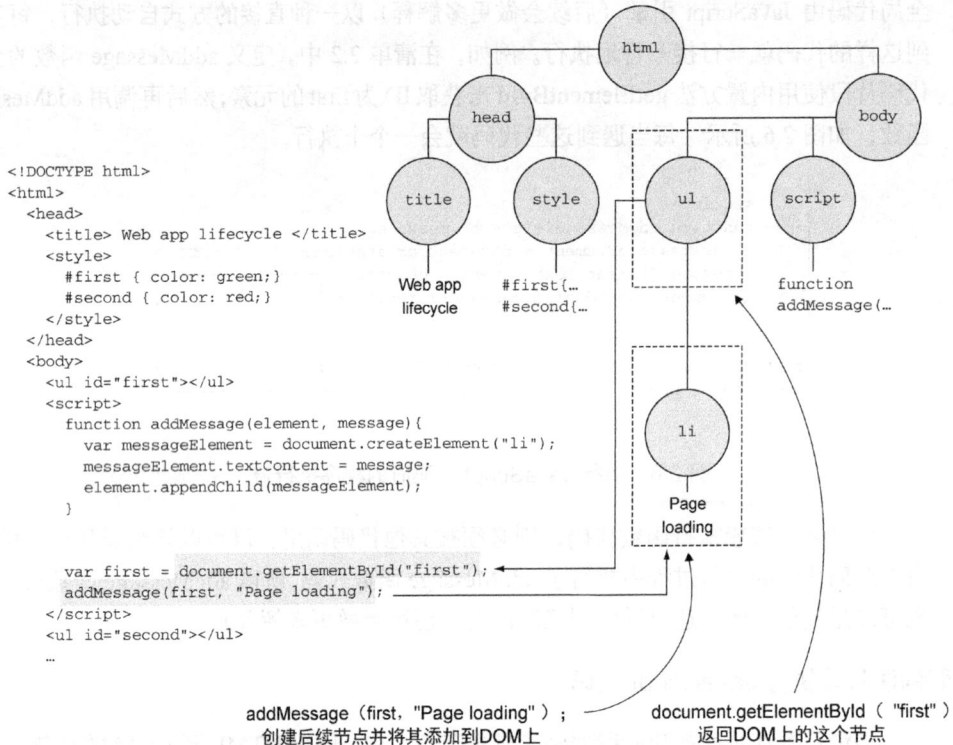

```
<!DOCTYPE html>
<html>
  <head>
    <title> Web app lifecycle </title>
    <style>
      #first { color: green;}
      #second { color: red;}
    </style>
  </head>
  <body>
    <ul id="first"></ul>
    <script>
      function addMessage(element, message){
        var messageElement = document.createElement("li");
        messageElement.textContent = message;
        element.appendChild(messageElement);
      }

      var first = document.getElementById("first");
      addMessage(first, "Page loading");
    </script>
    <ul id="second"></ul>
    …
```

addMessage（first, "Page loading"）;
创建后续节点并将其添加到DOM上

document.getElementById（"first"）
返回DOM上的这个节点

图 2.7 当执行了脚本元素中的 JavaScript 代码后，页面中的 DOM 结构

这个例子中，JavaScript 通过创建一个新元素并将其插入 DOM 节点修改了当前的 DOM 结构。一般来说，JavaScript 代码能够在任何程度上修改 DOM 结构：它能创建新的节点或移除现有 DOM 节点。但它依然不能做某些事情，例如选择和修改还没被创建的节点。这就是为什么要把 script 元素放在页面底部的原因。如此一来，我们就不必担心是否某个 HTML 元素已经加载为 DOM。

一旦 JavaScript 引擎执行到了脚本元素中（如图 2.7 中的 addMessage 函数返回）JavaScript 代码的最后一行，浏览器就退出了 JavaScript 执行模式，并继续余下的 HTML 构建为 DOM 节点。在这期间，如果浏览器再次遇到脚本元素，那么从 HTML 到 DOM 的构建再次暂停，JavaScript 运行环境开始执行余下的 JavaScript 代码。需要重点注意：JavaScript 应用在此时依然会保持着全局状态。所有在某个 JavaScript 代码执行期间用户创建的全局变量都能正常地被其他脚本元素中的 JavaScript 代码所访问到。其原因在于全局 window 对象会存在于整个页面的生存期之间，在它上面存储着所有的 JavaScript 变量。只要还有没处理完的 HTML 元素和没执行完的 JavaScript 代码，下面两个步骤都会一直交替执行。

1．将 HTML 构建为 DOM。

2．执行 JavaScript 代码。

最后，当浏览器处理完所有 HTML 元素后，页面构建阶段就结束了。随后浏览器就会进入应用生命周期的第二部分：事件处理。

2.3　事件处理

客户端 Web 应用是一种 GUI 应用，也就是说这种应用会对不同类型的事件作响应，如鼠标移动、单击和键盘按压等。因此，在页面构建阶段执行的 JavaScript 代码，除了会影响全局应用状态和修改 DOM 外，还会注册事件监听器（或处理器）。这类监听器会在事件发生时，由浏览器调用执行。有了这些事件处理器，我们的应用也就有了交互能力。在详细探讨注册事件处理器之前，让我们先从头到尾看一遍事件处理器的总体思想。

2.3.1　事件处理器概览

浏览器执行环境的核心思想基于：同一时刻只能执行一个代码片段，即所谓的单线程执行模型。想象一下在银行柜台前排队，每个人进入一支队伍等待叫号并"处理"。但 JavaScript 则只开启了一个营业柜台！每当轮到某个顾客时（某个事件），只能处理该位顾客。

你所需要的仅仅是一个在营业柜台（所有人都在这个柜台排队！）的职员为你处理工作，帮你订制全年的财务计划。当一个事件抵达后，浏览器需要执行相应的事件处理函数。这里不保证用户总会极富耐心地等待很长时间，直到下一个事件触发。所以，浏览器需要一种方式来跟踪已经发生但尚未处理的事件。为实现这个目标，浏览器使用了事件队列，如图 2.8 所示。

所有已生成的事件（无论是用户生成的，例如鼠标移动或键盘按压；还是服务器生成的，例如 Ajax 事件）都会放在同一个事件队列中，以它们被浏览器检测到的顺序排列。如图 2.8 的中部所示，事件处理的过程可以描述为一个简单的流程图。

- 浏览器检查事件队列头；
- 如果浏览器没有在队列中检测到事件，则继续检查；
- 如果浏览器在队列头中检测到了事件，则取出该事件并执行相应的事件处理器（如果存在）。在这个过程中，余下的事件在事件队列中耐心等待，直到轮到它们被处理。

　　由于一次只能处理一个事件，所以我们必须格外注意处理所有事件的总时间。执行需要花费大量时间执行的事件处理函数会导致 Web 应用无响应！（如果听起来还不太明确，不要担心，第 13 章中我们还会学习事件循环，再看看它是如何损害 Web 应用在感受上的性能的）。

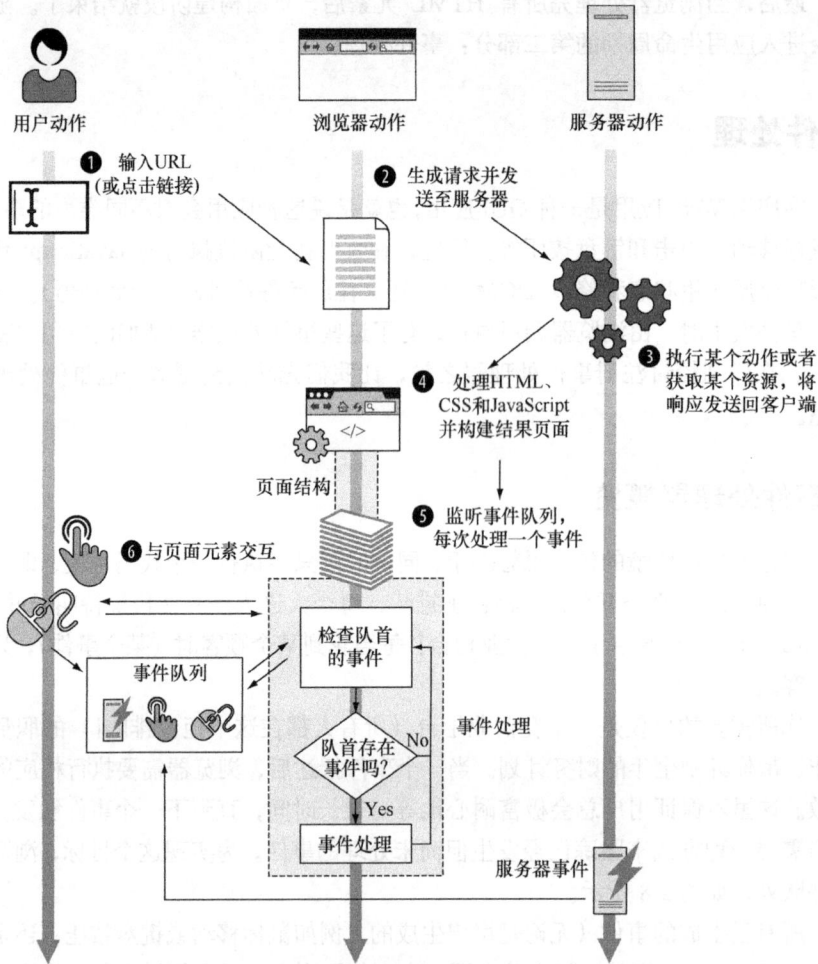

图 2.8　客户端 Web 应用的周期从用户指定某个网站地址（或点击某个链接）开始。
由两个步骤组成：页面构建和事件处理

　　重点注意浏览器在这个过程中的机制，其放置事件的队列是在页面构建阶段和事件处理阶段以外的。这个过程对于决定事件何时发生并将其推入事件队列很重要，这个过程不会参与事件处理线程。

事件是异步的

事件可能会以难以预计的时间和顺序发生（强制用户以某个顺序按键或单击是非常奇怪的）。我们对事件的处理，以及处理函数的调用是异步的。如下类型的事件会在其他类型事件中发生。

- 浏览器事件，例如当页面加载完成后或无法加载时；
- 网络事件，例如来自服务器的响应（Ajax 事件和服务器端事件）；
- 用户事件，例如鼠标单击、鼠标移动和键盘事件；
- 计时器事件，当 timeout 时间到期或又触发了一次时间间隔。

Web 应用的 JavaScript 代码中，大部分内容是对上述事件的处理！

事件处理的概念是 Web 应用的核心，你在本书中的例子会反复看到：代码的提前建立是为了在之后的某个时间点执行。除了全局代码，页面中的大部分代码将作为某个事件的结果执行。

在事件能被处理之前，代码必须要告知浏览器我们要处理特定事件。接下来看看如何注册事件处理器。

2.3.2 注册事件处理器

前面已经讲过了，事件处理器是当某个特定事件发生后我们希望执行的函数。为了达到这个目标，我们必须告知浏览器我们要处理哪个事件。这个过程叫作注册事件处理器。在客户端 Web 应用中，有两种方式注册事件。

- 通过把函数赋给某个特殊属性；
- 通过使用内置 addEventListener 方法。

例如，编写如下代码，将一个函数赋值给 window 对象上的某个特定属性 onload：

```
window.onload = function () {};
```

通过这种方式，事件处理器就会注册到 load 事件上（当 DOM 已经就绪并全部构建完成，就会触发这个事件）。（如果你对赋值操作符右边的记法有些困惑，不要担心，随后的章节中我们会细致地讲述函数）类似，如果我们想要为在文档中 body 元素的单击事件注册处理器，我们可以输入下述代码：

```
document.body.onclick = function () {};
```

把函数赋值给特殊属性是一种简单而直接的注册事件处理器方式。但是，我们并不推荐你使用这种方式来注册事件处理器，这是因为这种做法会带来缺点：对于某个事件只能注册一个事件处理器。也就是说，一不小心就会将上一个事件处理器改写掉。幸运的是，还有一种替代方案：addEventListener 方法让我们能够注册尽可能多的事件，只要我们需要。如下清单使用了清单 2.1 中的示例，向你展示这种便捷的用法。

清单 2.3   注册事件处理器

```
<script>
  document.body.addEventListener ("mousemove", function () {    ◁── 为mousemove事件注
    var second = document.getElementById ("second");                册处理器
    addMessage (second, "Event: mousemove");
  });

  document.body.addEventListener ("click", function () {    ◁── 为 click 事件注册处理器
    var second = document.getElementById ("second");
    addMessage (second, "Event: click");
  });
</script>
```

本例中使用了某个 HTML 元素上的内置的方法 addEventListener，并在函数中指定了事件的类型（mousemove 事件或 click）和事件的处理器。这意味着当鼠标指针在页面上移动后，浏览器会调用该函数添加一条消息到 ID 为 second 的 list 元素上，"Event: mousemove"（类似，当 body 被单击时，"Event: click"也会被添加到同样的元素上）。 现在你学习了如何创建事件处理器，让我们回忆一下前面看到的简单流程图，然后仔细看看事件是如何被处理的。

2.3.3   处理事件

事件处理背后的主要思想是：当事件发生时，浏览器调用相应的事件处理器。如前面提到的，由于单线程执行模型，所以同一时刻只能处理一个事件。任何后面的事件都只能在当前事件处理器完全结束执行后才能被处理！

让我们回到清单 2.1 中的应用。图 2.9 展示了在用户快速移动和单击鼠标时的执行情况。

让我们看看这里发生了什么。为了响应用户的动作，浏览器把鼠标移动和单击事件以它们发生的次序放入事件队列：第一个是鼠标移动事件，第二个是单击事件序号 1。

在事件处理阶段中，事件循环会检查队列，其发现队列的前面有一个鼠标移动事件，然后执行了相应的事件处理器序号 2。当鼠标移动事件处理器处理完毕后，轮到了等待在队列中的单击事件。当鼠标移动事件处理器函数的最后一行代码执行完毕后，JavaScript 引擎退出事件处理器函数，鼠标移动事件完整地处理了序号 3，事件循环再次检查队列。这一次，在队列的最前面，事件循环发现了鼠标单击事件并处理了该事件。一旦单击处理器执行完成，队列中不再有新的事件，事件循环就会继续循环，等待处理新到来的事件。这个循环会一直执行到用户关闭了 Web 应用。

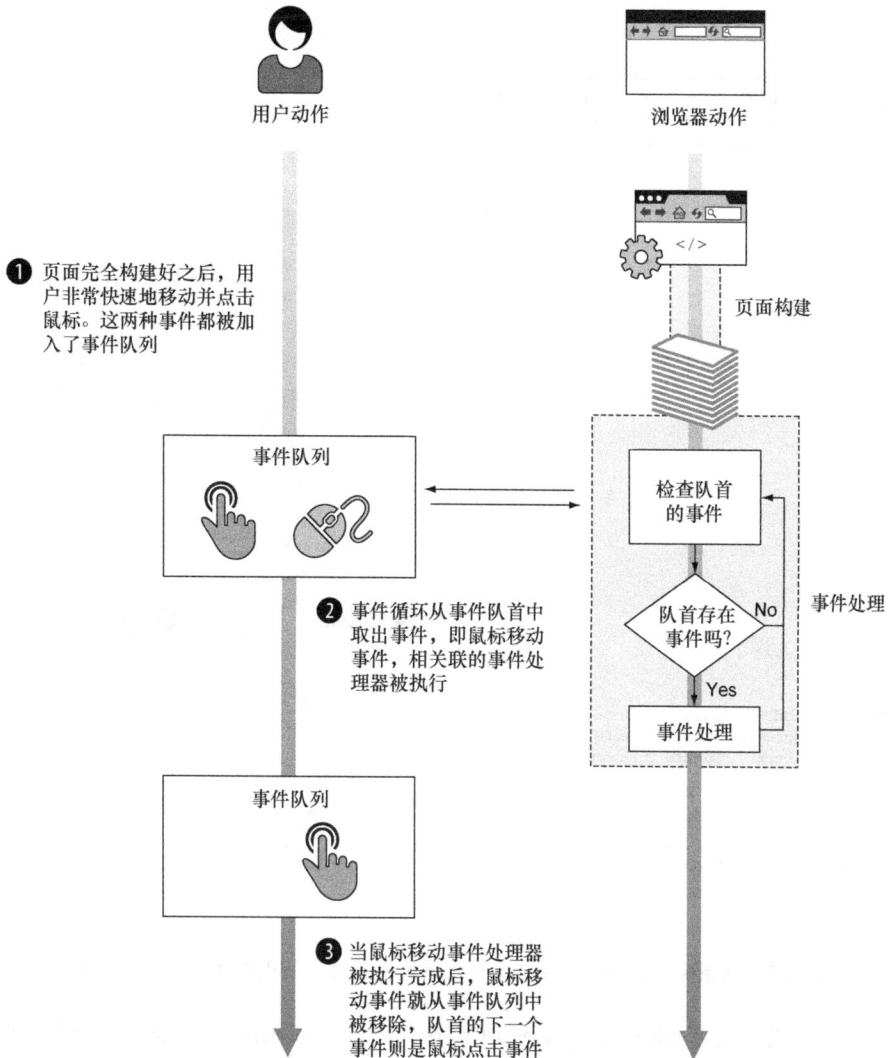

❶ 页面完全构建好之后，用户非常快速地移动并点击鼠标。这两种事件都被加入了事件队列

页面构建

事件队列

检查队首的事件

队首存在事件吗？ No 事件处理

Yes

事件处理

❷ 事件循环从事件队首中取出事件，即鼠标移动事件，相关联的事件处理器被执行

事件队列

❸ 当鼠标移动事件处理器被执行完成后，鼠标移动事件就从事件队列中被移除，队首的下一个事件则是鼠标点击事件

图 2.9　两个事件——鼠标移动和单击中的事件处理阶段示例

　　现在我们有了个总体的认识，理解了事件处理阶段的所有步骤。让我们看看这个过程是如何影响 DOM 的（如图 2.10 所示）。执行鼠标移动处理器时会选择第二个列表元素，其 ID 为 second。

```
<ul id="first"></ul>

<script>
  function addMessage(element, message){
    var messageElement = document.createElement('li');
    messageElement.textContent = message;
    element.appendChild(messageElement);
  }
</script>
```

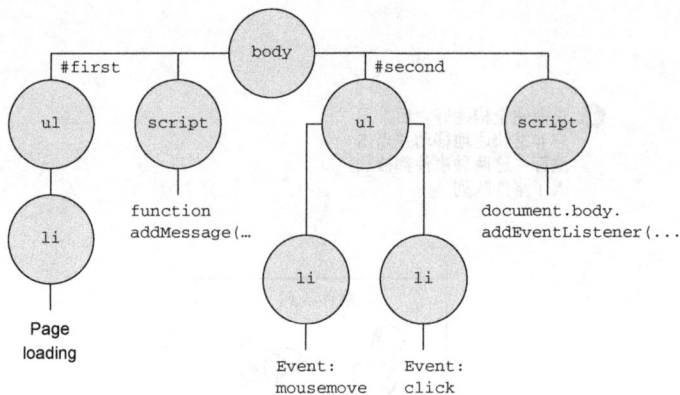

```
<ul id="second"></ul>

<script>
  document.body.addEventListener('mousemove',function(){
    var second = document.getElementById('second');
    addMessage(second, 'Event: mousemove');
  });

  document.body.addEventListener('click',function(){
    var second = document.getElementById('second');
    addMessage(second, 'Event: click');
  });

</script>
```

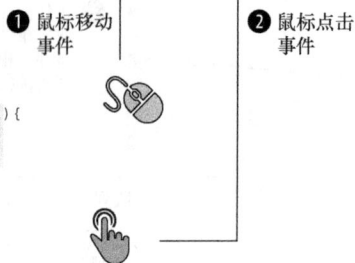

图 2.10   当鼠标移动和鼠标点击事件都处理完成后，实例应用的 DOM 树结构

  然后通过使用 addMessage，使用文字"Event: mousemove"添加了一个新的列表项元素序号 1。一旦鼠标移动处理器结束后，事件循环执行单击事件处理器，从而创建了另一个列表元素序号 2，并附加在 ID 为 second 的第二个列表元素后。

  对 Web 应用客户端的生命周期有了清晰的理解后，本书的下一部分，我们会开始聚焦于 JavaScript 语言，理清函数的来龙去脉。

2.4   小结

- 浏览器接收的 HTML 代码用作创建 DOM 的蓝图，它是客户端 Web 应用结构的内部展示阶段。

- 我们使用 JavaScript 代码来动态地修改 DOM 以便给 Web 应用带来动态行为。
- 客户端 Web 应用的执行分为两个阶段。
  - 页面构建代码是用于创建 DOM 的，而全局 JavaScript 代码是遇到 script 节点时执行的。在这个执行过程中，JavaScript 代码能够以任意程度改变当前的 DOM，还能够注册事件处理器——事件处理器是一种函数，当某个特定事件（例如，一次鼠标单击或键盘按压）发生后会被执行。注册事件处理器很容易：使用内置的 addEventListener 方法。
  - 事件处理——在同一时刻，只能处理多个不同事件中的一个，处理顺序是事件生成的顺序。事件处理阶段大量依赖事件队列，所有的事件都以其出现的顺序存储在事件队列中。事件循环会检查事件队列的队头，如果检测到了一个事件，那么相应的事件处理器就会被调用。

2.5 练习

1．客户端 Web 应用的两个生命周期阶段是什么？

2．相比将事件处理器赋值给某个特定元素的属性，使用 addEventListener 方法来注册事件处理器的优势是什么？

3．JavaScript 引擎在同一时刻能处理多少个事件？

4．事件队列中的事件是以什么顺序处理的？

第 2 部分

理解函数

现在你已做好心理准备，并理解了 JavaScript 代码的执行环境，准备开始学习 JavaScript 的基础特性。

在第 3 章中，你将学习 JavaScript 中最重要的基础概念：不是对象，而是函数。本章将阐述为何函数是开启 JavaScript 语言之谜的钥匙。

第 4 章深入研究函数，研究如何调用函数，以及函数执行过程中隐式传递参数的来龙去脉。

第 5 章通过闭包，让你对函数的理解更上一层楼——也许闭包是 JavaScript 语言中最容易被误解的部分。很快你就会看到，闭包与作用域密不可分。在本章中，除了闭包，我们重点关注 JavaScript 中的作用域机制。

第 6 章结束对函数的研究。在本章中我们讨论一种全新的函数类型——generator 函数。该函数具有在处理异步代码过程中特别重要的一些特性。

第 3 章　新手的第一堂函数课：定义与参数

本章包括以下内容：
- 理解函数为何如此重要
- 函数为何是第一类对象
- 定义函数的方式
- 参数赋值之谜

在本书这一部分讨论 JavaScript 基础时，也许你会感到惊讶，我们的第一个论点是函数（function）而非对象（object）。当然，第 3 部分会用大量笔墨解释对象，但归根结底，你要理解一些基本事实，像普通人一样编写代码和像"忍者"一样编写代码的最大差别在于是否把 JavaScript 作为函数式语言（functional language）来理解。对这一点的认知水平决定了你编写的代码水平。

如果你正在阅读这本书，那么你应该不是一位初学者。对于后续内容，我们假设你已经足够了解面向对象基础（当然，我们会在第 7 章详细讨论对象的高级概念），但真正理解 JavaScript 中的函数才是你能使用的唯一一件重要武器。函数是如此重要，所以本章及接下来两章将带领你彻底理解 JavaScript 中的函数。

JavaScript 中最关键的概念是：函数是第一类对象（first-class objects），或者说它们被称作一等公民（first-class citizens）。函数与对象共存，函数也可以被视为其他任意类型的 JavaScript 对象。函数和那些更普通的 JavaScript 数据类型一样，它能被变量引用，能以字面量形式声明，甚至能被作为函数参数进行传递。本章一开始会介绍面向函数编程带来的差异，你会发现，在需要调用某函数的位置定义该函数，能让我们编写更紧凑、更易懂的代码。其次，我们还会探索如何把函数用作第一类对象来编写高性能函数。你能学到多种不同的函数定义方式，甚至包括一些新类型，例如箭头（arrow）函数，它能帮你编写更优雅的代码。最后，我们会学习函数形参和函数实参的区别，并重点关注 ES6 的新增特性，例如剩余参数和默认参数。

让我们通过了解函数式编程的优点来开始学习吧。

你知道吗？
- 回调函数在哪种情况下会同步调用，或者异步调用呢？
- 箭头函数和函数表达式的区别是什么？
- 你为什么需要在函数中使用默认参数？

3.1　函数式的不同点到底是什么

函数及函数式概念之所以如此重要，其原因之一在于函数是程序执行过程中的主要模块单元。除了全局 JavaScript 代码是在页面构建的阶段执行的，我们编写的所有的脚本代码都将在一个函数内执行。

由于我们的大多数代码会作为函数调用来执行，因此，我们在编写代码时，通用强大的构造器能赋予代码很大的灵活性和控制力。本书的大部分内容解释了如何利用函数作为第一类对象的特性获益。首先浏览一下对象中我们能使用的功能。JavaScript 中对象有以下几种常用功能。

- 对象可通过字面量来创建{}。
- 对象可以赋值给变量、数组项，或其他对象的属性。

```
var ninja = {};          ← 为变量赋值一个新对象
ninjaArray.push ({});    ← 向数组中增加一个新对象
ninja.data = {};         ← 给某个对象的属性赋值为
                           一个新对象
```

- 对象可以作为参数传递给函数。

```
function hide (ninja) {
    ninja.visibility = false;   ← 一个新创建的对象作为参数
}                                 传递给函数
hide ({});
```

- 对象可以作为函数的返回值。

```
function returnNewNinja () {    ← 从函数中返回了一个新对象
  return {};
}
```

● 对象能够具有动态创建和分配的属性。

```
var ninja = {};
ninja.name = "Hanzo";          ← 为对象分配一个新属性
```

其实，不同于很多其他编程语言，在 JavaScript 中，我们几乎能够用函数来实现同样的事。

3.1.1 函数是第一类对象

JavaScript 中函数拥有对象的所有能力，也因此函数可被作为任意其他类型对象来对待。当我们说函数是第一类对象的时候，就是说函数也能够实现以下功能。

● 通过字面量创建。

```
function ninjaFunction () {}
```

● 赋值给变量，数组项或其他对象的属性。

```
var ninjaFunction = function () {};       ← 为变量赋值一个新函数
ninjaArray.push (function () {});         ← 向数组中增加一个新函数
ninja.data = function () {};              ← 给某个对象的属性赋值为
                                            一个新函数
```

● 作为函数的参数来传递。

```
function call (ninjaFunction){
  ninjaFunction ();
}                                          ← 一个新函数作为参数传递
call (function () {});                       给函数
```

● 作为函数的返回值。

```
function returnNewNinjaFunction () {
  return function () {};                   ← 返回一个新函数
}
```

● 具有动态创建和分配的属性。

```
var ninjaFunction = function () {};
ninjaFunction.ninja = "Hanzo";           ← 为函数增加一个新属性
```

对象能做的任何一件事，函数也都能做。函数也是对象，唯一的特殊之处在于它是可调用的（invokable），即函数会被调用以便执行某项动作。

> **JavaScript 中的函数式编程**
> ● 把函数作为第一类对象是函数式编程（functional programming）的第一步，

函数式编程是一种编程风格，它通过书写函数式（而不是指定一系列执行步骤，就像那种更主流的命令式编程）代码来解决问题。函数式编程可以让代码更容易测试、扩展及模块化。不过这是一个很大的话题，因此本书仅对这个特性做了肯定（例如，在第 9 章中）。如果你对如何在 JavacScript 中利用函数式编程感兴趣，推荐阅读 Luis Atencio 著（由 Manning 出版社 2016 年出版）的《JavaScript 函数式编程指南》，购买方式见 www.manning.com/books/functional-programming-in-JavaScript。

第一类对象的特点之一是，它能够作为参数传入函数。对于函数而言，这项特性也表明：如果我们将某个函数作为参数传入另一个函数，传入函数会在应用程序执行的未来某个时间点才执行。大家所知道的更一般的概念是回调函数（callback function）。下面我们来学习这个重要概念。

3.1.2 回调函数

每当我们建立了一个将在随后调用的函数时，无论是在事件处理阶段通过浏览器还是通过其他代码，我们都是在建立一个回调（callback）。这个术语源自于这样一个事实，即在执行过程中，我们建立的函数会被其他函数在稍后的某个合适时间点"再回来调用"。

有效运用 JavaScript 的关键在于回调函数，相信你已经在代码中使用了很多回调函数——不论是单击一次按钮、从服务端接收数据，还是 UI 动画的一部分。

本节我们会看一些实际使用回调函数的典型例子，例如处理事件、简单的排序集合。这部分内容会有点复杂，所以在深入学习之前，先透彻、完整地理解回调函数的概念，用最简单的形式来展现它。下面我们用一个简单例子来阐明这个概念，此例中的函数完全没什么实际用处，它的参数接收另一个函数的引用，并作为回调调用该函数：

```
function useless(ninjaCallback) {
  return ninjaCallback();
}
```

这个函数可能没什么用，但它反映了函数的一种能力，即将函数作为另一个函数的参数，随后通过参数来调用该函数。

我们可以在清单 3.1 中测试一下这个名为 useless 的函数。

清单 3.1 简单的回调函数例子

```
var text = "Domo arigato!";
report("Before defining functions");

function useless(ninjaCallback) {          函数定义，参数为一个回调
  report("In useless function");           函数，其函数体内会立即调
  return ninjaCallback();                  用该回调函数
}
```

```
function getText() {
  report("In getText function");
  return text;
}

report("Before making all the calls");

assert(useless(getText) === text,
       "The useless function works! " + text);

report("After the calls have been made");
```

简单的函数定义，仅返回一个全局变量

把 getText 作为回调函数传入上面的 useless 函数

在这个代码清单中，我们使用自定义函数 report（在本书附录 B 中定义）来输出代码执行过程中的信息，这样一来我们就能通过这些信息来跟踪程序的执行过程。我们还使用了第 1 章中的断言函数 assert。该函数通常使用两个参数。第一个参数是用于断言的表达式。本例中，我们需要确定使用参数 getText 调用 useless 函数返回的值与变量 text 是否相等(useless(getText) === text)。若第一个参数的执行结果为 true，断言通过；反之，断言失败。第二个参数是与断言相关联的信息，通常会根据通过/失败来输出到日志上。（附录 B 中概括地探讨了测试，以及我们对 assert 函数和 report 函数的简单实现）。

这段代码执行完毕后，执行结果如图 3.1 所示。可以看到，使用 getText 参数调用 useless 回调函数后，得到了期望的返回值。

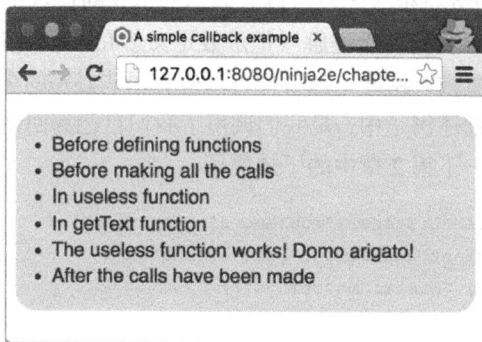

图 3.1 清单 3.1 中代码的执行结果

我们还可以看看这个简单的回调函数具体是如何执行的。如图 3.2 所示，getText 函数作为参数传入了 useless 函数。从该图中可以看到，在 useless 函数体内，通过 callback 参数可以取得 getText 函数的引用。随后，回调函数 callback()的调用让 getText 函数得到执行，而我们作为参数传入的 getText 函数则通过 useless 函数被回调。

```
var text = 'Domo arigato!';

function useless(ninjaCallback) {
  return ninjaCallback();
}

function getText() {
  return text;
}

assert(useless(getText) === text,
       "The useless function works! " + text);
```

调用useless（getText）会触发useless函数的执行，随后会触发getText函数的执行

getText函数是useless函数的参数

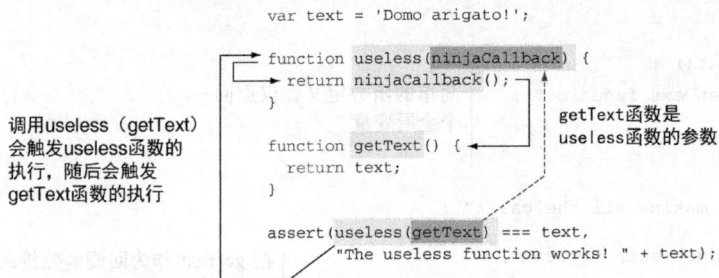

图 3.2　执行 useless(getText) 调用后的执行流。getText 作为参数传入 useless 函数并调用。useless 函数体内对传入函数进行调用，本例中触发了 getText 函数的执行（即我们对 getText 函数进行回调）。

完成这个过程是很容易的，原因就在于 JavaScript 的函数式本质让我们能把函数作为第一类对象。更进一步说，我们的代码可以写成如下形式：

```
var text = 'Domo arigato!';

function useless(ninjaCallback) {
  return ninjaCallback();
}

assert(useless(function () { return text;}) === text,
       "The useless function works! " + text);
```

直接以参数形式定义回调函数

JavaScript 的重要特征之一是可以在表达式出现的任意位置创建函数，除此之外这种方式能使代码更紧凑和易于理解（把函数定义放在函数使用处附近）。当一个函数不会在代码的多处位置被调用时，该特性可以避免用非必需的名字污染全局命名空间。

在回调函数的前述例子中，是我们调用了我们自己的回调。除此之外浏览器也会调用回调函数，回想一下第 2 章中的下述例子：

```
document.body.addEventListener("mousemove", function() {
  var second = document.getElementById("second");
  addMessage(second, "Event: mousemove");
});
```

上例同样是一个回调函数，作为 mousemove 事件的事件处理器，当事件发生时，会被浏览器调用。

注意　本小节介绍的回调函数是其他代码会在随后的某个合适时间点"回过来调用"的函数。你已经学习了我们自己的代码调用回调（useless 函数例子），也看到了当某事件发生时浏览器发起调用（mousemove 例子）。注意这些很重要，不同于我们的例子，一些人认为回调一定要被异步调用，因此第一个例子不是一个真正的回调。这里之所以提到这些是以防万一你偶尔会遇见这类激烈的争论。

现在让我们看一个回调函数的用法，它能极大地简化集合的排序。

使用比较器排序

一般情况下只要我们拿到了一组数据集，就很可能需要对它进行排序。假如有一组随机序列的数字数组：0, 3, 2, 5, 7, 4, 8, 1。也许这个顺序没什么问题，但很可能早晚需要重新排列它。

通常来说，实现排序算法并不是编程任务中最微不足道的；我们需要为手中的工作选择最佳算法，实现它以适应当前的需要（使这些选项是按照特定顺序排列），并且需要小心仔细不能引入故障。除此之外，唯一特定于应用程序的任务是排列顺序。幸运的是，所有的 JavaScript 数组都能用 sort 方法。利用该方法可以只定义一个比较算法，比较算法用于指示按什么顺序排列。

这才是回调函数所要介入的！不同于让排序算法来决定哪个值在前哪个值在后，我们将会提供一个函数来执行比较。我们会让排序算法能够获取这个比较函数作为回调，使算法在其需要比较的时候，每次都能够调用回调。该回调函数的期望返回值为：如果传入值的顺序需要被调换，返回正数；不需要调换，返回负数；两个值相等，返回 0。对于排序上述数组，我们对比较值做减法就能得到我们所需要的值。

```
var values = [0, 3, 2, 5, 7, 4, 8, 1];

values.sort(function(value1, value2) {
  return value2 - value1;
});
```

没有必要思考排序算法的底层细节（甚至是选择了什么算法）。JavaScript 引擎每次需要比较两个值的时候都会调用我们提供的回调函数。

函数式方式让我们能把函数作为一个单独实体来创建，正像我们对待其他类型一样，创建它、作为参数传入一个方法并将它作为一个参数来接收。函数就这样显示了它一等公民的地位。

3.2　函数作为对象的乐趣

本节我们会考察函数和其他对象类型的相似之处。也许让你感到惊讶的相似之处在于我们可以给函数添加属性：

```
var ninja = {};
ninja.name = "hitsuke";
```
创建新对象并为其分配一个新属性

```
var wieldSword = function(){};
wieldSword.swordType = "katana";
```
创建新函数并为其分配一个新属性

我们再来看看这种特性所能做的更有趣的事：

- 在集合中存储函数使我们轻易管理相关联的函数。例如，某些特定情况下必须调用的回调函数。
- 记忆让函数能记住上次计算得到的值，从而提高后续调用的性能。

让我们行动起来吧。

3.2.1　存储函数

某些例子中（例如，我们需要管理某个事件发生后需要调用的回调函数集合），我们会存储元素唯一的函数集合。当我们向这样的集合中添加函数时，会面临两个问题：哪个函数对于这个集合来说是一个新函数，从而需要被加入到该集合中？又是哪个函数已经存在于集合中，从而不需要再次加入到集合中？一般来说，管理回调函数集合时，我们并不希望存在重复函数，否则一个事件会导致同一个回调函数被多次调用。

一种显著有效的简单方法是把所有函数存入一个数组，通过循环该数组来检查重复函数。令人遗憾的是，这种方法的性能较差，尤其作为一个"忍者"要把事情干得漂亮而不仅是做到能用。我们可以使用函数的属性，用适当的复杂度来实现它，如清单 3.2 所示。

清单 3.2　存储唯一函数集合

跟踪下一个要被赋值的 ID

使用一个对象作为缓存，我们可以在其中存储函数

```
var store = {
  nextId: 1,
  cache: {},
  add: function(fn) {
    if (!fn.id) {
      fn.id = this.nextId++;
      this.cache[fn.id] = fn;
      return true;
    }
  }
};
function ninja(){}
assert(store.add(ninja),
       "Function was safely added.");
assert(!store.add(ninja),
       "But it was only added once.");
```

仅当函数唯一时，将该函数加入缓存

测试上面的代码按预期工作

在这个清单中，我们创建了一个对象赋值给变量 store，这个变量中存储的是唯一的函数集合。这个对象有两个数据属性：其一是下一个可用的 id，另外一个缓存着已经保

存的函数。函数通过 add()方法添加到缓存中。

```
add: function(fn) {
  if (!fn.id) {
    fn.id = this.nextId++;
    this.cache[fn.id] = fn;
    return true;
  }
...
```

　　在 add 函数内，我们首先检查该函数是否已经存在 id 属性。如果当前的函数已经有 id
属性，我们则假设该函数已经被处理过了，从而忽略该函数，否则为该函数分配一个 id（同
时增加 nextId）属性，并将该函数作为一个属性增加到 cache 上，id 作为属性名。紧接着该
函数的返回值为 true，从而可得知调用了 add()后，函数是什么时候被添加到存储中的。

　　在浏览器中运行该程序后，页面显示：测试程序尝试两次添加 ninja()函数，而该函
数只被添加一次到存储中，如图 3.3 所示。第 9 章展示了用于操作合集的更好技术，它
利用了 ES6 的新的对象类型集合（Set）。

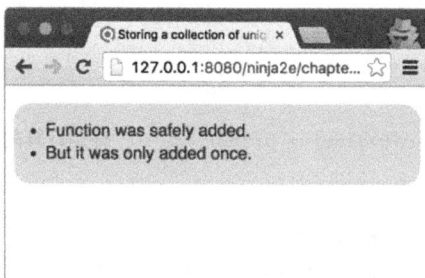

图 3.3　给函数附加一个属性后，我们就能够引用该属性。本例通过这种方式可以确保
该 ninja 函数仅被添加到函数中一次

　　另外一种有用的技巧是当使用函数属性时，可以通过该属性修改函数自身。这个技
术可以用于记忆前一个计算得到的值，为之后计算节省时间。

3.2.2　自记忆函数

　　如同前面所提到的，记忆化（memoization）是一种构建函数的处理过程，能够记住
上次计算结果。简而言之，当函数计算得到结果时就将该结果按照参数存储起来。采用
这种方式时，如果另外一个调用也使用相同的参数，我们则可以直接返回上次存储的结
果而不是再计算一遍。像这样避免既重复又复杂的计算可以显著地提高性能。对于动画
中的计算、搜索不经常变化的数据或任何耗时的数学计算来说，记忆化这种方式是十分
有用的。

　　看看下面的这个例子，它使用了一个简单的（也的确是效率不高的）算法来计算素数。尽管这是一个复杂计算的简单例子，但它经常被应用到大计算量的场景中（例如可以引申到通过字符串生成 MD5 算法），这里不便展示。

　　从外表来说，这个函数和任何普通函数一样，但在内部我们会构建一个结果缓存，它会保存函数每次计算得到的结果，如清单 3.3 所示。

清单 3.3　计算先前得到的值

```
function isPrime(value) {
  if (!isPrime.answers) {
    isPrime.answers = {};              创建缓存
  }
  if (isPrime.answers[value] !== undefined) {
    return isPrime.answers[value];      检查缓存的值
  }
  var prime = value !== 0 && value !== 1; // 1 is not a prime
  for (var i = 2; i < value; i++) {
    if (value % i === 0) {
      prime = false;
      break;
    }
  }
  return isPrime.answers[value] = prime;   ←—— 存储计算的值
}

assert(isPrime(5), "5 is prime!");
assert(isPrime.answers[5], "The answer was cached!");   测试该函数是否正常工作
```

　　在 isPrime 函数中，首先通过检查它的 answers 属性来确认是否已经创建了一个缓存，如果没有创建，则新建一个：

```
if (!isPrime.answers) {
    isPrime.answers = {};
}
```

　　只有第一次函数调用才会创建这个初始空对象，之后这个缓存就已经存在了。然后我们会检查参数中传的值是否已经存储到缓存中：

```
if (isPrime.answers[value] !== undefined) {
  return isPrime.answers[value];
}
```

　　这个缓存会针对参数中的值 value 来存储该值是否为素数（true 或 false）。如果我们在缓存中找到该值，函数会直接返回。

```
return isPrime.answers[value] = prime;
```

这个缓存是函数自身的一个属性，所以只要该函数还存在，缓存也就存在。最后的测试结果可以看到记忆函数生效了。

```
assert(isPrime(5), "5 is prime!");
assert(isPrime.answers[5], "The answer was cached!");
```

这个方法具有两个优点。

- 由于函数调用时会寻找之前调用所得到的值，所以用户最终会乐于看到所获得的性能收益。
- 它几乎是无缝地发生在后台，最终用户和页面作者都不需要执行任何特殊请求，也不需要做任何额外初始化，就能顺利进行工作。

当然这种方法并不是像玫瑰和提琴一样完美，还是要权衡利弊。

- 任何类型的缓存都必然会为性能牺牲内存。
- 纯粹主义者会认为缓存逻辑不应该和业务逻辑混合，函数或方法只需要把一件事做好。但不必担心，在第 8 章你会了解到如何解决这类问题。
- 对于这类问题很难做负载测试或估计算法复杂度，因为结果依赖于函数之前的输入。

现在你看到了函数作为第一类公民的一些实例，接下来看看不同的函数定义的方式。

3.3 函数定义

JavaScript 函数通常由函数字面量（function literal）来创建函数值，就像数字字面量创建一个数字值一样。要记住这一点，作为第一类对象，函数是可以用在编程语言中的值，就像例句字符串或数字的值。无论你是否意识到了这一点，你一直都是这样做的。

JavaScript 提供了几种定义函数的方式，可以分为 4 类。

- 函数声明（function declarations）和函数表达式（function expressions）——最常用，在定义函数上却有微妙不同的的两种方式。人们通常不会独立地看待它们，但正如你将看到的，意识到两者的不同能帮我们理解函数何时能够被调用。

  ```
  function myFun(){ return 1;}
  ```

- 箭头函数（通常被叫作 lambda 函数）——ES6 新增的 JavaScript 标准，能让我们以尽量简洁的语法定义函数。

  ```
  myArg => myArg*2
  ```

- 函数构造函数—— 一种不常使用的函数定义方式，能让我们以字符串形式动态构造一个函数，这样得到的函数是动态生成的。这个例子动态地创建了一个函数，其参数为 a 和 b，返回值为两个数的和。

```
new Function('a', 'b', 'return a + b')
```

● 生成器函数——ES6 新增功能，能让我们创建不同于普通函数的函数，在应用程序执行过程中，这种函数能够退出再重新进入，在这些再进入之间保留函数内变量的值。我们可以定义生成器版本的函数声明、函数表达式、函数构造函数。

```
function* myGen(){ yield 1; }
```

　　理解这几种方式的不同很重要，因为函数创建的方式很大程度地影响了函数可被调用的时间、函数的行为以及函数可以在哪个对象上被调用。

　　这一节中，我们将会探索函数声明、函数表达式和箭头函数。你将学到它们的语法和它们的工作方式，我们也将会在本书中多次回顾它们的细节。另一方面，生成器函数则有一点独特，它不同于普通函数。在第 6 章我们会再来学习它们的细节。

　　剩下的 JavaScript 特性——函数构造函数我们将全部跳过。尽管它具有某些有趣的应用场景，尤其是在动态创建和执行代码时，但我们依然认为它是 JavaScript 语言的边缘功能。如果你想知道更多关于函数构造函数的信息，请访问 http://mng.bz/ZN8e。

　　让我们先用最简单、最传统的方式定义函数吧：函数声明和函数表达式。

3.3.1　函数声明和函数表达式

　　JavaScript 中定义函数最常用的方式是函数声明和函数表达式。这两种技术非常相似，有时甚至难以区分，但在后续章节中你将看到，它们之间还是存在着微妙的差别。

函数声明

　　JavaScript 定义函数的最基本方式是函数声明（见图 3.4）。正如你所见，每个函数

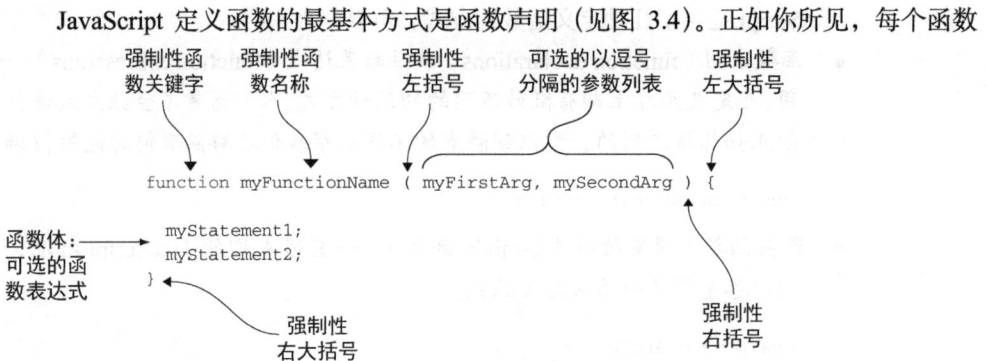

图 3.4　函数声明是独立的，是独立的 JavaScript 代码块

（它可以被包含在其他函数中）

声明以强制性的 function 开头，其后紧接着强制性的函数名，以及括号和括号内一列以逗号分隔的可选参数名。函数体是一列可以为空的表达式，这些表达式必须包含在花括号内。除了这种形式以外，每个函数声明还必须包含一个条件：作为一个单独的 JavaScript 语句，函数声明必须独立（但也能够被包含在其他函数或代码块中，在下一小节中你将会准确理解其含义）。

清单 3.4 展示了两条函数声明例子。

清单 3.4 函数声明示例

```
function samurai() {
  return "samurai here";        在全局代码中定义 samurai 函数
}

                                在全局代码中定义 ninja
function ninja() {           ◁──┘ 函数

  function hiddenNinja() {
    return "ninja here";        在 ninja 函数内定义
  }                             hiddenNinja 函数

  return hiddenNinja();
}
```

如果你对函数式语言没有太多了解，仔细看一看，你可能会发现你并不习惯这种使用方式：一个函数被定义在另一个函数之中！

```
function ninja() {
  function hiddenNinja() {
    return "ninja here";
  }
  return hiddenNinja();
}
```

在 JavaScript 中，这是一种非常通用的使用方式，这里用它作为例子是为了再次强调 JavaScript 中函数的重要性。

注意 让函数包含在另一个函数中可能会因为忽略作用域的标识符解析而引发一些有趣的问题，但现在可以先留下这个问题，第 5 章会重新回顾这个问题的细节。

函数表达式

正如我们多次所提到的，JavaScript 中的函数是第一类对象，除此以外也就意味着它们可以通过字面量创建，可以赋值给变量和属性，可以作为传递给其他函数的参数或函数的返回值。正因为函数有如此的基础结构，所以 JavaScript 能让我们把函数和其他表达式同等看待。例如，如下例子中我们可以使用数字字面量：

```
var a = 3;
```

```
myFunction(4);
```

　　同样，在相同位置可以用函数字面量：

```
var a = function() {};
myFunction(function(){});
```

　　这种总是其他表达式的一部分的函数（作为赋值表达式的右值，或者作为其他函数的参数）叫作函数表达式。函数表达式非常重要，在于它能准确地在我们需要使用的地方定义函数，这个过程能让代码易于理解。清单 3.5 展示了函数声明和函数表达式的不同之处。

清单 3.5　函数声明和函数表达式

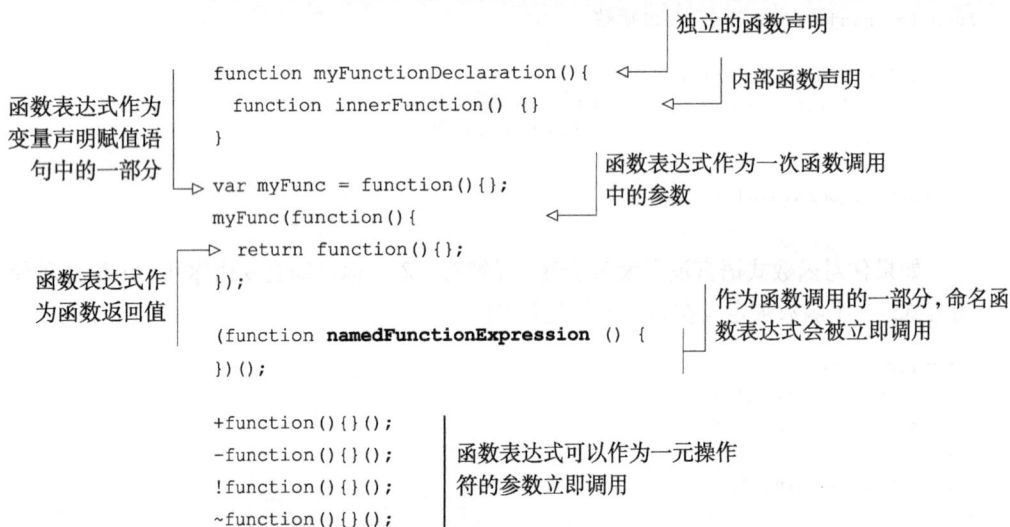

独立的函数声明

内部函数声明

```
function myFunctionDeclaration(){
    function innerFunction() {}
}
var myFunc = function(){};
myFunc(function(){
    return function(){};
});
(function namedFunctionExpression () {
})();

+function(){}();
-function(){}();
!function(){}();
~function(){}();
```

函数表达式作为变量声明赋值语句中的一部分

函数表达式作为函数返回值

函数表达式作为一次函数调用中的参数

作为函数调用的一部分，命名函数表达式会被立即调用

函数表达式可以作为一元操作符的参数立即调用

　　示例代码的开头是标准函数声明，其包含一个内部函数声明：

```
function myFunctionDeclaration(){
    function innerFunction() {}
}
```

　　从这个示例中你能够看到，函数声明是如何作为 JavaScript 代码中的独立表达式的，但它也能够包含在其他函数体内。与之比较的是函数表达式，它通常作为其他语句的一部分。它们被放在表达式级别，作为变量声明（或者赋值）的右值：

```
var myFunc = function(){};
```

或者作为另一个函数调用的参数或返回值。

```
myFunc(function() {
  return function(){};
});
```

函数声明和函数表达式除了在代码中的位置不同以外，还有一个更重要的不同点是：对于函数声明来说，函数名是强制性的，而对于函数表达式来说，函数名则完全是可选的。

函数声明必须具有函数名是因为它们是独立语句。一个函数的基本要求是它应该能够被调用，所以它必须具有一种被引用方式，于是唯一的方式就是通过它的名字。

从另一方面来看，函数表达式也是其他 JavaScript 表达式的一部分，所以我们也就具有了调用它们的替代方案。例如，如果一个函数表达式被赋值给了一个变量，我们可以用该变量来调用函数。

```
var doNothing = function(){};
doNothing();
```

或者，如果它是另外一个函数的参数，我们可以在该函数中通过相应的参数名来调用它。

```
function doSomething(action) {
  action();
}
```

立即函数

函数表达式可以放在初看起来有些奇怪的位置上，例如通常认为是函数标识符的位置。接下来仔细看看这个构造（如图 3.5 所示）。

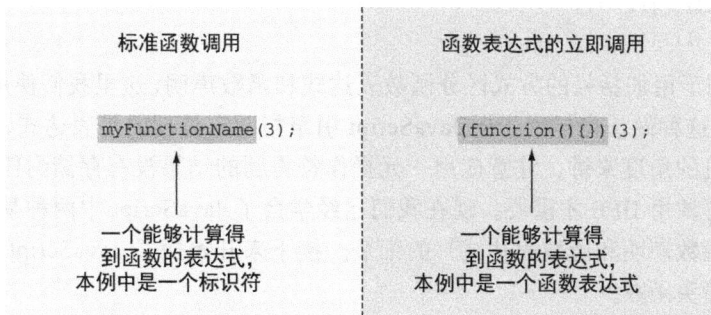

图 3.5　标准函数的调用和函数表达式的立即调用的对比

当想进行函数调用时，我们需要使用能够求值得到函数的表达式，其后跟着一对函数调用括号，括号内包含参数。在最基本的函数调用中，我们把求值得到函数的标识符作为左值（如图 3.5 所示）。不过用于被括号调用的表达式不必只是一个简单的标识符，它可以是任何能够求值得到函数的表达式。例如，指定一个求值得到函数的表达式的最简单方式是使用函数表达式。如图 3.5 中右图所示，我们首先创建了一个函数，然后立即调用这个新创建的函数。这种函数叫作立即调用函数表达式（IIFE），或者简写为立即函数。这一特性能够模拟 JavaScript 中的模块化，故可以说它是 JavaScript 开发中的重要理念。第 11 章中会集中讨论 IIFE 的应用。

> **加括号的函数表达式**
> - 还有一件可能困扰你的是上面例子中我们立即调用的函数表达式方式：函数表达式被包裹在一对括号内。为什么这样做呢？其原因是纯语法层面的。JavaScript 解析器必须能够轻易区分函数声明和函数表达式之间的区别。如果去掉包裹函数表达式的括号，把立即调用作为一个独立语句 function() {}(3)，JavaScript 开始解析时便会结束，因为这个独立语句以 function 开头，那么解析器就会认为它在处理一个函数声明。每个函数声明必须有一个名字（然而这里并没有指定名字），所以程序执行到这里会报错。为了避免错误，函数表达式要放在括号内，为 JavaScript 解析器指明它正在处理一个函数表达式而不是语句。
> - 还有一种相对简单的替代方案(function(){}(3))也能达到相同目标（然而这种方案有些奇怪，故不常使用）。把立即函数的定义和调用都放在括号内，同样可以为 JavaScript 解析器指明它正在处理函数表达式。

表 3.5 中最后 4 个表达式都是立即调用函数表达式主题的 4 个不同版本，在 JavaScript 库中会经常见到这几种形式：

```
+function(){}();
-function(){}();
!function(){}();
~function(){}();
```

不同于用加括号的方式区分函数表达式和函数声明，这里我们使用一元操作符+、-、!和~。这种做法也是用于向 JavaScript 引擎指明它处理的是表达式，而不是语句。从计算机的角度来讲，注意应用一元操作符得到的结果没有存储到任何地方并不重要，只有调用 IIFE 才重要。现在我们已经学会了 JavaScript 中两种基本的函数定义方式（函数声明和函数表达式）的细节。接下来开始探索 JavaScript 标准中的新增特性：箭头函数。

3.3.2　箭头函数

注意　箭头函数是 JavaScript 标准中的 ES6 新增项(浏览器兼容性可参考 http://mng.bz/8bnH)。

由于 JavaScript 中会使用大量函数，增加简化创建函数方式的语法十分有意义，也能让我们的开发者生活更愉快。在很多方式中，箭头函数是函数表达式的简化版。一起来回顾一下本章开始的排序例子。

```
var values = [0, 3, 2, 5, 7, 4, 8, 1];
values.sort(function(value1,value2){
  return value2 - value1;
});
```

这个例子中，数组对象的排序方法的参数传入了一个回调函数表达式，JavaScript 引擎会调用这个回调函数以降序排序数组。现在来看看如何用箭头函数来做完全相同的工作：

```
var values = [0, 3, 2, 5, 7, 4, 8, 1];
values.sort((value1,value2) => value2 - value1);
```

看到这是多么简洁了吧？

这种写法不会产生任何因为书写 function 关键字、大括号或者 return 语句导致的混乱。箭头函数语句有着比函数表达式更为简单的方式：函数传入两个参数并返回其差值。注意这个新操作符——胖箭头符号=>（等号后面跟着大于号）是定义箭头函数的核心。

现在来解析箭头函数的语法，首先看看它的最简形式：

```
param => expression
```

这个箭头函数接收一个参数并返回表达式的值，如下面的清单 3.6 就使用了这种语法。

清单 3.6　比较箭头函数和函数表达式

```
var greet = name => "Greetings " + name;      ◁——定义箭头函数
assert(greet("Oishi") === "Greetings Oishi", "Oishi is properly greeted");

var anotherGreet = function(name){
  return "Greetings " + name;                           定义函数表达式
};
assert(anotherGreet("Oishi") === "Greetings Oishi",
       "Again, Oishi is properly greeted");
```

稍作欣赏，使用箭头函数的代码即简洁又清楚。这是箭头函数的最简语法，但一般情况下，箭头函数会被定义成两种方式，如图 3.6 所示。

如你所见，箭头函数的定义以一串可选参数名列表开头，参数名以逗号分隔。如果没有参数或者多于一个参数，参数列表就必须包裹在括号内。但如果只有一个参数，括号就不是必需的。参数列表之后必须跟着一个胖箭头符号，以此向我们和 JavaScript 引擎指示当前处理的是箭头函数。

胖箭头操作符后面有两种可选方式。如果要创建一个简单函数，那么可以把表达式放在这里（可以是数学运算、其他的函数调用等），则该函数的返回值即为此表达式的返回值。例如，第一个箭头函数的示例如下：

```
var greet = name => "Greetings " + name;
```

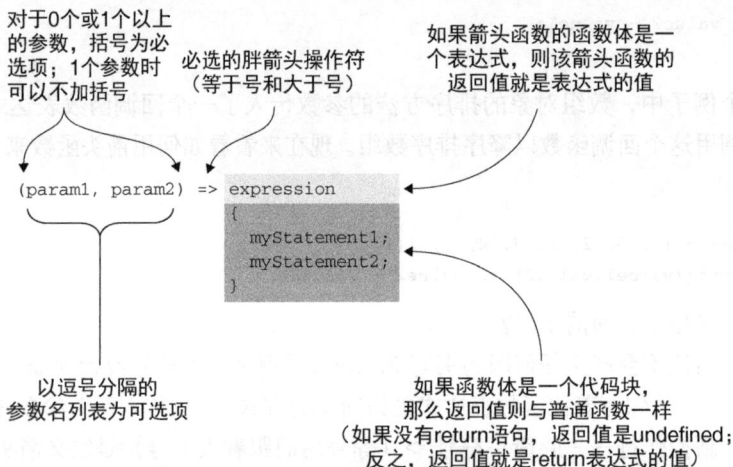

图 3.6　箭头函数的语法

　　这个箭头函数的返回值是字符串"Greetings"和参数 name 的结合。在其他案例中，当箭头函数没那么简单从而需要更多代码时，箭头操作符后则可以跟一个代码块，例如：

```
var greet = name => {
  var helloString = 'Greetings ';
  return helloString + name;
};
```

　　这段代码中箭头函数的返回值和普通函数一样。如果没有 return 语句，返回值是undefined；反之，返回值就是 return 表达式的值。

　　在本书中我们会多次回顾箭头函数。除此之外，我们还会展示箭头函数的一些额外功能，它能帮助我们规避一些在很多标准函数中可能遇到的难以捉摸的缺陷。箭头函数和很多其他函数一样，可以通过接收参数来执行任务。接下来看看当向函数内传入参数后，该参数值发生了什么。

3.4　函数的实参和形参

　　在讨论函数时，经常使用的术语实参（argument）和形参（parameter）几乎可以互换，就好像它们差不多是同一种事物。但现在正式介绍一下这两者。

- 形参是我们定义函数时所列举的变量。
- 实参是我们调用函数时所传递给函数的值。

图 3.7 阐释了它们的不同点。

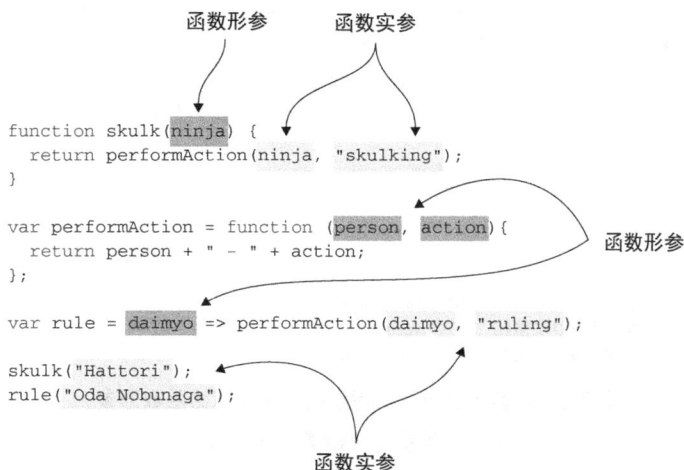

函数形参　　　　函数实参

```
function skulk(ninja) {
  return performAction(ninja, "skulking");
}

var performAction = function (person, action){
  return person + " - " + action;
};                                                      函数形参

var rule = daimyo => performAction(daimyo, "ruling");
skulk("Hattori");
rule("Oda Nobunaga");
```

函数实参

图 3.7　函数形参和函数实参的不同点

如你所见，函数形参是在函数定义时指定的，而且所有类型的函数都能有形参。

- 函数声明（skulk 函数的 ninja 形参）。
- 函数表达式 （performAction 函数的 person 和 action 形参）。
- 箭头函数 （形参 daimyo）。

从另一方面说，实参则与函数的调用相联系。它们是函数调用时所传给函数的值。

- 字符串 Hattori 以函数实参的形式传递给函数 skulk。
- 字符串 Oda Nobunaga 以函数实参的形式传递给函数 rule。
- skulk 函数的形参 ninja 作为实参传递给函数 performAction。

当函数调用时提供了一系列实参，这些实参就会以形参在函数中定义的顺序被赋值到形参上。第一个实参赋值到第一个形参，第二个实参赋值到第二个形参上，以此类推。

实参的数量大于形参的数量时并不会抛出错误。这种问题 JavaScript 处理得很好，如图 3.8 所示，它会用以下步骤解决。如果实参的数量大于形参，那么额外的实参不会赋值给任何形参。

图 3.8 中，如果用 practice("Yoshi", "sword", "shadow sword", "katana")调用函数 practice，实参 Yoshi、sword 和 shadow sword 会被相应的赋值给形参 ninja、weapon 和 technique。

实参"Yoshi"赋值给了形参ninja
实参"sword"赋值给了形参weapon
实参"shadow sword"赋值给了形参technique

额外的实参不会
赋值给形参

```
practice ("Yoshi", "sword", "shadow sword", "katana");

function practice (ninja, weapon, technique) { … }

practice ("Yoshi");
```

实参"Yoshi"赋值给了形参ninja
undefined赋值给了形参weapon
undefined赋值给了形参technique

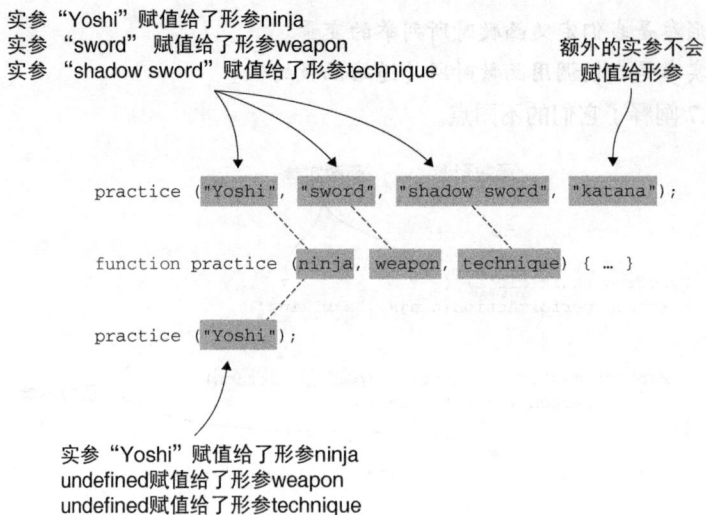

图 3.8　实参以函数形参指定的顺序赋值给函数形参，
额外的实参不会赋值给任何形参

实参 katana 是一个额外的参数，它不会被赋值给任何形参。下一章中，你将能看到，尽管有些实参没有被分配给某个形参名，但依然有一种获取它们的方式。

反之，如果形参的数量大于实参，那么那些没有对应实参的形参则会被设为 undefined。例如，如果调用了 practice("Yoshi")，形参 ninja 就会被赋值为"Yoshi"，而形参 weapon 和 technique 就会被置为 undefined。

函数形参与实参这个问题与 JavaScript 本身的历史一样古老，现在开始探索 ES6 所赋予的 JavaScript 新特性：剩余参数和默认参数吧！

3.4.1　剩余参数

注意　剩余参数已被加入 ES6 标准（浏览器兼容性可见 http://mng.bz/3go1）。

下一个例子中，我们会构建一个函数，它会将第一个参数与余下参数中最大的数相乘。这个例子可能并不特别适用于我们的应用，然而这个例子可能为函数中参数处理提供了一种技术。

这个过程看起来够简单的了：拿到第一个参数的值并与余下参数中最大的数做乘法。在旧版本的 JavaScript 中，这个过程可能需要某种变通方案（第 4 章会做介绍）。幸运的是，在 ES6 中不需要跳过什么限制。正如清单 3.7 所示，可以使用剩余参数(rest parameters)。

清单 3.7 使用剩余参数

```
function multiMax(first, ...remainingNumbers) {
  var sorted = remainingNumbers.sort(function(a, b) {      剩余参数以…作前缀
    return b - a;                                          以降序排序余下参数
  });
  return first * sorted[0];
}
assert(multiMax(3, 1, 2, 3) == 9,                          函数调用方式和其他
    "3*3=9 (First arg, by largest.)");                     函数类似
```

为函数的最后一个命名参数前加上省略号（...）前缀，这个参数就变成了一个叫作剩余参数的数组，数组内包含着传入的剩余的参数。

```
function multiMax(first, ...remainingNumbers){
  ...
}
```

例如，本例中用 4 个参数调用了 multiMax 函数，即 multi Max(3, 1, 2, 3)。在 multiMax 函数体内，第一个参数的值 3 被赋值给了第一个函数 multiMax 形参 first。由于函数的第二个参数是剩余参数，故所有的剩余参数（1，2，3）都被放在一个新的数组 remainingNumbers 里。通过降序排列这个数组（可以看到为数组排序是很简单的）并取得排序后数组的第一个值即最大值（这种方法与找最大值的最高效算法差距还很大，但为什么不利用本章前面讲到的技巧呢？）。

注意 只有函数的最后一个参数才能是剩余参数。试图把省略号放在不是最后一个形参的任意形参之前都会报错，错误以 SyntaxError: parameter after rest parameter 的形式展现。

3.4.2 默认参数

注意 默认参数已被加入 ES6 标准（浏览器兼容性可见 http://mng.bz/wI8w）。

许多网页的 UI 组件（尤其是 jQuery 插件）都能被配置。例如，如果正在开发一个轮播组件，我们可能会给用户提供一个选项，用于指定某个项目多久会被另一个项目替代，以及一段在变化发生时间段内的动画。与此同时，可能某些用户并不关心这些问题，而且无论我们提供什么选项他们都乐于使用。对于这类场景，默认参数是完美选择。

对那类几乎每次函数调用都会用同样参数的场景来说，这个轮播组件小示例仅仅是一个特殊的案例。可以想象一个简单的例子：大部分“忍者”常常是偷偷摸摸地潜行 (skulking)，但 Yagyu 只喜欢简简单单地潜行(sneaking)：

```
function performAction(ninja, action) {
  return ninja + " " + action;
```

```
}
performAction("Fuma", "skulking");
performAction("Yoshi", "skulking");
performAction("Hattori", "skulking");
performAction("Yagyu", "sneaking");
```

　　每次重复相同的参数 skulking 是不是看起来相当无聊，而且仅仅是因为顽固的 Yagyu 拒绝像正常"忍者"一样行动？

　　在其他编程语言中，这个问题最常用的解决方式是函数重载（再定义一个名字相同但参数不同的函数）。遗憾的是，JavaScript 不支持函数重载，所以当在过去面临这个问题的时候，开发者通常采用清单 3.8 中所示的方法。

清单 3.8　ES6 之前处理默认参数的方式

如果参数 action 的值是 undefined，我们就是用默认参数 skulking，反之，保留参数原来的值

```
function performAction(ninja, action) {
    action = typeof action === "undefined" ? "skulking" : action;
    return ninja + " " + action;
}
assert(performAction("Fuma") === "Fuma skulking",
        "The default value is used for Fuma");

assert(performAction("Yoshi") === "Yoshi skulking",
        "The default value is used for Yoshi");

assert(performAction("Hattori") === "Hattori skulking",
        "The default value is used for Hattori");

assert(performAction("Yagyu", "sneaking") === "Yagyu sneaking",
        "Yagyu can do whatever he pleases, even sneak!");
```

我们没有为第二个参数 action 传值；action 参数的值就被默认置为 skulking

为形参 action 传递一个字符串值；函数主体中会使用这个值

　　本例中定义了一个函数 performAction，该函数会检查参数 action 的值是否为 undefined（通过使用 typeof 运算符），如果是，action 的值就会被设置为 skulking。如果函数调用的时候提供了 action 的值（此时其值不会等于 undefined），则保留该值。

注意　typeof 操作符返回一个字符串用于表明操作数的类型。如果该操作数未定义（例如，没为一个函数形参提供相应的实参），那么 typeof 操作返回的值即字符串 undefined。

　　由于这种常见的模式书写起来很冗长、令人乏味，所以 ES6 标准中支持了默认参数，

如清单 3.9 所示。

清单 3.9　ES6 中处理默认参数的方式

```
function performAction(ninja, action = "skulking"){          ES6中可以为函数的形参
    return ninja + " " + action;                              赋值
}

assert(performAction("Fuma") === "Fuma skulking",
    "The default value is used for Fuma");
                                                              若没传入值，则使用
assert(performAction("Yoshi") === "Yoshi skulking",          默认参数
    "The default value is used for Yoshi");

assert(performAction("Hattori") === "Hattori skulking",
    "The default value is used for Hattori");

assert(performAction("Yagyu", "sneaking") === "Yagyu sneaking",
    "Yagyu can do whatever he pleases, even sneak!");
                                                              使用了传入的参数
```

从这个例子中可以看到 JavaScript 默认参数的语法。创建默认参数的方式是为函数的形参赋值。

```
function performAction(ninja, action = "skulking"){
    return ninja + " " + action;
}
```

随后，当函数调用后相应的参数都被赋予了默认值：Fuma、Yoshi 和 Hattori。

```
assert(performAction("Fuma") === "Fuma skulking",
    "The default value is used for Fuma");

assert(performAction("Yoshi") === "Yoshi skulking",
    "The default value is used for Yoshi");

assert(performAction("Hattori") === "Hattori skulking",
    "The default value is used for Hattori");
```

反之，如果指定了实参的值，参数则会被覆盖：

```
assert(performAction("Yagyu", "sneaking") === "Yagyu sneaking",
    "Yagyu can do whatever he pleases, even sneak!");
```

可以为默认参数赋任何值，它既可以是数字或者字符串这样的原始类型，也可以是对象、数组，甚至函数这样的复杂类型。每次函数调用时都会从左到右求得参数的值，

并且当对后面的默认参数赋值时可以引用前面的默认参数，如清单 3.10 所示。

```
function performAction(ninja, action = "skulking",
                       message = ninja + " " + action) {
  return message;
}

assert(performAction("Yoshi") === "Yoshi skulking", "Yoshi is skulking");
```

> 我们可以把任意表达式作为默认参数值，在这个过程中甚至可以引用前面的参数

　　尽管 JavaScript 提供了这样的功能，我们依然强烈建议您在使用的时候要小心。在我们看来，它不能提高代码的可读性，故而无论何时都需要避免这种写法。不过适当地使用默认参数——避免空值，或作为配置函数的简单标记能够带来简洁优雅的代码。

3.5　小结

- 把 JavaScript 看作函数式语言你就能书写复杂代码。
- 作为第一类对象，函数和 JavaScript 中其他对象一样。类似于其他对象类型，函数具有以下功能。
  - ◆ 通过字面量创建。
  - ◆ 赋值给变量或属性。
  - ◆ 作为函数参数传递。
  - ◆ 作为函数的结果返回。
  - ◆ 赋值给属性和方法。
- 回调函数是被代码随后"回来调用"的函数，它是一种很常用的函数，特别是在事件处理场景下。
- 函数具有属性，而且这些属性能够被存储任何信息，我们可以利用这个特性来做很多事情；例如：
  - ◆ 可以在函数属性中存储另一个函数用于之后的引用和调用。
  - ◆ 可以用函数属性创建一个缓存（记忆），用于减少不必要的计算。
- 有很多不同类型的函数：函数声明、函数表达式、箭头函数以及函数生成器等。
- 函数声明和函数表达式是两种最主要的函数类型。函数声明必须具有函数名，在代码中它也必须作为一个独立的语句存在。函数表达式可以不必有函数名，但此时它就必须作为其他语句的一部分。
- 箭头函数是 JavaScript 的一个新增特性，这个特性让我们可以使用更简洁的方式

来定义函数。

- 形参是函数定义时列出的变量，而实参是函数调用时传递给函数的值。
- 函数的形参列表和实参列表长度可以不同。
  - ◆ 未赋值的形参求值得到 undefined。
  - ◆ 传入的额外实参不会被赋给任何一个命名形参。
- 剩余参数和默认参数是 JavaScript 的新特性。
  - ◆ 剩余参数——不与任何形参名相匹配的额外实参可以通过剩余参数来引用。
  - ◆ 默认参数——函数调用时，若没传入参数，默认参数可以给函数提供缺省的参数值。

3.6 练习

1. 下面的代码片段中，哪个函数是回调函数?

```
numbers.sort(function sortAsc(a, b) {
  return a- b;
});


function ninja() {}
ninja();


var myButton = document.getElementById("myButton");
myButton.addEventListener("click", function handleClick() {
  alert("Clicked");
});
```

2. 阅读下面的代码片段，根据函数类型进行分类（函数声明、函数表达式和箭头函数）。

```
numbers.sort(function sortAsc(a, b) {
  return a- b;
});

numbers.sort((a, b) => b- a);

(function() {})();

function outer() {
  function inner() {}
  return inner;
}

(function() {}());
```

```
(() => "Yoshi")();
```

3．执行了如下的代码片段后，变量 samurai 和 ninja 的值分别是什么？

```
var samurai = (() => "Tomoe")();
var ninja = (() => { "Yoshi" })();
```

4．对于如下两次函数调用，参数 test 函数的函数体内 a、b、c 的值分别是什么？

```
function test(a, b, ...c){ /*a, b, c*/}

test(1, 2, 3, 4, 5);
test();
```

5．在执行了如下代码段后，变量 message1 和 message2 的值分别是什么？

```
function getNinjaWieldingWeapon(ninja, weapon = "katana"){
  return ninja + " " + weapon;
}
var message1 = getNinjaWieldingWeapon("Yoshi");
var message2 = getNinjaWieldingWeapon("Yoshi", "wakizashi");
```

第 4 章　函数进阶：理解函数调用

本章包括以下内容：
- 函数中两个隐含的参数：arguments 和 this
- 调用函数的不同方式
- 处理函数上下文的问题

在上一章中，我们已经了解了 JavaScript 是一种函数式的编程语言，探讨了函数实参和函数形参之间的差别，以及函数实参如何转换赋值给函数形参。

本章的结构有些类似，首先讨论在前面章节中提到的两个概念：隐式的函数参数 this 和 arguments。两者会被静默地传递给函数，并且可以像函数体内显式声明的参数一样被正常访问。

参数 this 表示被调用函数的上下文对象，而 arguments 参数表示函数调用过程中传递的所有参数。这两个参数在 JavaScript 代码中至关重要。参数 this 是 JavaScript 面向对象编程的基本要素之一，通过 arguments 参数我们可以访问函数调用过程中传递的实际参数。正因如此，接下来会探讨这些隐式参数的常见误区。

然后将介绍 JavaScript 中函数调用的不同方式。调用函数的方式对函数的隐式参数有很大的影响。

最后，将通过了解与函数上下文相关的 this 参数的一些常见问题来结束本章，不用多言，让我们开始吧！

你知道吗？
- 为什么 this 参数表示函数上下文？
- 函数（function）和方法（method）之间有什么区别？
- 如果一个构造函数显式地返回一个对象会发生什么？

4.1　使用隐式函数参数

在前边的章节中，我们探讨了函数形参（函数定义时定义的一部分变量）和函数实参（调用函数时传递给函数的值）之间的差异。但我们并没有提到除了在函数定义中显式声明的参数之外，函数调用时还会传递两个隐式的参数：arguments 和 this。

这些隐式参数在函数声明中没有明确定义，但会默认传递给函数并且可以在函数内正常访问。在函数内可以像其他明确定义的参数一样引用它们。接下来依次介绍这些隐式参数。

4.1.1　arguments 参数

arguments 参数是传递给函数的所有参数集合。无论是否有明确定义对应的形参，通过它我们都可以访问到函数的所有参数。借此可以实现原生 JavaScript 并不支持的函数重载特性，而且可以实现接收参数数量可变的可变函数。其实，借助第 3 章中介绍过的剩余参数（rest parameter），对 arguments 参数的需求已经大大减少了。尽管如此，理解 arguments 参数的工作原理依然很重要，因为在处理旧代码的时候势必还会涉及。

arguments 对象有一个名为 length 的属性，表示实参的确切个数。通过数组索引的方式可以获取单个参数的值，例如，arguments[2]将获取第三个参数。具体的使用方式可以参考下面的清单 4.1 程序示例。

清单 4.1　使用 arguments 参数

```
function whatever(a, b, c) {          ◁── 声明一个函数，具有 3 个
                                          形参：a、b、c
  assert(a === 1, 'The value of a is 1');
  assert(b === 2, 'The value of b is 2');    值的准确性校验
  assert(c === 3, 'The value of c is 3');

  assert(arguments.length === 5,           共传入 5 个实参
    'We've passed in 5 parameters');
```

```
assert(arguments[0] === a,
  'The first argument is assigned to a');
assert(arguments[1] === b,
  'The second argument is assigned to b');
assert(arguments[2] === c,
  'The third argument is assigned to c');
```

验证传入的前 3 个实参与函数的 3
个形参匹配

```
assert(arguments[3] === 4,
  'We can access the fourth argument');
assert(arguments[4] === 5,
  'We can access the fifth argument');
}
```

验证额外的参数可以通过参数
arguments 获取

```
whatever(1,2,3,4,5);                ◄─── 调用函数时传入 5 个参数
```

即使这里的 whatever 函数只定义了 3 个形参，但在调用的时候传入了 5 个参数：
whatever(1,2,3,4,5)。

```
function whatever(a, b, c) {
  ...
}
```

我们可以通过相应的函数参数 a、b 和 c 访问到前 3 个参数的值：

```
assert(a === 1, 'The value of a is 1');
assert(b === 2, 'The value of b is 2');
assert(c === 3, 'The value of c is 3');
```

我们还可以使用 arguments.length 属性来获取传递给函数的实际参数的个数。

通过数组下标的方式还可以访问到 arguments 参数中的每个参数值。值得注意的是，
这里也包括没有和函数形参相关联的剩余参数。

```
assert(arguments[0] === a, 'The first argument is assigned to a');
assert(arguments[1] === b, 'The second argument is assigned to b');
assert(arguments[2] === c, 'The third argument is assigned to c');
assert(arguments[3] === 4, 'We can access the fourth argument');
assert(arguments[4] === 5, 'We can access the fifth argument');
```

在本节中，我们要跳出思维定式，避免把 arguments 参数当作_数组_。你可能会被
它的用法误导，毕竟它有 length 属性，而且可以通过数组下标的方式访问到每一个元素。
但它并非 JavaScript 数组，如果你尝试在 arguments 对象上使用数组的方法（例如，上一
章中用到的 sort 方法），会发现最终会报错。arguments 对象仅是一个类数组的结构，在
使用中要尤为注意。

正如我们之前所提到的，arguments 对象的主要作用是允许我们访问传递给函数的
所有参数，即便部分参数没有和函数的形参关联也无妨。清单 4.2 展现了如何实现一个

求和函数，来计算任意数量参数的和。

清单 4.2　使用 arguments 参数对所有函数参数执行操作

```
function sum() {    ◁—— 完全没有任何显式定义参数的函数
  var sum = 0;
  for(var i = 0; i < arguments.length; i++){
    sum += arguments[i];                       迭代所有传入参数，然后通过索
  }                                            引标记获取每个元素的值
  return sum;
}
```

```
assert(sum(1, 2) === 3, "We can add two numbers");
assert(sum(1, 2, 3) === 6, "We can add three numbers");     调用函数并传入任意
assert(sum(1, 2, 3, 4) === 10, "We can add four numbers");  数量的参数
```

　　这个例子中我们首先定义了一个没有显式声明任何参数的 sum 函数，尽管如此，我们依然可以通过 arguments 对象访问所有的函数参数。遍历所有的参数即可计算它们的和。

　　大功告成，我们现在可以调用函数并传入任意数量的参数，接着我们通过测试几种情况来看看一切是否正常。这正是 arguments 对象的魅力所在，我们可以通过它编写更多样、更灵活的函数来轻松应对各种不同的情况。

注意　我们之前提到过，在大多数情况下可以使用剩余参数（rest parameter）来代替 arguments 参数。剩余参数是真正的 Array 实例，也就是说你可以在它上面直接使用所有的数组方法。这点相对于 arguments 对象而言是个优势。作为练习可以使用剩余参数代替 arguments 参数对清单 4.2 中的代码进行重写。

　　现在我们已经了解了如何使用 arguments，接下来探讨一些关于它的常见性问题。

arguments 对象作为函数参数的别名

　　arguments 参数有一个有趣的特性：它可以作为函数参数的别名。例如，如果为 arguments[0] 赋一个新值，那么，同时也会改变第一个参数的值。具体可以参见清单 4.3 代码示例。

清单 4.3　arguments 对象作为函数参数的别名

```
function infiltrate(person) {
  assert(person === 'gardener',          检查 person 参数的值等于
    'The person is a gardener');         gardener，并作为第一个参
  assert(arguments[0] === 'gardener',    数被传入
    'The first argument is a gardener');
```

```
    arguments[0] = 'ninja';

    assert(person === 'ninja',
      'The person is a ninja now');
    assert(arguments[0] === 'ninja',
      'The first argument is a ninja');

    person = 'gardener';

    assert(person === 'gardener',
      'The person is a gardener once more');
    assert(arguments[0] === 'gardener',
      'The first argument is a gardener again');
}
```

改变 arguments 对象的值也
会改变相应的形参

这两种方式下，别名都正常
工作了

```
infiltrate("gardener");
```

　　这里可以说明 arguments 对象是如何作为函数参数别名的。我们定义了一个函数
infiltrate，它只接收一个参数 person，接着我们调用它并传入参数 gardener。可以同时通
过函数形参 person 和 arguments 对象访问到参数值 gardener。

```
assert(person === 'gardener', 'The person is a gardener');
assert(arguments[0] === 'gardener', 'The first argument is a gardener');
```

　　因为 arguments 对象是函数参数的别名，所以如果改变了 arguments 对象的值，同时
也会影响对应的函数参数：

```
arguments[0] = 'ninja';

assert(person === 'ninja', 'The person is a ninja now');
assert(arguments[0] === 'ninja', 'The first argument is a ninja');
```

　　反之亦然。如果我们更改了某个参数值，会同时影响参数和 arguments 对象：

```
person = 'gardener';

assert(person === 'gardener',
    'The person is a gardener once more');
assert(arguments[0] === 'gardener',
    'The first argument is a gardener again');
```

避免使用别名

　　将 arguments 对象作为函数参数的别名使用时会影响代码的可读性，因此在
JavaScript 提供的严格模式（strict mode）中将无法再使用它。

严格模式

　　严格模式是在 ES5 中引入的特性，它可以改变 JavaScript 引擎的默认行为并执行更加严格的语法检查，一些在普通模式下的静默错误会在严格模式下抛出异常。在严格模式下部分语言特性会被改变，甚至完全禁用一些不安全的语言特性（后面会详细介绍），其中 arguments 别名在严格模式下将无法使用。

　　一如既往，让我们先看一个例子，详见清单 4.4。

清单 4.4　使用严格模式避免使用 arguments 别名

```
"use strict";                    ◀——— 开启严格模式

function infiltrate(person) {
  assert(person === 'gardener',
    'The person is a gardener');          person 参数和 arguments 的
  assert(arguments[0] === 'gardener',     第一个值开始是相同的
    'The first argument is a gardener');

  arguments[0] = 'ninja';        ◀——— 改变第一个参数

  assert(arguments[0] === 'ninja',
    'The first argument is now a ninja');   第一个参数值被改变了

  assert(person === 'gardener',
    'The person is still a gardener');      person 参数的值没变
}

infiltrate("gardener");
```

　　第一行代码 use strict 是一个简单的字符串。这将告诉 JavaScript 引擎，我们希望将下面的代码在严格模式下执行。在本例中，严格模式将改变程序的执行结果，最终 person 参数的值和 arguments 参数的第一个值将不再相同。

```
assert(person === 'gardener', 'The person is a gardener');
assert(arguments[0] === 'gardener', 'The first argument is a gardener');
```

　　但与非严格模式不同的是，这一次 arguments 对象将不再作为参数的别名。如果想通过 arguments[0] = 'ninja'改变第一个参数的值，这将不会同时改变 person 参数：

```
assert(arguments[0] === 'ninja', 'The first argument is now a ninja');
assert(person === 'gardener', 'The person is still a gardener');
```

　　我们将在本书后面继续讨论 arguments 对象，但现在先把注意力放在更有趣的 this 参数上。

4.1.2 this 参数：函数上下文

当调用函数时，除了显式提供的参数外，this 参数也会默认地传递给函数。this 参数是面向对象 JavaScript 编程的一个重要组成部分，代表函数调用相关联的对象。因此，通常称之为函数上下文。

函数上下文是来自面向对象语言（如 Java）的一个概念。在这些语言中，this 通常指向定义当前方法的类的实例。

但是要小心！正如接下来要提到的，在 JavaScript 中，将一个函数作为方法(method)调用仅仅是函数调用的一种方式。事实上，this 参数的指向不仅是由定义函数的方式和位置决定的，同时还严重受到函数调用方式的影响。真正理解 this 参数是面向对象 JavaScript 编程的基础，接下来我们将了解调用函数的不同方式。你会发现它们之间的主要区别在于 this 值的不同。在后面的几章中我们将花大篇幅详细介绍函数上下文，因此如果现在还不太明白也不必太担心。

4.2 函数调用

我们都调用过 JavaScript 函数，但你是否曾经想过一个函数被调用的时候真正发生了什么？事实上，函数的调用方式对函数内代码的执行有很大的影响，主要体现在 this 参数以及函数上下文是如何建立的。这点尤为重要。我们将在本节中进行介绍，并在本书剩余部分中使用它来帮助将代码提升到"忍者"级别。

我们可以通过 4 种方式调用一个函数，每种方式之间有一些细微差别。

- 作为一个函数(function)——skulk()，直接被调用。
- 作为一个方法(method)——ninja.skulk()，关联在一个对象上，实现面向对象编程。
- 作为一个构造函数(constructor)——new Ninja()，实例化一个新的对象。
- 通过函数的 apply 或者 call 方法——skulk.apply(ninja)或者 skulk.call(ninja)。

这里有一个示例：

```
function skulk(name) {}
function Ninja(name) {}


skulk('Hattori');                                    作为函数调用
(function(who){ return who; })('Hattori');


var ninja = {
  skulk: function() {}
};


ninja.skulk('Hattori');          ◁——— 作为 ninja 对象的一个方法调用
```

```
ninja = new Ninja('Hattori');        ◄──── 作为构造函数调用

skulk.call(ninja, 'Hattori');        ◄──── 通过 call 方法调用

skulk.apply(ninja, ['Hattori']);     ◄──── 通过 apply 方法调用
```

　　除了 call 和 apply 的方式外，函数调用的操作符都是函数表达式之后加一对圆括号。让我们从最简单的形式开始探讨——作为函数直接被调用。

4.2.1　作为函数直接被调用

　　作为函数调用？听起来是多么愚蠢，函数当然要被作为函数（function）调用。但实际上，这里我们说的函数"作为一个函数"被调用是为了区别于其他的调用方式：方法、构造函数和 apply/call。如果一个函数没有作为方法、构造函数或者通过 apply 和 call 调用的话，我们就称之为作为函数被直接调用。

　　通过()运算符调用一个函数，且被执行的函数表达式不是作为一个对象的属性存在时，就属于这种调用类型。（当执行的函数表达式是一个对象属性时，属于接下来将要讨论的方法调用类型）这里有一些简单的示例：

```
function ninja() {};        函数定义作为函数被调用
ninja();
```

会被立即调用的函
数表达式，作为函数
被调用
```
var samurai = function(){};
samurai();                      函数表达式作为函数被调用
(function(){}) ()
```

　　当以这种方式调用时，函数上下文（this 关键字的值）有两种可能性：在非严格模式下，它将是全局上下文（window 对象），而在严格模式下，它将是undefined。

　　清单 4.5 的代码演示了在严格模式和非严格模式下函数上下文的不同表现。

清单 4.5　函数调用的方式

```
function ninja() {
  return this;            非严格模式下的函数
}


function samurai() {
  "use strict";
  return this;            严格模式下的函数
}
```

```
assert(ninja() === window,
  "In a 'nonstrict' ninja function, " +
  "the context is the global window object");
```
不出所料,非严格模式下的函数以window对象作为函数上下文

```
assert(samurai() === undefined,
  "In a 'strict' samurai function, " +
  "the context is undefined");
```
严格模式函数则相反,其函数上下文为undefined

注意 很显然,在多数情况下,严格模式比非严格模式更简单易懂。例如,在清单 4.5 中使用的函数调用的方式(而不是作为方法被调用),并没有指定函数被调用的对象。因此在我们看来,this 关键字的确应该被设置为 undefined(在严格模式下),而不应该是全局的 window 对象(在非严格模式下)。一般而言,严格模式修复了很多 JavaScript 中类似的怪异表现。(还记得本章开篇时候提到的参数别名吗?)

你可能写了不少这样的代码,但却没有来得及思考太多。现在让我们进一步了解一下一个函数如何作为方法被调用。

4.2.2 作为方法被调用

当一个函数被赋值给一个对象的属性,并且通过对象属性引用的方式调用函数时,函数会作为对象的方法被调用。示例如下:

```
var ninja = {};
ninja.skulk = function(){};
ninja.skulk();
```

这种情况下函数被称为方法,它有什么有趣或者不同之处吗?如果你有面向对象编程的经历,一定会联想到是否可以在方法内部通过 this 访问到对象主体。这种情况下同样适用。当函数作为某个对象的方法被调用时,该对象会成为函数的上下文,并且在函数内部可以通过参数访问到。这也是 JavaScript 实现面向对象编程的主要方式之一。(构造函数是另外一种方式,我们很快就会提到)

通过清单 4.6 的测试代码来说明函数作为函数调用和作为方法调用的异同点。

清单 4.6 函数调用和方法调用的差别

```
function whatsMyContext() {
  return this;
}
```
返回函数上下文,从而让我们能从函数外面检查函数上下文

变量 getMyThis 得到了函数 whatsMyContext的引用

```
assert(whatsMyContext() === window,
  "Function call on window");
```
作为函数被调用并将其上下文设置为window对象

```
var getMyThis = whatsMyContext;
```

创建一个对象ninja1，
其 属 性 getMyThis 得
到 了 函 数 whatsMy
Context的引用

```
assert(getMyThis() === window,
  "Another function call in window");

var ninja1 = {
  getMyThis: whatsMyContext
};
```

使用变量getMyThis来调用函
数，该函数仍然作为函数被调
用，函数上下文也依然是window
对象

```
assert(ninja1.getMyThis() === ninja1,
  "Working with 1st ninja");

var ninja2 = {
  getMyThis: whatsMyContext
};
```

使用ninja1对象的方法getMyThis
来调用函数。函数上下文现在是
ninja1了。这就是面向对象

创建一个对象ninja2，
其 属 性 getMyThis 得
到 了 函 数 whatsMy
Context的引用

```
assert(ninja2.getMyThis() === ninja2,
  "Working with 2nd ninja");
```

使用ninja2对象的方法getMyThis
来调用函数。函数上下文现在是
ninja2

这段测试代码中设置了一个名为 whatsMyContext 的函数，在整个程序中都将用到它。这个函数的唯一功能就是返回它的函数上下文，这样就可以在函数外部看到调用的函数的上下文。（否则我们将很难知道）

```
function whatsMyContext() {
  return this;
}
```

当直接通过函数名调用，也就是将函数作为函数调用时，因为是在非严格模式下执行，因此预期的函数上下文结果应当是全局上下文（window）。断言如下：

```
assert(whatsMyContext() === window, ...)
```

然后通过变量 getMyThis 创建了 whatsMyContext 函数的一个引用：var getMyThis = whatsMyContext。这样不会重复创建函数的实例，它仅仅是创建了原函数的一个引用（因为函数是第一类对象）。

因为函数调用操作符可以应用于任何表示函数的表达式中，所以可通过变量调用函数，这里再一次将函数作为函数调用。我们预期的函数上下文是 window，断言如下：

```
assert(getMyThis() === window,
      "Another function call in window");
```

现在，假设遇到了一些棘手的问题，需要定义一个名为 ninja1 的对象，并包含一个名为 getMyThis 的属性，属性值为函数 whatsMyContext 的引用。这样我们就在对象上创建了一个名为 getMyThis 的方法。不要认为 whatsMyContext 成为了 ninja1 的一个方法，whatsMyContext 是一个独立的函数，它可以有多种调用方式：

```
var ninja1 = {
  getMyThis: whatsMyContext
};
```

正如之前提到的，当通过方法引用调用函数时，我们期望的函数上下文是该方法所在的对象（在这个例子中是 ninja1），因此断言如下：

```
assert(ninja1.getMyThis() === ninja1,
       "Working with 1st ninja");
```

注意　将函数作为方法调用对于实现 JavaScript 面向对象编程至关重要。这样你就可以通过 this 在任何方法中引用该方法的"宿主"对象——这也是面向对象编程的一个基本概念。

为了印证这一点，我们通过创建一个新的对象 ninja2 来进一步测试，它也包含一个引用了 whatsMyContext 函数的名为 getMyThis 的属性。当我们通过 ninja2 对象调用这个函数时，它的上下文对象即为 ninja2：

```
var ninja2 = {
  getMyThis: whatsMyContext
};
assert(ninja2.getMyThis() === ninja2,
  "Working with 2nd ninja");
```

即使在整个示例中使用的是相同的函数——whatsMyContext，但通过 this 返回的函数上下文依然取决于 whatsMyContext 的调用方式。例如，ninja1 和 ninja2 共享了完全相同的函数，但当执行函数时，该函数可以访问并操作所属对象的其他方法。因此我们不需要创建一个单独的函数副本来操作不同的对象进行相同的处理。这也是面向对象编程的魅力所在。

纵使功能强大，但示例代码中的使用方式依然有一定限制。首先，我们通过创建两个 ninja 对象确实可以共享相同的函数以作为各自的方法，但是针对这些单独的对象和它们的方法，我们会用到一些重复的代码。

这绝不是最佳的实现方式——JavaScript 提供的对象继承机制比例子中简单得多。我们将在第 7 章深入讨论这些功能。但是现在，先来了解一下和函数调用相关的另外一种方式：构造函数（constructor）。

4.2.3 作为构造函数调用

函数作为构造函数调用并没有什么特别之处。构造函数的声明和其他函数类似，通过可以使用函数声明和函数表达式很容易地构造新的对象。唯一的例外是箭头函数，本章后面将会介绍。但无论如何，最主要的区别是调用函数的方式。

若要通过构造函数的方式调用，需要在函数调用之前使用关键字 new。例如，通过构造函数的方式重新调用上一节中提到的函数 whatsMyContext：

```
function whatsMyContext(){ return this; }
```

如果我们想要通过构造函数的方式调用 whatsMyContext，代码需要改写为：

```
new whatsMyContext();
```

但即便可以把 whatsMyContext 作为构造函数调用，它也不是一个特别有用的构造函数。接下来讨论下构造函数的不同之处，之后你就会明白其中的原因。

注意 还记得第 3 章中讨论过的定义函数的一些方法吗？我们介绍了函数声明、函数表达式、箭头函数和生成器函数，同时也提到了函数的构造器，它可以通过字符串来构造一个新的函数。例如：new Function('a','b','return a+b')将创建一个函数，它包含两个形参 a 和 b，函数的返回结果是两者的和。注意不要把这些函数的构造器和构造函数混为一谈！虽然差别很小，但却至关重要。通过函数的构造器我们可以将动态创建的字符串创建为函数。而本节的主题构造函数，是我们用来创建和初始化对象实例的函数。

构造函数的强大功能

将函数作为构造函数调用是 JavaScript 中一个强大的特性，我们将通过清单 4.7 的示例进行探讨。

清单 4.7 使用构造函数来实现通用对象

通过关键字new调用构造函数创建两个新对象，变量ninja1和变量ninja2分别引用了这两个新对象

```
function Ninja() {
  this.skulk = function() {
    return this;
  };
}

var ninja1 = new Ninja();
var ninja2 = new Ninja();

assert(ninja1.skulk() === ninja1,
  "The 1st ninja is skulking");
assert(ninja2.skulk() === ninja2,
  "The 2nd ninja is skulking");
```

构造函数创建一个对象，并在该对象也就是函数上下文上添加一个属性skulk。这个skulk方法再次返回函数上下文，从而能让我们在函数外部检测函数上下文

检测已创建对象中的skulk方法。每个方法都应该返回自身已创建的对象

在这个例子中，我们创建了一个名为 Ninja 的函数作为构造函数。当通过 new 关键字调用时会创建一个空的对象实例，并将其作为函数上下文（this 参数）传递给函数。构造函数中在该对象上创建了一个名为 shulk 的属性并赋值为一个函数，使得该函数成为新创建对象的一个方法。

一般来讲，当调用构造函数时会发生一系列特殊的操作，如图 4.1 所示。使用关键字 new 调用函数会触发以下几个动作。

1．创建一个新的空对象。

2．该对象作为 this 参数传递给构造函数，从而成为构造函数的函数上下文。

3．新构造的对象作为 new 运算符的返回值（除了我们很快要提到的情况之外）。

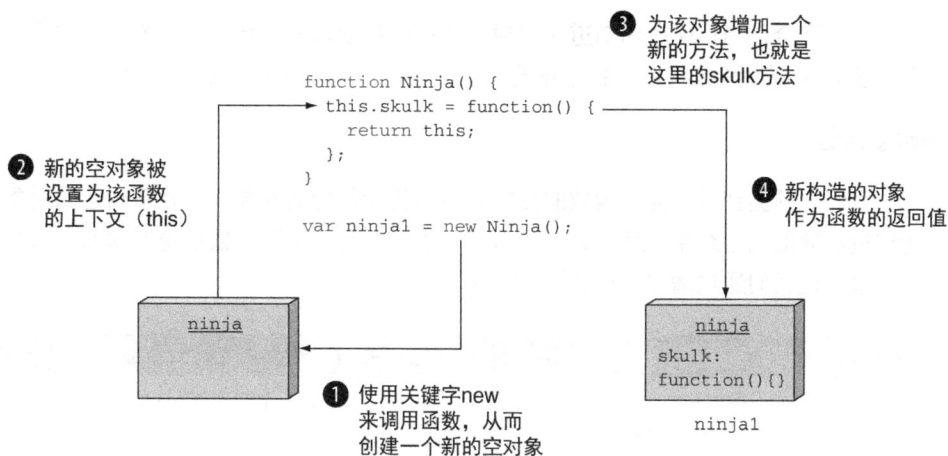

图 4.1　当使用关键字 new 调用函数时，会创建一个空的对象实例并将其设置为
构造函数的上下文（this 参数）

最后两点解释了为什么 new whatsMyContext()中的 whatsMyContext 不适合作为构造函数。构造函数的目的是创建一个新对象，并进行初始化设置，然后将其作为构造函数的返回值。任何有悖于这两点的情况都不适合作为构造函数。

让我们看一个恰当使用构造函数的示例：Ninja，该构造函数初始化 skulk 方法，如清单 4.7 所示。

```
function Ninja() {
  this.skulk = function() {
    return this;
  };
}
```

shulk 方法执行了和 4.2.2 节中 whatsMyContext 相同的操作，返回了函数上下文以便可以在外部进行测试和验证。

通过两次调用定义的构造函数，我们创建了两个新的 Ninja 对象。值得注意的是，调用的返回结果存储在变量中，后续通过这些变量引用新创建的 Ninja 对象。

```
var ninja1 = new Ninja();
var ninja2 = new Ninja();
```

然后运行测试代码，确保每次调用该方法都对预期的对象进行操作：

```
assert(ninja1.skulk() === ninja1,
  "The 1st ninja is skulking");
assert(ninja2.skulk() === ninja2,
  "The 2nd ninja is skulking");
```

结果完全正确！现在你知道如何通过构造函数创建和初始化一个新的对象了。通过关键字 new 调用函数将返回新创建的对象。但接下来确认是否始终如此。

构造函数返回值

我们之前提到过，构造函数的目的是初始化新创建的对象，并且新构造的对象会作为构造函数的调用结果（通过 new 运算符）返回。但当构造函数自身有返回值时会是什么结果？让我们通过清单 4.8 中的示例探讨这种情况。

清单 4.8　返回原始值的构造函数

```
function Ninja() {                    ◄──── 定义一个叫作 Ninja 的构造函数
  this.skulk = function () {
    return true;
  };

  return 1;          ◄──        构造函数返回一个确定的原始类型值，即
}                                数字 1
```

该函数以函数的形式被调用，正如预期，其返回值为数字 1

```
assert(Ninja() === 1,
  "Return value honored when not called as a constructor");

var ninja = new Ninja();          ◄──── 该函数通过 new 关键字以构造函数的形式被调用

assert(typeof ninja === "object",
  "Object returned when called as a constructor");
assert(typeof ninja.skulk === "function",
  "ninja object has a skulk method");
```

测试表明，返回值 1 被忽略了，一个新的被初始化的对象被通过关键字 new 所返回

　　如果执行这段代码，会发现一切正常。事实上，这个 Ninja 函数虽然返回简单的数字 1，但对代码的行为没有显著的影响。如果将 Ninja 作为一个函数调用，的确会返回 1（正如我们预期的），但如果通过 new 关键字将其作为构造函数调用，会构造并返回一个新的 ninja 对象。截至目前，一切正常。

　　但如果尝试做一些改变，一个构造函数返回另一个对象，如清单 4.9 所示。

清单 4.9　显式返回对象值的构造函数

```
var puppet = {                    创建一个全局对象,该对象
  rules: false                    的rules属性设置为false
};


function Emperor() {              尽管初始化了传入的this对
  this.rules = true;              象,返回该全局对象
  return puppet;
}


var emperor = new Emperor();      ◁——— 作为构造函数调用该函数


assert(emperor === puppet,
  "The emperor is merely a puppet!");    测试表明,变量emperor的值为由构造函
assert(emperor.rules === false,          数返回的对象,而不是new表达式所返回
  "The puppet does not know how to rule!");  的对象
```

　　这个示例中采用的方式略有不同。首先创建了一个全局对象，通过 puppet 引用它，并将其包含的 rules 属性设置为 false：

```
var puppet = {
  rules: false
};
```

　　然后定义了一个 Emperor 函数，它会为新构造的对象添加一个 rules 属性并设置为 true。此外，Emperor 函数还有一个特殊点，它返回了全局的 puppet 对象：

```
function Emperor() {
  this.rules = true;
  return puppet;
}
```

　　之后通过关键字 new 将 Emperor 作为构造函数调用：

```
var emperor = new Emperor();
```

　　这里设置了一种模棱两可的情况：新生成的对象会传递给构造函数作为函数上下文 this，同时被初始化。但当我们显式地返回一个完全不同的 puppet 对象时，哪个对象会

最终作为构造函数的返回值呢？

让我们来测试一下：

```
assert(emperor === puppet, "The emperor is merely a puppet!");
assert(emperor.rules === false,
    "The puppet does not know how to rule!");
```

测试结果表明，puppet 对象最终作为构造函数调用的返回值，而且在构造函数中对函数上下文的操作都是无效的。最终返回的将是 puppet。

现在针对这些测试结论作一些总结。

● 如果构造函数返回一个对象，则该对象将作为整个表达式的值返回，而传入构造函数的 this 将被丢弃。

● 但是，如果构造函数返回的是非对象类型，则忽略返回值，返回新创建的对象。

正是由于这些特性，构造函数的写法一般不用于其他函数。接下来进行更详细地探讨。

编写构造函数的注意事项

构造函数的目的是根据初始条件对函数调用创建的新对象进行初始化。虽然这些函数也可以被"正常"调用，或者被赋值为对象属性从而作为方法调用，但这样并没有太大的意义。例如：

```
function Ninja() {
    this.skulk = function() {
      return this;
    };
}
var whatever = Ninja();
```

我们可以将 Ninja 作为一个简单函数调用，如果在非严格模式下调用的话，skulk 属性将创建在 window 对象上——这并非一个十分有效的操作。严格模式下情况会更糟，因为在严格模式下 this 并未定义，因此 JavaScript 应用将会崩溃。但这是好事情，如果在非严格模式下犯这样的错误，很可能被忽略（除非有很好的测试），但在严格模式下则暴露无遗。这也是推荐使用严格模式的一个很好示例。

因为构造函数通常以不同于普通函数的方式编码和使用，并且只有作为构造函数调用时才有意义，因此出现了命名约定来区分构造函数和普通的函数及方法。如果你很有心很可能已经注意到了。

函数和方法的命名通常以描述其行为（skulk、creep、sneak、doSomethingWonderful 等）的动词开头，且第一个字母小写。而构造函数则通常以描述所构造对象的名词命名，并以大写字母开头：Ninja、Samurai、Emperor、Ronin 等。

很显然，通过构造函数我们可以更优雅地创建多个遵循相同模式的对象，而无需一次次重复相同的代码。通用代码只需要作为构造函数的主体写一次即可。在第 7 章中，你将了解到更多关于构造函数的使用以及其他关于 JavaScript 提供的面向对象机制，从而可以更简单地设置对象模式。

函数调用的介绍还没有结束。JavaScript 中还有另一种调用方式，它能够对函数调用细节进行更多的控制。

4.2.4 使用 apply 和 call 方法调用

迄今为止，你应该已经注意到，不同类型函数调用之间的主要区别在于：最终作为函数上下文（可以通过 this 参数隐式引用到）传递给执行函数的对象不同。对于方法而言，即为方法所在的对象；对于顶级函数而言是 window 或者 undefined（取决于是否处于严格模式下）；对于构造函数而言是一个新创建的对象实例。

但是，如果想改变函数上下文怎么办？如果想要显式指定它怎么办？如果……好吧，我们为什么会提出这样的问题？

为了解释我们关心这个能力的原因，先来看一个实例，实例中是一个与事件处理相关的经典错误。现在假设事件被触发，绑定的函数被调用，函数上下文将被设置为事件绑定到的对象。（如果你觉得不好理解也不用担心，在第 13 章中你可以详细地了解事件处理）看看程序清单 4.10。

清单 4.10　为函数绑定特定的上下文

为对象赋值事件处理器的构造函数，该事件处理器反映了按钮的状态。通过这个事件处理器，我们能够跟踪按钮是否被单击

随后会为该按钮附加事件处理器

创建一个用于跟踪按钮是否被单击的实例

单击事件处理器的声明函数。由于该函数是对象的方法，所以在函数中使用 this 来获取对象的引用

在该方法中，我们测试了按钮是否在单击后正确地改变了状态

在按钮上添加单击处理器

```html
<button id="test">Click Me!</button>
<script>
  function Button(){
    this.clicked = false;
    this.click = function(){
      this.clicked = true;
      assert(button.clicked, "The button has been clicked");
    };
  }
  var button = new Button();
  var elem = document.getElementById("test");
  elem.addEventListener("click", button.click);
</script>
```

在这个例子中，我们定义了一个按钮<button id ="test">Click Me!</button>，并且想知道它是否曾被单击过。为了保存单击的状态信息，我们使用构造函数创建一个名为 button 的实例化对象，通过该对象我们可以存储被单击的状态：

```
function Button(){
  this.clicked = false;
  this.click = function() {
    this.clicked = true;
    assert(button.clicked, "The button has been clicked");
  };
}
var button = new Button();
```

在该对象中，我们还定义了一个 click 方法作为单击按钮时触发的事件处理函数。该方法将 clicked 属性设置为 true，然后测试实例化对象中的状态是否正确（我们有意使用 button 标识符而非 this 关键字——毕竟，它们应该具有相同的指向，但事实果真如此吗？）。最后，我们创建了 button.click 方法作为按钮的单击处理函数。

```
var elem = document.getElementById("test");
elem.addEventListener("click", button.click);
```

当我们在浏览器中加载示例代码并单击按钮时，显示结果如图 4.2 所示，包含删除线的文字表示测试失败了。清单 4.10 中的代码之所以测试失败，是由于 click 函数的上下文对象并非像我们预期的一样指向 button 对象。

图 4.2　我们的测试为何失败了？我们对按钮单击状态的改变去哪儿了？通常情况下，事件回调函数的上下文是触发事件的对象(在本例中是 HTML 中的按钮，而非 button 对象)

回想本章前面部分的内容，如果通过 button.click()调用函数，上下文将是按钮，因为函数将作为 button 对象的方法被调用。但在这个例子中，浏览器的事件处理系统将把调用的上下文定义为事件触发的目标元素，因此上下文将是<button>元素，而非 button 对象。所以我们将单击状态设置到了错误的对象上！

　　这是一个令人惊讶的常见问题，本章的后面将会介绍如何避免出现这种情况。现在探讨一下如何解决它：可以使用 apply 和 call 方法显式地设置函数上下文。

使用 apply 和 call 方法

　　JavaScript 为我们提供了一种调用函数的方式，从而可以显式地指定任何对象作为函数的上下文。我们可以使用每个函数上都存在的这两种方法来完成：apply 和 call。

　　是的，我们所指的正是函数的方法。作为第一类对象（顺便说一下，函数是由内置的 Function 构造函数所创建），函数可以像其他对象类型一样拥有属性，也包括方法。

　　若想使用 apply 方法调用函数，需要为其传递两个参数：作为函数上下文的对象和一个数组作为函数调用的参数。call 方法的使用方式类似，不同点在于是直接以参数列表的形式，而不再是作为数组传递。

　　清单 4.11 演示了这两种方法的实际使用方式。

清单 4.11　使用 apply 和 call 方法来设置函数上下文

```
function juggle() {
  var result = 0;
  for (var n = 0; n < arguments.length; n++) {
    result += arguments[n];
  }
  this.result = result;
}

var ninja1 = {};
var ninja2 = {};

juggle.apply(ninja1,[1,2,3,4]);
juggle.call(ninja2, 5,6,7,8);

assert(ninja1.result === 10, "juggled via apply");
assert(ninja2.result === 26, "juggled via call");
```

这些对象的初始值为空，它们会作为测试对象

函数"处理"了参数，并将结果result变量放在任意一个作为该函数上下文的对象上

使用apply方法向ninja1传递一个参数数组

使用call方法向ninja2传递一个参数列表

测试展现了传入juggle方法中的对象拥有了结果值

　　在这个例子中，我们定义了一个名为 juggle 的函数，函数的作用是将所有的参数加在一起并存储在函数上下文的 result 属性中（通过 this 关键字引用）。看起来似乎是一个不太实用的函数，但它能够帮助我们验证函数的传参是否正确，以及哪个对象最终作为函数上下文。

　　然后设置两个对象：ninja1 和 ninja2，我们将使用这两个对象作为函数上下文，将第一个对象连同一个参数数组一起传递给函数的 apply 方法，将第二个对象连同一个参数列表传递给函数的 call 方法：

```
juggle.apply(ninja1,[1,2,3,4]);
juggle.call(ninja2, 5,6,7,8);
```

　　值得注意的是，apply 和 call 之间唯一的不同之处在于如何传递参数。在使用 apply 的情况下，我们使用参数数组；在使用 call 的情况下，我们则在函数上下文之后依次列出调用参数，如图 4.3 所示。

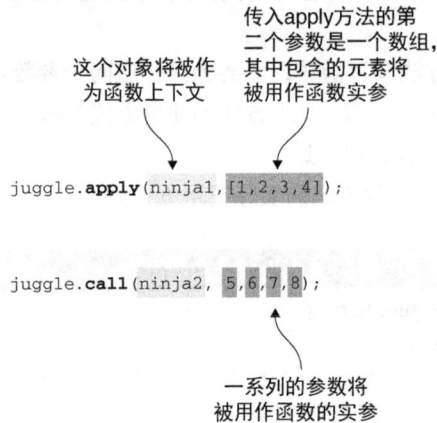

图 4.3　传入 call 和 apply 方法的第一个参数都会被作为函数上下文，不同处在于后续的参数。apply 方法只需要一个额外的参数，也就是一个包含参数值的数组；call 方法则需要传入任意数量的参数值，这些参数将用作函数的实参

　　现在已经提供了函数上下文和参数，接下来继续测试！首先，检查传递给 apply 方法的 ninja1 对象，它应该拥有一个 result 属性，并存储了所有参数(1,2,3,4)的和。同样，传递给 call 方法的 ninja2 对象的 result 属性值应该等于参数 5、6、7、8 的和：

```
assert(ninja1.result === 10, "juggled via apply");
assert(ninja2.result === 26, "juggled via call");
```

　　图 4.4 针对程序清单 4.11 做了更详尽的解释。

　　call 和 apply 这两个方法对于我们要特殊指定一个函数的上下文对象时特别有用，在执行回调函数时可能会经常用到。

```
function juggle() {
  var result = 0;
  for (var n = 0; n < arguments.length; n++){
    result += arguments[n];
  }
  this.result = result;
}

var ninja1 = {};
var ninja2 = {};
```

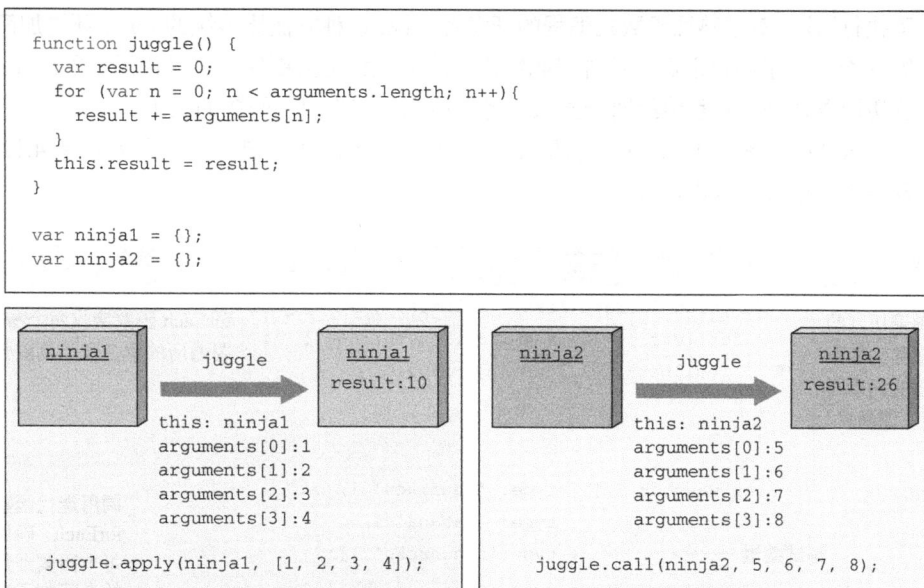

图 4.4 程序清单 4.11 中使用 call 和 apply 方法手动设置函数上下文，产生
函数上下文(this)与 arguments

强制指定回调函数的函数上下文

让我们来看一个具体的例子，将函数上下文强制设置为指定的对象。我们将使用一个简单的函数对数组的每个元素执行相应的操作。

在命令式编程中，常常将数组传给函数，然后使用 for 循环遍历数组，再对数组的每个元素执行具体操作：

```
function(collection) {
  for (var n = 0; n < collection.length; n++) {
    /* do something to collection[n] */
  }
}
```

而函数式方法创建的函数只处理单个元素：

```
function(item){
  /* do something to item */
}
```

二者的区别在于是否将函数作为程序的主要组成部分。也许你会认为这么做毫无意义，仅仅只是删除 for 循环，也没有对示例做任何优化。

为了实现更加函数式的风格，所有数组对象均可使用 forEach 函数，对每个数组元素执行回调。对于熟悉函数式编程的开发者来说，这种方法比传统的 for 循环更加简洁。
第 5 章阐述了闭包之后，这种代码组织方式的优势也会更加明显（代码复用）。forEach
遍历函数将每个元素传给回调函数，将当前元素作为回调函数的上下文。

　　虽然所有现代 JavaScript 引擎支持数组使用 forEach 方法，但我们在清单 4.12 中实
现一个简化版的迭代函数。

清单 4.12 实现 forEach 迭代方法展示如何设置函数上下文

当前遍历到的
元素作为函数
上下文调用回
调函数 →

```
function forEach(list, callback) {//  ◄──
  for (var n = 0; n < list.length; n++){
    callback.call(list[n], n);//
  }
}

var weapons = [ { type: 'shuriken' },
                { type: 'katana' },
                { type:'nunchucks' }];
```

测试数组 ──→

forEach 函数接收两个参数：需
要遍历的集合和回调函数

调用迭代函数
forEach，确保
每个回调函数
的上下文正确

```
forEach(weapons, function(index){
    assert(this === weapons[index],
            "Got the expected value of " + weapons[index].type);
});
```

　　迭代函数接收需要遍历的目标对象数组作为第一个参数，回调函数作为第二个参数。
迭代函数遍历数组，对每个数组元素执行回调函数：

```
function forEach(list,callback) {
  for (var n = 0; n < list.length; n++) {
    callback.call(list[n], n);
  }
}
```

　　使用 call 方法调用回调函数，将当前遍历到的元素作为第一个参数，循环索引作为
第二个参数，使得当前元素作为函数上下文，循环索引作为回调函数的参数。

　　执行测试时，设置一个简单的数组 weapons，然后调用 forEach 函数，传入数组及
回调函数：

```
forEach(weapons, function(index){
  assert(this === weapons[index],
        "Got the expected value of " + weapons[index].type);
});
```

　　从图 4.5 中可以看到，函数运行得很完美。

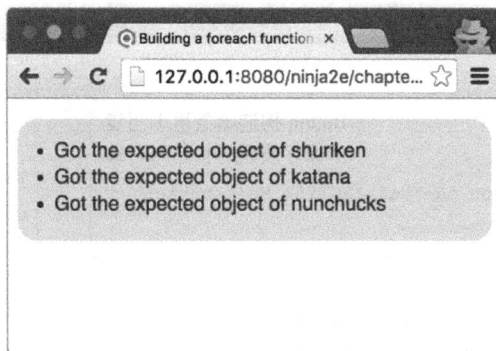

图 4.5 测试结果表明可以将回调函数的上下文设置为任意对象

在生产环境实现这类函数还需要做一些处理。例如，若传入的第一个参数不是数组该如何处理？若第二个参数不是函数该如何处理？如何允许调用者随时中断循环？作为练习，可以增加函数来处理这些情况。另一个练习任务是，允许调用者向回调函数传入除索引外的任意数量的参数。

apply 与 call 的功能类似，但问题是在二者中如何选择？答案与许多其他问题的答案是相似的：选择任意可以精简代码的方法。更实际的答案是选择与现有参数相匹配的方法。如果有一组无关的值，则直接使用 call 方法。若已有参数是数组类型，apply 方法是更佳选择。

4.3 解决函数上下文的问题

在前一节中，讨论了处理 JavaScript 函数上下文时可能遇到的一些问题。在回调函数中（例如事件处理器），函数上下文与预期不符，但可以使用 call 或 apply 方法绕过。在本节中，我们看看另外两个选择：箭头函数和 bind 方法，在一些情况下可以更优雅地实现相同的效果。

4.3.1 使用箭头函数绕过函数上下文

在第 3 章中介绍到箭头函数相比于传统的函数声明和函数表达式，可以更优雅地创建函数。箭头函数作为回调函数还有一个更优秀的特性：箭头函数没有单独的 this 值。箭头函数的 this 与声明所在的上下文的相同。让我们回顾一下按钮点击的清单 4.13。

清单 4.13　使用箭头函数解决回调函数上下文问题

事件处理的
按钮元素

Button 构造函数用于创建
保存按钮的状态的对象

声明用于以下点击事件
的箭头函数。因为 click
是对象的方法，我们在函
数内部使用 this 获得对象
的引用

在函数内，验证点
击之后按钮的状
态发生改变

在按钮上监听点击事件

```
<button id="test">Click Me!</button>
<script>
  function Button(){
    this.clicked = false;
    this.click = () => {
      this.clicked = true;
      assert(button.clicked,"The button has been clicked");//
    };
  }
  var button = new Button();
  var elem = document.getElementById("test");
  elem.addEventListener("click", button.click);
</script>
```

与程序清单 4.10 的唯一区别是，清单 4.13 中使用了箭头函数：

```
this.click = () => {
  this.clicked = true;
  assert(button.clicked, "The button has been clicked");
};
```

代码运行后的结果如图 4.6 所示。

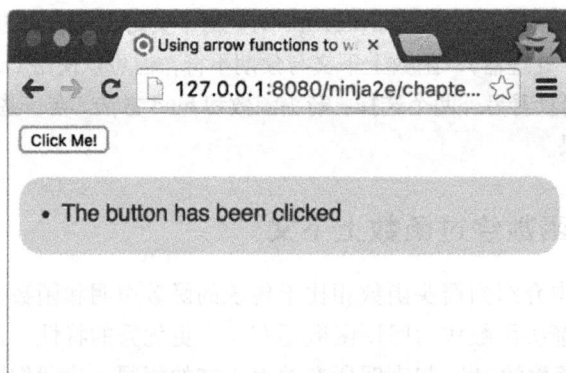

图 4.6　箭头函数自身不含上下文，从定义时的所在函数继承上下文。
箭头回调函数内的 this 指向按钮对象

如你所见，一切运行正常，按钮对象保持点击状态。在 Button 构造函数内部使用箭
头函数作为单击事件的处理方法：

```
function Button(){
    this.clicked = false;
    this.click = () => {
      this.clicked = true;
      assert(button.clicked, "The button has been clicked");
    };
}
```

调用箭头函数时，不会隐式传入 this 参数，而是从定义时的函数继承上下文。在本例中，箭头函数在构造函数内部，this 指向新创建的对象本身，因此无论何时调用 click 函数，this 都将指向新创建的 button 对象。

警告：箭头函数和对象字面量

由于 this 值是在箭头函数创建时确定的，所以会导致一些看似奇怪的行为。回到按钮单击示例中，因为只有一个按钮，因此可以假设不需要构造函数。直接使用对象字面量，如清单 4.14 所示。

清单 4.14 箭头函数与对象字面量

使用对象字面量定义 button
```
<button id="test">Click Me!</button>
<script>
  assert(this === window, "this === window");   ◄──── 全局代码中的this指向全局 window 对象
  var button = {
    clicked: false,
    click: () => {                              ◄──── 箭头函数是对象字面量的属性
      this.clicked = true;
```
验证是否单击按钮
```
      assert(button.clicked,"The button has been clicked");
      assert(this === window, "In arrow function this === window");◄──
```
clicked 属性存储在 window 对象上
```
      assert(window.clicked, "clicked is stored in window");
    }
  }
```
箭头函数中的this指向全局window对象
```
  var elem = document.getElementById("test");
  elem.addEventListener("click", button.click);
</script>
```

运行程序清单 4.14，我们将会感到失望，因为 button 对象无法跟踪 clicked 的状态。如图 4.7 所示。

我们在代码中定义一些断言会有帮助。例如，在全局代码中编写如下代码确认 this 的值：

```
assert(this === window, "this === window");
```

断言通过，因此可以确定全局代码中的 this 指向全局 window 对象。

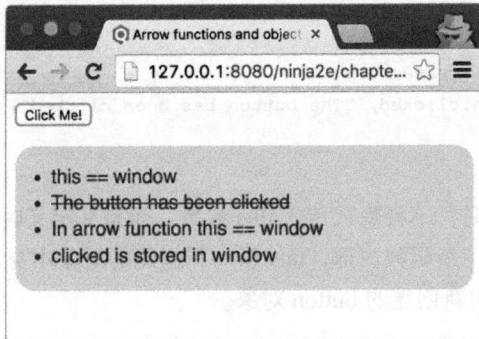

图 4.7　在全局代码中定义对象字面量，在字面量中定义箭头函数，
那么箭头函数内的 this 指向全局 window 对象

在 button 对象字面量中 click 属性是箭头函数：

```
var button = {
  clicked: false,
  click: () => {
    this.clicked = true;
    assert(button.clicked,"The button has been clicked");
    assert(this === window, "In arrow function this === window");
    assert(window.clicked, "Clicked is stored in window");
  };
}
```

回顾一下规则：箭头函数在创建时确定了 this 的指向。由于 click 箭头函数是作为对象字面量的属性定义的，对象字面量在全局代码中定义，因此，箭头函数内部 this 值与全局代码的 this 值相同。代码清单中第一句断言：

```
assert(this === window, "this === window");
```

可以看出全局代码的 this 指向全局 window 对象。因此，clicked 属性被定义在全局 window 对象上，而不在 button 对象上。最后断言可以确定 clicked 属性赋值在 window 对象上：

```
assert(window.clicked, "Clicked is stored in window");
```

如果忘记箭头函数的副作用可能会导致一些 bug，需要特别小心！

我们已经看到箭头函数可以规避函数上下文的问题，继续看另一种解决方案。

4.3.2 使用 bind 方法

在本章中，你已学会了每个函数都必须访问的两个方法：call 与 apply。你还学习了如何使用它们控制调用函数的上下文及参数。

除此之外，函数还可访问 bind 方法创建新函数。无论使用哪种方法调用，bind 方法创建的新函数与原始函数的函数体相同，新函数被绑定到指定的对象上。再次回顾按钮单击事件处理的问题。

清单 4.15 在事件处理中绑定指定上下文

```
<button id="test">Click Me!</button>
<script>
  var button = {
    clicked: false,
    click: function(){
      this.clicked = true;
      assert(button.clicked,"The button has been clicked");
    }
};
var elem = document.getElementById("test");
elem.addEventListener("click", button.click.bind(button));


var boundFunction = button.click.bind(button);
assert(boundFunction != button.click,
       "Calling bind creates a completly new function");
</script>
```

使用 bind 函数创建新函数，绑定到 button 对象上

清单 4.15 的代码的秘诀在于使用 bind()方法：

```
elem.addEventListener("click", button.click.bind(button));
```

所有函数均可访问 bind 方法，可以创建并返回一个新函数，并绑定在传入的对象上（在本例中，绑定在 button 对象上）。不管如何调用该函数，this 均被设置为对象本身。被绑定的函数与原始函数行为一致，函数体一致。

无论何时单击按钮，都将调用绑定的函数，函数的上下文是 button 对象。

从示例代码中的最后一句断言可以看出，调用 bind 方法不会修改原始函数，而是创建了一个全新的函数：

```
var boundFunction = button.click.bind(button);
assert(boundFunction != button.click,
       "Calling bind creates a completly new function");
```

以上我们完成了对函数上下文的研究。稍微休息一下，在下一章中，我们将研究 JavaScript 中最重要的概念：闭包。

4.4　小结

- 当调用函数时，除了传入在函数定义中显式声明的参数之外，同时还传入两个隐式参数：arguments 与 this。
  - arguments 参数是传入函数的所有参数的集合。具有 length 属性，表示传入参数的个数，通过 arguments 参数还可获取那些与函数形参不匹配的参数。在非严格模式下，arguments 对象是函数参数的别名，修改 arguments 对象会修改函数实参，可以通过严格模式避免修改函数实参。
  - this 表示函数上下文，即与函数调用相关联的对象。函数的定义方式和调用方式决定了 this 的取值。
- 函数的调用方式有 4 种。
  - 作为函数调用：skulk()。
  - 作为方法调用：ninja.skulk()。
  - 作为构造函数调用：new Ninja()。
  - 通过 apply 与 call 方法调用：skulk.apply(ninja)或 skulk.call(ninja)。
- 函数的调用方式影响 this 的取值。
  - 如果作为函数调用，在非严格模式下，this 指向全局 window 对象；在严格模式下，this 指向 undefined。
  - 作为方法调用，this 通常指向调用的对象。
  - 作为构造函数调用，this 指向新创建的对象。
  - 通过 call 或 apply 调用，this 指向 call 或 apply 的第一个参数。
- 箭头函数没有单独的 this 值，this 在箭头函数创建时确定。
- 所有函数均可使用 bind 方法，创建新函数，并绑定到 bind 方法传入的参数上。被绑定的函数与原始函数具有一致的行为。

4.5　练习

1. 以下函数通过使用 arguments 对象统计传入的所有参数的和：

```
function sum(){
  var sum = 0;
  for(var i = 0; i < arguments.length; i++){
      sum += arguments[i];
  }
   return sum;
}
```

```
assert(sum(1, 2, 3) === 6, 'Sum of first three numbers is 6');
assert(sum(1, 2, 3, 4) === 10, 'Sum of first four numbers is 10');
```

通过使用前一章介绍的剩余参数，不使用 arguments 对象，重写 sum 函数。

2. 运行以下代码，ninja 与 samurai 的值是多少？

```
function getSamurai(samurai){
  "use strict"

  arguments[0] = "Ishida";

  return samurai;
}


function getNinja(ninja){
  arguments[0] = "Fuma";
  return ninja;
}


var samurai = getSamurai("Toyotomi");
var ninja = getNinja("Yoshi");
```

3. 运行以下代码，哪一句断言通过？

```
function whoAmI1(){
  "use strict";
  return this;
}


function whoAmI2(){
  return this;
}


assert(whoAmI1() === window, "Window?");
assert(whoAmI2() === window, "Window?");
```

4. 运行以下代码，哪一句断言通过？

```
var ninja1 = {
  whoAmI: function(){
    return this;
  }
};


var ninja2 = {
  whoAmI: ninja1.whoAmI
};
```

```
var identify = ninja2.whoAmI;

assert(ninja1.whoAmI() === ninja1, "ninja1?");
assert(ninja2.whoAmI() === ninja1, " ninja1 again?");

assert(identify() === ninja1, "ninja1 again?");

assert(ninja1.whoAmI.call(ninja2) === ninja2, "ninja2 here?");
```

5. 运行以下代码，哪一句断言通过?

```
function Ninja(){
  this.whoAmI = () => this;
}

var ninja1 = new Ninja();
var ninja2 = {
  whoAmI: ninja1.whoAmI
};

assert(ninja1.whoAmI() === ninja1, "ninja1 here?");
assert(ninja2.whoAmI() === ninja2, "ninja2 here?");
```

6. 运行以下代码，哪一句断言通过?

```
function Ninja(){
  this.whoAmI = function(){
    return this;
  }.bind(this);
}

var ninja1 = new Ninja();
var ninja2 = {
  whoAmI: ninja1.whoAmI
};

assert(ninja1.whoAmI() === ninja1, "ninja1 here?");
assert(ninja2.whoAmI() === ninja2, "ninja2 here?");
```

第 5 章　精通函数：闭包和作用域

本章包括以下内容：
- 使用闭包简化代码
- 使用执行上下文跟踪 JavaScript 程序的执行
- 使用词法环境（Lexical Environment）跟踪变量的作用域
- 理解变量的类型
- 探讨闭包的工作原理

　　通过在前几章中所学到的关于函数的知识可以看出，闭包是 JavaScript 的显著特征。虽然许多 JavaScript 开发者在开发时没有理解闭包的主要优势，但是使用闭包，不仅可以通过减少代码数量和复杂度来添加高级特性，还能实现不太可能完成的功能。换句话说，如果没有闭包，事情将变得非常复杂。例如，如果没有闭包，事件处理和动画等包含回调函数的任务，它们的实现将变得复杂得多。除此之外，如果没有闭包，将完全不可能实现私有变量。JavaScript 语言的蓝图，以及我们编码的方式，都是由闭包塑造出来的。

　　从传统意义上来说，闭包是纯函数式编程语言的特性之一。令人鼓舞的是，闭包也进入了主流开发语言。因为闭包能够大大简化复杂操作，所以很容易在 JavaScript 库或其他高级代码库中看到闭包的使用。

　　闭包带来的问题是 JavaScript 的作用域是如何工作的。为此，我们将探讨 JavaScript 的作用域规则，需要特别注意新增的特性，这将有助于理解在特定场景下闭包的工作原理。让我们立刻行动起来吧！

- 一个变量或方法有几种不同的作用域？这些作用域分别是什么？
- 如何定位标识符及其值？
- 什么是可变变量？如何在 JavaScript 中定义可变变量？

5.1　理解闭包

闭包允许函数访问并操作函数外部的变量。只要变量或函数存在于声明函数时的作用域内，闭包即可使函数能够访问这些变量或函数。

注意　或许你已经熟悉了作用域的概念，但是，有时作用域指的是在程序的特定部分中标识符的可见性。作用域是程序的一部分，特定的名字绑定特定的变量。

这可能看起来很直观，但是要记住，所声明的函数可以在声明之后的任何时间被调用，甚至当该函数声明的作用域消失之后仍然可以调用。直接通过代码来解释这个概念是最好的。但是在我们开始介绍如何优雅地实现动画、如何定义私有对象属性的具体示例之前，我们先从清单 5.1 中的简单示例开始。

清单 5.1　一个简单的闭包

```
var outerValue = "ninja";                    ◀────  在全局作用域中定义一个变量
function outerFunction() {
  assert(outerValue === "ninja", "I can see the ninja.");  ◀──  在全局作用域中声明
}                                                               函数
outerFunction();        ◀────  执行该函数
```

在清单 5.1 中，我们在同一作用域中声明了变量 outerValue 及外部函数 outerFunction——本例中，是全局作用域。然后，执行外部函数 outerFunction。

如图 5.1 所示，该函数可以"看见"并访问变量 outerValue。我们可能已经写过上百次这样的代码，但是却没有意识到其实我们正在创建一个闭包！

没有印象？我想这并不奇怪。因为外部变量 outerValue 和外部函数 outerFunction 都是在全局作用域中声明的，该作用域（实际上就是一个闭包）从未消失（只要应用处于运行状态）。这也不足为奇，该函数可以访问到外部变量，因为它仍然在作用域内并且是可见的。

虽然闭包存在，但是闭包的优势仍不明显。让我们在接下来的清单 5.2 的代码中加点料。

仔细研究一下内部函数 innerFunction 中的代码，看看我们能否预测会发生什么。

- 第一个断言肯定会通过，因为外部变量 outerValue 在全局作用域内，并且在任何地方都可见。但是第二个断言呢？
- 外部函数执行后，我们通过将内部函数的引用赋值给全局变量 later，再通过 later

调用内部函数。

- 当内部函数执行时，外部函数的作用域已经不存在了，并且在通过 later 调用内部函数时，外部函数的作用域已不可见了。
- 所以我们可以很好地预见断言失败，因为内部变量innerValue肯定是undefined，对吧？

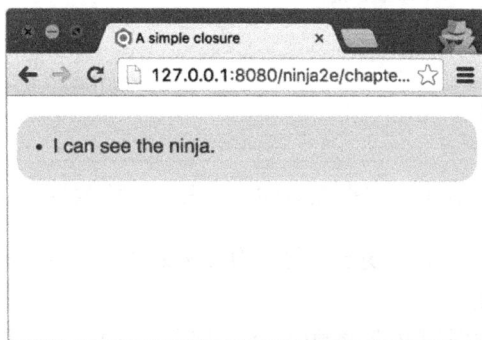

图 5.1 函数找到了隐藏在外部变量中的 ninja

清单 5.2　另一个闭包的例子

声明一个空变量，稍后在后面的代码中使用

在函数内部声明一个值，该值在作用域局限于函数内部，在函数外部不允许访问

```
var outerValue = "samurai";
var later;

function outerFunction() {
  var innerValue = "ninja";

    function innerFunction() {
      assert(outerValue === "samurai", "I can see the samurai.");
      assert(innerValue === "ninja", "I can see the ninja.")
    }

    later = innerFunction;
}

outerFunction();

later();
```

在 outerFunction 函数中声明一个内部函数，声明该内部函数时，innerValue 是在内部函数的作用域内

将内部函数 innerFunction 的引用存储在变量 later 上，因为 later 在全局作用域内，所以我们可以对它进行调用

调用 outerFunction 函数，创建内部函数innerFunction，并将内部函数赋值给变量later

通过 later 调用内部函数。我们不能直接调用内部函数，因为它的作用域（和 innerValue 一起）被限制在外部函数 outerFunction 之内

但是，当我们执行完测试时，我们看到如图 5.2 所示的结果。

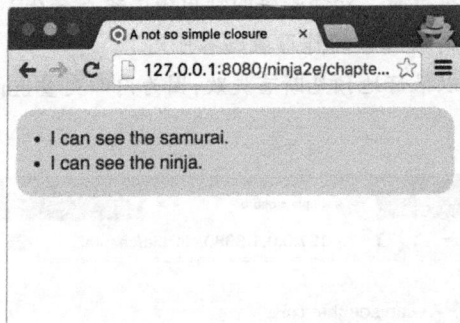

图 5.2　尽管试图隐藏在函数体内，但是仍然能够检测到 ninja 变量

　　这怎么可能呢？是什么魔法使得在内部函数的作用域消失之后再执行内部函数时，其内部变量仍然存在呢？

　　当在外部函数中声明内部函数时，不仅定义了函数的声明，而且还创建了一个闭包。该闭包不仅包含了函数的声明，还包含了在函数声明时该作用域中的所有变量。当最终执行内部函数时，尽管声明时的作用域已经消失了，但是通过闭包，仍然能够访问到原始作用域，如图 5.3 所示。

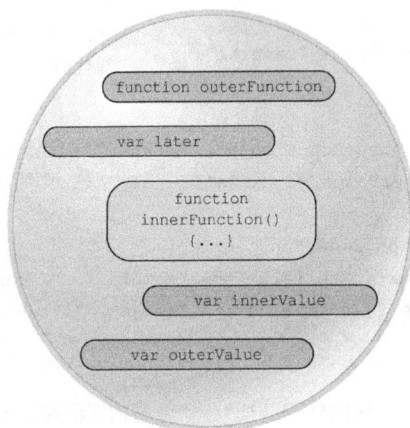

图 5.3　正如保护气泡一样，只要内部函数一直存在，内部函数的闭包就一直
保存着该函数的作用域中的变量

　　这就是闭包。闭包创建了被定义时的作用域内的变量和函数的安全气泡，因此函数获得了执行时所需的内容。该气泡包含了函数和变量，只要函数存在，它就会存在。

　　虽然这些结构不容易看见（没有包含这么多信息的闭包对象可以进行观察），存储和引用这些信息会直接影响性能。谨记每一个通过闭包访问变量的函数都具有一个作用域链，作用域链包含闭包的全部信息，这一点非常重要。因此，虽然闭包是非常有用的，但不能过度使用。使用闭包时，所有的信息都会存储在内存中，直到 JavaScript 引擎确保这些信息不再使用（可以安全地进行垃圾回收）或页面卸载时，才会清理这些信息。

请勿担心，以上不是我们要说明的关于闭包的全部内容。不过在探讨闭包执行机制之前，先看看闭包的实际使用案例。

5.2　使用闭包

现在我们已经对闭包有了一个宏观的理解，接着来看看如何在 JavaScript 应用中使用闭包。首先我们会关注闭包的实用性和优势。在本章的后续部分中，我们会再次查看同一个案例，确认幕后究竟发生了什么。

5.2.1　封装私有变量

许多编程语言使用私有变量，这些私有变量是对外部隐藏的对象属性。这是非常有用的一种特性，因为当通过其他代码访问这些变量时，我们不希望对象的实现细节对用户造成过度负荷。遗憾的是，原生 JavaScript 不支持私有变量。但是，通过使用闭包，我们可以实现很接近的、可接受的私有变量，示例代码如清单 5.3 所示。

清单 5.3　使用闭包模拟私有变量

定义 Ninja 构造函数

在构造函数内部声明一个变量，因为所声明的变量的作用域局限于构造函数的内部，所以它是一个"私有"变量。我们使用该变量统计 Ninja 佯攻的次数

创建用于访问计数变量 feints 的方法。由于在构造函数外部的代码是无法访问 feints 变量的，这是通过只读形式访问该变量的常用方法

```
function Ninja() {
    var feints = 0;
    this.getFeints = function() {
        return feints;
    };
    this.feint = function() {
        feints++;
    };
}
```

现在开始测试，首先创建一个 Ninja 的实例

为 feints 变量声明一个累加方法。由于 feints 为私有变量，在外部是无法累加的，累加过程则被限制在我们提供的方法中

验证我们无法直接获取该变量值

```
var ninja1 = new Ninja();
ninja1.feint();

assert(ninja1.feints === undefined,
```

调用 feint 方法，通过该方法增加 Ninja 的佯攻次数

当我们通过 ninja
构造函数创建一
个新的 ninja2 实
例时，ninja2 对象
则具有自己私有
的 feints 变量

```
                            "And the private data is inaccessible to us.");
                assert(ninja1.getFeints() === 1,
                        "We're able to access the internal feint count.");

        var ninja2 = new Ninja();
        assert(ninja2.getFeints() === 0,
                "The second ninja object gets its own feints variable.");
```

虽然我们无法直接访问 feints 变量，但是我们能够
改变"私有"变量

在清单 5.3 中，我们创建了一个 Ninja 构造器。在第 3 章中，我们已经介绍了使用
函数作为构造器的概念（在第 7 章中我们还会进行深入介绍）。现在，知道如何使用构
造器即可。通过在函数上使用关键字 new 时，就会创建一个新的对象实例，此时调用构
造函数，将新的对象作为它的上下文。所以，函数内的 this 将指向新的实例化对象。

在构造器内部，我们定义了一个变量 feints 用于保存状态。由于 JavaScript 的作用
域规则的限制，因此只能在构造器内部访问该变量。为了让作用域外部的代码能够访问
该变量，我们定义了访问该变量的方法 getFeints。该方法可以读取私有变量，但不能改
写私有变量。（只读访问的方法通常称为"getter"）

```
function Ninja() {
  var feints = 0;
  this.getFeints = function() {
    return feints;
  };
  this.feint = function() {
    feints++;
  };
}
```

接下来创建增量方法 feint，用于控制私有变量的值。在真实的应用程序中，该方法
可能是一些业务逻辑的处理方法，但是在本例中，它只增加变量 feints 的值。

在构造器完成了它的使命之后，我们新建 ninja1 实例，并调用 ninja1 的实例方法 feint：

```
var ninja1 = new Ninja();
ninja1.feint();
```

通过测试显示，我们可通过闭包内部方法获取私有变量的值，但是不能直接访问私
有变量。这有效地阻止了对变量不可控的修改，这与真实的面向对象语言中的私有变量
一样。这种情况如图 5.4 所示。

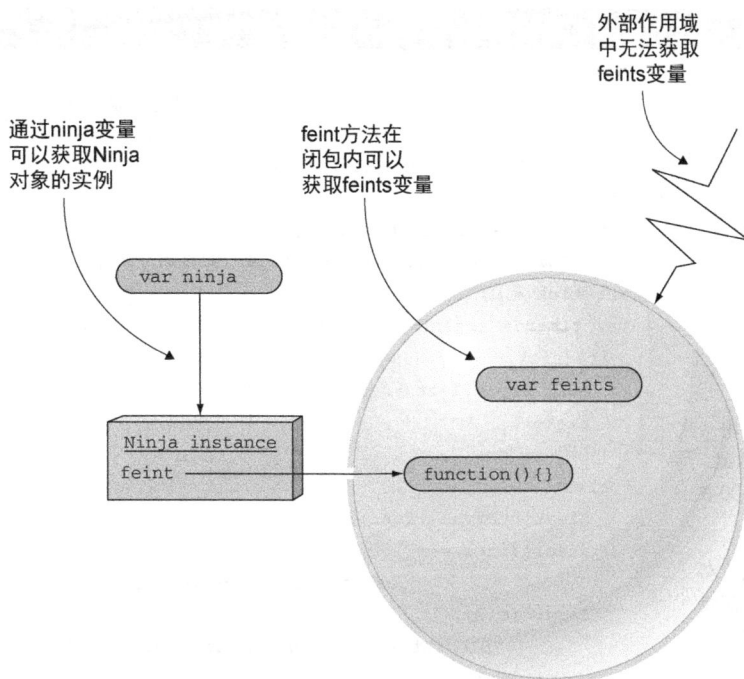

图 5.4 在构造器中隐藏变量，使其在外部作用域中不可访问，但是可在闭包内部进行访问

- 通过变量 ninja，对象实例是可见的。
- 因为 feint 方法在闭包内部，因此可以访问变量 feints。
- 在闭包外部，我们无法访问变量 feints。

通过使用闭包，可以通过方法对 ninja 的状态进行维护，而不允许用户直接访问——这是因为闭包内部的变量可以通过闭包内的方法访问，构造器外部的代码则不能访问闭包内部的变量。

这只是初步对 JavaScript 面向对象编程世界的探索，在后续的章节中，我们将更加深入地对 JavaScript 面向对象编程进行研究。现在，我们重点关注闭包的另一个常见的使用方法。

5.2.2　回调函数

处理回调函数是另一种常见的使用闭包的情景。回调函数指的是需要在将来不确定的某一时刻异步调用的函数。通常，在这种回调函数中，我们经常需要频繁地访问外部数据。清单 5.4 中显示了一个创建简单的动画计时的示例。

清单 5.4　在 interval 的回调函数中使用闭包

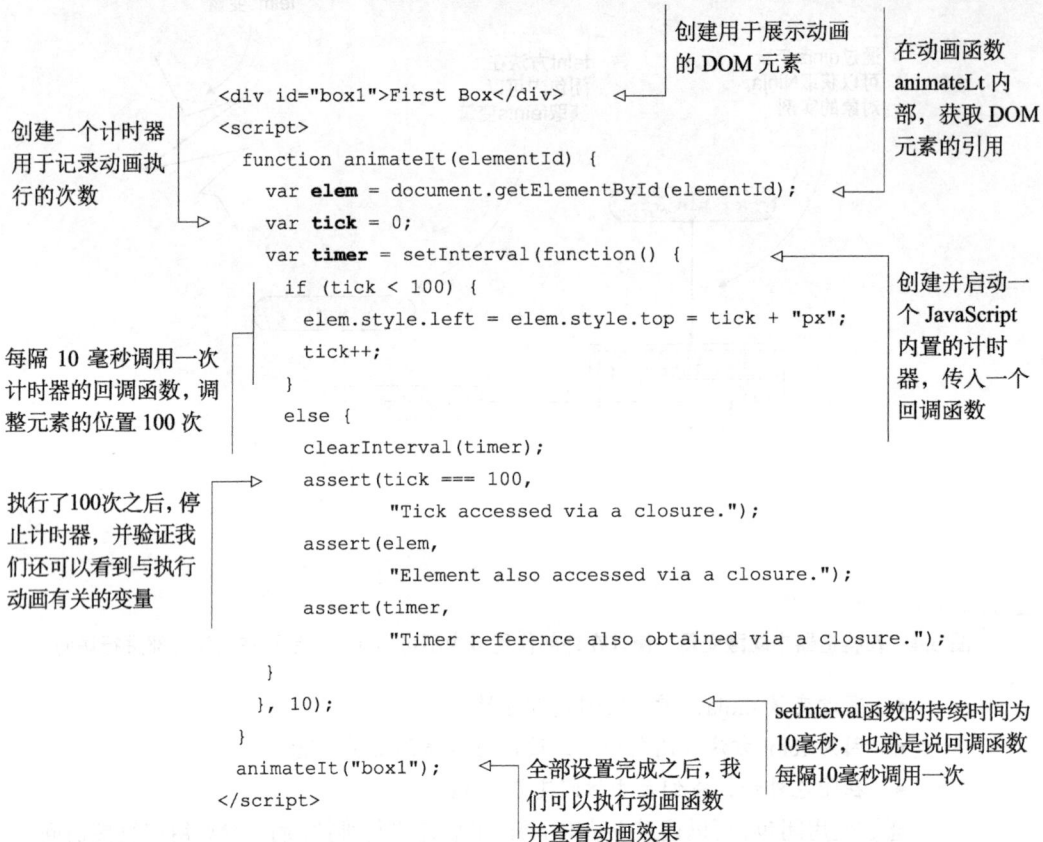

创建用于展示动画的 DOM 元素

在动画函数 animateLt 内部，获取 DOM 元素的引用

创建一个计时器用于记录动画执行的次数

```
<div id="box1">First Box</div>
<script>
  function animateIt(elementId) {
    var elem = document.getElementById(elementId);
    var tick = 0;
    var timer = setInterval(function() {
      if (tick < 100) {
        elem.style.left = elem.style.top = tick + "px";
        tick++;
      }
      else {
        clearInterval(timer);
        assert(tick === 100,
               "Tick accessed via a closure.");
        assert(elem,
               "Element also accessed via a closure.");
        assert(timer,
               "Timer reference also obtained via a closure.");
      }
    }, 10);
  }
  animateIt("box1");
</script>
```

每隔 10 毫秒调用一次计时器的回调函数，调整元素的位置 100 次

执行了100次之后，停止计时器，并验证我们还可以看到与执行动画有关的变量

创建并启动一个 JavaScript 内置的计时器，传入一个回调函数

setInterval函数的持续时间为 10毫秒，也就是说回调函数每隔10毫秒调用一次

全部设置完成之后，我们可以执行动画函数并查看动画效果

特别重要的是，在清单 5.4 的代码中使用了一个独立的匿名函数来完成目标元素的动画效果，该匿名函数作为计时器的一个参数传入计时器。通过闭包，该匿名函数通过 3 个变量控制动画过程：elem、tick 和 timer。这 3 个变量（elem 指的是 DOM 元素的引用，tick 指的是计数器和 timer 指的是计时器的引用）用于维持整个动画的过程，且必须能够在全局作用域内访问到。

但是，如果我们将这些变量从 animateIt 函数中移出到全局作用域，动画仍然能够正常工作，为什么都说不能污染全局作用域呢？

我们开始把这些变量放到全局作用域内，然后验证示例是否能够正常运行。现在，修改示例代码，同时为两个元素设置动画，再添加一个具有唯一 ID 的元素。在第一个动画调用之后，再将新元素的 ID 传入 animateIt 方法进行调用。

问题立刻就很显然了。如果我们把变量放在全局作用域中，那么需要为每个动画分别设置 3 个变量，否则同时用 3 个变量来跟踪多个不同动画的状态，动画的状态就会发生冲突。

通过在函数内部定义变量，并基于闭包，使得在计时器的回调函数中可以访问这些变量，每个动画都能够获得属于自己的"气泡"中的私有变量，如图 5.5 所示。

如果没有闭包，一次性同时做许多事情，例如事件绑定、动画甚至服务端请求等，都将会变得非常困难。如果你想知道关注闭包的理由，那么这就是理由！

清单 5.4 中的示例是能够演示闭包的概念的特别好的例子，也证明了通过闭包能够写出惊人的、简洁直观的代码。通过将变量放置在 animateIt 函数内部，不需要非常复杂的语法，我们就可以创建一个默认的闭包。

上述示例还说明了一个重要的概念。闭包内的函数不仅可以在闭包创建的时刻访问这些变量，而且当闭包内部的函数执行时，还可以更新这些变量的值。闭包不是在创建的那一时刻的状态的快照，而是一个真实的状态封装，只要闭包存在，就可以对变量进行修改。

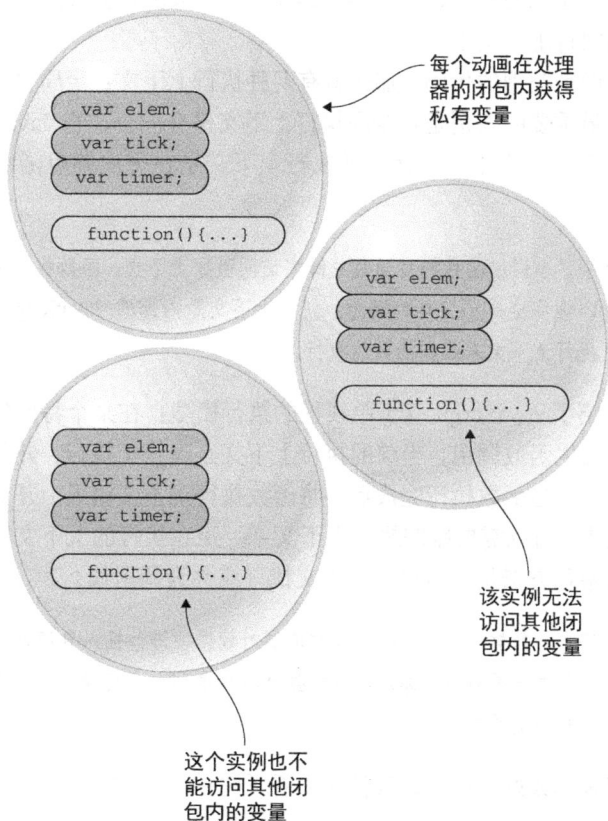

图 5.5　通过在不同的实例中保存变量，我们一次可以做很多事情

　　闭包与作用域是强相关的，本章我们将会详细讨论 JavaScript 的作用域规则。但先从如何通过执行上下文跟踪 JavaScript 的代码开始。

5.3　通过执行上下文来跟踪代码

　　在 JavaScript 中，代码执行的基础单元是函数。我们时刻使用函数，使用函数进行计算，使用函数更新 UI，使用函数达到复用代码的目的，使用函数让我们的代码更易于理解。为了达到这个目标，第一个函数可以调用第二个函数，第二个函数可以调用第三个函数，以此类推。当完成函数调用时，程序会回到函数调用的位置。你想知道 JavaScript 引擎是如何跟踪函数的执行并回到函数的位置的呢？

　　在第 2 章中我们提到，JavaScript 代码有两种类型：一种是全局代码，在所有函数外部定义；一种是函数代码，位于函数内部。JavaScript 引擎执行代码时，每一条语句都处于特定的执行上下文中。

　　既然具有两种类型的代码，那么就有两种执行上下文：全局执行上下文和函数执行上下文。二者最重要的差别是：全局执行上下文只有一个，当 JavaScript 程序开始执行时就已经创建了全局上下文；而函数执行上下文是在每次调用函数时，就会创建一个新的。

注意　第 4 章介绍了当调用函数时可通过关键字访问函数上下文。函数执行上下文，虽然也称为上下文，但完全是不一样的概念。执行上下文是内部的 JavaScript 概念，JavaScript 引擎使用执行上下文来跟踪函数的执行。

　　第 2 章介绍了 JavaScript 基于单线程的执行模型：在某个特定的时刻只能执行特定的代码。一旦发生函数调用，当前的执行上下文必须停止执行，并创建新的函数执行上下文来执行函数。当函数执行完成后，将函数执行上下文销毁，并重新回到发生调用时的执行上下文中。所以需要跟踪执行上下文——正在执行的上下文以及正在等待的上下文。最简单的跟踪方法是使用执行上下文栈（或称为调用栈）。

注意　栈是一种基本的数据结构，只能在栈的顶端对数据项进行插入和读取。这种特性可类比于自助餐厅里的一叠托盘，你只能从托盘堆顶端拿到一个托盘，服务员也只能将新的托盘放在这叠托盘的顶端。

　　这样看起来不太好理解，让我们先来看看清单 5.5 中的代码。

清单 5.5　创建执行上下文

```
function skulk(ninja) {                     一个函数调用另外一
  report(ninja + " skulking");              个函数
```

```
}

function report(message) {
  console.log(message);
}
```

通过内置的 console.log 方法
发送消息

```
skulk("Kuma");
skulk("Yoshi");
```

在全局中分别调用两
个函数

　　这段代码比较简单，首先定义了 skulk 函数，skulk 函数调用 report 函数。然后在全局中调用 skulk 函数两次：skulk("Kuma")和 skulk("Yoshi")。通过这段基础代码，我们可以探索执行上下文是如何创建的，如图 5.6 所示。

```
function skulk(ninja) {
   report(ninja + " skulking");
}

function report(message) {
  console.log(message);
}

skulk("Kuma");
skulk("Yoshi");
```

❶ 程序开始执行的上
　下文是调用栈中的
　全局执行上下文

❸ report函数调用后，
　其上下文入栈。
　skulk上下文暂停

❺ skulk函数执行完成后
　其执行上下文出栈。
　全局执行上下文恢复执行

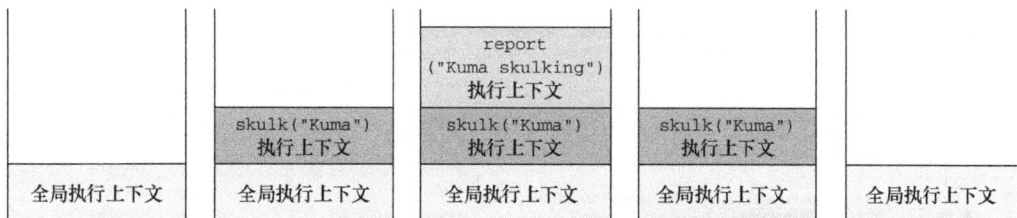

❷ skulk函数被调用后，
　新的函数上下文入栈，
　全局执行上下文暂停

❹ report函数执行完成后，
　其函数上下文出栈。skulk
　执行上下文恢复执行

图 5.6　执行上下文栈的行为

　　当执行清单 5.5 中的示例代码时，执行上下文的行为如下：

　　1．每个 JavaScript 程序只创建一个全局执行上下文，并从全局执行上下文开始执行（在单页应用中每个页面只有一个全局执行上下文）。当执行全局代码时，全局执行上下文处于活跃状态。

　　2．首先在全局代码中定义两个函数：skulk 和 report，然后调用 skulk("Kuma")。由于在同一个特定时刻只能执行特定代码，所以 JavaScript 引擎停止执行全局代码，开始执行带有 Kuma 参数的 skulk 函数。创建新的函数执行上下文，并置入执行上下文栈的顶部。

3．skulk 函数进而调用 report 函数。又一次因为在同一个特定时刻只能执行特定代码，所以，暂停 skulk 执行上下文，创建新的 Kuma 作为参数的 report 函数的执行上下文，并置入执行上下文栈的顶部。

4．report 通过内置函数 console.log（详见附录 B）打印出消息后，report 函数执行完成，代码又回到了 skulk 函数。report 执行上下文从执行上下文栈顶部弹出，skulk 函数执行上下文重新激活，skulk 函数继续执行。

5．skulk 函数执行完成后也发生类似的事情：skulk 函数执行上下文从栈顶端弹出，重新激活一直在等待的全局执行上下文并恢复执行。JavaScript 的全局代码恢复执行。

skulk 函数第二次执行时，整个过程是类似的，只是参数变成了 Yoshi。分别创建新的函数执行上下文 skulk（"Yoshi"）和 report（"Yoshi skulking"），并依次置入执行上下文栈的顶部。每个函数执行完成时，对应的函数上下文从执行上下文栈顶部弹出。

虽然执行上下文栈（execution context stack）是 JavaScript 内部概念，但仍然可以通过 JavaScript 调试器中查看，在 JavaScript 调试器中可以看到对应的调用栈（call stack）。图 5.7 展示了 Chrome 开发者工具中的调用栈。

执行作用域（调用栈）

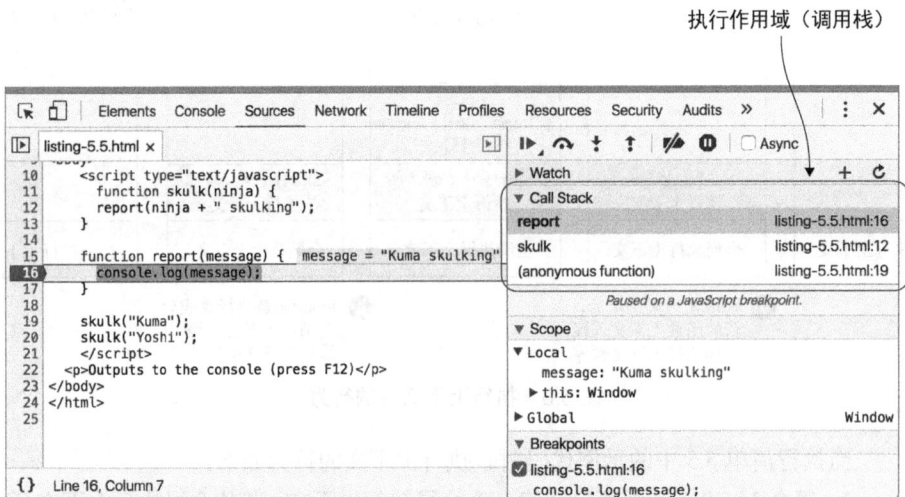

图 5.7　在 Chrome 开发者工具中查看当前执行上下文栈的状态

注意 附录 B 中更为详细地显示了不同浏览器的调试工具。

执行上下文除了可以跟踪应用程序的执行位置之外，对于标识符也是至关重要，在静态环境中通过执行上下文可以准确定位标识符实际指向的变量。

5.4 使用词法环境跟踪变量的作用域

词法环境（lexical environment）是 JavaScript 引擎内部用来跟踪标识符与特定变量之间的映射关系。例如，查看如下代码：

```
var ninja = "Hattori";
console.log(ninja);
```

当 console.log 语句访问 ninja 变量时，会进行词法环境的查询。

注意 词法环境是 JavaScript 作用域的内部实现机制，人们通常称为作用域(scopes)。

通常来说，词法环境与特定的 JavaScript 代码结构关联，既可以是一个函数、一段代码片段，也可以是 try-catch 语句。这些代码结构（函数、代码片段、try-catch）可以具有独立的标识符映射表。

注意 在 JavaScript 的 ES6 初版中，词法环境只能与函数关联。变量只存在于函数作用域中。这也带来了一些混淆。因为 JavaScript 是一门类 C 的语言，从其他类 C 语言（如 C++、C#、Java 等）转向 JavaScript 的开发者通常会预期一些初级概念，例如块级作用域。在 ES6 中最终修复了块级作用域问题。

5.4.1 代码嵌套

词法环境主要基于代码嵌套，通过代码嵌套可以实现代码结构包含另一代码结构。图 5.8 显示了多种代码嵌套类型。

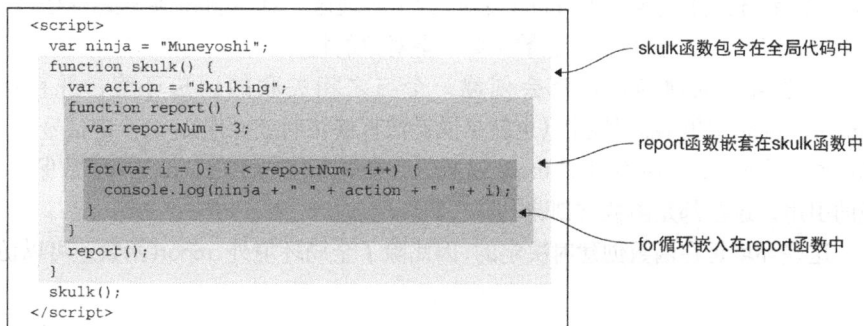

图 5.8 代码嵌套的不同类型

通过图 5.8 我们可以看出：

- for 循环嵌套在 report 函数中。
- report 函数嵌套在 skulk 函数中。
- skulk 函数嵌套在全局代码中。

在作用域范围内，每次执行代码时，代码结构都获得与之关联的词法环境。例如，每次调用 skulk 函数，都将创建新的函数词法环境。

此外，需要着重强调的是，内部代码结构可以访问外部代码结构中定义的变量。例如，for 循环可以访问 report 函数、skulk 函数以及全局代码中的变量；report 函数可以访问 skulk 函数及全局代码中的变量；skulk 函数可以访问的额外变量但仅是全局代码中的变量。

这种访问变量的方式没有特殊之处，我们很可能已经经常这么做了。但是，JavaScript 引擎是如何跟踪这些变量的呢？如何判断可访问性呢？这就是词法环境的作用。

5.4.2　代码嵌套与词法环境

除了跟踪局部变量、函数声明、函数的参数和词法环境外，还有必要跟踪外部（父级）词法环境。因为我们需要访问外部代码结构中的变量，如果在当前环境中无法找到某一标识符，就会对外部环境进行查找。一旦查找到匹配的变量，或是在全局环境中仍然无法查找到对应的标识符而返回错误，就会停止查找。图 5.9 中的示例显示：当执行 report 函数时，标识符 intro、action 及 ninja 是如何查找的。在图 5.9 的示例中，在全局调用 skulk 函数，skulk 函数又调用 report 函数。每个执行上下文都有一个与之关联的词法环境，词法环境中包含了在上下文中定义的标识符的映射表。例如，全局环境中具有 ninja 与 skulk 的映射表，skulk 环境中具有 action 与 report 的映射表，report 环境中具有 intro 的映射表（图 5.9 右侧）。

在特定的执行上下文中，我们的程序不仅直接访问词法环境中定义的局部变量，而且还会访问外部环境中定义的变量。例如，report 函数体访问了在 skulk 函数中定义的 action 变量，也访问了全局的 ninja 变量。为了实现这一点，我们需要跟踪这些外部环境。JavaScript 实现这一点得益于函数是第一型对象的特性。

无论何时创建函数，都会创建一个与之相关联的词法环境，并存储在名为 [[Environment]] 的内部属性上（也就是说无法直接访问或操作）。两个中括号用于标志内部属性。在图 5.9 的示例中，skulk 函数保存全局环境的引用，report 函数保存 skulk 环境的引用，这些都是函数被创建时所在的环境。

这些环境是在函数创建时决定的，因此除了全局环境外，report 函数还可以访问 shulk 环境。

```
<script>
  var ninja = "Muneyoshi";

  function skulk() {
    var action = "Skulking";

    function report() {
      var intro = "Aha!";
      assert(intro === "Aha!", "Local");
      assert(action === "Skulking", "Outer");
      assert(ninja === "Muneyoshi", "Global");
    }

    report();
  }

  skulk();
</script>
```

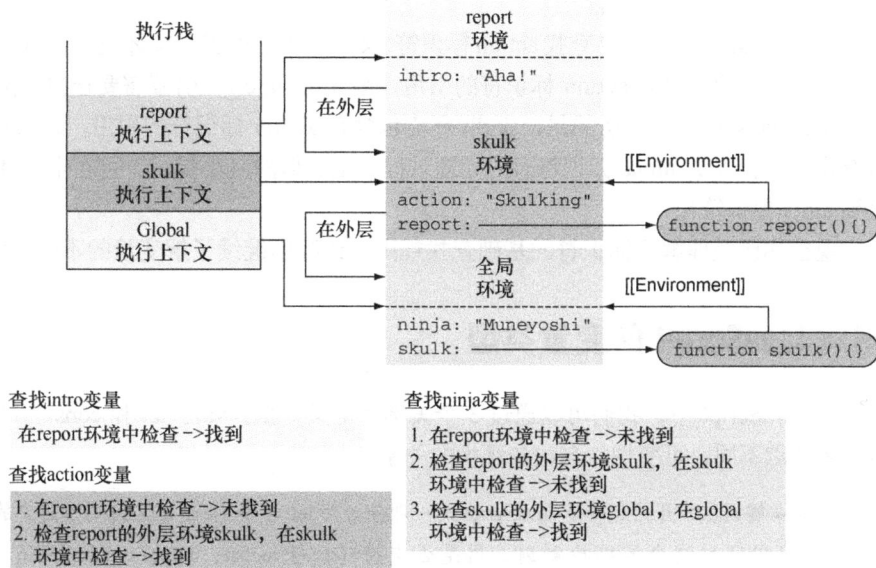

图 5.9 JavaScript 引擎如何查找变量的值

> **注意** 乍看之下会觉得奇怪。为什么不直接跟踪整个执行上下文，直接搜索与环境相匹配的标识符映射表呢？从技术上来说，在本例中是可行的。但是，需要记住的是，JavaScript 函数可以作为任意对象进行传递，定义函数时的环境与调用函数的环境往往是不同的（想一想闭包）。

无论何时调用函数，都会创建一个新的执行环境，被推入执行上下文栈。此外，还会创建一个与之相关联的词法环境。现在来看最重要的部分：外部环境与新建的词法环境，JavaScript 引擎将调用函数的内置[[Environment]]属性与创建函数时的环境进行关联。

在图 5.9 的示例中，调用 skulk 函数时，新创建的 skulk 环境的外部环境变成了全局环境（因为这是创建 skulk 函数时的环境）。类似，当调用 report 函数时，新创建的 report 环境的外部环境变成了 skulk 的环境。

现在来看一看 report 函数：

```
function report() {
  var intro = "Aha!";
  assert(intro === "Aha!", "Local");
  assert(action === "Skulking", "Outer");
  assert(action === "Muneyoshi", "Global");
}
```

执行第一句 assert 语句时，首先需要查找 intro 标识符的值。JavaScript 引擎首先检查当前执行上下文，即 report 函数环境。由于 report 环境包含一个 intro 变量的引用，因此 intro 标识符就查找完成。

第二句 assert 语句需要查找 action 标识符。又一次需要检查当前环境的执行上下文。但是 report 环境里没有 action 标识符的引用，因此 JavaScript 引擎需要查找 report 的外部环境：skulk 环境。幸运的是，skulk 环境包含有 action 标识符的引用，action 标识符就查找完成。查找 ninja 标识符时的处理过程也是类似的（小提示：可在全局环境中查找到 ninja 标识符）。

现在你已经理解了标识符的基础查找规则，让我们继续了解变量的不同声明方式。

5.5　理解 JavaScript 的变量类型

在 JavaScript 中，我们可以通过 3 个关键字定义变量：var、let 和 const。这 3 个关键字有两点不同：可变性，与词法环境的关系。

注意　var 关键词从一开始起就是 JavaScript 的一部分，而 let 与 const 是在 ES6 时加进来的。
你可以通过这个链接检测浏览器是否支持 let 与 const：http://mng.bz/CGJ6 and http://mng.bz/uUIT。

5.5.1　变量可变性

如果通过变量的可变性来进行分类，那么可以将 const 放在一组，var 和 let 放在一组。通过 const 定义的变量都不可变，也就是说通过 const 声明的变量的值只能设置一次。通过 var 或 let 声明的变量的值可以变更任意次数。

现在，让我们来深入了解一下通过 const 声明的变量是如何工作的。

const 变量

通过 const 声明的"变量"与普通变量类似，但在声明时需要写初始值，一旦声明完成之后，其值就无法更改。听起来它不可变，对吧？

const 变量常用于两种目的：

● 不需要重新赋值的特殊变量（在本书的后续章节中，我们也会这样使用）。

● 指向一个固定的值，例如球队人数的最大值，可通过 const 变量 MAX_RONIN_COUNT 来表示，而不是仅仅通过数字 234 来表示。这使得代码更加易于理解和维护。虽然在代码里没有直接使用数字 234，但是通过语义化的变量名 MAX_RONIN_COUNT 来表示，MAX_RONIN_COUNT 的值只能指定一次。

在其他情况下，由于在程序执行过程中不允许对 const 变量重新赋值，这可以避免代码发生不必要的变更，同时也为 JavaScript 引擎性能优化提供便利。

清单 5.6 显示了 const 变量的行为。

清单 5.6　const 变量的行为

```
const firstConst = "samurai";
assert(firstConst === "samurai", "firstConst is a samurai");
```
定义 const 变量，并验证该变量已被赋值

```
try {
  firstConst = "ninja";
  fail("Shouldn't be here");
} catch(e) {
  pass("An exception has occurred");
}
```
试图为 const 变量重新赋值将抛出异常

```
assert(firstConst === "samurai",
       "firstConst is still a samurai!");

const secondConst = {};
```
创建一个新的 const 变量，并赋值为空对象

```
secondConst.weapon = "wakizashi";
assert(secondConst.weapon === "wakizashi",
       "We can add new properties");
```
我们不能再将一个全新的对象赋值给 secondConst 变量，但是可以对原有变量进行修改

```
const thirdConst = [];
assert(thirdConst.length === 0, "No items in our array");

thirdConst.push("Yoshi");

assert(thirdConst.length === 1, "The array has changed");
```
const 数组也一样

这里我们首先定义了一个名为 firstConst 的 const 变量，并赋值为 samurai，验证该变量已经被初始化，结果正如预期：

```
const firstConst = "samurai";
assert(firstConst === "samurai", "firstConst is a samurai");
```

接着我们试图将一个全新的值 ninja 赋值给 firstConst 变量：

```
try{
  firstConst = "ninja";
  fail("Shouldn't be here");
} catch(e){
  pass("An exception has occurred");
}
```

由于 firstConst 变量是静态变量，不允许重新赋值，因此，JavaScript 引擎抛出异常。注意到这里使用到两个之前没使用过的函数：fail 与 pass。这两个方法与 assert 方法类似，fail 方法表示失败，pass 表示执行成功。这里我们用来验证是否发生异常：如果异常发生，将执行 catch 中的 pass 方法。如果没有异常，将执行 fail 方法，表示发生了不该发生的事。从图 5.10 中可以看出发生了异常。

接下来，我们定义另一个 const 变量，并将其初始化为一个空对象：

```
const secondConst = {};
```

现在我们来讨论 const 变量的一个重要特性。我们不能将一个全新的值赋值给 const 变量。但是，我们可以修改 const 变量已有的对象。例如，我们可以给已有对象添加属性：

```
secondConst.weapon = "wakizashi";
assert(secondConst.weapon === "wakizashi",
      "We can add new properties");
```

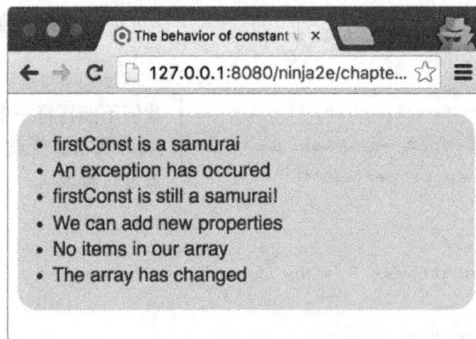

图 5.10　查看 const 变量的行为。当把一个全新的值赋值给 const 变量时，程序会抛出异常

如果 const 变量指向一个数组，我们可以增加该数组的长度：

```
const thirdConst = [];
assert(thirdConst.length === 0, "No items in our array");

thirdConst.push("Yoshi");

assert(thirdConst.length === 1, "The array has changed");
```

这就是 const 变量的全部特性。const 变量并不复杂。你只需要记住 const 变量只能在声明时被初始化一次，之后再也不允许将全新的值赋值给 const 变量即可。但是，我们仍然可以修改 const 变量已经存在的值，只是不能重写 const 变量。

现在已经探索了变量的可变性，接下来继续研究不同类型的变量与词法环境之间的关系吧。

5.5.2 定义变量的关键字与词法环境

定义变量的 3 个关键字——var、let 与 const，还可以通过与词法环境的关系将其进行分类（换句话说，按照作用域分类）：可以将 var 分为一组，let 与 const 分为一组。

使用关键字 var

当使用关键字 var 时，该变量是在距离最近的函数内部或是在全局词法环境中定义的。（注意：忽略块级作用域）这是 JavaScript 由来已久的特性，也困扰了许多从其他语言转向 JavaScript 的开发者。示例见清单 5.7。

清单 5.7　使用关键字 var

```
var globalNinja = "Yoshi";              ◁── 使用关键字 var 定
                                             义全局变量
function reportActivity() {
  var functionActivity = "jumping";     ◁── 使用关键字 var 定义函
                                             数内部的局部变量           使用关键字 var 在
                                                                        for 循环中定义两
  for (var i = 1; i < 3; i++) {                                         个变量
      var forMessage = globalNinja + " " + functionActivity;
      assert(forMessage === "Yoshi jumping",
            "Yoshi is jumping within the for block");    在for循环中可以访
      assert(i, "Current loop counter:" + i);            问块级变量，函数
  }                                                      内的局部变量以及
                                                         全局变量
  assert(i === 3 && forMessage === "Yoshi jumping",
        "Loop variables accessible outside of the loop");
  }
                                        但是在for循环外部，仍然能
                                        访问for循环中定义的变量
```

```
reportActivity();
assert(typeof functionActivity === "undefined"
    && typeof i === "undefined" && typeof forMessage === "undefined",
    "We cannot see function variables outside of a function");
```

　　　　　　　　　　　　　　　　　　　函数外部无法访问函数内部的局部变量

　　我们首先定义全局变量 globalNinja，接着定义函数 reportActivity，在该函数中使用循环并验证变量 globalNinja 的行为。可以看出，在循环体内可以正常访问块级作用域中的变量（变量 i 与 forMessage）、函数体内的变量（functionActivity）以及全局变量（globalNinja）。

　　但是 JavaScript 中特殊的并使得许多从其他语言转向 JavaScript 的开发者们困惑的是，即使在块级作用域内定义的变量，在块级作用域外仍然能够被访问：

```
assert(i === 3 && forMessage === "Yoshi jumping",
    "Loop variables accessible outside of the loop");
```

　　这源于通过 var 声明的变量实际上总是在距离最近的函数内或全局词法环境中注册的，不关注块级作用域。图 5.11 描述了这一现象，图中展示了 reportActivity 函数内的 for 循环执行后的词法环境。

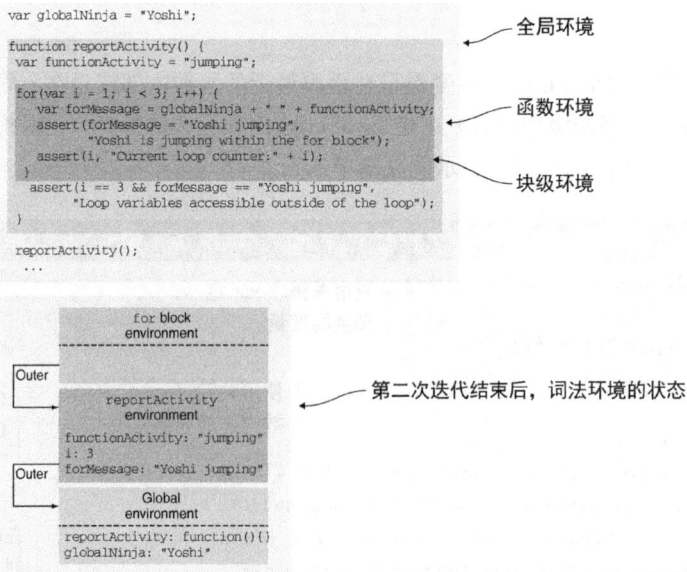

图 5.11　通过 var 声明变量，在距离最近的函数内或全局词法环境中定义（忽略块级作用域）。在清单 5.7 的示例中，变量 forMessage 与 i 虽然是被包含在 for 循环中，但实际是在 reportActivity 环境中注册的（距离最近的函数环境）

这里有 3 种词法环境：

- 变量 globalNinja 是在全局环境中定义的（距离最近的函数内或全局词法环境）。
- reportActivity 函数创建的函数环境，包含变量 functionActivity、i 与 forMessage，这 3 个变量均通过关键字 var 定义的，与它们距离最近的是 reportActivity 函数。
- for 循环的块级作用域，关键字 var 定义的变量忽略块级作用域。

这种行为看起来有些怪异，因此，ES6 中提供了两个新的声明变量的关键字：let 与 const。

使用 let 与 const 定义具有块级作用域的变量

var 是在距离最近的函数或全局词法环境中定义变量，与 var 不同的是，let 和 const 更加直接。let 和 const 直接在最近的词法环境中定义变量（可以是在块级作用域内、循环内、函数内或全局环境内）。我们可以使用 let 和 const 定义块级别、函数级别、全局级别的变量。

让我们使用 const 与 let 重写之前的示例，如清单 5.8 所示。

清单 5.8　使用 const 与 let 关键字

使用 const 定义全局变量，全局静态变量通常用大写表示

```
const GLOBAL_NINJA = "Yoshi";

function reportActivity() {
  const functionActivity = "jumping";

    for (let i = 1; i < 3; i++) {
        let forMessage = GLOBAL_NINJA + " " + functionActivity;
        assert(forMessage === "Yoshi jumping",
               "Yoshi is jumping within the for block");
        assert(i, "Current loop counter:" + i);
    }

    assert(typeof i === "undefined" && typeof forMessage === "undefined",
        "Loop variables not accessible outside the loop");
}

reportActivity();
assert(typeof functionActivity === "undefined"
    && typeof i === "undefined" && typeof forMessage === "undefined",
    "We cannot see function variables outside of a function");
```

使用 const 定义函数内的局部变量

在 for 循环中，我们毫无意外地可以访问块级变量、函数变量和全局变量

使用 let 在 for 循环中定义两个变量

现在，在 for 循环外部无法访问 for 循环内的变量

自然地，在函数外部无法访问任何一个函数内部的变量

图 5.12 展示了 reportActivity 函数内的 for 循环执行完成之后的词法环境。此时我们仍然看到 3 个词法环境：全局环境（函数和块级作用域之外的全局代码）、reportActivity 函数环境和 for 循环体。但是由于我们使用了关键字 let 和 const，那么变量则是在距离最近的词法环境中定义的：变量 GLOBAL_NINJA 是在全局环境中定义的，变量 functionActivity 是在函数 reportActivity 中定义的，变量 i 与 forMessage 是在 for 循环的块级作用域中定义的。

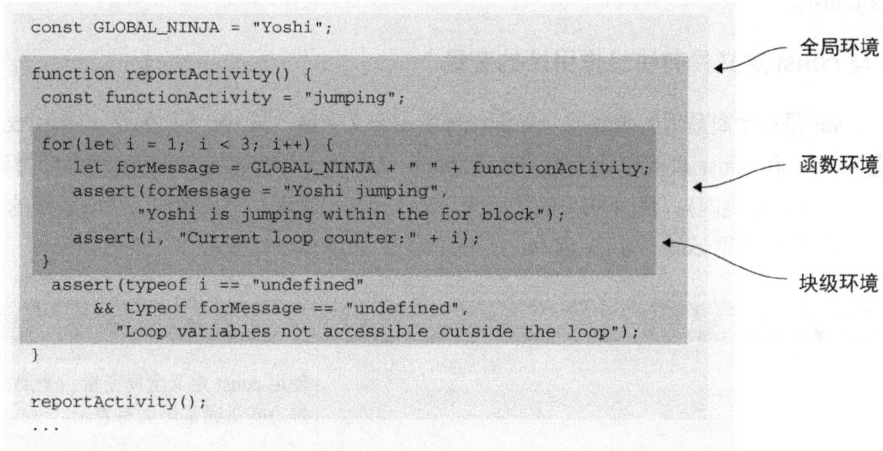

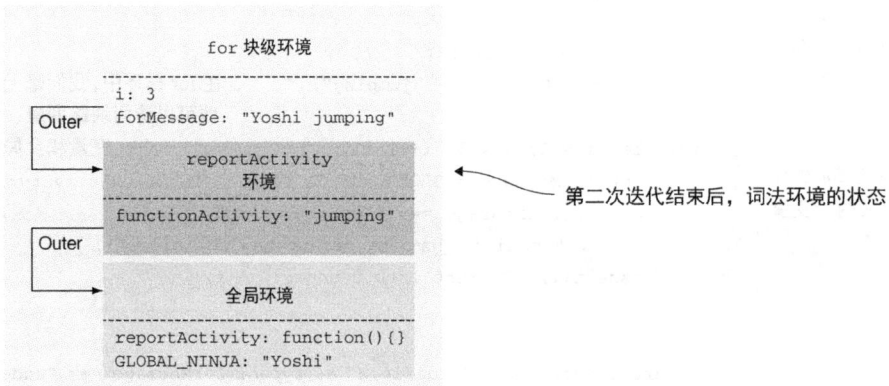

```
const GLOBAL_NINJA = "Yoshi";                                    ← 全局环境

function reportActivity() {
 const functionActivity = "jumping";

 for(let i = 1; i < 3; i++) {                                    ← 函数环境
    let forMessage = GLOBAL_NINJA + " " + functionActivity;
    assert(forMessage = "Yoshi jumping",
           "Yoshi is jumping within the for block");
    assert(i, "Current loop counter:" + i);                     ← 块级环境
 }
  assert(typeof i == "undefined"
     && typeof forMessage == "undefined",
      "Loop variables not accessible outside the loop");
}

reportActivity();
...
```

```
            for 块级环境
    -------------------------------------
            i: 3
Outer   forMessage: "Yoshi jumping"
            ┌───────────────────────┐
            │    reportActivity     │
            │        环境            │          ← 第二次迭代结束后，词法环境的状态
            ├───────────────────────┤
            │ functionActivity: "jumping"
Outer   │                        │
            └───────────────────────┘
            ┌───────────────────────┐
            │      全局环境          │
    --------│----------------------│---------
            reportActivity: function(){}
            GLOBAL_NINJA: "Yoshi"
```

图 5.12　当使用 let 与 const 声明变量时，变量是在距离最近的环境中定义的。在本例中，变量 forMessage 与 i 是在 for 循环的块级作用域中定义的，变量 functionActivity 是在函数 reportActivity 中定义的，变量 GLOBAL_NINJA 是在全局环境中定义的。现在已经介绍了 const 与 let，大量从其他语言转向的新 JavaScript 开发者们得以平静下来。JavaScript 终于支持了其他类 C 语言相同的规则。因此，本书的后续章节中，我们将使用 const 与 let 代替 var

我们理解了词法环境中是如何保存标识符的映射表，理解了词法环境与程序执行的

关系，那么接下来讨论在词法环境中定义的标识符的准确的处理过程。这将有助于我们理解一些常见的代码问题。

5.5.3　在词法环境中注册标识符

JavaScript 作为一门编程语言，其设计的基本原则是易用性。这也是不需要指定函数返回值类型、函数参数类型、变量类型等的主要原因。你已经了解到 JavaScript 是逐行执行的。查看如下代码：

```
firstRonin = "Kiyokawa";
secondRonin = "Kondo";
```

将 Kiyokawa 赋值给标识符 firstRonin，将 Kondo 赋值给标识符 secondRonin。看起来没有什么特殊的地方，对吧？但是看一下另一个示例：

```
const firstRonin = "Kiyokawa";
check(firstRonin);
function check(ronin) {
  assert(ronin === "Kiyokawa", "The ronin was checked! ");
}
```

在本例中，我们将值 Kiyokawa 赋给 firstRonin，然后调用 check 函数，传入参数firstRonin。先等一下，如果 JavaScript 是逐行执行的，我们此时可以调用 check 函数吗？程序还没执行到函数 check 的声明，所以 JavaScript 引擎不应该认识 check 函数。

但是，从图 5.13 可以看出，程序运行得很顺利。JavaScript 对于在哪儿定义函数并不挑剔。在调用函数之前或之后声明函数均可。程序员对于这一点不需要大惊小怪。

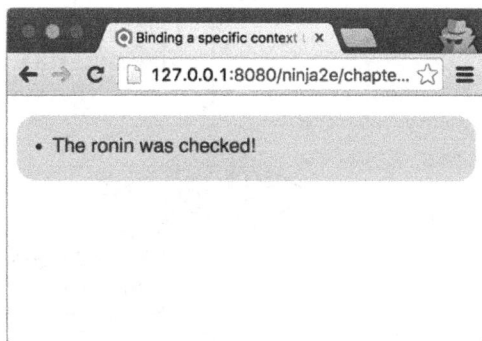

图 5.13　虽然并未到达函数的定义部分，但是函数确实可见

注册标识符的过程

但除了易用性，代码如何逐行执行，JavaScript 引擎是如何知道 check 函数存在呢？

这说明 JavaScript 引擎耍了小把戏，JavaScript 代码的执行事实上是分两个阶段进行的。

一旦创建了新的词法环境，就会执行第一阶段。在第一阶段，没有执行代码，但是 JavaScript 引擎会访问并注册在当前词法环境中所声明的变量和函数。JavaScript 在第一阶段完成之后开始执行第二阶段，具体如何执行取决于变量的类型（let、var、const 和函数声明）以及环境类型（全局环境、函数环境或块级作用域）。

具体的处理过程如下：

1．如果是创建一个函数环境，那么创建形参及函数参数的默认值。如果是非函数环境，将跳过此步骤。

2．如果是创建全局或函数环境，就扫描当前代码进行函数声明（不会扫描其他函数的函数体），但是不会扫描函数表达式或箭头函数。对于所找到的函数声明，将创建函数，并绑定到当前环境与函数名相同的标识符上。若该标识符已经存在，那么该标识符的值将被重写。如果是块级作用域，将跳过此步骤。

3．扫描当前代码进行变量声明。在函数或全局环境中，找到所有当前函数以及其他函数之外通过 var 声明的变量，并找到所有在其他函数或代码块之外通过 let 或 const 定义的变量。在块级环境中，仅查找当前块中通过 let 或 const 定义的变量。对于所查找到的变量，若该标识符不存在，进行注册并将其初始化为 undefined。若该标识符已经存在，将保留其值。

整个处理过程如图 5.14 所示。

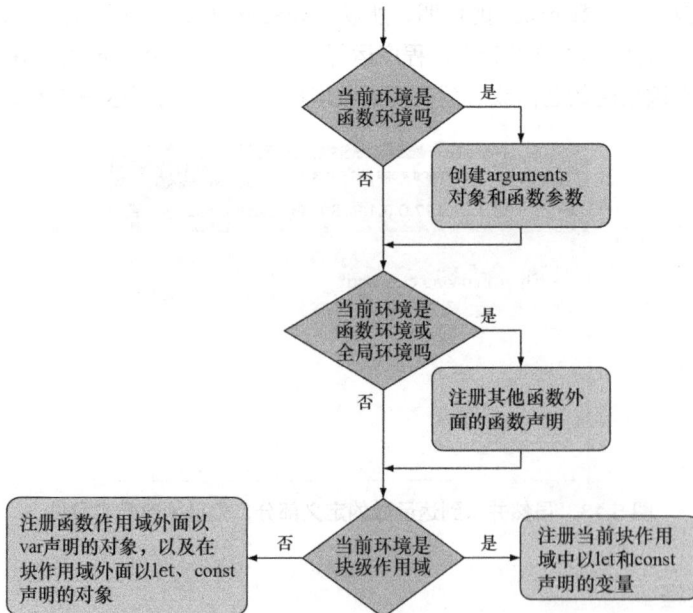

图 5.14　注册标识符的过程取决于环境的类型

　　　　我们正在受到这种注册规则的影响。你会看到一些常见的 JavaScript 难题，这些难题可能导致怪异的 bug，这类 bug 很容易产生但是难以理解。让我们从为什么可以在函数声明之前调用函数开始理解吧。

在函数声明之前调用函数

　　　　JavaScript 易用性的一个典型特征，是函数的声明顺序无关紧要。使用过 Pascal 语言的开发者可能还记得该语言严格的结构要求。在 JavaScript 中，我们可以在函数声明之前对其进行调用。下面查看清单 5.9 中的代码。

清单 5.9　在函数声明之前访问函数

> 若函数是作为函数声明进行定义的，则可以在函数声明之前访问函数

```
assert(typeof fun === "function",
  "fun is a function even though its definition isn't reached yet!");


assert(typeof myFunExp === "undefined",
  "But we cannot access function expressions");

assert(typeof myArrow === "undefined",
  "Nor arrow functions");

function fun(){}

var myFunExpr = function(){};
var myArrow = (x) => x;
```

> 若函数是通过函数表达式或箭头函数进行定义的，则不可以在函数定义之前访问函数

> 作为函数声明进行定义

> myFunExpr 指向函数表达式
> myArrow 指向箭头函数

　　　　我们甚至可以在函数定义之前访问函数。我们可以这么做的原因是 fun 是通过函数声明进行定义的，第二阶段（如本章前文所述）表明函数已通过函数声明进行定义，在当前词法环境创建时已在其他代码执行之前注册了函数标识符。所以，在执行函数调用之前，fun 函数已经存在。

　　　　JavaScript 引擎通过这种方式为开发者提供便利，允许我们直接使用函数的引用，而不需要强制指定函数的定义顺序。在代码执行之前，函数已经存在了。

　　　　需要注意的是，这种情况仅针对函数声明有效。函数表达式与箭头函数都不在此过程中，而是在程序执行过程中执行定义的。这就是不能访问 myFunExp 与 myArrow 函数的原因。

函数重载

　　　　第二个难题是处理重载函数标识符的问题。让我们来看另外一个示例，如清单 5.10 所示。

清单 5.10   重载函数标识符

```
assert(typeof fun === "function", "We access the function");    ◁──  fun 指向一个
                                                                    函数

var fun = 3;     ◁────  定义变量 fun 并赋值为数字 3

assert(typeof fun === "number", "Now we access the number");    ◁──  fun 指向一个
                                                                    数字

function fun(){}   ◁──── 函数声明

assert(typeof fun === "number", "Still a number");    ◁────  fun 仍然指向数字
```

在清单 5.10 的示例中，声明的变量与函数均使用相同的名字 fun。如果你执行这段代码会发现，两个断言 assert 都通过了。在第一个断言中，标识符 fun 指向一个函数；在第二个断言中，标识符 fun 指向一个数字。

JavaScript 的这种行为是由标识符注册的结果直接导致的。在处理过程的第 2 步中，通过函数声明进行定义的函数在代码执行之前对函数进行创建，并赋值给对应的标识符；在第 3 步，处理变量的声明，那些在当前环境中未声明的变量，将被赋值为 undefined。在清单 5.10 的示例中，在第 2 步——注册函数声明时，由于标识符 fun 已经存在，并未被赋值为 undefined。这就是第 1 个测试 fun 是否是函数的断言执行通过的原因。之后，执行赋值语句 var fun = 3，将数字 3 赋值给标识符 fun。执行完这个赋值语句之后，fun 就不再指向函数了，而是指向数字 3。

在程序的实际执行过程中，跳过了函数声明部分，所以函数的声明不会影响标识符 fun 的值。

变量提升(variable hoisting)

　　如果你已阅读关于解释处理标识符的一些 JavaScript 博客或图书，你可能已经遇到这个词：变量提升。例如，变量的声明提升至函数顶部，函数的声明提升至全局代码顶部。

　　但是，正如在上述实例中看见的，并没有那么简单。变量和函数的声明并没有实际发生移动。只是在代码执行之前，先在词法环境中进行注册。虽然描述为提升了，并且进行了定义，这样更容易理解 JavaScript 的作用域的工作原理，但是，我们可以通过词法环境对整个处理过程进行更深入地理解，了解真正的原理。

在下一节中，本章前面部分所探讨的概念有助于更好地理解闭包。

5.6   研究闭包的工作原理

闭包可以访问创建函数时所在作用域内的全部变量，还介绍了几种闭包有用的方法。例如，通过闭包模拟私有变量，通过回调函数使得代码更加优雅。

闭包与作用域密切相关。闭包对 JavaScript 的作用域规则产生了直接影响。因此在本节中，我们将重新访问本章开头所示的代码。但这一次，执行上下文与词法环境，有助于我们理解闭包的工作原理。

5.6.1 回顾使用闭包模拟私有变量的代码

如前文所述，通过闭包可以模拟私有变量。现在我们对 JavaScript 的作用域规则的工作原理有了深刻的理解，回顾一下私有变量的示例。这一次，我们将关注执行上下文与词法环境。为了更方便，请查看清单 5.11。

清单 5.11 使用闭包模拟私有变量

在构造函数内部声明变量。由于该变量的作用域在构造函数内部，因此，feints 是一个私有变量

访问 feints 计数的方法

```
function Ninja() {
  var feints = 0;
  this.getFeints = function() {
    return feints;
  };
  this.feint = function() {
    feints++;
  };
}
var ninja1 = new Ninja();
assert(ninja1.feints === undefined,
      "And the private data is inaccessible to us.");
ninja1.feint();
assert(ninja1.getFeints() === 1,
      "We're able to access the internal feint count.");

var ninja2 = new Ninja();
assert(ninja2.getFeints() === 0,
      "The second ninja object gets its own feints variable.");
```

变量 feints 的增值方法。由于 feints 是私有变量，因此，无法通过其他方法改变变量 feints 的值，仅限于我们所给出的方法

验证我们无法直接访问变量 feints

调用 feint()方法，增加变量 feints 的值进行统计调用次数

验证已经执行了递增

当通过构造函数创建实例 ninja2 时，实例 ninja2 具有独立的变量 feints

　　现在，我们分析第一个 Ninja 对象创建完成之后程序的状态，如图 5.15 所示。我们可以利用标识符原理来更好地理解这种情况之下闭包的工作原理。JavaScript 构造函数是通过关键字 new 调用的函数。因此，每次调用构造函数时，都会创建一个新的词法环境，该词法环境保持构造函数内部的局部变量。在本例中，创建了 Ninja 环境，保持对变量 feints 的跟踪。

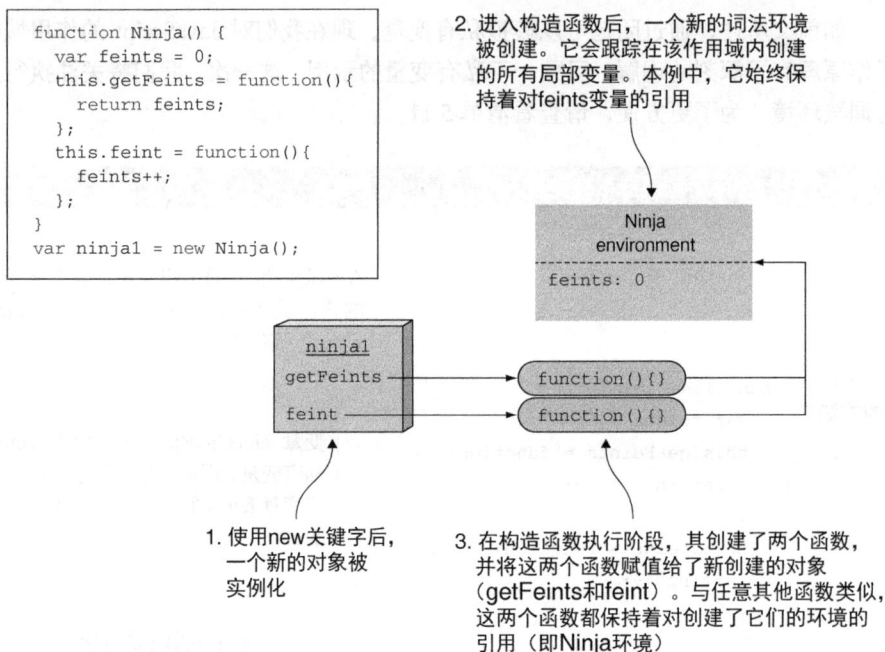

```
function Ninja() {
  var feints = 0;
  this.getFeints = function(){
    return feints;
  };
  this.feint = function(){
    feints++;
  };
}
var ninja1 = new Ninja();
```

2. 进入构造函数后，一个新的词法环境被创建。它会跟踪在该作用域内创建的所有局部变量。本例中，它始终保持着对 feints 变量的引用

Ninja
environment

feints: 0

ninja1
getFeints　　　function(){}
feint　　　function(){}

1. 使用new关键字后，一个新的对象被实例化

3. 在构造函数执行阶段，其创建了两个函数，并将这两个函数赋值给了新创建的对象（getFeints和feint）。与任意其他函数类似，这两个函数都保持着对创建了它们的环境的引用（即Ninja环境）

图 5.15　在构造器内定义的对象方法的闭包内实现私有变量

　　此外，无论何时创建函数，都会保持词法环境的引用（通过内置[[Environment]]属性）。在本例中，Ninja 构造函数内部，我们创建了两个函数：getFeints 与 feint，均有 Ninja 环境的引用，因为 Ninja 环境是这两个函数创建时所处的环境。

　　getFeints 与 feint 函数是新创建的 ninja 的对象方法（如前文所述，可通过 this 关键字访问）。因此，可以在 Ninja 构造函数外部访问 getFeints 与 feint 函数，这样实际上就创建了包含 feints 变量的闭包。

　　当再创建一个 Ninja 的实例，即 ninja2 对象时，将重复整个过程。图 5.16 显示了创建第二个 Ninja 对象之后的程序状态。

　　每一个通过 Ninja 构造函数创建的对象实例均获得了各自的方法（ninja1.getFeints 与 ninja2.getFeints 是不同的），当调用构造函数时，各自的实例方法包含各自的变量。这些"私有变量"只能通过构造函数内定义的对象方法进行访问，不允许直接访问。现在让我们看看当 ninja2.getFeints 方法调用时发生了什么。图 5.17 显示了细节。

这些方法始终存在于创建它们
的环境中，因此也就始终持有
着每个实例的"私有"变量

```
Ninja
environment

feints: 1

ninja1
getFeints  ────→  function(){}
feint      ────→  function(){}

[[Environment]]
```

```
Ninja
environment

feints: 0

ninja2
getFeints  ────→  function(){}
feint      ────→  function(){}

[[Environment]]
```

```
var ninja1 = new Ninja();
ninja1.feint()
```

```
var ninja2 = new Ninja();
```

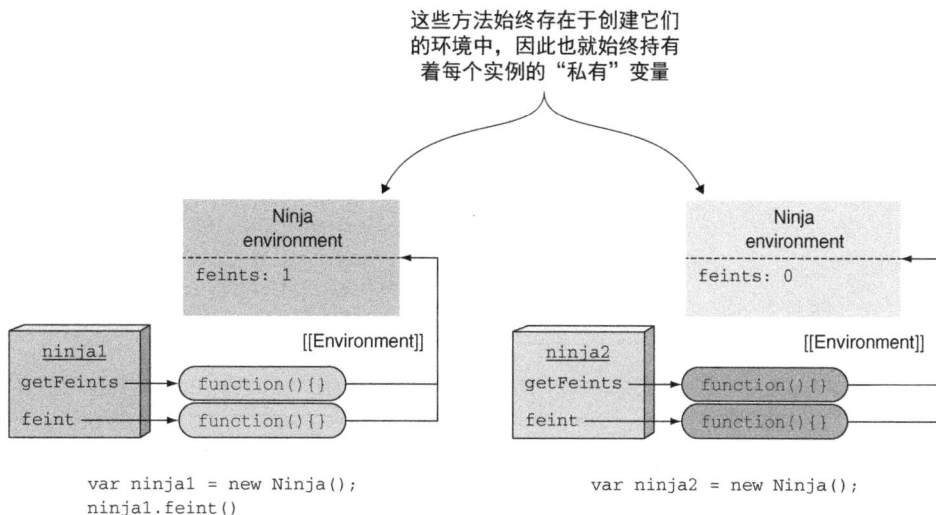

图 5.16　每个实例创建"私有"实例变量的方法

在调用 ninja2.getFeints 方法之前，JavaScript 引擎正在执行全局代码。我们的程序处于全局执行上下文状态，是执行栈里的唯一上下文。同时，唯一活跃的词法环境是全局环境，与全局执行上下文关联。

当调用 ninja2.getFeints()时，我们调用的是 ninja2 对象的 getFeints 方法。由于每次调用函数时均会创建新的执行上下文，因此创建了新的 getFeints 执行环境并推入执行栈。这同时引起创建新的词法环境，词法环境通常用于保持跟踪函数中定义的变量。另外，getFeints 词法环境包含了 getFeints 函数被创建时所处的环境，当 ninja2 对象构建时，Ninja 环境是活跃的。

现在让我们来了解试图获取 feints 变量时是如何工作的。首先，访问活跃的 getFeints 词法环境。因为在 getFeints 函数内部未定义任何变量，该词法环境是空的，找不到 feints 变量。接下来，在当前词法环境的外部环境进行查找——本例中，当创建 ninja2 对象时，Ninja 环境处于活跃状态。Ninja 环境中具有 feints 变量的引用，完成搜索过程，就是那么简单。

我们理解了在处理闭包时，执行上下文与词法环境所扮演的角色，那么接下来，我们将关注"私有"变量，为什么要保持"私有"变量的引用。可能你已经发现了，这些"私有"变量并不是对象的私有属性，但是可以通过构造函数所创建的对象方法去访问这些变量。让我们看看这种方式产生的有趣的副作用。

```
function Ninja() {
  var feints = 0;
  this.getFeints = function(){
    return feints;
  };
  this.feint = function(){
    feints++;
  };
}

var ninja1 = new Ninja();
var ninja1.feint();

var ninja2 = new Ninja();
ninja2.getFeints();
```

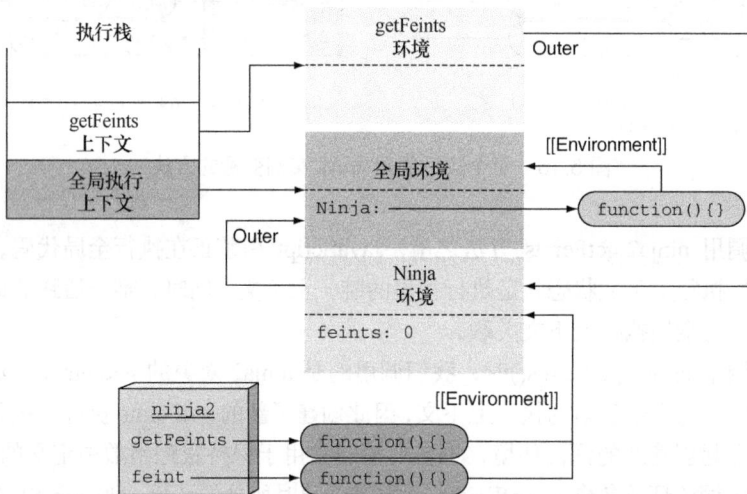

图 5.17　在调用 ninja2.getFeints()时，执行环境与词法环境的状态。创建新的 getFeints 环境，该环境具有构造函数创建 ninja2 对象时所在的环境。getFeints 函数可以访问"私有"feints 变量

5.6.2　私有变量的警告

JavaScript 从未阻止我们将一个对象中创建的属性复制给另一个对象。例如，我们可以很容易地将清单 5.11 中的代码重写成清单 5.12 所示的样子。

清单 5.12　通过函数访问私有变量，而不是通过对象访问

```
function Ninja() {
  var feints = 0;
  this.getFeints = function(){
    return feints;
  };
```

```
  this.feint = function(){
    feints++;
  };
}
var ninja1 = new Ninja();
ninja1.feint();

var imposter = {};
imposter.getFeints = ninja1.getFeints;

assert(imposter.getFeints() === 1,
       "The imposter has access to the feints variable!");
```

将 ninja1 的对象方法 getFeints 赋
值给对象 imposter

验证我们访问 ninja1 对象
的私有变量

　　清单 5.12 将代码进行了修改，将 ninja1 的对象方法 getFeints 赋值给一个新的 imposter
对象。然后，当我们通过对象 impostor 的 getFeints 方法，可以测试是否可以访问 ninja1
对象的私有变量，这样，验证了我们是在假装这些是"私有"变量，如图 5.18 所示。

　　本例表明了在 JavaScript 中没有真正的私有对象属性，但是可以通过闭包实现一种
可接受的"私有"变量的方案。尽管如此，虽然不是真正的私有变量，但是许多开发者
发现这是一种隐藏信息的有用方式。

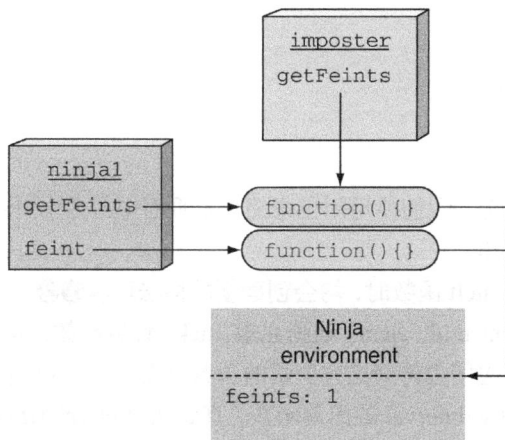

图 5.18　尽管该函数是对象的方法，但是我们仍可以通过该函数访问"私有"变量

5.6.3　回顾闭包和回调函数的例子

　　让我们回顾一下简单的动画示例中，使用计时器的回调。这一次，我们将对两个对
象使用动画，如清单 5.13 所示。

清单 5.13   在计时器的回调函数中使用闭包

```
<div id="box1">First Box</div>
<div id="box2">Second Box</div>
<script>
  function animateIt(elementId) {
    var elem = document.getElementById(elementId);
    var tick = 0;
    var timer = setInterval(function(){
      if (tick < 100) {
      elem.style.left = elem.style.top = tick + "px";
      tick++;
    }
    else {
      clearInterval(timer);
      assert(tick === 100,
             "Tick accessed via a closure.");
      assert(elem,
             "Element also accessed via a closure.");
      assert(timer,
             "Timer reference also obtained via a closure." );
    }
  }, 10);
  }
  animateIt("box1");
  animateIt("box2");
</script>
```

　　在本章开始部分，我们使用闭包来简化单页面中的多个对象动画。现在来看看如图 5.19 所示的词法环境。

　　每次调用 animateIt 函数时，均会创建新的词法环境❶❷，该词法环境保存了动画所需的重要变量（elementId、elem、动画元素、tick、计数次数、timer、动画计数器的 ID）。只要至少有一个通过闭包访问这些变量的函数存在，这个环境就会一直保持。在本例中，浏览器会一直保持 setInterval 的回调函数，直到调用 clearInterval 方法。随后，当一个计时器到期，浏览器会调用对应的回调函数，通过回调函数的闭包访问创建闭包时的变量。这样避免了手动匹配回调函数的麻烦，并激活变量（❸❹❺），极大地简化代码。

　　以上就是关于闭包和作用域的全部内容。现在简要地回顾一下本章的内容，随后进入下一章的内容。在下一章中，我们将探讨两个 ES6 的重要概念：generators 与 promises，这对于写异步代码很有帮助。

```
<div id="box1">First box</div>
<div id="box2">Second box</div>
<script>
function animateIt(elementId) {
    var elem = document.getElementById(elementId);
    var tick = 0;
     var timer = setInterval(function (){
      if (tick < 100) {
        var position = tick + "px";
        elem.style.left = position;
        elem.style.top = position;
        tick++;
      }
      else {
       clearInterval(timer);
      }
    }, 10);
}
animateIt("box1");
animateIt("box2");
</script>
```

❶ animateIt函数第一次
调用时创建了函数的
词法环境

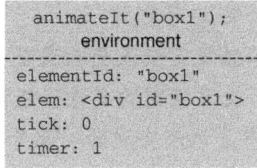

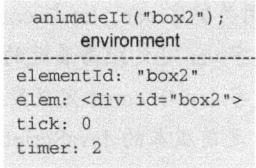

animateIt("box1"); environment
elementId: "box1" elem: \<div id="box1"> tick: 0 timer: 1

animateIt("box2"); environment
elementId: "box2" elem: \<div id="box2"> tick: 0 timer: 2

❷ animateIt函数第二次
调用又创建了一个函
数词法环境

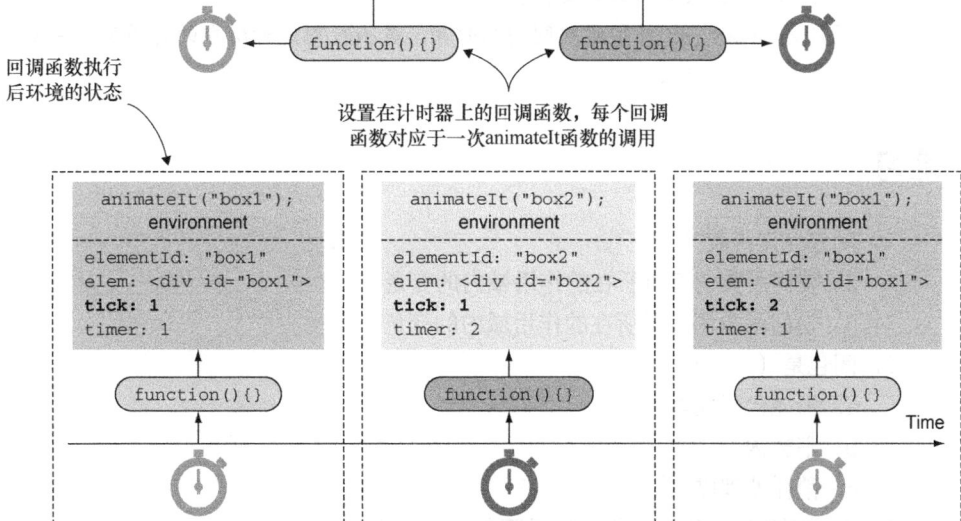

function(){} → ← function(){}

回调函数执行
后环境的状态

设置在计时器上的回调函数，每个回调
函数对应于一次animateIt函数的调用

animateIt("box1"); environment
elementId: "box1" elem: \<div id="box1"> **tick: 1** timer: 1

function(){}

animateIt("box2"); environment
elementId: "box2" elem: \<div id="box2"> **tick: 1** timer: 2

function(){}

animateIt("box1"); environment
elementId: "box1" elem: \<div id="box1"> **tick: 2** timer: 1

function(){}

Time

❸ 注册在 animateIt（"box1"）
上的计时器时间到了

❹ 注册在 animateIt（"box2"）
上的计时器时间到了

❺ 注册在 animateIt（"box1"）
上的计时器时间又到了

图 5.19 通过创建多个闭包，我们可以同时做许多事。每当 interval 执行时，回调函数重新激活创建该
回调函数时所处的环境。每个回调函数闭包自动保存各自的变量组

5.7　小结

- 通过闭包可以访问创建闭包时所处环境中的全部变量。闭包为函数创建时所处的作用域中的函数和变量，创建 "安全气泡"。通过这种的方式，即使创建函数时所处的作用域已经消失，但是函数仍然能够获得执行时所需的全部内容。
- 我们可以使用闭包的这些高级功能：
  - 通过构造函数内的变量以及构造方法来模拟对象的私有属性。
  - 处理回调函数，简化代码。
- JavaScript 引擎通过执行上下文栈(调用栈)跟踪函数的执行。每次调用函数时，都会创建新的函数执行上下文，并推入调用栈顶端。当函数执行完成后，对应的执行上下文将从调用栈中推出。
- JavaScript 引擎通过词法环境跟踪标识符（俗称作用域）。
- 在 JavaScript 中，我们可以定义全局级别、函数级别甚至块级别的变量。
- 可以使用关键字 var、let 与 const 定义变量：
  - 关键字 var 定义距离最近的函数级变量或全局变量。
  - 关键字 let 与 const 定义距离最近级别的变量，包括块级变量。块级变量在 ES6 之前版本的 JavaScript 中是无法实现的。此外，通过关键字 const 允许定义只能赋值一次的变量。
- 闭包是 JavaScript 作用域规则的副作用。当函数创建时所在的作用域消失后，仍然能够调用函数。

5.8　练习

1. 闭包允许函数（　　）。
   a. 访问函数创建时所在的作用域内的变量
   b. 访问函数调用时所在的作用域内的变量
2. 闭包是（　　）。
   a. 消耗代码成本
   b. 消耗内存成本
   c. 消耗处理成本
3. 在如下代码示例中，指出通过闭包访问的变量：

```
function Samurai(name) {
  var weapon = "katana";
  this.getWeapon = function() {
    return weapon;
  };
```

```
  this.getName = function() {
    return name;
  }

  this.message = name + " wielding a " + weapon;

  this.getMessage = function() {
    return this.message;
  }
}

var samurai = new Samurai("Hattori");

samurai.getWeapon();
samurai.getName();
samurai.getMessage();
```

4．在如下代码中，创建了几个执行上下文？执行上下文栈的最大长度是多少？

```
function perform(ninja) {
  sneak(ninja);
  infiltrate(ninja);
}

function sneak(ninja) {
  return ninja + " skulking";
}

function infiltrate(ninja) {
  return ninja + " infiltrating";
}

perfom("Kuma");
```

5．在 JavaScript 中，使用哪个关键字可以创建不允许重新赋值为全新的值的变量？

6．var 与 let 的区别是什么？

7．如下代码中，在哪儿会抛出异常？为什么？

```
getNinja();
getSamurai();

function getNinja() {
  return "Yoshi";
}

var getSamurai = () = >"Hattori";
```

第6章 未来的函数：生成器和 promise

本章包括以下内容：
- 通过生成器让函数持续执行
- 使用 promise 处理异步任务
- 使用生成器和 promise 书写优雅代码

前 3 章中我们集中讨论了函数，尤其是如何定义函数及如何有效使用函数。我们已经介绍了 ES6 的一些特性，例如箭头函数和块作用域，我们学习过的大部分特性在很久前就已经是 JavaScript 的一部分。这一章将探索两个全新的 ES6 的前沿特性：生成器（generator）和 promise（promise）。

注意 生成器和 promise 已经引入到 ES6 中。可以通过 http://mng.bz/sOs4 和 http://mng.bz/Du38 来查看浏览器的支持情况。

生成器是一种特殊类型的函数。当从头到尾运行标准函数时，它最多只生成一个值。然而生成器函数会在几次运行请求中暂停，因此每次运行都可能会生成一个值。虽然生成器对 JavaScript 来说还是个新特性，其实它已经在 Python、PHP 和 C#中存在很长时间了。

生成器经常被当作一种古怪不常用的语言特性，普通水平的程序员一般不会使用这个特性。然而本章中大部分例子都是来教你怎样使用生成器函数的，我们还会探索生成器函数的一些很实用的方面。你会学到如何使用生成器来简化复杂循环，如何利用生成器的能力来挂起和恢复循环的执行，这些技巧都能帮你写出更简单、更优雅的异步代码。

　　另外，对象的一个新的内置类型 promise，也能帮你编写异步代码。promise 对象是一个占位符，暂时替代那些尚未计算出但未来会计算出的值。对于多个异步操作来说，使用 promise 对象是非常有好处的。

你知道吗?

- 生成器函数的主要用途是什么？
- 在异步代码中，为什么使用 promise 比使用简单的回调函数更好？
- 使用 Promise.race 来执行很多长期执行的任务时，promise 最终会在什么时候变成 resolved 状态？它什么时候会无法变成 resolved 状态？

6.1　使用生成器和 promise 编写优雅的异步代码

　　想象你是在 freelanceninjia.com 工作的开发者，这是一个流行的自由职业"忍者"招聘网站，为客户招募执行秘密任务的"忍者"。你的任务是实现一个功能，用于让用户了解由最受欢迎的"忍者"完成任务的任务详情。将"忍者"、任务摘要以及任务详情的数据存储展示在远程服务器上，并以 JSON 格式编码。你需要编写类似下面的代码：

```
try {
    var ninjas = syncGetJSON("ninjas.json");
    var missions = syncGetJSON(ninjas[0].missionsUrl);
    var missionDetails = syncGetJSON(missions[0].detailsUrl);
    //Study the mission description
}
catch (e) {
    //Oh no, we weren't able to get the mission details
}
```

　　这段代码很容易理解，如果其中任何一步出了错误，catch 代码块都能很轻易地捕捉。但很不幸，这样的代码有很大问题。从服务器中获取数据是一个长时间操作，而 JavaScript 依赖于单线程执行模型，所以一直到长时间的操作结束之前，UI 的渲染都会暂停。随后的应用都会无响应，用户会感到不满。我们可以用回调函数解决这个问题，这样每个任务结束后都调用回调函数，从而不会导致 UI 暂停。

```
getJSON("ninjas.json", function(err, ninjas) {
  if (err) {
    console.log("Error fetching list of ninjas", err);
    return;
  }
  getJSON(ninjas[0].missionsUrl, function(err, missions) {
    if (err) {
      console.log("Error locating ninja missions", err);
```

```
      return;
    }
    getJSON(missions[0].detailsUrl, function(err, missionDetails) {
      if (err) {
        console.log("Error locating mission details", err);
        return;
      }
      //Study the intel plan
    });
  });
});
```

尽管这段代码能够显著地提升用户体验，但你也会认同这段代码写得很散乱，其中包含着大量的错误处理样板代码，这样的写法看起来很丑陋。这就是生成器函数和promise 大显身手的时候了。引入这两种技术后，非阻塞但却丑陋的回调函数代码就会变得更优雅：

通过在 function 关键字后增加一个*号可以定义生成器函数。在生成器函数中可以使用新的 yield 关键字

promise对象都隐含在了getJSON方法中

```
async(function*() {
  try {
    const ninjas = yield getJSON("ninjas.json");
    const missions = yield getJSON(ninjas[0].missionsUrl);
    const missionDescription = yield getJSON(missions[0].detailsUrl);
    //Study the mission details
  }
  catch (e) {
    //Oh no, we weren't able to get the mission details
  }
});
```

如果你不能理解这个例子，或者其中的某些语法你并不熟悉（例如 function* 或 yield），不要担心。读完本章，你将能够理解所有的关键要素。至于你现在阅读的这段代码，比起非阻塞回调函数代码，使用生成器和 promise 明显更为优雅。

让我们开始慢慢探索生成器函数，它是通往优雅异步代码的第一块垫脚石。

6.2 使用生成器函数

生成器函数几乎是一个完全崭新的函数类型，它和标准的普通函数完全不同。生成器（generator）函数能生成一组值的序列，但每个值的生成是基于每次请求，并不同于标准函数那样立即生成。我们必须显式地向生成器请求一个新的值，随后生

成器要么响应一个新生成的值，要么就告诉我们它之后都不会再生成新值。更让人好奇的是，每当生成器函数生成了一个值，它都不会像普通函数一样停止执行。相反，生成器几乎从不挂起。随后，当对另一个值的请求到来后，生成器就会从上次离开的位置恢复执行。

清单 6.1 提供了一个简单例子，它使用生成器函数生成了一系列武器数据。

清单 6.1 使用生成器函数生成一些列值

通过在关键字 function 后面添加星号*
定义生成器函数

```
function* WeaponGenerator() {
  yield "Katana";
  yield "Wakizashi";
  yield "Kusarigama";
}

for (let weapon of WeaponGenerator()) {
  assert(weapon !== undefined, weapon);
}
```

使用新的关键字 yield 生成独立的值

使用新的循环类型for-of取出
生成的值序列

例子首先定义了一个生成器，它能够生成一系列武器的数据。创建一个生成器函数非常简单：仅仅需要在关键字 function 后面加上一个星号（*）。这样一来生成器函数体内就能够使用新关键字 yield，从而生成独立的值。图 6.1 解释了 yield 的语法。

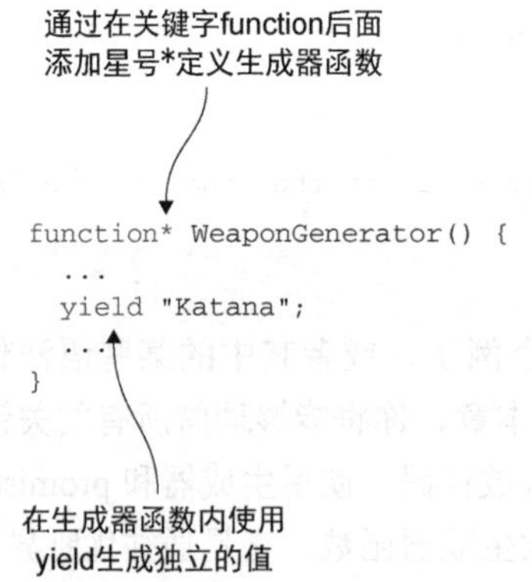

通过在关键字function后面
添加星号*定义生成器函数

```
function* WeaponGenerator() {
  ...
  yield "Katana";
  ...
}
```

在生成器函数内使用
yield生成独立的值

图 6.1 在关键字 function 后面增加一个星号来定义一个生成器

本例创建了一个叫作 WeaponGenerator 的生成器，其用于生成一系列武器数据：Katana、Wakizashi 和 Kusarigama。作为取出武器数据序列值的方法之一，for-of 是一种用于循环结构新类型：

```
for(let weapon of WeaponGenerator()) {
```

```
    assert(weapon, weapon);
}
```

for-of 循环的执行结果如图 6.2 所示（现在不必太关心 for-of 循环，稍后我们会对它进行介绍）。

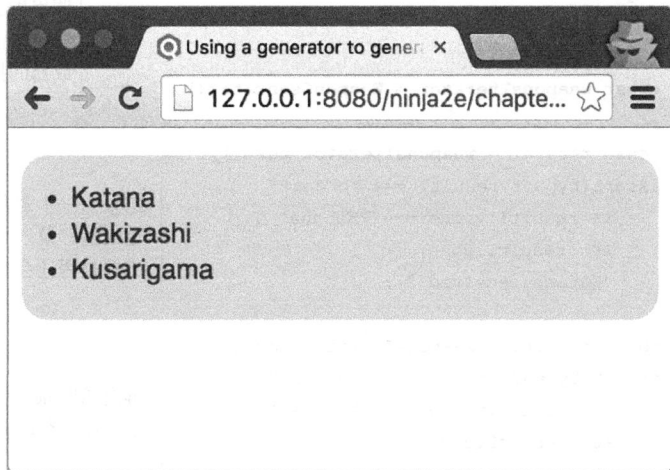

图 6.2 迭代函数 WeaponGenerator() 得到的结果

我们把执行生成器得到的结果放在 for-of 循环的右边。但如果你仔细看看 WeaponGenerator 函数的函数体，你会发现其中并没有 return 语句。这是为什么？这个例子中，for-of 循环的右边不是应该得到 undefined，就像我们处理一个标准函数一样吗？

真相是生成器函数和标准函数非常不同。对初学者来说，调用生成器并不会执行生成器函数，相反，它会创建一个叫作迭代器（iterator）的对象。让我们来探索这个对象吧。

6.2.1 通过迭代器对象控制生成器

调用生成器函数不一定会执行生成器函数体。通过创建迭代器对象，可以与生成器通信。例如，可以通过迭代器对象请求满足条件的值。稍微修改一下之前的示例，看看迭代器对象是如何工作的，如清单 6.2 所示。

清单 6.2　通过迭代器对象控制生成器

定义一个生成器，它能生成一个包含
两个武器数据的序列

```
function* WeaponGenerator() {
  yield "Katana";
  yield "Wakizashi";
}
```

调用生成器得到一个迭代
器，从而我们能够控制生
成器的执行

```
const weaponsIterator = WeaponGenerator();
```

调用迭代器的
next 方法向生
成器请求一个
新值

```
const result1 = weaponsIterator.next();
assert(typeof result1 === "object"
    && result1.value === "Katana"
    && !result1.done,
    "Katana received!");
```

结果为一个对象，其中包含着一个
返回值，及一个指示器告诉我们生
成器是否还会生成值

```
const result2 = weaponsIterator.next();
assert(typeof result2 === "object"
    && result2.value === "Wakizashi"
    && !result2.done,
    "Wakizashi received!");
```

再次调用 next 方法从
生成器中获取新值

```
const result3 = weaponsIterator.next();
assert(typeof result3 === "object"
    && result3.value === undefined
    && result3.done,
    "There are no more results!");
```

当没有可执行的代码，生成器就会
返回 "undefined" 值，表示它的状
态为已经完成

如你所见，调用生成器后，就会创建一个迭代器（iterator）：

```
const weaponsIterator = WeaponGenerator();
```

迭代器用于控制生成器的执行。迭代器对象暴露的最基本接口是 next 方法。这个方法可以用来向生成器请求一个值，从而控制生成器：

```
const result1 = weaponsIterator.next();
```

next 函数调用后，生成器就开始执行代码，当代码执行到 yield 关键字时，就会生成一个中间结果（生成值序列中的一项），然后返回一个新对象，其中封装了结果值和一个指示完成的指示器。

每当生成一个当前值后，生成器就会非阻塞地挂起执行，随后耐心等待下一次值请求的到达。这是普通函数完全不具有的强大特性，后续的例子中它还会起到更大的作用。

在本例中，第一次调用生成器的 next 方法让生成器代码执行到第一个 yield 表达式

yield "Katana"，然后返回了一个对象。该对象的属性 value 的值置为 Katana，属性 done 的值置为 false，表明之后还有值会生成。

随后，通过再次调用 weaponIterator 的 next 方法，再次向生成器请求另一个值：

```
const result2 = weaponsIterator.next();
```

该操作将生成器从挂起状态唤醒，中断执行的生成器从上次离开的位置继续执行代码，直到再次遇到另一个中间值：yield "Wakizashi"。随即生成了一个包含着值 Wakizashi 的对象，生成器挂起。

最后，当第三次执行 next 方法后，生成器恢复执行。但这一次，没有更多可供它执行的代码了，所以生成器返回一个结果对象，属性 value 被置为 undefined，属性 done 被置为 true，表明它的工作已经完成了。

现在你已经了解了如何通过迭代器控制生成器，希望你已经做好准备进入下一个学习阶段：如何迭代生成的值序列。

对迭代器进行迭代

通过调用生成器得到的迭代器，暴露出一个 next 方法能让我们向生成器请求一个新值。next 方法返回一个携带着生成值的对象，而该对象中包含的另一个属性 done 也向我们指示了生成器是否还会追加生成值。

现在，我们利用这一原理，试着用普通的 while 循环来迭代生成器生成的值序列，如清单 6.3 所示。

清单 6.3　使用 while 循环迭代生成器结果

```
function* WeaponGenerator(){
  yield "Katana";
  yield "Wakizashi";
}

const weaponsIterator = WeaponGenerator();
let item;
while(!(item = weaponsIterator.next()).done) {
  assert(item !== null, item.value);
}
```

创建一个变量，用这个变量来保存生成器产生的值

新建一个迭代器

每次循环都会从生成器中取出一个值，然后输出该值。当生成器不会再生成值的时候，停止迭代

本例中，我们通过调用生成器函数再次创建了一个迭代器对象：

```
const weaponsIterator = WeaponGenerator();
```

我们还创建了一个变量 item，用于保存由生成器生成的单个值。随后，我们给 while 循环指定了条件，该条件有点复杂需要分解来看：

```
while(!(item = weaponsIterator.next()).done) {
  assert(item !== null, item.value)
}
```

在每次迭代中，我们通过调用迭代器 weaponsIterator 的 next 方法从生成器中取一个值，然后把值存放在 item 变量中。和所有 next 返回的对象一样，item 变量引用的对象中包含一个属性 value 为生成器返回的值，一个属性 done 指示生成器是否已经完成了值的生成。如果生成器中的值没有生成完毕，我们就会进入下次循环迭代，反之停止循环。

这就是第一个生成器示例中 for-of 循环的原理。for-of 循环不过是对迭代器进行迭代的语法糖。

```
for(var item of WeaponGenerator ()){
  assert(item !== null, item);
}
```

不同于手动调用迭代器的 next 方法，for-of 循环同时还要查看生成器是否完成，它在后台自动做了完全相同的工作。

把执行权交给下一个生成器

正如在标准函数中调用另一个标准函数，我们需要把生成器的执行委托给另一个生成器。让我们看清单 6.4 的例子，生成器不仅生成了武器值也生成了"忍者"值。

清单 6.4　使用 yield 操作符将执行权交给另一个生成器

```
function* WarriorGenerator(){
  yield "Sun Tzu";
  yield* NinjaGenerator();          ←—— yield*将执行权交给了另一个生成器
  yield "Genghis Khan";
}

function* NinjaGenerator(){
  yield "Hattori";
  yield "Yoshi";
}

for(let warrior of WarriorGenerator()){
  assert(warrior !== null, warrior);
}
```

执行这段代码后会输出 Sun Tzu、Hattori、Yoshi、Genghis Khan。第一个输出 Sun Tzu 不会让你感到意外，因为它就是 WarriorGenerator 生成器得到的第一个值。而对于第二个输出的值是 Hattori，我们需要解释一下了。

在迭代器上使用 yield*操作符，程序会跳转到另外一个生成器上执行。本例中，程序从 WarriorGenerator 跳转到一个新的 NinjaGenerator 生成器上，每次调用 WarriorGenerator 返回迭代器的 next 方法，都会使执行重新寻址到了 NinjaGenerator 上。该生成器会一直持有执行权直到无工作可做。所以我们本例中生成 Sun Tzu 之后紧接的是 Hattori 和 Yoshi。仅当 NinjaGenerator 的工作完成后，调用原来的迭代器才会继续输出值 Genghis Khan。注意，对于调用最初的迭代器代码来说，这一切都是透明的。for-of 循环不会关心 WarriorGenerator 委托到另一个生成器上，它只关心在 done 状态到来之前都一直调用 next 方法。

现在，对于生成器一般的工作，以及如何代理到其他生成器的工作上，你都已经有所掌握了。让我们看看几个实践中的例子。

6.2.2　使用生成器

尽管前面例子中生成的序列都不错，但现在来看一个更实际的简单例子，生成唯一 ID 值。

用生成器生成 ID 序列

在创建某些对象时，我们经常需要为每个对象赋一个唯一的 ID 值。最简单的方式是通过一个全局的计数器变量，但这是一种丑陋的写法，因为这个计数器变量很容易就会不慎淹没在混乱的代码中。另外一种方式则是使用生成器，如清单 6.5 所示。

清单 6.5　使用生成器生成 ID 序列

定义生成器
函数
IdGenerator

```
function* IdGenerator() {
    let id = 0;
    while (true) {
        yield ++id;
    }
}
```

一个始终记录 ID 的变量，这个变量无法在生成器外部改变

循环生成无限长度的 ID 序列

这个迭代器
我们能够向
生成器请求
新的 ID 值

```
const idIterator = IdGenerator();

const ninja1 = { id: idIterator.next().value };
const ninja2 = { id: idIterator.next().value };
const ninja3 = { id: idIterator.next().value };

assert(ninja1.id === 1, "First ninja has id 1");
assert(ninja2.id === 2, "Second ninja has id 2");
assert(ninja3.id === 3, "Third ninja has id 3");
```

请求3个新ID值

测试运行结果

本例开始的迭代器中包含一个局部变量 id，其代表了 ID 计数器。局部变量 id 仅能

在该生成器中被访问，故而完全不必担心有人会不小心在代码的其他地方修改 id 值。随后是一个无限的 while 循环，其每次迭代都能生成一个新 id 值并挂起执行，直到下一次 ID 请求到达：

```
function *IdGenerator(){
  let id = 0;
  while(true){
    yield ++id;
  }
}
```

注意　标准函数中一般不应该书写无限循环的代码。但在生成器中没问题！当生成器遇到了一个 yield 语句，它就会一直挂起执行直到下次调用 next 方法，所以只有每次调用一次 next 方法，while 循环才会迭代一次并返回下一个 ID 值。

定义了生成器之后，又创建了一个迭代器对象：

```
const idIterator = IdGenerator();
```

我们能够调用 idIterator.next()方法来控制生成器执行。每当遇到一次 yield 语句生成器就会停止执行，返回一个新的 ID 值可以用于给我们的对象赋值：

```
const ninja1 = { id: idIterator.next().value };
```

看到这个方法多么简单了吧？代码中没有任何会被不小心修改的全局变量。相反，我们使用迭代器从生成器中请求值。另外，如果还需要用另外一个迭代器来记录 ID 序列，例如迭代器 samurai，我们只需要直接再初始化一个新迭代器就可以了。

使用迭代器遍历 DOM 树

如第 2 章中所示，网页的布局是基于 DOM 结构的，它是由 HTML 节点组成的树形结构，除了根节点的每个节点都只有一个父节点，而且可以有 0 个或多个孩子节点。由于 DOM 是网页开发中的基础，所以我们大部分代码都是围绕着对它的遍历。遍历 DOM 的相对简单的方式就是实现一个递归函数，在每次访问节点的时候都会被执行，如清单 6.6 所示。

清单 6.6　递归遍历 DOM

```
<div id="subTree">
  <form>
    <input type="text"/>
  </form>
  <p>Paragraph</p>
  <span>Span</span>
```

```
</div>
<script>
  function traverseDOM(element, callback) {
    callback(element);
    element = element.firstElementChild;
    while (element) {
      traverseDOM(element, callback);
      element = element.nextElementSibling;
    }
  }
  const subTree = document.getElementById("subTree");
  traverseDOM(subTree, function(element) {
    assert(element !== null, element.nodeName);
  });
</script>
```

用回调函数处理当前节点

遍历每个子树

通过调用 traverseDOM 方法从根节点开始遍历

这个例子使用一个递归函数来遍历 id 为 subtree 的所有节点，在访问每个节点的过程中我们还记录了该节点的类型。本例中分别输出了 DIV、FORM、INPUT、P 和 SPAN。

很久以来我们都在编写这种 DOM 遍历代码，它一直能满足我们的需要。但现在我们可以使用生成器了，故而可以换一种方式来实现它，请看清单 6.7。

清单 6.7　用生成器遍历 DOM 树

```
function* DomTraversal(element){
  yield element;
  element = element.firstElementChild;
  while (element) {
    yield* DomTraversal(element);
    element = element.nextElementSibling;
  }
}

const subTree = document.getElementById("subTree");
for(let element of DomTraversal(subTree)) {
  assert(element !== null, element.nodeName);
}
```

用 yield*将迭代控制转移到另一个 DomTraversal 生成器实例上

使用 for-of 对节点进行循环迭代

这个清单展示了我们可以通过生成器实现 DOM 遍历，就像标准递归一样简单，但它不必书写丑陋的回调函数代码。不同于在下一层递归处理每个访问过的节点子树，我们为每个访问过的节点创建了一个生成器并将执行权交给它，从而使我们能够以迭代的方式书写概念上递归的代码。它的好处在于我们能够不凭借讨厌的回调函数，仅仅以一个简单的 for-of 循环就能处理生成的节点。

这个案例是一个相当好的例子，因为它还告诉了我们如何在不必使用回调函数的情况下，使用生成器函数来解耦代码，从而将生产值（本例中是 HTML 节点）的代码和消费值（本例中的 for-of 循环打印、访问过的节点）的代码分隔开。除此之外，在很多场景下，使用迭代器比使用递归都要自然，所以保持一个开放的思路很重要。

现在我们已经看过生成器的一些实战中的例子了，让我们再看看更理论化一点的主题，并看看如何使用运行中的生成器来交换数据。

6.2.3　与生成器交互

从目前已经展示的例子来看，你已经看到了如何通过使用 yield 表达式从生成器中返回多个值。但生成器远比这强大！我们还能向生成器发送值，从而实现双向通信！使用生成器我们能够生成中间结果，在生成器以外我们也能够使用该结果进行任何什么操作，然后，一旦准备好了，就能够把整个新计算得到的数据再完完全全返回给生成器，本章的最后我们会利用这个特性来实现异步代码，但现在先学点儿简单的。

作为生成器函数参数发送值

向生成器发送值的最简方法如其他函数一样，调用函数并传入实参，如清单 6.8 所示。

清单 6.8　向生成器发送数据及从生成器接收数据

生成器可以像其他函数一样接收标准参数

奇迹出现了。产生一个值的同时，生成器会返回一个中间计算结果。通过带有参数的调用迭代器的 next 方法，我们可以将数据传递回生成器

传递回的值将成为 yield 表达式的返回值，因此 impostrer 的值是 Hanzo

```
function* NinjaGenerator(action) {
  const imposter = yield ("Hattori " + action);

  assert(imposter === "Hanzo",
        "The generator has been infiltrated");
  yield ("Yoshi (" + imposter + ") " + action);
}
```

普通的参数传递

```
const ninjaIterator = NinjaGenerator("skulk");
```

触发生成器的执行，并检测返回值是否正确

```
const result1 = ninjaIterator.next();
assert(result1.value === "Hattori skulk","Hattori is skulking");

const result2 = ninjaIterator.next("Hanzo");
assert(result2.value === "Yoshi (Hanzo) skulk",
      "We have an imposter!");
```

将数据作为 next 方法的参数传递给生成器，并检测返回值是否符合预期

使用 next 方法向生成器发送值

除了在第一次调用生成器的时候向生成器提供数据，我们还能通过 next 方法向生成器传入参数。在这个过程中，我们把生成器函数从挂起状态恢复到了执行状态。生成器把这个传入的值用于整个 yield 表达式(生成器当前挂起的表达式)的值，如图 6.3 所示。

这个例子中我们调用了两次 ninjaIterator 的 next 方法。第一次调用 ninjaIterator.next()，请求了生成器的第一个值。由于生成器还没开始执行，这次调用则启动了生成器，对表达式"Hattori " + action 进行求值，得到了值"Hattori skulk"，并将该生成器的执行挂起。这一点没什么特别的，类似的事情我们已经做过很多次了。

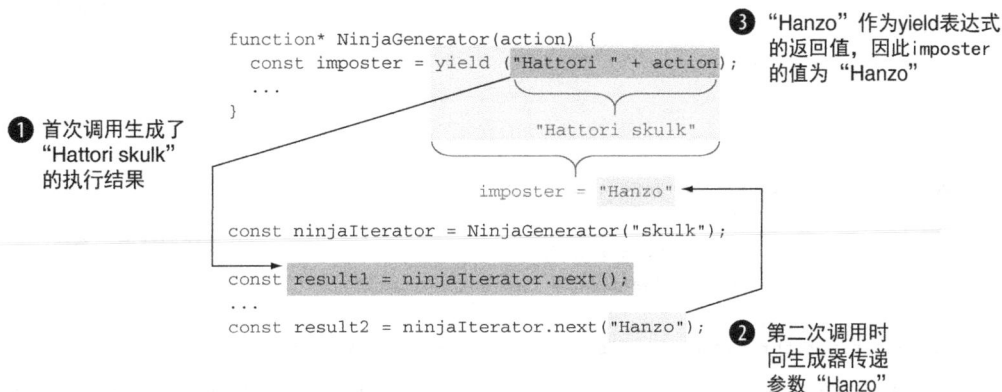

```
function* NinjaGenerator(action) {
  const imposter = yield ("Hattori " + action);
  ...
}
```

❸ "Hanzo" 作为yield表达式的返回值，因此imposter的值为 "Hanzo"

❶ 首次调用生成了 "Hattori skulk" 的执行结果

"Hattori skulk"

imposter = "Hanzo"

```
const ninjaIterator = NinjaGenerator("skulk");

const result1 = ninjaIterator.next();
...
const result2 = ninjaIterator.next("Hanzo");
```

❷ 第二次调用时向生成器传递参数 "Hanzo"

图 6.3 首次调用 ninjaIterator.next() 向生成器请求了一个新值，在 yield 表达式的位置返回了 Hattori skulk，并挂起执行。第二次调用 ninjaIterator.next("Hanzo")又请求了一个新值，但它同时向生成器发送了实参 Hanzo。这个只会在整个 yield 表达式中使用，同时，imposter 变量也就包含了字符串 Hanzo

然而第二次调用 ninjaIterator 的 next 方法则发生了有趣的事：ninjaIterator.next("Hanzo")。这一次，我们使用 next 方法将计算得到的值又传递回生成器。生成器函数耐心地等待着，在表达式 yield ("Hattori " + action)位置挂起，故而值 Hanzo 作为参数传入了 next()方法，并用作整个 yield 表达式的值。本例中，也就是表示语句 imposter = yield ("Hattori " + action) 中的变量 imposter 最终值为 Hanzo。

以上展示了如何在生成器中双向通信。我们通过 yield 语句从生成器中返回值，再使用迭代器的 next()方法把值传回生成器。

注意 next 方法为等待中的 yield 表达式提供了值，所以，如果没有等待中的 yield 表达式，也就没有什么值能应用的。基于这个原因，我们无法通过第一次调用 next 方法来向生成器提供该值。但记住，如果你需要为生成器提供一个初始值，你可以调用生成器自身，就像 NinjaGenerator("skulk")。

抛出异常

还有一种稍微不那么正统的方式将值应用到生成器上：通过抛出一个异常。每个迭代器除了有一个 next 方法，还有一个 throw 方法，让我们再来看一个简单的例子。

清单 6.9　向生成器抛出异常

```
function* NinjaGenerator() {
  try{
    yield "Hattori";                                    ← 此处的错误将不会发生
    fail("The expected exception didn't occur");
}
catch(e){
    assert(e === "Catch this!", "Aha! We caught an exception");    ← 捕获异常并检测接收到的异常是否符合预期
  }
}


const ninjaIterator = NinjaGenerator();


const result1 = ninjaIterator.next();                   ← 从生成器拉取一个值
assert(result1.value === "Hattori", "We got Hattori");


ninjaIterator.throw("Catch this!");      ← 向生成器抛出一个异常
```

清单 6.9 与清单 6.8 的开始部分很相似，都是声明了一个叫作 NinjaGenerator 的生成器。但这次，生成器函数体内则稍有不同。我们把整个函数体用一个 try-catch 块包裹了起来：

```
function* NinjaGenerator() {
  try {
    yield "Hattori";
    fail("The expected exception didn't occur");
  }
  catch(e) {
    assert(e === "Catch this!", "Aha! We caught an exception");
  }
}
```

通过创建一个迭代器继续执行，然后从生成器中获取一个值：

```
const ninjaIterator = NinjaGenerator();
const result1 = ninjaIterator.next();
```

最后，通过使用在所有迭代器上都有效的 throw 方法，我们向生成器抛出了一个异常：

```
ninjaIterator.throw("Catch this!");
```

运行了这个清单中的代码后,可以看到异常的抛出情况如我们所料,如图 6.4 所示。

这个能让我们把异常抛回生成器的特性初看可能有点奇怪。为什么要进行这样的操作呢?不必担心,我们不会让你一直蒙在鼓里。本章的最后部分,我们将使用这个特性来改善异步服务器端的通信。暂且多点儿耐心。

现在你已经看过了许多生成器的例子,我们已经做好准备来看一看生成器的内部是如何工作的了。

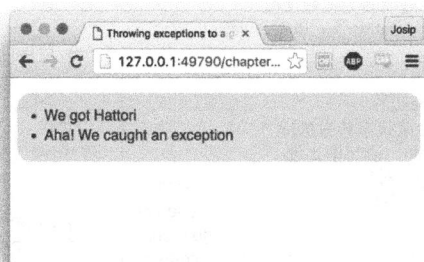

图 6.4 我们可以从生成器外部向其抛出异常

6.2.4 探索生成器内部构成

我们已经知道了调用一个生成器不会实际执行它。相反,它创建了一个新的迭代器,通过该迭代器我们才能从生成器中请求值。在生成器生成(或让渡)了一个值后,生成器会挂起执行并等待下一个请求的到来。在某种方面来说,生成器的工作更像是一个小程序,一个在状态中运动的状态机。

- 挂起开始——创建了一个生成器后,它最先以这种状态开始。其中的任何代码都未执行。
- 执行——生成器中的代码执行的状态。执行要么是刚开始,要么是从上次挂起的时候继续的。当生成器对应的迭代器调用了 next 方法,并且当前存在可执行的代码时,生成器都会转移到这个状态。
- 挂起让渡——当生成器在执行过程中遇到了一个 yield 表达式,它会创建一个包含着返回值的新对象,随后再挂起执行。生成器在这个状态暂停并等待继续执行。
- 完成——在生成器执行期间,如果代码执行到了 return 语句或者全部代码执行完毕,生成器就进入该状态。

让我们更进一步补充一些知识,看看生成器是如何跟随执行环境上下文的,如图 6.5 所示。

```
function* NinjaGenerator(){
    yield "Hattori";
    yield "Yoshi";
}
```

❶ const ninjaIterator = NinjaGenerator();
创建生成器，处于挂起开始状态

❷ const result1 = ninjaIterator. next();
激活生成器，从挂起状态转为执行状态。执行到
yield "Hattori" 语句中止，进而转为挂起让渡
状态，返回新对象{value: "Hattori", done: false}

❸ const result2 = ninjaIterator.next();
重新激活生成器。从挂起让渡状态转为执行
状态，执行直到 yield "Yoshi" 语句中止进
而转为挂起让渡状态，返回新对象
{value: "Yoshi", done: false}

❹ const result3 = ninjaIterator.next();
重新激活生成器。从挂起让渡状态转为执行状态，
没有代码可以执行，转为完成状态，返回新对象
{value: undefined, done: true}

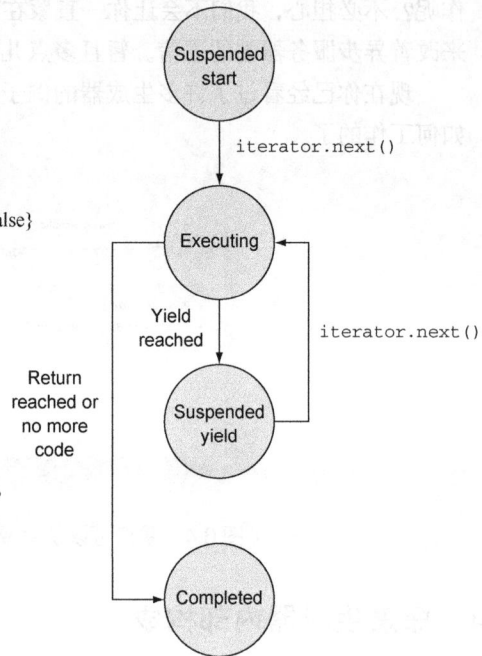

图 6.5　在执行过程中，生成器在相对应的选代器调用 next 方法之间移动状态

通过执行上下文跟踪生成器函数

在前面的例子中，我们介绍了执行环境上下文。它是一个用于跟踪函数的执行的 JavaScript 内部机制。尽管有些特别，生成器依然是一种函数，所以让我们仔细看看它们和执行环境上下文之间的关系吧。首先从一个简单的代码片段开始：

```
function* NinjaGenerator(action) {
  yield "Hattori " + action;
  return "Yoshi " + action;
}

const ninjaIterator = NinjaGenerator("skulk");
const result1 = ninjaIterator.next();
const result2 = ninjaIterator.next();
```

这里我们对生成器进行了重用，其生成了两个值：Hattori skulk 和 Yoshi skulk。

现在，我们将探索应用的状态，看一看在应用执行过程中不同位置上的执行上下文

栈。图 6.6 中展示了应用执行中两个位置的状态快照。第一个快照显示了应用在调用 NinjaGenerator 函数之前的应用执行状态。由于正在执行的是全局代码，故执行上下文栈仅仅包含全局执行上下文，该上下文引用了当前标识符所在的全局环境。而 NinjaGenerator 则仅仅引用了一个函数，此时其他标识符的值都是 undefined。

```
function* NinjaGenerator(action) {
  yield "Hattori " + action;
  return "Yoshi " + action;
}

const ninjaIterator = NinjaGenerator("skulk");

const result1 = ninjaIterator.next();
const result2 = ninjaIterator.next();
```

图 6.6　在调用 NinjaGenerator 函数之前和之后的执行上下文栈的状态

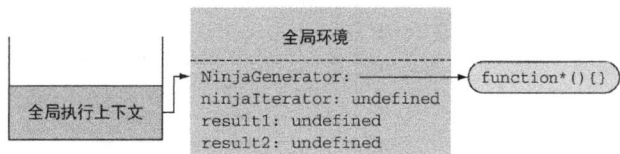

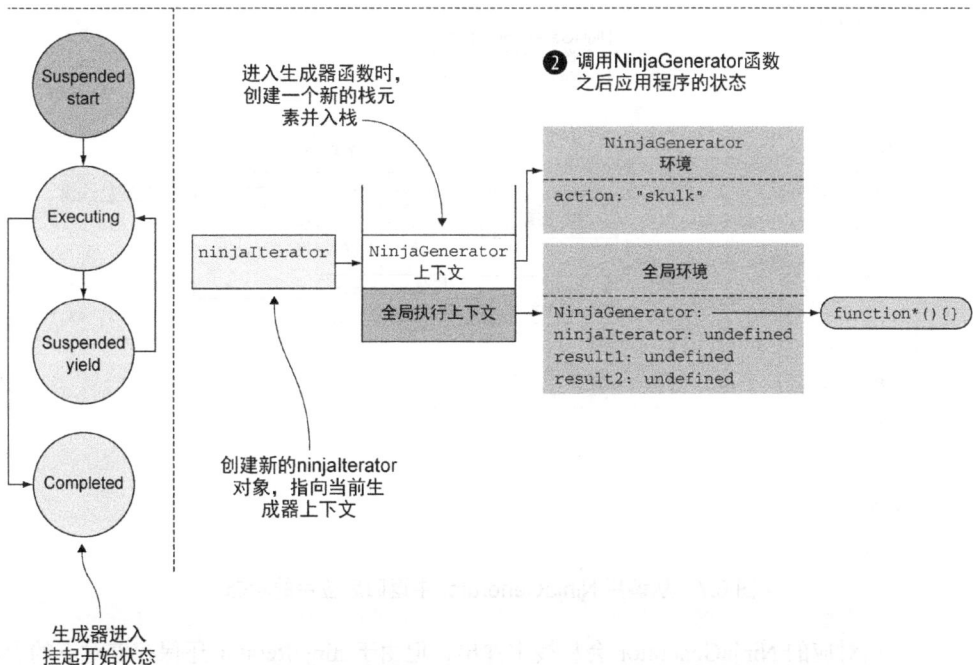

当我们调用 NinjaGenerator 函数：

```
const ninjaIterator = NinjaGenerator("skulk");
```

控制流则进入了生成器，正如进入任何其他函数一样，当前将会创建一个新的函数环境
上下文 NinjaGenerator（和相对应的词法字典并列），并将该上下文入栈。而生成器比较
特殊，它不会执行任何函数代码。取而代之则生成一个新的迭代器再从中返回，通过在
代码中用 ninjaIterator 可以来引用这个迭代器。由于迭代器是用来控制生成器的执行的，
故而迭代器中保存着一个在它创建位置处的执行上下文。

如图 6.7 所示。当程序从生成器中执行完毕后，发生了一个有趣的现象。一般情况
下，当程序从一个标准函数返回后，对应的执行环境上下文会从栈中弹出，并被完整地
销毁。但在生成器中不是这样。

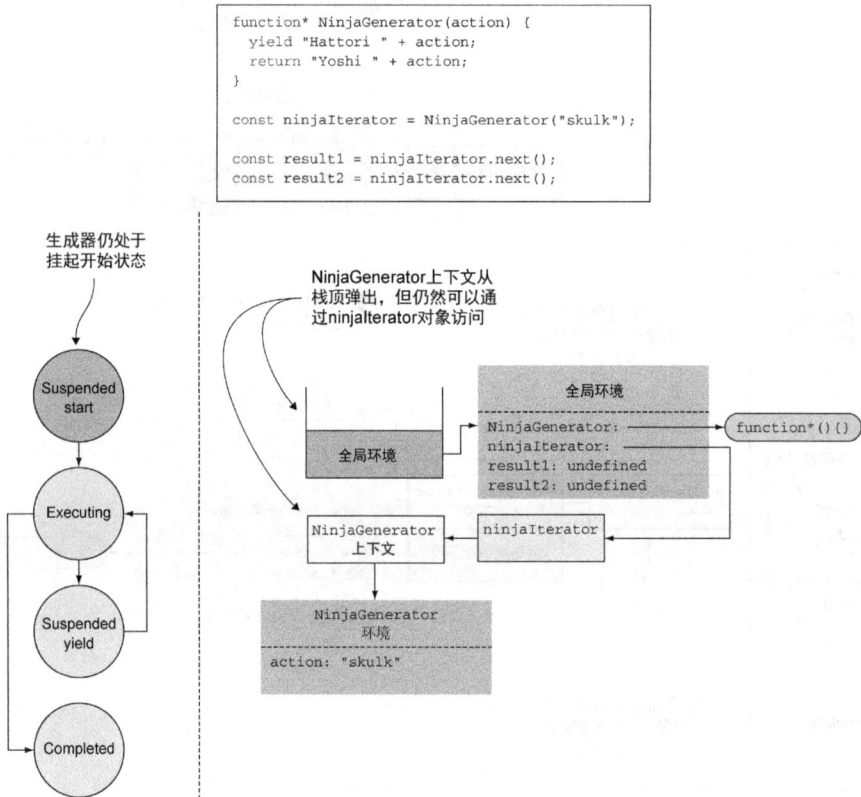

```
function* NinjaGenerator(action) {
  yield "Hattori " + action;
  return "Yoshi " + action;
}

const ninjaIterator = NinjaGenerator("skulk");

const result1 = ninjaIterator.next();
const result2 = ninjaIterator.next();
```

图 6.7   从调用 NinjaGenerator 中返回后应用的状态

相对应的 NinjaGenerator 会从栈中弹出，但由于 ninjaIterator 还保存着对它的引用，
所以它不会被销毁。你可以把它看作一种类似闭包的事物。在闭包中，为了在闭包创建
的时候保证变量都可用，所以函数会对创建它的环境持有一个引用。以这种方式，我们

能保证只要函数还存在，环境及变量就都存在着。生成器，从另一个角度看，还必须恢复执行。由于所有函数的执行都被执行上下文所控制，故而迭代器保持了一个对当前执行环境的引用，保证只要迭代器还需要它的时候它都存在。

当调用迭代器的 next 方法时发生了另一件有趣的事：

```
const result1 = ninjaIterator.next();
```

如果这只是一个普通的函数调用，这个语句会创建一个新的 next() 的执行环境上下文项，并放入栈中。但你可能注意到了，生成器绝不标准，对 next 方法调用的表现也很不同。它会重新激活对应的执行上下文。在这个例子中，是 NinjaGenerator 上下文，并把该上下文放入栈的顶部，从它上次离开的地方继续执行，如图 6.8 所示。

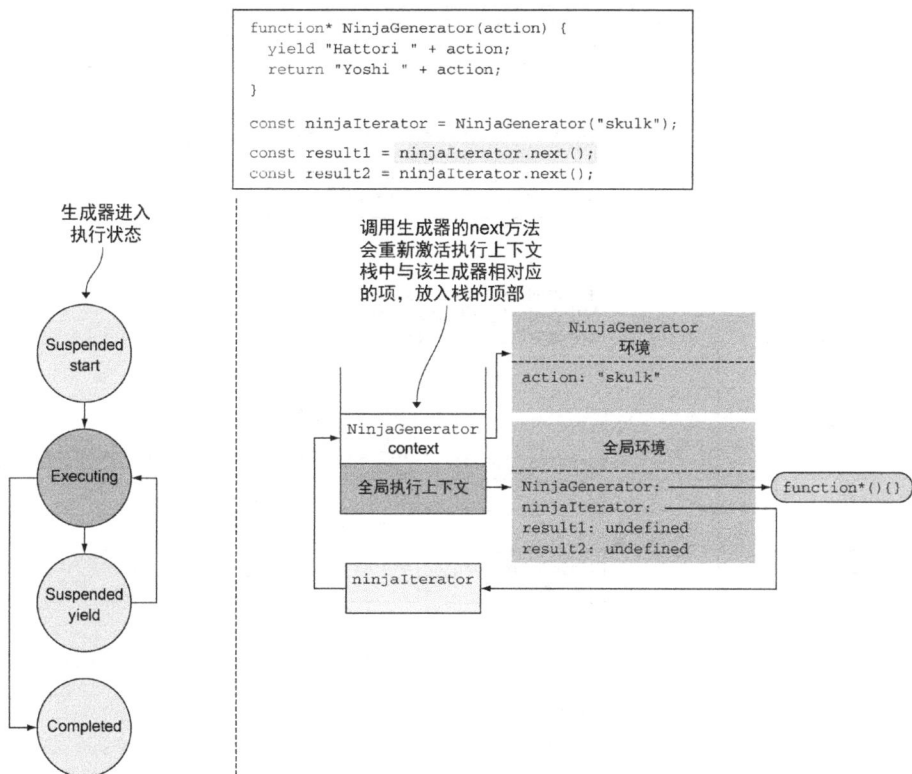

图 6.8　调用生成器的 next 方法会重新激活执行上下文栈中与该生成器相对应的项，首先将该项入栈，然后从它上次退出的位置继续执行

图 6.8 阐述了函数和生成器之间的关键不同。标准函数仅仅会被重复调用，每次调用都会创建一个新的执行环境上下文。相比之下，生成器的执行环境上下文则会暂时挂起并在将来恢复。

在我们的例子中，由于是第一次调用 next 方法，而生成器之前并没执行过，所以生成器开始执行并进入执行状态。当生成器函数运行到这个位置的时候，又会发生一件有趣的事：

```
yield "Hattori " + action
```

生成器函数运行得到的表达式的结果为 Hattori skulk，然后执行中又遇到了 yield 关键字。这种情况表明了 Hattori skulk 是该生成器的第一个中间值，所以需要挂起生成器的执行并返回该值。从应用状态的角度来看，发生了一件类似前面的事情：NinjaGenerator 上下文离开了调用栈，但由于 ninjaIterator 还持有着对它的引用，故而它并未被销毁。现在生成器挂起了，又在非阻塞的情况下移动到了挂起让渡状态。程序在全局代码中恢复执行，并将生产出的值存入变量 result1。应用的当前状态如图 6.9 所示。

```
function* NinjaGenerator(action) {
  yield "Hattori " + action;
  return "Yoshi " + action;
}

const ninjaIterator = NinjaGenerator("skulk");

const result1 = ninjaIterator.next();
const result2 = ninjaIterator.next();
```

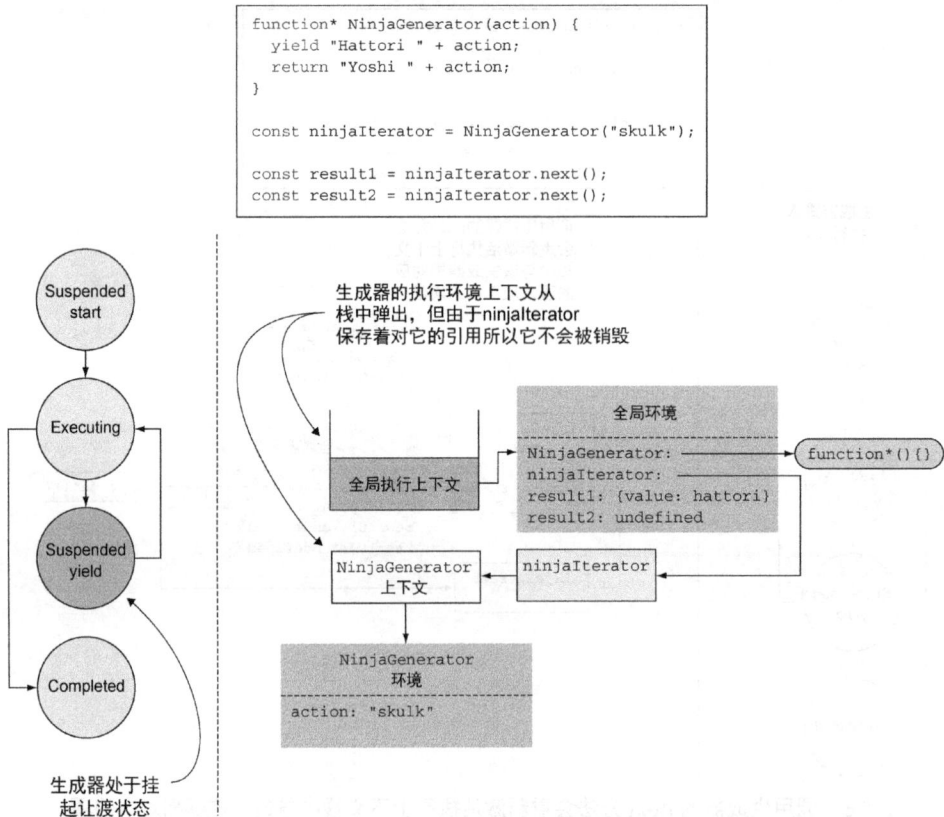

图 6.9　在产生了一个值之后，生成器的执行环境上下文就会从栈中弹出（但由于 ninjaIterator 保存着对它的引用所以它不会被销毁），生成器挂起执行（生成器进入挂起让渡状态）

当遇到另一个迭代器调用时，代码继续运行：

```
const result2 = ninjaIterator.next();
```

　　在这个位置，我们又把整个流程走了一遍：首先通过 ninjaIterator 激活 NinjaGenerator 的上下文引用，将其入栈，在上次离开的位置继续执行。本例中，生成器计算表达式"Yoshi " + action。但这一次没再遇到 yield 表达式，而是遇到了一个 return 语句。这个语句会返回值 Yoshi skulk 并结束生成器的执行，随之生成器进入结束状态。

　　看，这很强大吧！我们深入挖掘生成器的工作原理后可以发现，生成器所有不可思议的特点实际都来源于一点，即当我们从生成器中取得控制权后，生成器的执行环境上下文一直是保存的，而不是像标准函数一样退出后销毁。

　　现在我建议你平静一下心情，继续书写优雅异步代码的第二个关键点：promise。

6.3　使用 promise

　　使用 JavaScript 编写代码会大量的依赖异步计算，计算那些我们现在不需要但将来某时候可能需要的值。所以 ES6 引入了一个新的概念，用于更简单地处理异步任务：promise。

　　promise 对象是对我们现在尚未得到但将来会得到值的占位符；它是对我们最终能够得知异步计算结果的一种保证。如果我们兑现了我们的承诺，那结果会得到一个值。如果发生了问题，结果则是一个错误，一个为什么不能交付的借口。使用 promise 的一个最佳例子是从服务器获取数据：我们要承诺最终会拿到数据，但其实总有可能发生错误。

　　新建一个 promise 对象很容易，如清单 6.10 所示。

清单 6.10　创建一个简单的 promise

通过调用传入的 resolve 函数，一个 promise 将被成功兑现（resolve）（通过调用 reject 则 promise 被拒绝）

通过内置 Promise 构造函数可以创建一个 promise 对象，需要向构造函数中传入两个函数参数：resolve 和 reject

```
const ninjaPromise = new Promise((resolve, reject) => {
    resolve("Hattori");
    //reject("An error resolving a promise!");
});

ninjaPromise.then(ninja => {
    assert(ninja === "Hattori", "We were promised Hattori!");
},err => {
    fail("There shouldn't be an error")
});
```

出现错误时则调用第二个回调函数

在一个 promise 对象上使用 then 方法后可以传入两个回调函数，promise 成功兑现后会调用第一个回调函数使用新的内置构造函数 Promise 来创建一个 promise 需要传入一个函数，在本例中是一个箭头函数（当然也可以简单地使用一个函数表达式）。这个函数被称为执行函数（executor function），它包含两个参数 resolve 和 reject。当把两个内置函数：resolve 和 reject 作为参数传入 Promise 构造函数后，执行函数会立刻调用。我们可以手动调用 resolve 让承诺兑现，也可以当错误发生时手动调用 reject。

代码调用 Promise 对象内置的 then 方法，我们向这个方法中传入了两个回调函数：一个成功回调函数和一个失败回调函数。当承诺成功兑现(在 promise 上调用了 resolve)，前一个回调就会被调用，而当出现错误就会调用后一个回调函数（可以是发生了一个未处理的异常，也可以是在 promise 上调用了 reject）。

示例代码中，我们通过向 resolve 函数传递参数 Hattori 从而创建了一个承诺并立即兑现。因此，当我们调用 then 方法时，首先到达成功状态，回调函数被执行，测试程序输出"We were promised Hattori!"，测试通过。现在我们对 promise 如何工作有了一个总的概念，接着来看看 promise 能解决哪些问题。

6.3.1　理解简单回调函数所带来的问题

使用异步代码的原因在于不希望在执行长时间任务的时候，应用程序的执行被阻塞（影响用户体验）。当前，通过使用回调函数解决这个问题：对长时间执行的任务提供一个函数，当任务结束后会调用该回调函数。

例如，从服务器获取 JSON 文件是一个长时间任务，在这个任务执行期间我们不希望用户感到应用未响应。因此，我们提供了一个回调函数用于任务结束后调用：

```
getJSON("data/ninjas.json", function() {
  /*Handle results*/
});
```

长时间任务下发生错误也是很自然的现象。问题就在于当回调函数发生错误时，你无法用内置语言结构来处理，类似下面使用 try-catch 的方式：

```
try {
  getJSON("data/ninjas.json", function() {
    //Handle results
  });
} catch(e) {/*Handle errors*/}
```

导致这个问题的原因在于，当长时间任务开始运行，调用回调函数的代码一般不会和开始任务中的这段代码位于事件循环的同一步骤（在第 13 章会学到事件循环，届时你将明白它的准确含义）。

导致的结果就是，错误经常会丢失。因此许多函数库定义了各自的报错误规约。例如，在 Node.js 中，回调函数一般具有两个参数：err 和 data。当错误在某处发生时，err 参数中将会是个非空的值。这就引起了第一个问题：错误处理困难。

当执行了一个长时间运行的任务后，我们经常希望用获取的数据来做些什么。这会导致开始另一项长期运行的任务，该任务最后又会触发另一个长期运行的任务，如此一来导致了互相依赖的一系列异步回调任务。如果我们希望找到所有"忍者"来执行一个秘密计划，首先要找到第一个"忍者"所处的位置，然后向他下达一些命令，最后就会出现类似下面的情况：

```
getJSON("data/ninjas.json", function(err, ninjas){
  getJSON(ninjas[0].location, function(err, locationInfo){
    sendOrder(locationInfo, function(err, status){
    /*Process status*/
  })
 })
});
```

你的结果可能就是，至少写了一两次类似的结构的代码：一堆嵌套的回调函数用来表明需要执行的一系列步骤。还会意识到这样的代码难以理解，向其中再插入几步简直是一种痛苦，增加错误处理也会大大增加代码的复杂度。你的"金字塔噩梦"在不断增长，代码越来越难以管理。这就是回调函数的第二个问题：执行连续步骤非常棘手。

有时候得到最终结果的这些步骤并不相互依赖，所以我们不必让它们按顺序执行。为了节省时间可以并行地执行这些任务。例如，如果我们想要设定一个行动计划，而该计划要求我们知道有哪些"忍者"，这个计划本身，以及我们的计划将要实行的地点，那么我们就可以使用 jQuery 的 get 方法编写类似如下代码：

```
var ninjas, mapInfo, plan;

$.get("data/ninjas.json", function(err, data) {
  if(err) { processError(err); return; }
  ninjas = data;
  actionItemArrived();
});

$.get("data/mapInfo.json", function(err, data) {
  if(err) { processError(err); return; }
  mapInfo = data;
  actionItemArrived();
```

```
});

$.get("plan.json", function(err, data) {
  if(err) { processError(err); return; }

  plan = data;
  actionItemArrived ();
});

function actionItemArrived() {
  if(ninjas != null && mapInfo != null && plan != null){
    console.log("The plan is ready to be set in motion!");
  }
}

function processError(err) {
  alert("Error", err)
}
```

这段代码中，我们执行了获取"忍者"的行动：由于行动之间互不依赖，所以在获取地图信息的同时获取计划。只需要关心这两点内容最后就能够获取所有数据。我们不知道这些数据获取的顺序，每次获取到一些数据，都检查看看是否是最后一段缺失的数据。最后，当所有的数据都获取到了，我们就能立刻开始执行计划了。注意我们依然不得不书写很多样板代码仅仅用于并行执行多个行动。这导致了回调函数的第三个问题：执行很多并行任务也很棘手。

看过了第一个回调函数问题即错误处理——我们看到了为何我们不能使用语言的基本构造，例如 try-catch 语句。循环也有类似问题：如果你想为集合中的每一项执行异步任务，你必须越过重重关卡才能完成。

你可以专门写一个函数库来简化处理所有这些问题（很多人都有这些问题）。没错，但这也常常导致大量的稍有一点不同的解决方案，而它们仅是为了解决同样的问题，所以开发 JavaScript 语言的作者们开发了 promise，它是用于处理异步计算的关键方法。

你现在应该能够理解引入 promise 的大部分原因了，让我们继续深入学习 promise。

6.3.2 深入研究 promise

promise 对象用于作为异步任务结果的占位符。它代表了一个我们暂时还没获得但在未来有希望获得的值。基于这点原因，在一个 promise 对象的整个生命周期中，它会经历多种状态，如图 6.10 所示。一个 promise 对象从等待（pending）状态开始，此时我们对承诺的值一无所知。因此一个等待状态的 promise 对象也称为未实现（unresolved）的 promise。在程序执行的过程中，如果 promise 的 resolve 函数被调用，promise 就会进入完成（fulfilled）状态，在该状态下我们能够成功获取到承诺的值。

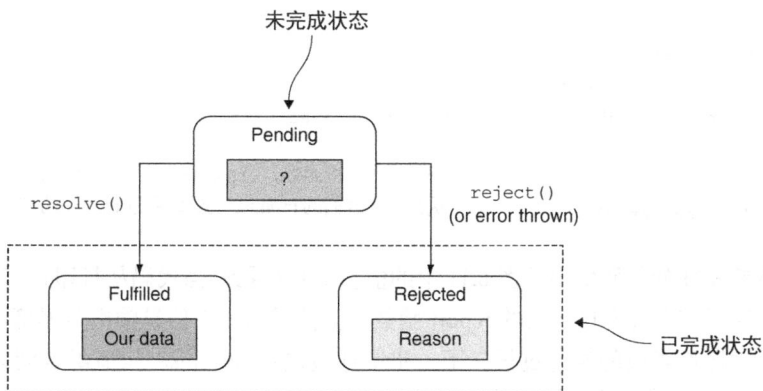

图 6.10　promise 的状态

另一方面，如果 promise 的 reject 函数被调用，或者如果一个未处理的异常在 promise 调用的过程中发生了，promise 就会进入到拒绝状态，尽管在该状态下我们无法获取承诺的值，但我们至少知道了原因。一旦某个 promise 进入到完成态或者拒绝态，它的状态都不能再切换了（一个 promise 对象无法从完成态再进入拒绝态或者相反）。

让我们仔细看看在使用 promise 的时候到底发生了什么，如清单 6.11 所示。

清单 6.11　仔细研究 promise 的执行顺序

```
report("At code start");

var ninjaDelayedPromise = new Promise((resolve, reject) => {     调用 Promise 构造函数
  report("ninjaDelayedPromise executor");                        来立即调用传入的函数
  setTimeout(() => {
    report("Resolving ninjaDelayedPromise");                     在 500ms 之后，为 promise 调用
    resolve("Hattori");                                          resolve 方法表明承诺已成功完成
  }, 500);
});

assert(ninjaDelayedPromise !== null, "After creating ninjaDelayedPromise");
```

```
ninjaDelayedPromise.then(ninja => {
  assert(ninja === "Hattori",
         "ninjaDelayedPromise resolve handled with Hattori");
});
```

> Promise 的 then 方法用于创建一个当承诺兑现后执行的回调函数，在本例中当计时器超时会被执行

```
const ninjaImmediatePromise = new Promise((resolve, reject) => {
  report("ninjaImmediatePromise executor. Immediate resolve.");
  resolve("Yoshi");
});
```

> 创建一个新的 primise 对象并立刻调用 resolve 函数

```
ninjaImmediatePromise.then(ninja => {
  assert(ninja === "Yoshi",
         "ninjaImmediatePromise resolve handled with Yoshi");
});
```

```
report("At code end");
```

> 创建一个回调函数，当 promise 调用 resolve 方法后执行，但我们的 promise 已经调用过 resolve 方法了

　　清单 6.11 的代码输出了图 6.11 中的值。你可以看到，当代码从打印日志"At code start"开始，通过使用我们自定义的 report 函数（见附录 B）将信息输出至屏幕，从而我们能够轻易地跟踪函数的执行过程。下一步则通过调用 Promise 构造函数创建了一个新的 promise 对象。它会立即调用执行函数并建立一个计时器：

```
setTimeout(() => {
  report("Resolving ninjaDelayedPromise");
  resolve("Hattori");
}, 500);
```

　　计时器会在 500ms 之后调用 promise 的 resolve 方法。这里可以是任何异步任务，简单起见本处选择了定时器。

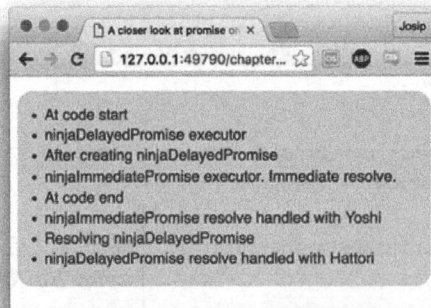

图 6.11　清单 6.11 的输出结果

在 ninjaDelayedPromise 被创建后，依然无法得知最终会得到什么值，或者无法保证 promise 会成功进入完成状态。(记住，它会一直等待计时器到时后调用 resolve 函数)

所以在构造函数调用后，ninjaDelayedPromise 就进入了 promise 的第一个状态——等待状态。

然后调用 ninjaDelayedPromise 的 then 方法，用于建立一个预计在 promise 被成功实现后执行的回调函数：

```
ninjaDelayedPromise.then(ninja => {
  assert(ninja === "Hattori",
        "ninjaDelayedPromise resolve handled with Hattori");
});
```

这个回调函数总会被异步调用，无论 promise 当前是什么状态。我们继续创建另一个 promise——ninjaImmediatePromise，它会在对象构造阶段立刻调用 promise 的 resolve 函数，立即完成承诺。不同于 ninjaDelayedPromise 对象在构造后进入等待状态，ninjaImmediatePromise 对象在解决状态下完成了对象的构造，所以该 promise 对象就已经获得了值 Yoshi。

然后，通过调用 ninjaImmediatePromise 的 then 方法，我们为其注册了一个回调函数，用于在 promise 成功被解决后调用。然而此时 promise 已经被解决了，难道这意味着这个成功回调函数会被立即调用，或者被忽略吗？答案是两者都不。

Promise 是设计用来处理异步任务的，所以 JavaScript 引擎经常会凭借异步处理使 promise 的行为得以预见。JavaScript 通过在本次事件循环中的所有代码都执行完毕后，调用 then 回调函数来处理 promise。因此，如果我们研究了图 6.11 中的输出，我们会看到首先是日志 "At code end"，然后我们记录了 ninjaImmediatePromise 已经被解决。最后，经过了 500ms，ninjaDelayedPromise 也被解决，从而响应的回调函数被调用。本例中，简单起见，我们选择的场景都很乐观，所以一切都进行得很完美。但现实世界并不总是有阳光和彩虹，让我们来看看如何处理所有可能遇到的问题吧。

6.3.3 拒绝 promise

拒绝一个 promise 有两种方式：显式拒绝，即在一个 promise 的执行函数中调用传入的 reject 方法；隐式拒绝，正处理一个 promise 的过程中抛出了一个异常。让我们一起来探索这个过程，如清单 6.12 所示。

清单 6.12　显示拒绝 promise

```
const promise = new Promise((resolve, reject) => {
  reject("Explicitly reject a promise!");
});
```
◁── 可以通过调用传入的 reject 函数显式拒绝该 promise

```
promise.then(
  () => fail("Happy path, won't be called!"),
  error => pass("A promise was explicitly rejected!")
);
```
◁── 如果 promise 被拒绝，则第二个回调函数 error 将会被调用

通过调用传入的 reject 函数可以显式拒绝 promise：reject("Explicitly reject a promise!")。如果 promise 被拒绝，则第二个回调函数 error 总会被调用。

除此之外可以使用替代语法来处理拒绝 promise，通过使用内置的 catch 方法，如清单 6.13 所示。

清单 6.13　链式调用 catch 方法

```
var promise = new Promise((resolve, reject) => {
  reject("Explicitly reject a promise!");
});

promise.then(()=> fail("Happy path, won't be called!"))
      .catch(() => pass("Promise was also rejected"));
```
◁── 不同于应用第二个回调函数 error，我们可以对 catch 方法进行链式调用，并将其传入回调函数 error 中。最终的结束条件相同

如清单 6.13 中所示，通过在 then 方法后链式调用 catch 方法，我们同样可以在 promise 进入被拒绝状态时为其提供错误回调函数。在本例中，是否采用这种方式完全基于个人习惯。两种方式的作用相同，但请稍等片刻，在使用链式调用的 promise 方法后，我们可以看一个例子，在该示例中更适合使用链式调用。

如果在执行过程中遇到了一个异常，除了显式拒绝（通过调用 reject），promise 还可以被隐式拒绝。请看清单 6.14 的例子。

清单 6.14　异常隐式拒绝一个 promise

```
const promise = new Promise((resolve, reject) => {
  undeclaredVariable++;
});
```
◁── 如果在处理 promise 时出现未处理的异常，则会被隐式地拒绝

```
promise.then(() => fail("Happy path, won't be called!"))
      .catch(error => pass("Third promise was also rejected"));
```
◁── 如果发生了异常，则第二个回调函数 error 将被调用

在 promise 函数体内，我们试着对变量 undeclaredVariable 进行自增，该变量并未在程序中定义。不出所料，程序产生了一个异常。由于在执行函数中没有 try-catch 语句，所以当前的 promise 被隐式拒绝了，catch 回调函数最后被调用。在这种情况下，如果我们把错误回调函数作为 then 函数的第二个参数，结果也是相同的。

以这种方式处理 promise 中发生的错误可以说是相当简便。无论 promise 是被如何拒绝的，显式调用 reject 方法还是隐式调用，只要发生了异常，所有错误和拒绝原因都会在拒绝回调函数中被定位。这个特性大大减轻了开发者的工作。

现在我们理解了 promise 是如何工作的，如何为 promise 设置成功和失败回调函数。接下来看一个现实的场景，从服务器中获取 JSON 格式的数据，并以 promise 化的形式书写代码。

6.3.4　创建第一个真实 promise 案例

客户端最通用的异步任务就是从服务器获取数据。同样，这也是一个非常好的用于学习如何使用 promise 的小案例。我们将使用内置 XMLHttpRequest 对象来完成底层的实现，如清单 6.15 所示。

清单 6.15　创建 getJSON promise

创建一个XML HttpRequest对象

注册一个onload方法，当服务端响应后会被调用

尝试解析JSON字符串，倘若解析成功，则执行resolve，并将解析后的对象作为参数传入

发送请求

创建并返回一个新的 promise对象

初始化请求

即使服务端正常响应也并不意味着一切如期发生，只有当服务端返回的状态码为 200（一切正常）时，再使用服务端的返回结果

如果服务器返回了不同的状态码，或者如果在解析 JSON 字符串时发生了异常，则对该 promise 执行 reject 方法

如果和服务器端通信过程中发生了错误，则对该 promise 执行 reject 方法

```
function getJSON(url) {
    return new Promise((resolve, reject) => {
        const request = new XMLHttpRequest();

        request.open("GET", url);
        request.onload = function() {
            try {
                if (this.status === 200) {
                    resolve(JSON.parse(this.response));
                } else {
                    reject(this.status + " " + this.statusText);
                }
            } catch (e) {
                reject(e.message);
            }
        }

        request.onerror = function() {
            reject(this.status + " " + this.statusText);
        };

        request.send();
```

```
    });
  }
```

```
getJSON("data/ninjas.json").then(ninjas => {
    assert(ninjas !== null, "Ninjas obtained!");
}).catch(e => fail("Shouldn't be here:" + e));
```

使用由 getJSON 函数
创建的 promise 来注
册 resolve 和 reject 回
调函数

注意　执行本示例代码的前提条件是启动服务器，所有后续的例子都会重用这段代码。例如，
你可以使用 www.npmjs.com/package/http-server. 提供的服务。

为了从服务器端异步获取 JSON 格式的数据，我们的目标是创建一个 getJSON
函数，它返回一个 promise 对象。通过该对象，我们能够在上面注册成功和失败回
调函数。我们采用内置 XMLHttpRequest 来完成底层实现。该内置对象提供两种事
件：onload 和 onerror。当浏览器从服务器端接收到了一个响应，onload 事件就会
被触发，当通信出错则会触发 onerror 事件。一旦这些事件发生后，浏览器就会异
步调用响应的事件处理函数。

如果通信中出现了错误，我们完全无法从服务器中获取数据，所以最真诚的方式就
是拒绝掉我们的承诺。

```
request.onerror = function(){
  reject(this.status + " " + this.statusText);
};
```

如果从服务器端接收了一个响应，我们必须分析该响应内容并判断当前处在什么情
况。由于服务器会返回各种各样的内容，所以先不考虑太多，本例中我们仅仅关心响应
成功（状态码为 200）。如果不是这种状态，则一律将 promise 拒绝。

尽管服务器成功地接收到了响应数据，但这并不意味着我们完全清楚了。因为我们的目
标是从服务器端获取 JSON 格式的数据，而 JSON 代码很容易出现语法错误。所以我们把对
JSON.parse 的调用包裹在一个 try-catch 语句中。如果在解析服务器响应内容的时候发生错误，
我们同样需要拒绝掉 promise。以上，我们已经把所有可能出现的错误场景考虑到了。

如果一切都按计划进行，那我们就能够成功获取需要的所有对象，从而安全地解决
该 promise。最后，使用 getJSON 函数从服务器中获取"忍者"数据：

```
getJSON("data/ninjas.json").then(ninjas => {
  assert(ninjas !== null, "Ninjas obtained!");
}).catch(e => fail("Shouldn't be here:" + e));
```

本例中有 3 个潜在的错误源：客户端和服务器之间的连接错误、服务器返回错误的
数据（无效响应状态码），以及无效的 JSON 代码。但从使用了 getJSON 函数的角度来
说，我们不必关心错误源的种类。我们只需提供一个回调函数，当一切正常工作且数据

也正确返回时触发该回调函数，并提供另一个回调函数，当任何错误发生时触发该回调函数。这种方式能减轻开发者的工作量。

现在我们可以深入挖掘并探索 promise 的另一个最大优点：优雅的编码方式。通过一连串不同步骤中的链式调用多个 promise 来展开这个话题。

6.3.5 链式调用 promise

你已经见过处理一连串相互关联步骤导致的金字塔噩梦，嵌套太深将形成难以维护的回调函数序列。由于 promise 可以链式调用，故它也是用于解决该问题的重要一步。

本章的前面部分，已看过了如何在 promise 上使用 then 函数，我们可以在 then 函数上注册一个回调函数，一旦 promise 成功兑现就会触发该回调函数。还有一个秘密是调用 then 方法后还会再返回一个新的 promise 对象。所以没有什么能够阻止我们按照我们的需要链式调用许多 then 方法。请看清单 6.16 的代码。

清单 6.16 使用 then 链式调用 promise

```
getJSON("data/ninjas.json")
 .then(ninjas => getJSON(ninjas[0].missionsUrl))
 .then(missions => getJSON(missions[0].detailsUrl))
 .then(mission => assert(mission !== null, "Ninja mission obtained!"))
 .catch(error => fail("An error has occurred"));
```

捕获任何步骤中产生的 promise 错误

可以对 then 方法进行链式调用，来顺序执行多个步骤

如果一切按计划执行，这段代码会创建一系列 promise，一个接一个地被解决。首先使用 getJSON("data/ninjas.json")方法从服务器中的文件上获取一个"忍者"列表数据。接收到这个列表后，就可以把信息告诉第一位"忍者"，然后请求分给该"忍者"的任务列表：getJSON(ninjas[0].missionsUrl)。当任务到达时，开始请求第一项任务的详情：getJSON(missions[0].details-Url)。最后把任务详情写入日志。

使用标准回调函数书写上述代码会生成很深的嵌套回调函数序列。很难准确地识别出当前进行到哪一步，在序列中增加一个额外的步骤也非常棘手。

Promise 链中的错误捕捉

当处理一连串异步任务步骤的时候，任何一步都可能出现错误。我们已经知晓，既可以通过 then 方法传递第二个回调函数，也可以链式地调用一个 catch 方法并向其中传入错误处理回调函数。当我们仅关心整个序列步骤的成功/失败时，为每一步都指定错误处理函数就显得很冗长乏味。所以如清单 6.16 所示，我们可以利用前面看到的 catch 方法：

```
...catch(error => fail("An error has occurred:" + err));
```

如果错误在前面的任何一个 promise 中产生，catch 方法就会捕捉到它。如果没发生任何错误，则程序流程只会无障碍地继续通过。

用 promise 处理一连串步骤比常规回调函数更加方便，你同意吧？但现在的代码还不够优雅。我们马上就会学习到，但现在先看看 promise 是如何处理并行 promise 步骤的。

6.3.6   等待多个 promise

除了处理相互依赖的异步任务序列以外，对于等待多个独立的异步任务，promise 也能够显著地减少代码量。让我们再来看一个并行执行的例子：获取可以被我们支配的"忍者"列表、复杂的计划，以及行动执行地点的地图。如清单 6.17 所示，这个任务可以很方便地用 promise 来处理。

清单 6.17   使用 Promise.all 等待多个 promise

Promise.all 方法接收一个 promises 数组，并创建一个新的 promise 对象，当所有的 promise 均成功时，该 promise 为成功状态；反之，若其中任一 promise 失败，则该 promise 为失败状态

```
Promise.all([getJSON("data/ninjas.json"),
             getJSON("data/mapInfo.json"),
             getJSON("data/plan.json")]).then(results => {
  const ninjas = results[0], mapInfo = results[1], plan = results[2];

  assert(ninjas !== undefined
  && mapInfo !== undefined && plan !== undefined,
      "The plan is ready to be set in motion!");
}).catch(error => {
  fail("A problem in carrying out our plan!");
});
```

结果将是所有 promise 成功值组成的数组，数组中的每一项都对应 promise 数组中的对应项

如你所见，我们不必关心任务执行的顺序，以及它们是不是都已经进入完成态。通过使用内置方法 Promise.all 可以等待多个 promise。这个方法将一个 promise 数组作为参数，然后创建一个新的 promise 对象，一旦数组中的 promise 全部被解决，这个返回的 promise 就会被解决，而一旦其中有一个 promise 失败了，那么整个新 promise 对象也会被拒绝。后续的回调函数接收成功值组成的数组，数组中的每一项都对应 promise 数组中的对应项。花一分钟欣赏一下处理多个并行的异步任务的代码是多么优雅。

Promise.all 方法等待列表中的所有 promise。但如果我们只关心第一个成功（或失败）的 promise，可以认识一下 Promise.race 方法。

6.3.7   promise 竞赛

假设我们可以支配一队"忍者"，我们希望给第一个回答命令的"忍者"分配一个

任务。如清单 6.18 所示，为了完成上述任务，我们可以书写类似的代码。

清单 6.18 使用 Promise.race 实现 promise 竞态

```
Promise.race([getJSON("data/yoshi.json"),
              getJSON("data/hattori.json"),
              getJSON("data/hanzo.json")])
    .then(ninja => {
      assert(ninja !== null, ninja.name + " responded first");
    }).catch(error => fail("Failure!"));
```

例子很简单，不需要手动跟踪所有代码。使用 Promise.race 方法并传入一个 promise 数组会返回一个全新的 promise 对象，一旦数组中某一个 promise 被处理或被拒绝，这个返回的 promise 就同样会被处理或被拒绝。

到目前为止，你已经学习了 promise 是如何工作的，如何用 promise 并行或者串行的方式简化一连串的异步任务。比起最原始回调函数的错误处理和代码优雅性，尽管有很大改善，但 promise 化的代码和同步代码的简单程度依旧不在同一个级别上。下一节中，我们会介绍本章的两个重要概念，将生成器和 promise 结合，从而以优雅的同步代码方式完成异步任务。

6.4 把生成器和 promise 相结合

本节中，我们将结合生成器（以及生成器暂停和恢复执行的能力）和 promise，来实现更加优雅的异步代码。下面的例子展示了被最受欢迎"忍者"完成率最高的任务详情。它包含了"忍者"、任务总结，以及任务详情。这些数据都被存放在远程服务器上，并以 JSON 形式编码。

所有这些子任务都是长期运行且相互依赖的。如果用同步的方式来实现可以得到如下的代码。

```
try {
  const ninjas = syncGetJSON("data/ninjas.json");
  const missions = syncGetJSON(ninjas[0].missionsUrl);
  const missionDetails = syncGetJSON(missions[0].detailsUrl);
  //Study the mission description
} catch(e){
  //Oh no, we weren't able to get the mission details
}
```

尽管这段代码对于简化错误处理很方便，但 UI 被阻塞了，用户不希望看到这个结果。所以我们最好修改这段代码，让其运行长时间任务也不会发生阻塞。一种方法是将生成器和 promise 相结合。如我们所见，从生成器中让渡后会挂起执行而不会发生阻塞。而且仅需调用生成器迭代器的 next 方法就可以唤醒生成器并继续执行。而 promise 在未来触发某种条件的情况下让我们得到它事先许诺的值，而且当错误发生后也会执行相应的回调函数。

　　这个方法将要以如下方式结合生成器和 promise：把异步任务放入一个生成器中，然后执行生成器函数。在该生成器执行的过程中，每执行到一个异点任务，就创建一个 promise 用于代表该异步任务的执行结果。因为我们没办法知道承诺什么时候会被兑现（或者甚至它会不会兑现），所以在生成器执行的时候，我们会将执行权让渡给生成器，从而不会导致阻塞。过了一会儿，当承诺被兑现，我们会继续通过迭代器的 next 方法执行生成器。只要有需要就可以重复这个过程。清单 6.19 列出了实际的例子：

清单 6.19　将 promises 和生成器结合

返回异步结果的函数在等待异步结果返回时应当能够暂停，注意 function*，我们在使用生成器

```
async(function*(){
  try {
    const ninjas = yield getJSON("data/ninjas.json");
    const missions = yield getJSON(ninjas[0].missionsUrl);
    const missionDescription = yield getJSON(missions[0].detailsUrl);
    //Study the mission details
  }
  catch(e) {
    //Oh no, we weren't able to get the mission details
  }
});

function async(generator) {
  var iterator = generator();

  function handle(iteratorResult) {
    if(iteratorResult.done) { return; }

    const iteratorValue = iteratorResult.value;

    if(iteratorValue instanceof Promise) {
      iteratorValue.then(res => handle(iterator.next(res)))
                   .catch(err => iterator.throw(err));
    }
  }

  try {
    handle(iterator.next());
  }
  catch (e) { iterator.throw(e); }
}
```

对每个异步任务均执行 yield

定义一个辅助函数，用于对我们定义的生成器执行操作

我们依旧可以使用标准的语言结构，诸如 try-catch 语句或者循环语句

创建一个迭代器，进而我们可以控制生成器

定义函数 handle，用于对生成器产生的每个值进行处理

当生成器没有更多结果返回时停止执行

如果生成的值是一个 promise，则对其注册成功和失败回调。这是异步处理的部分。如果 promise 成功返回，则恢复生成器的执行并传入 promise 的返回结果。如果遇到错误，则向生成器抛出异常

重启生成器的执行

　　async 函数获取了一个生成器，调用它并创建了一个迭代器用来恢复生成器的执行。在 async 函数内，我们声明了一个 handle 函数用于处理从生成器中返回的值——迭代器的一次"迭代"。如果生成器的结果是一个被成功兑现的承诺，我们就是用迭代器的 next 方法把承诺的值返回给生成器并恢复执行。如果出现错误，承诺被违背，我们就使用迭代器的 throw 方法（告诉过你迟早能派上用场了）抛出一个异常。直到生成器的工作完成前，我们都会一直重复这几个操作。

注意　这只是个粗略的草稿，一个最小化的代码应该把生成器和 promise 结合在一起。不推荐在生产环境下使用这种代码。

　　现在让我们来仔细看看这个生成器，在第一次调用迭代器的 next 方法后，生成器执行第一次 getJSON("data/ninjas.json")调用。此次调用创建了一个 promise，该 promise 最终会包含"忍者"的信息。但因为这个值是异步获取的，所以我们完全不知道浏览器会花多少时间来获取它。但我们明白一件事：我们不想在等待中阻塞应用的执行。所以对于这个原因，在执行的这一刻，生成器让渡了控制权，生成器暂停，并把控制流还给了回调函数的执行。由于让渡的值是一个 promise 对象 getJSON，在这个回调函数中，通过使用 promise 的 then 和 catch 方法，我们注册了一个成功和一个错误回调函数，从而继续了函数的执行。然后，控制流就离开了处理函数的执行及 async 函数的函数体，直到调用 async 函数后才继续执行。（本例后面没有其他代码了，故程序转为空闲状态）这一次，生成器函数耐心地等待着挂起，也没有阻塞程序的执行。

　　又过了很久，当浏览器接收到了响应（可能是成功响应，也可能是失败响应），promise 的两个回调函数之一则被调用了。如果 promise 被成功解决，则会执行 success 回调函数，随之而来则是迭代器 next 方法的调用，用于向生成器请求新的值，从而生成器从挂起状态恢复，并把得到的值回传给回调函数。这意味着，程序又重新进入到生成器函数体内，当第一次执行 yield 表达式后，得到的值变成从服务器端获取的"忍者"列表。生成器函数继续执行下去，得到的值也被赋给 plan 变量。

　　下一行代码的生成器函数中，我们使用获取到的数据 ninjas[0].missionUrl 来发起新的 getJSON 请求，从而创建了一个新的 promise 对象，最后会返回最受欢迎的"忍者"列表数据。我们依然无法得知这个异步任务要进行多久，所以我们再一次让渡了这次执行，并重复整个过程。只要生成器中有异步任务，这个过程就会重复一次。

　　这个例子有点儿不同，但它结合了我们前面所学到的很多内容。

- 函数是第一类对象——我们向 async 函数传入了一个参数，该参数也是函数。
- 生成器函数——用它的特性来挂起和恢复执行。
- promise——帮我们处理异步代码。
- 回调函数——在 promise 对象上注册成功和失败的回调函数。
- 箭头函数——箭头函数的简洁适合用在回调函数上。

● 闭包——在我们控制生成器的过程中，迭代器在 async 函数内被创建，随之我们在 promise 的回调函数内通过闭包来获取该迭代器。

现在我们已经看过了所有过程，花一分钟欣赏一下实现业务逻辑的代码是多么优雅吧。看这段代码：

```
getJSON("data/ninjas.json", (err, ninjas) => {
  if(err) { console.log("Error fetching ninjas", err); return; }

  getJSON(ninjas[0].missionsUrl, (err, missions) => {
    if(err) { console.log("Error locating ninja missions", err); return; }
    console.log(misssions);
  })
});
```

不同于把错误处理和控制流混合在一起，我们使用类似以下写法结束了代码的凌乱：

```
async(function*() {
  try {
    const ninjas = yield getJSON("data/ninjas.json");
    const missions = yield getJSON(ninjas[0].missionsUrl);

    //All information recieved
  }
  catch(e) {
    //An error has occurred
  }
});
```

最终结果结合了同步代码和异步代码的优点。有了同步代码，我们能更容易地理解、使用标准控制流以及异常处理机制、try-catch 语句的能力。而对于异步代码来说，我们有着天生的非阻塞：当等待长时间运行的异步任务时，应用的执行不会被阻塞。

面向未来的 async 函数

可以看到我们仍然需要书写一些样板代码，所以我们此时需要一个 async 函数能够管理所有 promise 函数的调用，还要管理所有向生成器发出的请求。虽然我们可以在代码中只书写一次这个过程，然后每次需要的时候对其进行复用，但如果我们完全不用关心这个问题就更好了。负责维护 JavaScript 的人们也注意到了将生成器和 promise 相结合的强大效果，因而他们也希望直接借助语言层面来支持这个特性，从而使我们的开发更便捷。

在这种形势下，当前的 JavaScript 标准计划新增了两个关键字，用于替代上述样板代码。很快我们就能以类似下面的形式书写代码了：

```
(async function () {
```

```
try {
  const ninjas = await getJSON("data/ninjas.json");
  const missions = await getJSON(missions[0].missionsUrl);

  console.log(missions);
}
catch(e){
  console.log("Error: ", e);
}
})()
```

通过在关键字 function 之前使用关键字 async，可以表明当前的函数依赖一个异步返回的值。在每个调用异步任务的位置上，都要放置一个 await 关键字，用来告诉 JavaScript 引擎，请在不阻塞应用执行的情况下在这个位置上等待执行结果。在这个过程背后，其实发生着本章前面所讨论内容，但现在我们不必关心这个过程的内部细节。

注意 在 JavaScript 的下一个版本中将会新增 async 函数。现阶段还没有浏览器对其进行支持，但通过 Babel 或者 Traceur 转译代码后，你可以在代码中使用 async 语法。

6.5 小结

- 生成器是一种不会在同时输出所有值序列的函数，而是基于每次的请求生成值。
- 不同于标准函数，生成器可以挂起和恢复它们的执行状态。当生成器生成了一个值后，它将会在不阻塞主线程的基础上挂起执行，随后静静地等待下次请求。
- 生成器通过在 function 后面加一个星号（*）来定义。在生成器函数体内，我们可以使用新的关键字 yield 来生成一个值并挂起生成器的执行。如果我们想让渡到另一个生成器中，可以使用 yield*操作符。
- 在我们控制生成器的执行过程中，通过使用迭代器的 next 方法调用一个生成器，它能够创建一个迭代器对象。除此之外，我们还能够通过 next 函数向生成器中传入值。
- promise 是计算结果值的一个占位符，它是对我们最终会得到异步计算结果的一个保证。promise 既可以成功也可以失败，一旦设定好了，就不能够有更多改变。
- promise 显著地简化了我们处理异步代码的过程。通过使用 then 方法来生成 promise 链，我们就能轻易地处理异步时序依赖。并行执行多个异步任务也同样简单：仅使用 Promise.all 方法即可。
- 通过将生成器和 promise 相结合我们能够使用同步代码来简化异步任务。

6.6 练习

1. 运行如下代码后，a1~a4 的值是什么？

```
function *EvenGenerator(){
  let num = 2;
  while(true){
    yield num;
    num = num + 2;
  }
}


let generator = EvenGenerator();

let a1 = generator.next().value;
let a2 = generator.next().value;
let a3 = EvenGenerator().next().value;
let a4 = generator.next().value;
```

2．运行如下代码后 ninjas 数组中的内容是什么？（小提示：思考一下 for-of 循环如何使用 while 循环来实现）

```
function* NinjaGenerator(){
  yield "Yoshi";
  return "Hattori";
  yield "Hanzo";
}


var ninjas = [];
for(let ninja of NinjaGenerator()){
  ninjas.push(ninja);
}
ninjas;
```

3．运行如下代码后，变量 a1 和变量 a2 的值是什么？

```
function* Gen(val) {
  val = yield val * 2;
  yield val;
}


let generator = Gen(2);
let a1 = generator.next(3).value;
let a2 = generator.next(5).value;
```

4．如下代码的输出结果是什么？

```
const promise = new Promise((resolve, reject) => {
  reject("Hattori");
});
```

```
promise.then(val => alert("Success: " + val))
       .catch(e => alert("Error: " + e));
```

5．如下代码的输出结果是什么？

```
const promise = new Promise((resolve, reject) => {
  resolve("Hattori");
  setTimeout(()=> reject("Yoshi"), 500);
});

promise.then(val => alert("Success: " + val))
       .catch(e => alert("Error: " + e));
```

第 3 部分

深入钻研对象，强化代码

现在你已经了解了函数的来龙去脉，第 7 章我们将通过仔细观察对象基础特性进而继续研究 JavaScript。

第 8 章我们研究如何通过 getter 和 setter，以及通过新的代理类型来控制对象的访问并监控对象。

第 9 章研究集合，包括传统的数组集合，以及全新的 map 和 set 类型。

接着，我们继续在第 10 章中研究正则表达式。你将会了解到，过去通过大量的代码才能完成的任务，通过合理地使用正则表达式，可以浓缩成少数的语句而得以解决。

最后，第 11 章展示了如何将 JavaScript 应用的结构化成更小、组织更好的功能单元，即模块化。

第7章 面向对象与原型

你已经了解了在 JavaScript 中函数是第一型对象，闭包可以使函数变得更加灵活、有用，还可以结合生成器函数与 promise 解决异步代码的问题。现在我们开始探讨 JavaScript 的另一个重要方面：原型。

可以在原型对象上增加特定属性。原型是定义属性和功能的一种便捷方式，对象可以访问原型上的属性和功能。原型类似于经典的面向对象语言中的类（class）。实际上，JavaScript 中原型的主要用途是使用一种类风格的面向对象和继承的方式进行编码，这与传统的基于类的语言如 Java、C#类似，但也不完全是这样。

在本章中，我们将深入探讨原型的工作原理，探讨原型与构造函数的关系，以及如何模拟传统面向对象语言中的面向对象特性。我们也将探讨关键字 class，这是 JavaScript 的新特性，关键字 class 虽然没有带来类的全部特性，但是已经可以很容易地模拟类与继承了。

● 如何知道一个对象是否可以访问特定的属性?

你知道吗?　● 在 JavaScript 中使用对象时,为什么原型链至关重要?

● ES6 中的关键字 class 是否改变了 JavaScript 中对象的工作机制?

7.1　理解原型

在 JavaScript 中,对象是属性名与属性值的集合。例如,我们可以简单地创建一个对象字面量:

```
let obj = {
  prop1: 1,            ←——— 简单值赋值
  prop2: function(){}, ←——— 函数赋值
  prop3: {}            ←
}                         对象赋值
```

对象属性可以是简单值(如数值、字符串)、函数或其他对象。同时,JavaScript 是动态语言,可以修改或删除对象的属性:

```
                          prop1 保存了一个
                          简单的数字              为对象属性赋完全不同类
obj.prop1 = 1;       ←———                         型的值,这里是数组赋值
obj.prop1 = [];      ←————————————————————————
delete obj.prop2;    ←
                          从对象删除属性
```

也可以为对象添加新属性:

```
obj.prop4 = "Hello";   ←——— 添加一个全新的属性
```

最后,在以上修改完成之后,最终的对象如下:

```
{
  prop1: [],
  prop3: {},
  prop4: "Hello"
};
```

在软件开发的过程中,为了避免重复造轮子,我们希望可以尽可能地复用代码。继承是代码复用的一种方式,继承有助于合理地组织程序代码,将一个对象的属性扩展到另一个对象上。在 JavaScript 中,可通过原型实现继承。

原型的概念很简单。每个对象都含有原型的引用,当查找属性时,若对象本身不具有该属性,则会查找原型上是否有该属性。可以假想一下,你正在和一组人共同玩一个游戏,游戏规则为:主持人提问,如果你知道答案,则可直接回答;如果你不知道答案,则可以询问你的下一个人。就是那么简单。让我们看看清单 7.1 中的代码。

清单 7.1　对象可以通过原型访问其他对象的属性

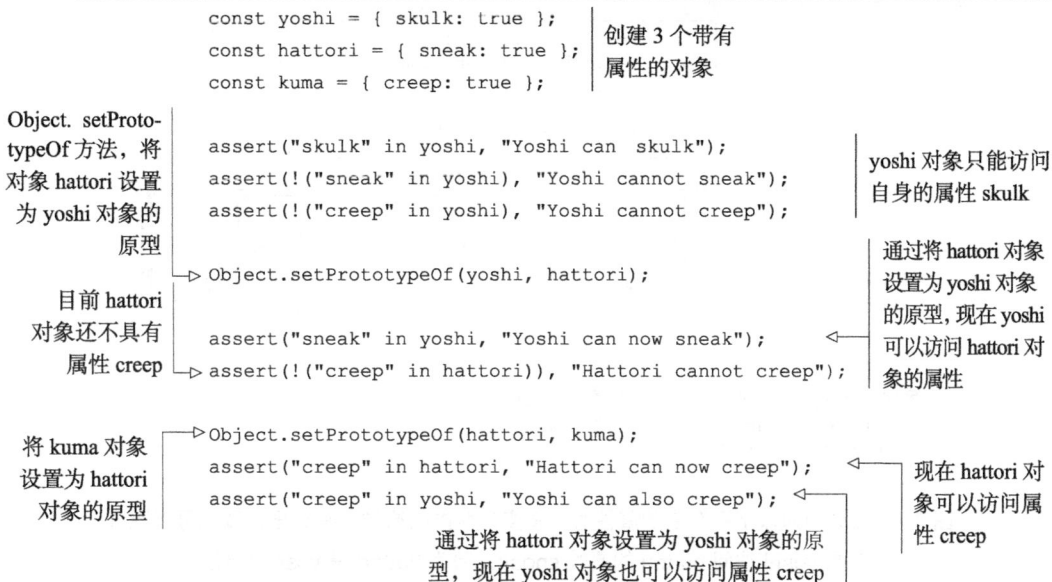

```
const yoshi = { skulk: true };
const hattori = { sneak: true };
const kuma = { creep: true };
```
创建 3 个带有
属性的对象

Object. setProto-
typeOf 方法，将
对象 hattori 设置
为 yoshi 对象的
原型

```
assert("skulk" in yoshi, "Yoshi can  skulk");
assert(!("sneak" in yoshi), "Yoshi cannot sneak");
assert(!("creep" in yoshi), "Yoshi cannot creep");
```
yoshi 对象只能访问
自身的属性 skulk

```
Object.setPrototypeOf(yoshi, hattori);
```

目前 hattori
对象还不具有
属性 creep

```
assert("sneak" in yoshi, "Yoshi can now sneak");
assert(!("creep" in hattori)), "Hattori cannot creep");
```
通过将 hattori 对象
设置为 yoshi 对象
的原型，现在 yoshi
可以访问 hattori 对
象的属性

将 kuma 对象
设置为 hattori
对象的原型

```
Object.setPrototypeOf(hattori, kuma);
assert("creep" in hattori, "Hattori can now creep");
assert("creep" in yoshi, "Yoshi can also creep");
```
现在 hattori 对
象可以访问属
性 creep

通过将 hattori 对象设置为 yoshi 对象的原
型，现在 yoshi 对象也可以访问属性 creep

在本例中，我们首先创建 3 个对象：yoshi、hattori 与 kuma。每个对象具有独一无二的属性：只有对象 yoshi 具有属性 skulk，只有对象 hattori 具有属性 sneak，只有对象 kuma 具有属性 creep，如图 7.1 所示。

```
const yoshi = { skulk: true };
const hattori = { sneak: true };
const kuma = { creep: true };
```

yoshi	hattori	kuma
skulk: true	sneak: true	creep: true

图 7.1　最初，每个对象只能访问自己具有的属性

为了测试对象是否具有某一个特定的属性，我们可以使用操作符 in。例如，执行 skulk in yoshi，返回 true，因为对象 yoshi 可以访问属性 skulk；而执行 sneak in yoshi，返回 false，因为对象 yoshi 不能访问属性 sneak。

在 JavaScript 中，对象的原型属性是内置属性（使用标记[[prototype]]），无法直接访问。相反，内置的方法 Object.setPrototypeOf 需要传入两个对象作为参数，并将第二个对象设置为第一个对象的原型。例如，执行语句 Object.setPrototypeOf(yoshi, hattori);，将 yoshi 的原型设置为 hattori。

因此，当我们查询 yoshi 上没有的属性时，yoshi 将查找过程委托给 hattori 对象，通过 yoshi 访问 hattori 的属性 sneak，如图 7.2 所示。

```
const yoshi = { skulk: true };
const hattori = { sneak: true };
const kuma = { creep: true };

Object.setPrototypeOf(yoshi, hattori);
```

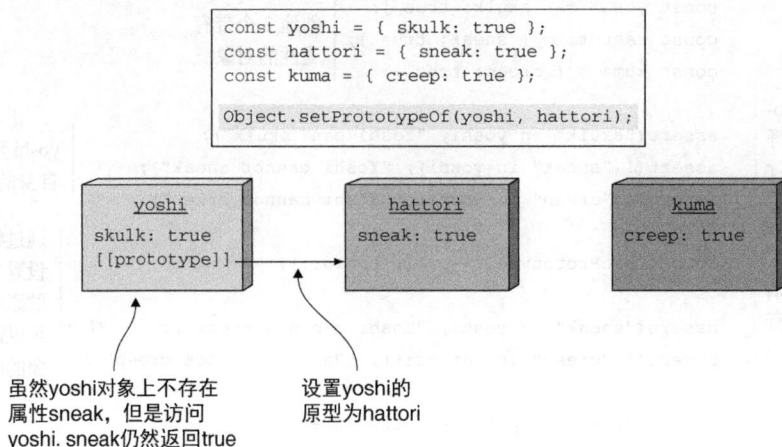

虽然yoshi对象上不存在
属性sneak，但是访问
yoshi. sneak仍然返回true

设置yoshi的
原型为hattori

图 7.2　当访问对象上不存在的属性时，将查询对象的原型。在这里，我们可以通过
对象 yoshi 访问 hattori 的属性 sneak，因为 hattori 是 yoshi 的原型

对 hattori 与 kuma 也是类似的做法。通过使用方法 Object.setPrototypeOf，将对象 hattori 的原型设置为对象 kuma。当我们查询对象 hattori 上没有的属性时，hattori 将搜索委托到 kuma 上。在本例中，hattori 可以访问 kuma 的 creep 属性，如图 7.3 所示。

```
const yoshi = { skulk: true };
const hattori = { sneak: true };
const kuma = { creep: true };

Object.setPrototypeOf(yoshi, hattori);
Object.setPrototypeOf(hattori, kuma);
```

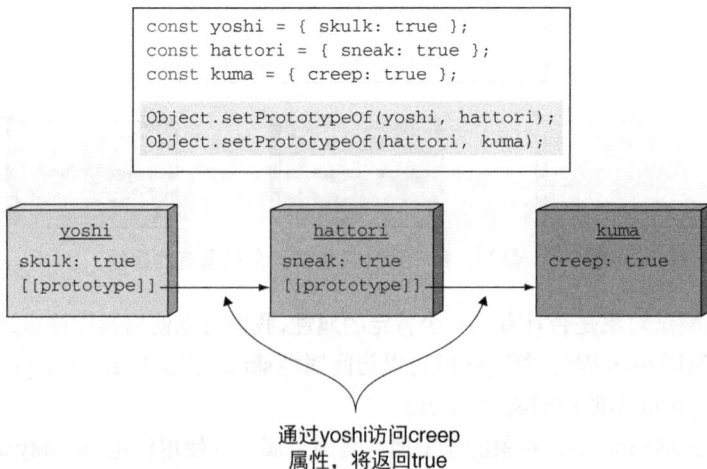

通过yoshi访问creep
属性，将返回true

图 7.3　当没有更多的原型可查询时，将停止查询特定的属性。访问 yoshi.creep 时，
首先查找对象 yoshi，然后再查找对象 hattori，最后查找对象 kuma

需要特别强调的是，每个对象都可以有一个原型，每个对象的原型也可以拥有一个原型，以此类推，形成一个原型链。查找特定属性将会被委托在整个原型链上，只有当没有更多的原型可以进行查找时，才会停止查找。例如，如图 7.3 所示，在 yoshi 上查询属性 creep 的值时，首先在 yoshi 上进行查找。在 yoshi 上没找到该属性，因此，继续在 yoshi 的原型即 hattori 上进行查找。在 hattori 上仍然没有属性 creep，因此，继续在 hattori 的原型即 kuma 上进行查找，最终找到该属性的值。

现在我们对于通过原型链寻找特定的属性值有一个基本的了解，接下来让我们看看在通过构造函数构建新对象时，是如何使用原型的。

7.2 对象构造器与原型

创建一个新对象的最简单的方法，就是使用如下的语句：

```
const warrior = {};
```

像这样创建一个新的空对象后，我们可以通过赋值语句添加属性：

```
const warrior = {};
warrior.name = 'Saito';
warrior.occupation = 'marksman';
```

但是那些具有面向对象开发语言背景的读者，可能会想念封装和构建类的构造函数。构造函数是用来初始化对象为已知的初始状态。毕竟，如果我们要创建多个相同类型的对象的实例，为每个实例单独进行属性分配，不仅繁琐，而且非常容易出错。我们希望能够在一个地方将这些对象的属性和方法整合为一个类。

JavaScript 提供了这种机制，但与大多数语言有所不同。像面向对象的语言，如 Java 和 C++，JavaScript 使用 new 操作符，通过构造函数初始化新对象，但是没有真正的类定义。通过操作符 new，应用于构造函数之前（如在第 3 章中所述），触发创建一个新对象分配。

在前面的章节中我们没有了解到的是，每个函数都有一个原型对象，该原型对象将被自动设置为通过该函数创建对象的原型。接下来看看清单 7.2。

清单 7.2 通过原型方法创建新的实例

```
function Ninja(){}
Ninja.prototype.swingSword = function(){
  return true;
};
```

定义一个空函数，什么也不做，也没有返回值

每个函数都具有内置的原型对象，我们可以对其自由更改

```
const ninja1 = Ninja();
assert(ninja1 === undefined,
       "No instance of Ninja created.");
```

作为函数调用 Ninja，验证
该函数没有任何返回值

```
const ninja2 = new Ninja();
assert(ninja2 &&
       ninja2.swingSword &&
       ninja2.swingSword(),
       "Instance exists and method is callable." );
```

作为构造函数调用 Ninja，验
证不仅创建了新的实例，并且
该实例具有原型上的方法

在这段代码中，我们定义了一个名为 Ninja 的空函数，并通过两种方式进行调用：
一种是作为普通函数调用，const ninja1 = Ninja();；另一种是作为构造器进行调用，const
ninja2 = new Ninja();。

当函数创建完成之后，立即就获得了一个原型对象，我们可以对该原型对象进行扩
展。在本例中，我们在原型对象上添加了 swingSword 方法：

```
Ninja.prototype.swingSword = function(){
  return true;
};
```

然后，我们对函数进行调用。首先，是作为普通函数进行调用，并将返回结果存储
在变量 ninja1 中。查看函数体你会发现，函数没有返回值，所以检测 ninja1 的值为
undefined。作为一个简单的函数，Ninja 看起来并不是那么有用。

然后我们通过 new 操作符调用该函数，此次是作为构造器进行调用，发生了完全不
同的事情。再次调用这个函数，但这一次已经创建了新分配的对象，并将其设置为函数
的上下文（可通过 this 关键字访问）。操作符 new 返回的结果是这个新对象的引用。然
后我们测试 ninja2 是新创建的对象的引用，具有 swingSword 方法，并调用 swingSword
方法。参见图 7.4，可查看当前应用程序状态。

- 每一个函数都具有一个原型对象。
- 每一个函数的原型都具有一个 constructor 属性，该属性指向函数本身。
- constructor 对象的原型设置为新创建的对象的原型。

从图 7.4 可以看出，我们创建的每一个函数都具有一个新的原型对象。最初的原型
对象只有一个属性，即 constructor 属性。该属性指向函数本身（我们稍后将重新查看
constructor 属性）。

当我们将函数作为构造器进行调用时（如 new Ninja()），新构造出来的对象的原型
被设置为构造函数的原型的引用。

在本例中，我们在 Ninja.prototype 上增加了 swingSword 方法，对象 ninja2 创
建完成时，对象 ninja2 的原型被设置为 Ninja 的原型。因此，通过 ninja2 调用方法
swingSword，将查找该方法委托到 Ninja 的原型对象上。注意，所有通过构造器

Ninja 创建出来的对象都可以访问 swingSword 方法。现在，我们看到了一种代码复用的方式！

```
function Ninja(){}
Ninja.prototype.swingSword = function(){
  return true;
};
…
const ninja2 = new Ninja();
```

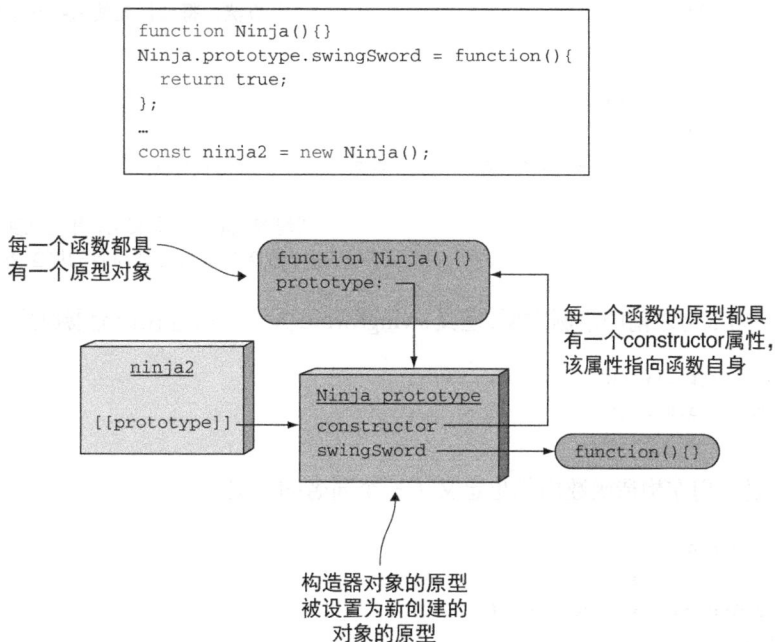

图 7.4　我们创建的每一个函数都具有一个新的原型对象。当我们将一个函数作为构造函数使用时，构造器的原型对象将被设置为函数的原型

swingSword 方法是 Ninja 的原型属性，而不是 ninja 实例的属性。接下来让我们探讨一下实例属性和原型属性之间的区别。

7.2.1　实例属性

当把函数作为构造函数，通过操作符 new 进行调用时，它的上下文被定义为新的对象实例。通过原型暴露属性，通过构造函数的参数进行初始化。让我们在清单 7.3 中检查使用这种方法创建的实例的属性。

清单 7.3　观察初始化过程的优先级

创建布尔类型的实例
变量，并初始化该变量
的默认值为 false

创建实例方法，该方法的返回
值为实例变量 swung 取反

```
function Ninja(){
  this.swung = false;
  this.swingSword = function(){
    return !this.swung;
```

```
  };
}
Ninja.prototype.swingSword = function(){
  return this.swung;
};
```
定义一个与实例方法同名的原型
方法，将会优先使用哪一个呢

```
const ninja = new Ninja();
assert(ninja.swingSword(),
     "Called the instance method, not the prototype method.");
```

创建 Ninja 的一个实例，并验证实例
方法会重写与之同名的原型方法

清单7.3与之前的示例类似,定义swingSword方法是通过在构造器原型上添加属性：

```
Ninja.prototype.swingSword = function(){
  return this.swung;
};
```

但是我们在构造函数内部也定义了一个同名的方法：

```
function Ninja(){
  this.swung = false;
  this.swingSword = function(){
    return !this.swung;
  };
}
```

这两个方法的返回值是相反的，我们可以很方便地识别出实际调用的是哪个方法。

注意　在实际代码中我们不建议这样做，的确，我们很不推崇这种做法。这里的示例代码仅仅
用于展示属性的优先级。

现在执行测试，发现测试通过了！实例会隐藏原型中与实例方法重名的方法，如图
7.5所示。

在构造函数内部，关键字 this 指向新创建的对象，所以在构造器内添加的属性
直接在新的 ninja 实例上。然后，当通过 ninja 访问 SwingSword 属性时，就不需要
遍历原型链（如图 7.4 所示），就立即可以找到并返回了在构造器内创建的属性（如
图 7.5 所示）。

这里有一个很有意思的副作用。图 7.6 展示了当创建 3 个 ninja 实例之后程序的
状态。

```
function Ninja(){
  this.swung = false;
  this.swingSword = function(){
    return !this.swung;
  };
}
Ninja.prototype.swingSword = function(){
  return this.swung;
};
const ninja = new Ninja();
```

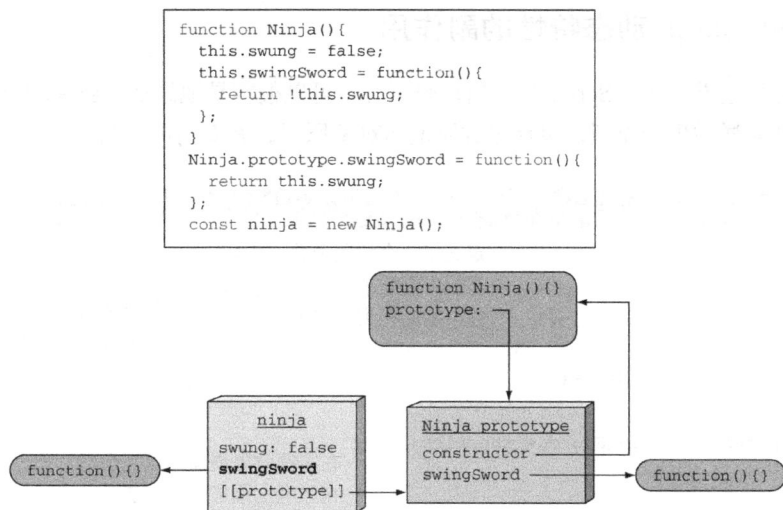

图 7.5　如果实例中可以查找到的属性，将不会查找原型

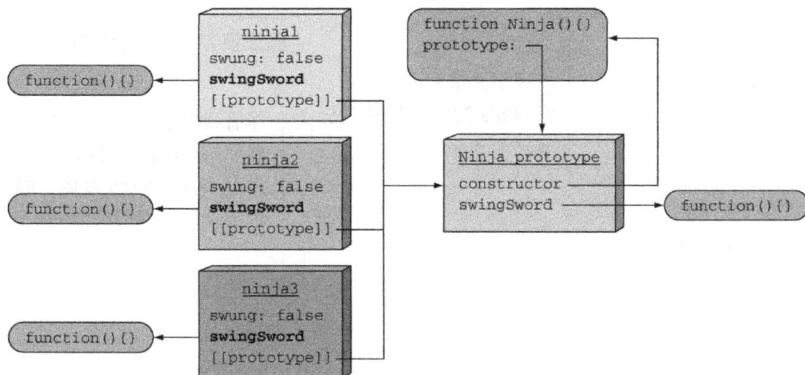

图 7.6　每一个实例分别获得了在构造器内创建的属性版本，但是它们都可以访问同一个原型属性

　　正如你所看到的，每个 ninja 实例都有自己的属性版本，这些属性在构造器内创建，并且均可访问相同的原型属性。这一点对于所有实例对象都是固定的属性值是没有影响的（如 swung）。但是，在某些情况下对于对象方法来说可能是有问题的。

　　在本例中，我们有 3 个版本的 swingSword 方法，都执行相同的逻辑。只创建几个对象影响不大，但是如果创建大量的对象时就需要引起注意了。因为每个复制的方法都一样，创建大量重复拷贝毫无意义，仅仅是消耗了更多内存。当然，一般来说 JavaScript 引擎可能执行一些优化，但是不能依赖 JavaScript 引擎。从这个角度来看，只在函数的原型上创建对象方法是很有意义的，这样我们可以使得同一个方法由所有对象实例共享。

注意　回忆第 5 章中提到的闭包：在构造函数内部定义方法，使得我们可以模仿私有对象变量。
　　如果我们需要私有对象，在构造函数内指定方法是唯一的解决方案。

7.2.2　JavaScript 动态特性的副作用

你已经看到 JavaScript 是一门动态语言，可以很容易地添加、删除和修改属性。这种特性同样适用于原型，包括函数原型和对象原型。看看清单 7.4。

清单 7.4　通过原型，一切都可以在运行时修改

```
function Ninja(){
  this.swung = true;
}
```
定义了一个构造函数，该构造函数中创建了一个 swung 属性，初始化为布尔值

```
const ninja1 = new Ninja();
```
通过 new 操作符调用构造函数，创建实例 Ninja

```
Ninja.prototype.swingSword = function(){
  return this.swung;
};
assert(ninja1.swingSword(),
      "Method exists, even out of order.");
```
在实例对象创建完成之后，在原型上添加一个方法

验证该方法存在于对象中

```
Ninja.prototype = {
 pierce: function() {
   return true;
 }
}
```
使用字面量对象完全重写 Ninja 的原型对象，仅有一个 pierce 方法

尽管我们已经完全替换了 Ninja 的构造器原型，但是实例化后的 Ninja 对象仍然具有 swingSword 方法，因为对象 ninja1 仍然保持着对旧的 Ninja 原型的引用

```
assert(ninja1.swingSword(),
      "Our ninja can still swing!");

const ninja2 = new Ninja();
assert(ninja2.pierce(),"Newly created ninjas can pierce");
assert(!ninja2.swingSword, "But they cannot swing!");
```
新创建的 ninja2 实例拥有新原型的引用，因此不具有 swingSword 方法，仅具有 pierce 方法

我们定义了 Ninja 构造器，继续使用它来创建一个对象实例。此时程序的状态如图 7.7 所示。

实例对象创建完成之后，我们在原型上添加 swingSword 方法。通过执行测试来验证可以在对象创建完成之后，修改该对象的原型。此时程序的状态如图 7.8 所示。

然后，我们使用字面量对象完全重写 Ninja 的原型对象，该字面量对象仅含有 pierce 方法。这对应用程序状态的影响如图 7.9 所示。

如图 7.9 所示，即使 Ninja 函数不再指向旧的 Ninja 原型，但是旧的原型仍然存在于 ninja1 的实例中，通过原型链仍然能够访问 swingSword 方法。但是，如果我们在 Ninja

发生这些变化之后再创建新的实例对象，此时应用程序的状态如图 7.10 所示。

```
function Ninja(){
   this.swung = true;
}

const ninja1 = new Ninja();
```

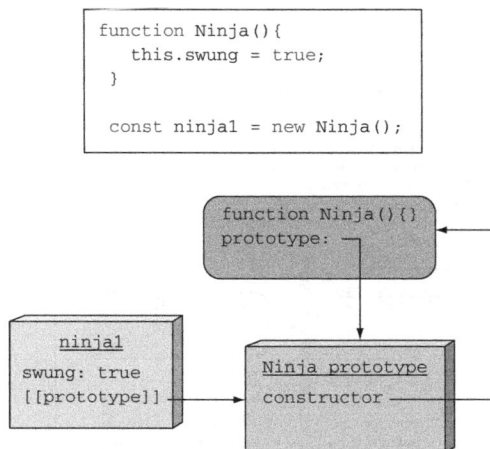

图 7.7　构造完成之后，ninja1 具有 swung 属性，它的原型是 Ninja 原型，仅有一个构造属性

```
function Ninja(){
  this.swung = true;
}

const ninja1 = new Ninja();

Ninja.prototype.swingSword = function(){
  return this.swung;
};
```

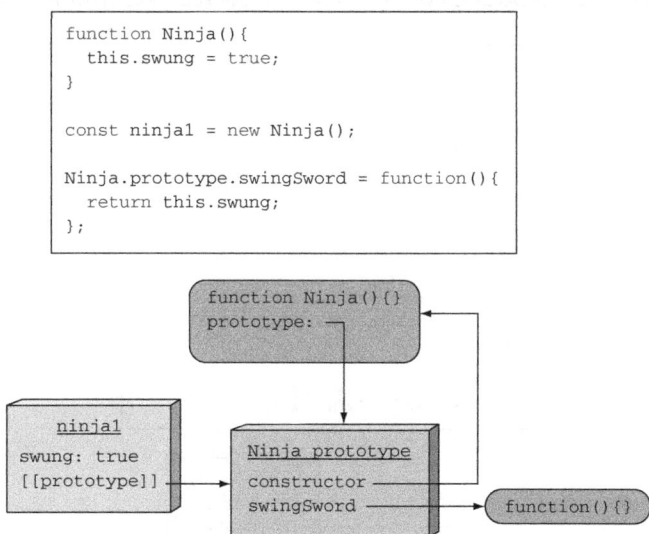

图 7.8　因为 ninja1 实例指向 Ninja 原型，在实例构造完成之后
对原型做更改，该实例仍然能够访问

　　对象与函数原型之间的引用关系是在对象创建时建立的。新创建的对象将引用新的原型，它只能访问 pierce 方法，原来旧的对象保持着原有的原型，仍然能够访问 swingSword 方法。

　　我们已经探索了原型的工作原理，以及原型与创建对象的关系。很好，现在请深呼吸，让我们接着学习这些对象的更多本质。

```
function Ninja(){
    this.swung = true;
  }

const ninja1 = new Ninja();

Ninja.prototype.swingSword = function(){
  return this.swung;
};
…
Ninja.prototype = {
 pierce: function() {
   return true;
  }
}
```

新的原型被创建（如下
图Ninja prototype，所示）

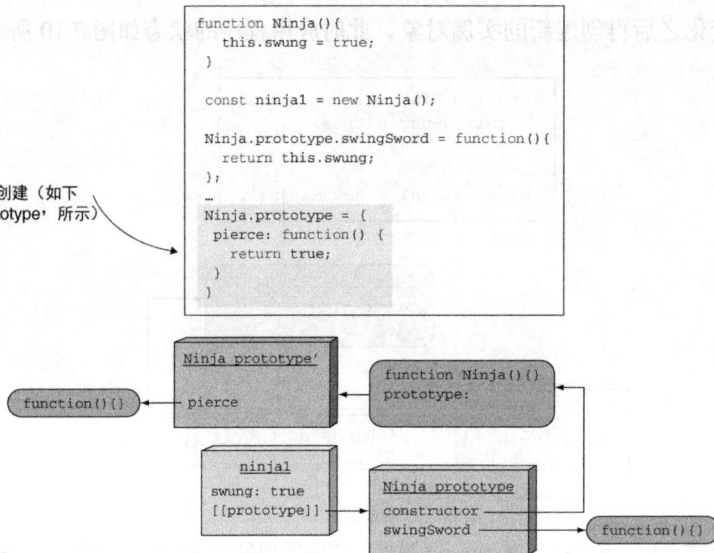

图 7.9　函数的原型可以被任意替换，已经构建的实例引用旧的原型

```
function Ninja(){
    this.swung = true;
  }

const ninja1 = new Ninja();

Ninja.prototype.swingSword = function(){
  return this.swung;
};
…
Ninja.prototype = {
 pierce: function() {
   return true;
  }
}
…
const ninja2 = new Ninja();
```

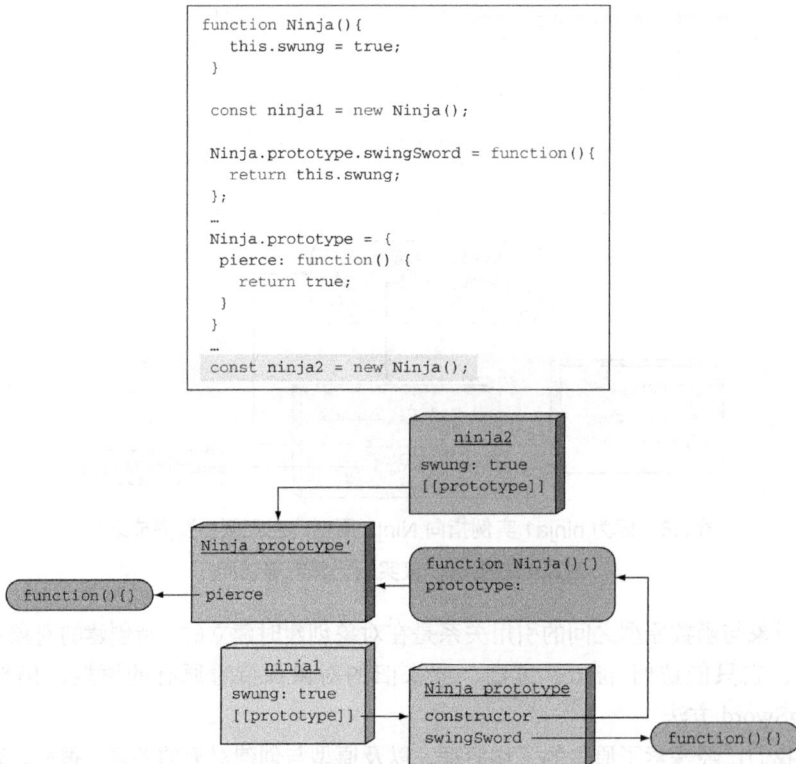

图 7.10　新创建的实例引用新的原型

7.2.3　通过构造函数实现对象类型

虽然知道 JavaScript 如何使用原型查找引用属性，这一点很重要，但也需要知道对象实例是通过哪个函数构造创建的。如前文所述，可以通过构造函数的原型中的 constructor 属性访问对象的构造器。例如，图 7.11 展示了当使用 Ninja 构造器初始化一个对象实例时，应用程序的状态。

```
function Ninja(){}
const ninja1 = new Ninja();
```

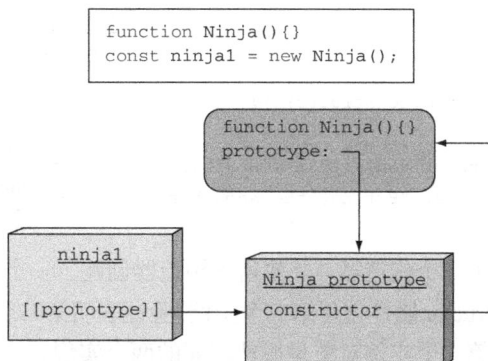

图 7.11　每个函数的原型对象都具有一个 constructor 属性，该属性指向函数本身

通过使用 constructor 属性，我们可以访问创建该对象时所用的函数。这个特性可以用于类型校验，如清单 7.5 所示。

清单 7.5　检查实例的类型与它的 constructor

```
function Ninja(){}                    通过 typeof 检测 ninja 的类
const ninja = new Ninja();            型，但从结果仅仅能够得知        通过 instanceof 检测 ninja
                                      ninja 是一个对象而已         的类型，其结果提供更多信
assert(typeof ninja === "object",                               息——ninja 是由 Ninja 构
     "The type of the instance is object.");                     造而来的
assert(ninja instanceof Ninja,
     "instanceof identifies the constructor." );
assert(ninja.constructor === Ninja,
     "The ninja object was created by the Ninja function.");

                              通过 constructor 引用检测 ninja 的类型，
                                    得到的结果为其构造函数的引用
```

我们首先定义一个构造器，并使用该构造器创建一个实例对象。然后使用操作符 typeof 检查该实例对象的类型。这也发现不了什么，因为所有的实例都是对象类型，所以返回的类型总是对象。更有趣的是操作符 instanceof，它提供了一种用于检测一个实例是否由特定构造函数创建的方法。在本章后续部分还会介绍关于 instanceof 操作符的更多内容。

此外，我们可以使用 constructor 属性，所有的实例对象都可以访问 constructor 属性，

constructor 属性是创建实例对象的函数的引用。我们可以使用 constructor 属性验证实例的原始类型（与操作符 instanceof 非常类似）。

由于 constructor 属性仅仅是原始构造函数的引用，因此我们可以使用该属性创建新的 Ninja 对象，如清单 7.6 所示。

清单 7.6　使用 constructor 的引用创建新对象

```
function Ninja(){}

const ninja = new Ninja();
const ninja2 = new ninja.constructor();

assert(ninja2 instanceof Ninja, "It's a Ninja!");
assert(ninja !== ninja2, "But not the same Ninja!");
```

通过第 1 个实例化对象的 constructor 方法创建第 2 个实例化对象

说明新创建的对象 ninja2 是 Ninja 的实例

ninja 与 ninja2 不是同一个对象，是两个截然不同的实例

这里我们定义了一个构造器，并使用该构造器创建了一个实例对象。然后我们使用该实例对象的 constructor 属性创建第二个实例。验证表明第二个 Ninja 对象被创建成功，并且第二个实例与第一个实例对象是截然不同的两个实例。

更有趣的是，我们不需要访问原始构造函数就可以直接创建对象，即使原始构造函数已经不在作用域内，在这种场景下完全可以使用构造函数的引用。

注意　虽然对象的 constructor 属性有可能发生改变，改变 constructor 属性没有任何直接或明显的建设性目的（可能要考虑极端情况）。constructor 属性的存在仅仅是为了说明该对象是从哪儿创建出来的。如果重写了 constructor 属性，那么原始值就被丢失了。

这一点是非常有用的，但是目前我们仅仅才触碰到原型大能量的表层。现在事情变得更有趣了。

7.3　实现继承

继承（Inheritance）是一种在新对象上复用现有对象的属性的形式。这有助于避免重复代码和重复数据。在 JavaScript 中，继承原理与其他流行的面向对象语言略有不同。我们尝试在清单 7.7 中实现继承。

清单 7.7　尝试实现原型继承

```
function Person(){}
Person.prototype.dance = function(){};

function Ninja(){}
Ninja.prototype = { dance: Person.prototype.dance };
```

通过构造函数及其原型，创建一个具有 dance 方法的 Person 类型

定义 Ninja 构造函数

试图复制 Person 的原型方法 dance 到 Ninja 的原型上

```
const ninja = new Ninja();
assert(ninja instanceof Ninja,
      "ninja receives functionality from the Ninja prototype" );
assert(ninja instanceof Person, "... and the Person prototype" );
assert(ninja instanceof Object, "... and the Object prototype" );
```

由于函数原型是对象类型,因此有多种复制功能(如属性或方法)可以实现继承的方法。在本例中,我们先后定义了 Person 与 Ninja。显然 Ninja 是一个 Person,我们希望 Ninja 能够继承 Person 的属性。我们试图将 Person 原型上的 dance 方法复制到 Ninja 原型的同名属性上。

执行测试后发现,如图 7.12 所示,虽然我们已经教会 Ninja 跳舞,但是无法使得 Ninja 成为真正的 Person 类型。我们对 Ninja 进行模拟 Person 的 dance 方法,但是 Ninja 仍然不是真实的 Person 类型。这不是真正的继承——仅仅是复制。

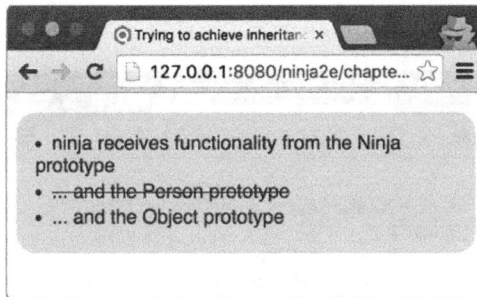

图 7.12 Ninja 不是真实的 Person 类型

由于这种方法是无效的继承,因此我们还需要将每个 Person 的属性单独复制到 Ninja 的原型上。这种办法没有实现继承。让我们继续探索。

我们真正想要实现的是一个完整的原型链,在原型链上,Ninja 继承自 Person,Person 继承自 Mammal,Mammal 继承自 Animal,以此类推,一直到 Object。创建这样的原型链最佳技术方案是一个对象的原型直接是另一个对象的实例:

```
SubClass.prototype = new SuperClass();
```

例如:

```
Ninja.prototype = new Person();
```

因为 SubClass 实例的原型是 SuperClass 的实例,SuperClass 实例具有 SuperClass 的全部属性,SuperClass 实例也同时具有一个指向超类的原型。在清单 7.8 中,我们对清单 7.7 的代码稍作修改,就可以使用这项技术。

清单 7.8　使用原型实现继承

```
function Person(){}
Person.prototype.dance = function(){};

function Ninja(){}
Ninja.prototype = new Person();

const ninja = new Ninja();
assert(ninja instanceof Ninja,
    "ninja receives functionality from the Ninja prototype");
assert(ninja instanceof Person, "... and the Person prototype");
assert(ninja instanceof Object, "... and the Object prototype");
assert(typeof ninja.dance === "function", "... and can dance!")
```

通过将 Ninja 的原型赋值为 Person 的实例,实现 Ninja 继承 Person

这段代码中唯一的不同是使用 Person 的实例作为 Ninja 的原型。运行测试会发现这种方式成功实现了继承,如图 7.13 所示。现在我们进一步观察创建新的 ninja 对象后程序的运行状态,如图 7.14 所示。

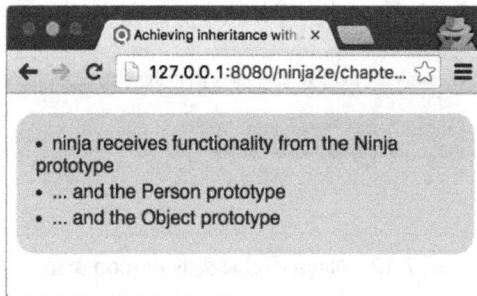

图 7.13　Ninja 继承 Person!胜利的舞蹈开始了

图 7.14 显示了当定义一个 Person 函数时,同时也创建了 Person 原型,该原型通过其 constructor 属性引用函数本身。正常来说,我们可以使用附加属性扩展 Person 原型,在本例中,我们在 Person 的原型上扩展了 dance 方法,因此每个 Person 的实例对象也都具有 dance 方法:

```
function Person(){}
Person.prototype.dance = function(){};
```

我们也定义了一个 Ninja 函数。该函数的原型也具有一个 constructor 属性指向函数本身:

```
function Ninja(){}
```

接下来,为了实现继承,将 Ninja 的原型赋值为 Person 的实例。现在,每当创建一个新的 Ninja 对象时,新创建的 Ninja 对象将设置为 Ninja 的原型属性所指向的对象,即

Person 实例：

```
function Ninja(){}
Ninja.prototype = new Person();
var ninja = new Ninja();
```

　　尝试通过 ninja 对象访问 dance 方法，JavaScript 运行时将会首先查找 ninja 对象本身。由于 ninja 对象本身不具有 dance 方法，接下来搜索 ninja 对象的原型即 person 对象。person 对象也不具有 dance 方法，所以再接着查找 person 对象的原型，最终找到了 dance 方法。这就是在 JavaScript 中实现继承的原理！

```
function Person(){}
Person.prototype.dance = function(){};

function Ninja(){}
Ninja.prototype = new Person();
const ninja = new Ninja();
```

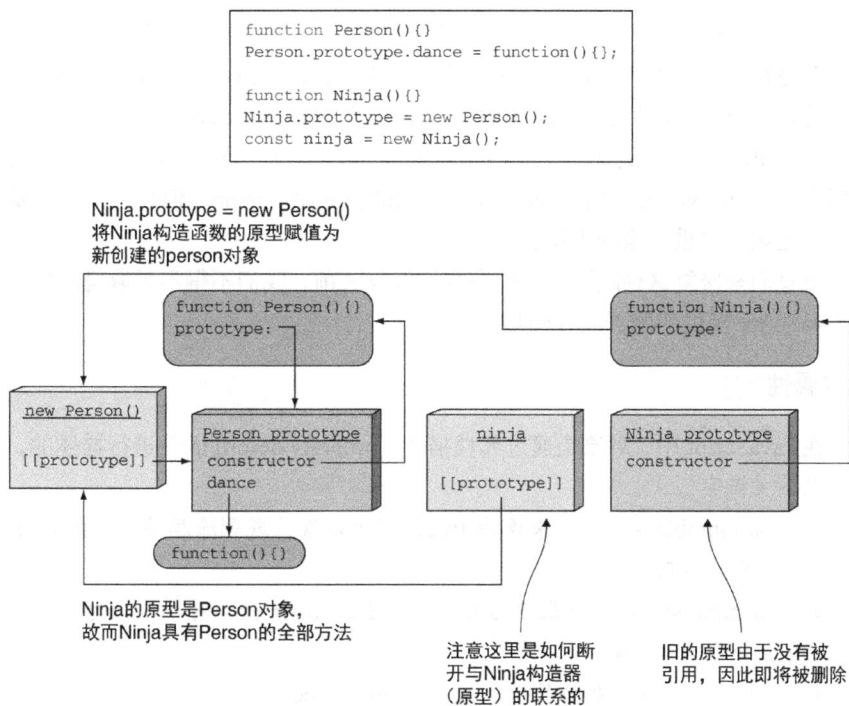

图 7.14　通过将 Ninja 的原型构造器赋值为 Person 的实例，实现 Ninja 继承 Person

　　这里有一个重要的提示：通过执行 instanceof 操作符，我们可以判定函数是否继承原型链上的对象功能。

注意　你可能见过另外一种技术，这种也是我们强烈不建议使用的，就是直接使用 Person 的原型对象作为 Ninja 的原型，如 Ninja.prototype = Person.prototype。这样做会导致在 Person 原型上所发生的所有变化都被同步到 Ninja 原型上（Person 原型与 Ninja 原型是同一个对象），一定会有不良的副作用。

　　这种原型实现继承的方式的副作用好的一面是，所有继承函数的原型将实时更新。

从原型继承的对象总是可以访问当前原型属性。

7.3.1　重写 constructor 属性的问题

如果我们仔细观察图 7.14 会发现，通过设置 Person 实例对象作为 Ninja 构造器的原型时，我们已经丢失了 Ninja 与 Ninja 初始原型之间的关联。这是一个问题，因为 constructor 属性可用于检测一个对象是否由某一个函数创建的。我们代码的使用者有这样一个非常合理的假设，运行以下测试将会通过：

```
assert(ninja.constructor === Ninja,
    "The ninja object was created by the Ninja constructor");
```

但是在目前的程序状态中，这个测试无法通过。如图 7.14 所示，无法查找到 Ninja 对象的 constructor 属性。回到原型上，原型上也没有 constructor 属性，继续在原型链上追溯，在 Person 对象的原型上具有指向 Person 本身的 constructor 属性。事实上，如果我们询问 Ninja 对象的构造函数，我们得到的答案是 Person，但是这个答案是错误的。这可能是某些严重缺陷的来源。

由我们来修复这种缺陷！但是在我们修复之前，我们不得不采取绕道的方式，先看看 JavaScript 提供的配置属性的功能。

配置对象的属性

在 JavaScript 中，对象是通过属性描述（property descriptor）进行描述的，我们可以配置以下关键字。

- configurable —— 如果设为 true，则可以修改或删除属性。如果设为 false，则不允许修改。
- enumerable —— 如果设为 true，则可在 for-in 循环对象属性时出现（我们很快会介绍 for-in 循环）。
- value —— 指定属性的值，默认为 undefined。
- writable —— 如果设为 true，则可通过赋值语句修改属性值。
- get —— 定义 getter 函数，当访问属性时发生调用，不能与 value 与 writable 同时使用。
- set —— 定义 setter 函数，当对属性赋值时发生调用，也不能与 value 与 writable 同时使用。

通过简单赋值语句创建对象属性，例如：

```
ninja.name = "Yoshi";
```

该赋值语句创建的属性可被修改或删除、可遍历、可写，Ninja 的 name 属性值被设置为 Yoshi，get 和 set 函数均为 undefined。

如果想调整属性的配置信息，我们可以使用内置的 Object.defineProperty 方法，传入 3
个参数：属性所在的对象、属性名和属性描述对象。查看清单 7.9 中的示例代码。

清单 7.9 配置属性

```
var ninja = {};
ninja.name = "Yoshi";              创建一个空对象，通过赋
ninja.weapon = "kusarigama";       值语句添加对象属性


Object.defineProperty(ninja, "sneaky", {
  configurable: false,
  enumerable: false,                使用内置的 Object.defineProperty 方
  value: true,                      法设置对象属性的配置信息
  writable: true
});


assert("sneaky" in ninja, "We can access the new property");

for(let prop in ninja){
  assert(prop !== undefined, "An enumerated property: " + prop);
}
                使用 for-in 循环遍历 ninja 的可枚举的属性
```

首先创建一个空对象，再通过传统赋值语句添加两个属性：name 与 weapon。接着，
使用内置 Object.defineProperty 方法定义属性 sneaky，属性描述为不可配置、不可枚举、
属性值为 true。由于属性 sneaky 是可写的，所以可被改变。

最后，验证我们可以访问新创建的 sneaky 属性，通过 for-in 循环遍历所有可枚举的
属性。图 7.15 显示了执行结果。

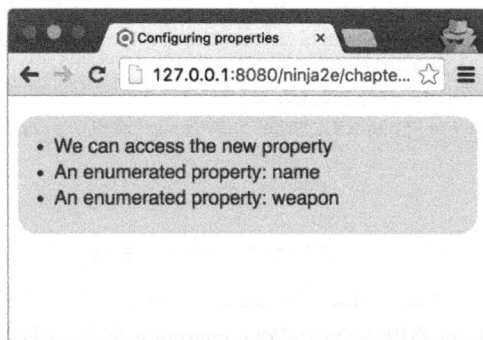

图 7.15 虽然我们可以正常访问 sneaky 属性，但是在 for-in 循环中可遍历属性 name 与 weapon，
不可遍历新增的 sneaky 属性

将配置项 enumerable 设为 false，在 for-in 循环中无法遍历该属性。为了理解为什么要这样做，让我们回到最初的问题。

最后解决 constructor 属性被覆盖的问题

为了实现 Ninja 继承 Person，产生了这样的问题：当把 Ninja 的原型设置为 Person 的实例对象后，我们丢失了原来在 constructor 中的 Ninja 原型。我们不希望丢失 constructor 属性，constructor 属性可用于确定用于创建对象实例的函数，这可能也是使用我们的代码库的其他开发人员所期望的。

通过使用我们刚刚获得的知识可以解决这个问题。使用 Object.defineProperty 方法在 Ninja.prototype 对象上增加新的 constructor 属性，可查看清单 7.10。

清单 7.10　解决 constructor 属性的问题

```
function Person(){}
Person.prototype.dance = function(){};

function Ninja(){}                          定义一个新的不可枚
Ninja.prototype = new Person();             举的 constructor 属
                                            性，属性值为 Ninja
Object.defineProperty(Ninja.prototype, "constructor", {
  enumerable: false,
  value: Ninja,
  writable: true
});

var ninja = new Ninja();

assert(ninja.constructor === Ninja,
    "Connection from ninja instances to Ninja constructor
      reestablished!");
for(let prop in Ninja.prototype){
  assert(prop === "dance", "The only enumerable property is dance!");
}
```

重新建立 ninja 实例与 Ninja 构造器的联系

在 Ninja.prototype 上没有定义可枚举的属性

现在执行代码，我们看到一切都很棒。我们重新建立了 ninja 实例与 Ninja 构造器之间的联系，所以可以确定 ninja 实例是通过 Ninja 构造器创建的。此外，如果遍历 Ninja.prototype 对象，可确保不会访问到 constructor 属性。现在这是一个真正的"忍者"，进去完成工作，然后离开，不引起任何人的注意！

7.3.2 instanceof 操作符

在大部分编程语言中，检测对象是否是类的最直接方法是使用操作符 instanceof。例如，在 Java 中，使用操作符 instanceof 检测左边的类与右边的类是否是同一个子类。

虽然在 JavaScript 中操作符 instanceof 与 Java 中基本类似，但是仍然有些不同。在 JavaScript 中，操作符 instanceof 使用在原型链中。例如，查看如下表达式：

```
ninja instanceof Ninja
```

操作符 instanceof 用于检测 Ninja 函数是否存在于 ninja 实例的原型链中。让我们回到 person 与 ninja，查看一个更具体的例子，如清单 7.11 所示。

清单 7.11　探讨 instanceof 操作符

```
function Person(){}
function Ninja(){}

Ninja.prototype = new Person();                    ← ninja 是 Ninja 的实例，同
                                                       时也是 Person 的实例
const ninja = new Ninja();

assert(ninja instanceof Ninja, "Our ninja is a Ninja!");
assert(ninja instanceof Person, "A ninja is also a Person. ");
```

ninja 是 Ninja 的实例，同时也是 Person 的实例，这一点符合预期。但是为了确定这一点，图 7.16 显示了幕后的整个工作原理。

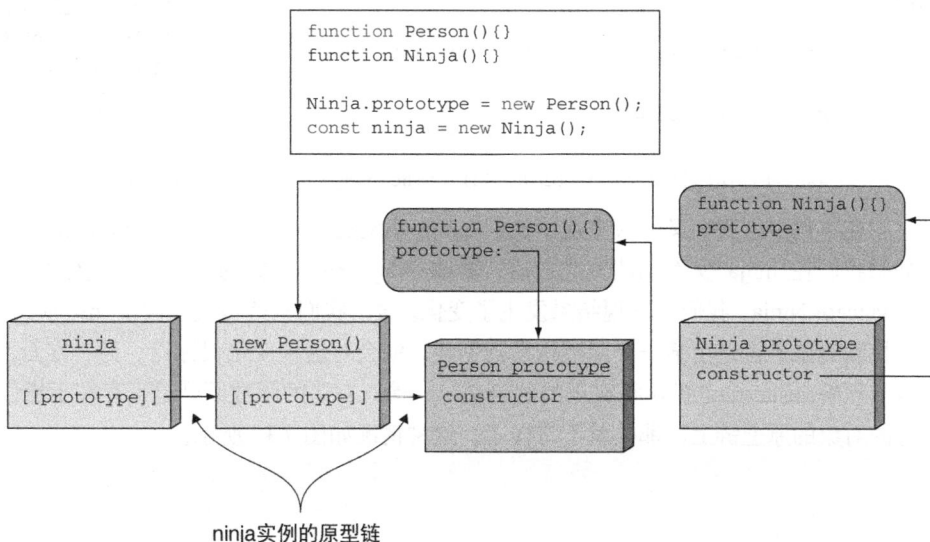

图 7.16　ninja 实例的原型链是由 new Person()对象与 Person 的原型组成的

　　ninja 实例的原型链是由 new Person()对象与 Person 的原型组成的，通过原型链实现继承。当执行 ninja instanceof Ninja 表达式时，JavaScript 引擎检查 Ninja 函数的原型——new Person()对象，是否存在于 ninja 实例的原型链上。new Person()对象是 ninja 实例的原型，因此，表达式执行结果为 true。

　　在检查 ninja instanceof Person 时，JavaScript 引擎查找 Person 函数的原型，检查它是否存在于在 ninja 实例的原型链上。由于 Person 的原型的确存在于 ninja 实例的原型链上，Person 是 new Person()对象的原型，所以 Person 也是 ninja 实例的原型。

　　这就是需要了解的 instanceof 操作符的全部内容。尽管 instanceof 操作符最常见的用途就是提供一个清晰的方法来确定一个实例是否是由一个特定的构造函数创建的，但并不完全是这样。事实上，它会检查操作符右边的函数的原型是否存在于操作符左边的对象的原型链上。因此，这里有一个我们应该小心的警告。

instanceof 操作符的警告

　　正如你在本章中多次看到的，JavaScript 是一门动态语言，在程序的执行过程中，我们可以修改很多内容。例如，我们可以改变一个构造函数的原型，如清单 7.12 所示。

清单 7.12　当心构造函数原型的改变

```
function Ninja(){}

const ninja = new Ninja();

assert(ninja instanceof Ninja, "Our ninja is a Ninja!");

Ninja.prototype = {};

assert(!(ninja instanceof Ninja), "The ninja is now not a Ninja!?");
```

修改 Ninja 的原型 → `Ninja.prototype = {};`

虽然 ninja 仍然是由 Ninja 构造器创建的，但是 instanceof 操作符结果显示 ninja 不是 Ninja 的实例

　　在本例中，我们又一次重复了创建 ninja 实例的基本步骤，第一个测试正常。但是如果我们在 ninja 实例创建完成之后，修改 Ninja 构造函数的原型，再执行测试 ninja instanceof Ninja，我们会发现结果发生了变化。假设我们坚持错误地假设 instanceof 操作符检测对象是否是由某一个函数构造器创建，就会对这种变化很惊讶。另一方面，如果我们理解 instanceof 操作符真正的的语义——检查右边的函数原型是否存在于操作符左边的对象的原型链上，那么就不奇怪了。这种情况如图 7.17 所示。

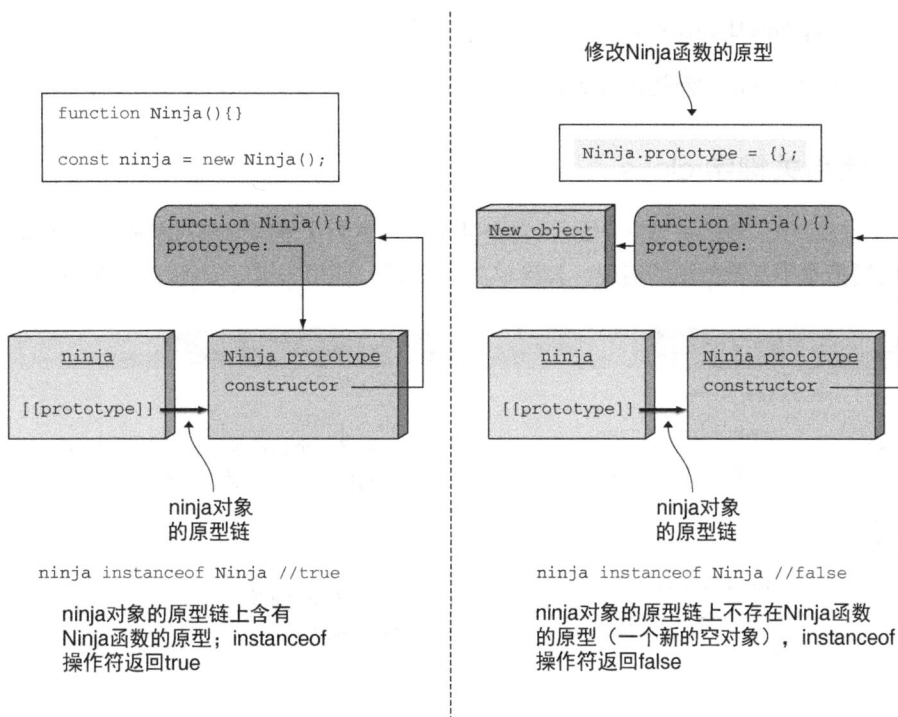

图 7.17 instanceof 操作符检查右边的函数原型是否存在于操作符左边的对象的原型链上。
小心函数的原型可以随时发生改变

现在我们理解了 JavaScript 中原型的工作原理，学会了如何结合原型与构造函数实现继承，接下来继续探讨 JavaScript ES6 中新增的关键字：class。

7.4 在 ES6 使用 JavaScript 的 class

JavaScript 可以让我们使用原型实现继承。但是对于许多开发者，尤其是从其他面向对象语言转向 JavaScript 的开发者来说，他们会更喜欢把 JavaScript 的继承系统简化、抽象化成更熟悉的形式。

虽然 JavaScript 本身不支持经典的继承，但还是不可避免地进入类的范畴。为了解决类的问题，出现了一些模拟类的继承的 JavaScript 库。由于每个类库对类的实现都有不同的方式，ECMAScript 委员会对"模拟"基于类的继承语法进行标准化。注意是"模拟"。虽然现在我们可以在 JavaScript 中使用关键字 class，但其底层的实现仍然是基于原型继承！

注意 在 ES6 中增加了关键字 class，并非所有浏览器都支持（查看目前的支持情况

http://mn9.bz/3yRA）。

让我们从探讨新语法开始吧。

7.4.1　使用关键字 class

ES6 引入新的关键字 class，它提供了一种更为优雅的创建对象和实现继承的方式，底层仍然是基于原型的实现。如清单 7.13 所示，使用关键字 class 的方法很简单。

清单 7.13　在 ES6 中创建类

使用 ES6 指定的关键字 class 创建类

```
class Ninja {
    constructor(name){
        this.name = name;
    }

    swingSword(){
        return true;
    }
}
```

定义一个构造函数，当使用关键字 new 调用类时，会调用这个构造函数

定义一个所有 Ninja 实例均可访问的方法

使用 new 创建实例对象 ninja

```
var ninja = new Ninja("Yoshi");

assert(ninja instanceof Ninja, "Our ninja is a Ninja");
assert(ninja.name === "Yoshi", "named Yoshi");
assert(ninja.swingSword(), "and he can swing a sword");
```

验证预期的行为

清单 7.13 显示了我们可以通过使用 ES6 的关键字 class 创建 Ninja 类，在类中创建构造函数，使用类创建实例对象时，调用该构造函数。在构造函数体内，可以通过 this 访问新创建的实例，添加属性很简单，例如添加 name 属性。在类中，还可以定义所有实例对象均可访问的方法。在本例中，我们定义了一个返回值为 true 的 swingSword 方法。

```
class Ninja{
    constructor(name){
        this.name = name;
    }
    swingSword(){
        return true;
    }
}
```

接着，通过关键字 new 创建 Ninja 类的实例，这与本章前面部分所介绍的简单构造函数的调用方法一致。

```
var ninja = new Ninja("Yoshi");
```

最后，我们可以验证 ninja 实例的行为符合预期，ninja 是 Ninja 的实例，具有 name 属性，可访问 swingSword 方法。

```
assert(ninja instanceof Ninja, "Our ninja is a Ninja");
assert(ninja.name === "Yoshi", "named Yoshi");
assert(ninja.swingSword(), "and he can swing a sword");
```

class 是语法糖

前面也提到过，虽然 ES6 引入关键字 class，但是底层仍然是基于原型的实现。class 只是语法糖，使得在 JavaScript 模拟类的代码更为简洁。

清单 7.13 中的代码可转换成如下 ES5 的代码：

```
function Ninja(name) {
  this.name = name;
}
Ninja.prototype.swingSword = function() {
  return true;
};
```

可以看出，ES6 的类没有任何特殊之处。虽然看起来更优雅，但使用的是相同的概念。

静态方法

之前的示例展示了如何定义所有实例对象可访问的对象方法（原型方法）。除了对象方法之外，经典面向对象语言如 Java 中一般使用类级别的静态方法。查看示例代码，如清单 7.14 所示。

清单 7.14 在 ES6 中的静态方法

```
class Ninja{
  constructor(name, level){
    this.name = name;
    this.level = level;
  }

  swingSword() {
    return true;
  }
```

```
static compare(ninja1, ninja2){          使用关键字 static
    return ninja1.level - ninja2.level;   创建静态方法
  }
}

var ninja1 = new Ninja("Yoshi", 4);
var ninja2 = new Ninja("Hattori", 3);
                                          ninja 实例不可访问
                                          compare 方法
assert(!("compare" in ninja1) && !("compare" in ninja2),
    "A ninja instance doesn't know how to compare");


assert(Ninja.compare(ninja1, ninja2) > 0,
    "The Ninja class can do the comparison!");
                                          Ninja 类可访问
                                          compare 方法
assert(!("swingSword" in Ninja),
    "The Ninja class cannot swing a sword");
```

　　我们又一次创建了 Ninja 类，该类具有所有实例对象均可访问的 swingSword 方法。同时，我们通过关键字 static 定义了一个静态方法 compare。

```
static compare(ninja1, ninja2){
    return ninja1.level - ninja2.level;
}
```

　　用于比较两个忍者技能等级的比较方法（compare）定义在了类中，而非实例中。接着我们验证了实例不可访问 compare 方法，而 Ninja 类可以访问 compare 方法。

```
assert(!("compare" in ninja1) && !("compare" in ninja2),
    "The ninja instance doesn't know how to compare");
assert(Ninja.compare(ninja1, ninja2) > 0,
    "The Ninja class can do the comparison!");
```

　　我们也可以看看 ES6 之前的版本中是如何实现"静态"方法的。我们只需要记住通过函数来实现类。由于静态方法是类级别的方法，所以可以利用第一类型对象，在构造函数上添加方法，如下所示：

　　　　　　　　　　　　　　　　　　　　　　在构造函数上添加方法，
　　　　　　　　　　　　　　　　　　　　　　模拟 ES6 中的静态方法

```
function Ninja(){}
Ninja.compare = function(ninja1, ninja2){...}    ◁
```

　　现在让我们看看继承。

7.4.2　实现继承

老实说，在 ES6 之前的版本中实现继承是一件痛苦的事。让我们回到 Ninja 与 Person 的示例中：

```
function Person(){}
Person.prototype.dance = function(){};

function Ninja(){}
Ninja.prototype = new Person();

Object.defineProperty(Ninja.prototype, "constructor", {
  enumerable: false,
  value: Ninja,
  writable: true
});
```

这里需要记住几点：对所有实例均可访问的方法必须直接添加在构造函数原型上，如 Person 构造函数上的 dance 方法。为了实现继承，我们必须将实例对象衍生的原型设置成"基类"。在本例中，我们将一个新的 Person 实例对象赋值给 Ninja.prototype。糟糕的是，这会弄乱 constructor 属性，所以需要通过 Object.defineProperty 方法进行手动设置。为了实现一个相对简单和通用的继承特性，我们需要记住这一系列细节。幸运的是，在 ES6 中，整个过程大大地简化了。

让我们看看在清单 7.15 中是如何实现的。

清单 7.15　在 ES6 中实现继承

```
class Person {
  constructor(name){
    this.name = name;
  }

  dance(){
    return true;
  }
}                                    ┌── 使用关键字 extends 实
                                     │   现继承
class Ninja extends Person {    ◄────┘
  constructor(name, weapon){
    super(name);                ◄────┐  使用关键字 super
    this.weapon = weapon;            │  调用基类构造函数
  }

  wieldWeapon(){
```

```
    return true;
  }
}

var person = new Person("Bob");

assert(person instanceof Person, "A person's a person");
assert(person.dance(), "A person can dance.");
assert(person.name === "Bob", "We can call it by name.");
assert(!(person instanceof Ninja), "But it's not a Ninja");
assert(!("wieldWeapon" in person), "And it cannot wield a weapon");

var ninja = new Ninja("Yoshi", "Wakizashi");
assert(ninja instanceof Ninja, "A ninja's a ninja");
assert(ninja.wieldWeapon(), "That can wield a weapon");
assert(ninja instanceof Person, "But it's also a person");
assert(ninja.name === "Yoshi" , "That has a name");
assert(ninja.dance(), "And enjoys dancing");
```

清单 7.15 展示了在 ES6 中实现继承。我们使用 extends 从另一个类实现继承：

```
class Ninja extends Person
```

在本例中，我们创建 Person 类，其构造函数对每一个实例对象添加 name 属性。同时，定义一个所有 Person 的实例均可访问的 dance 方法。

```
class Person {
  constructor(name){
    this.name = name;
  }
  dance(){
    return true;
  }
}
```

接着，我们定义一个从 Person 类继承而来的 Ninja 类。在 Ninja 类上添加 weapon 属性和 wieldWeapon 方法：

```
class Ninja extends Person {
  constructor(name, weapon){
    super(name);
    this.weapon = weapon;
  }

  wieldWeapon(){
    return true;
```

```
  }
}
```

衍生类 Ninja 构造函数通过关键字 super 调用基类 Person 的构造函数。这与其他基于类的语言是类似的。

我们继续创建 person 实例，并验证 Person 类的实例具有 name 属性与 dance 方法，但不具有 wieldWeapon 方法：

```
var person = new Person("Bob");

assert(person instanceof Person, "A person's a person");
assert(person.dance(), "A person can dance.");
assert(person.name === "Bob", "We can call it by name.");
assert(!(person instanceof Ninja), "But it's not a Ninja");
assert(!("wieldWeapon" in person), "And it cannot wield a weapon");
```

同时，我们也创建一个 ninja 实例，并验证 ninja 是类 Ninja 的实例，具有 weaponWield 方法。由于所有的 ninja 同时也是类 Person 的实例，因此，ninja 实例也具有 name 属性和 dance 方法：

```
var ninja = new Ninja("Yoshi", "Wakizashi");
assert(ninja instanceof Ninja, "A ninja's a ninja");
assert(ninja.wieldWeapon(), "That can wield a weapon");
assert(ninja instanceof Person, "But it's also a person");
assert(ninja.name === "Yoshi" , "That has a name");
assert(ninja.dance(), "And enjoys dancing");
```

看起来很简单吧？不必再考虑原型或覆盖属性的副作用。我们定义类，并通过关键字 extends 定义类之间的关系。最后，通过 ES6，众多从其他面向对象语言如 Java 或 C# 转向 JavaScript 的开发者们可以淡定了。

就这样，在 ES6 中，我们可以像传统面向对象语言那样简单地实现类。

7.5 小结

- JavaScript 对象是属性名与属性值的集合。
- JavaScript 使用原型。
- 每个对象上都具有原型的引用，搜索指定的属性时，如果对象本身不存在该属性，则可以代理到原型上进行搜索。对象的原型也可以具有原型，以此类推，形成原型链。
- 可以通过 Object.setPrototypeOf 方法定义对象的原型。
- 原型与构造函数密切相关。每个函数都具有 prototype 属性，该函数创建的对象的原型，就是函数的原型。

● 函数原型对象具有 constructor 属性，该属性指向函数本身。该函数创建的全部对象均访问该属性，constructor 属性还可用于判断对象是否是由指定的函数创建的。

● 在 JavaScript 中，几乎所有的内容在运行时都会发生变化，包括对象的原型和函数的原型。

● 如果我们希望 Ninja 构造函数创建的实例都可以"继承"（更准确地说，可以访问）Person 构造函数的属性，那么，将 Ninja 构造函数的原型设置为 Person 类的实例。

● 在 JavaScript 中，原型具有属性（如 configurable、enumerable、writable）。这些属性可通过内置的 Object.defineProperty 方法进行定义。

● JavaScript ES6 引入关键字 class，使得我们可以更方便地实现模拟类。在底层仍然是使用原型实现的。

● 使用 extends 可以更优雅地实现继承。

7.6　练习

1. 如果目标对象没有 searched-for 属性，那么，会查询如下哪一个对象的属性？

   a. class

   b. instance

   c. prototype

   d. pointTo

2. 以下代码执行完成之后，变量 a1 的值是多少？

```
function Ninja() {}
Ninja.prototype.talk = function() {
  return "Hello";
};

const ninja = new Ninja();
const a1 = ninja.talk();
```

3. 以下代码执行完成之后，变量 a1 的值是多少？

```
function Ninja() {}
Ninja.message = "Hello";

const ninja = new Ninja();
```

```
const a1 = ninja.message;
```

4．解释如下两段代码中 getFullName 方法的差异。

```
//First fragment
function Person(firstName, lastName) {
  this.firstName = firstName;
  this.lastName = lastName;

  this.getFullName = function() {
    return this.firstName + " " + this.lastName;
  }
}


//Second fragment
function Person(firstName, lastName) {
  this.firstName = firstName;
  this.lastName = lastName;
}


Person.prototype.getFullName = function() {
  return this.firstName + " " + this.lastName;
}
```

5．执行完以下代码之后，ninja.constructor 指向什么？

```
function Person() {}
function Ninja() {}

const ninja = new Ninja();
```

6．执行完以下代码之后，ninja.constructor 指向什么？

```
function Person() {}
function Ninja() {}
Ninja.prototype = new Person();
const ninja = new Ninja();
```

7．解释以下代码中 instanceof 操作符是如何工作的。

```
function Warrior() {}

function Samurai() {}
Samurai.prototype = new Warrior();

var samurai = new Samurai();
```

```
samurai instanceof Warrior; //Explain
```

8. 将以下 ES6 代码转为 ES5 代码。

```
class Warrior {
  constructor(weapon) {
    this.weapon = weapon;
  }

  wield() {
    return "Wielding " + this.weapon;
  }

  static duel(warrior1, warrior2) {
    return warrior1.wield() + " " + warrior2.wield();
  }
}
```

第 8 章　控制对象的访问

本章包括以下内容：
- 使用 getter 和 setter 控制访问对象的属性
- 通过代理控制对象的访问
- 使用代理解决交叉访问的问题

在前面的章节中，你已经了解了 JavaScript 对象是动态属性的集合，可以很容易地添加属性、修改属性值，甚至移除已有属性。在许多情况下（例如，验证属性值、日志记录、在 UI 中展示数据），我们需要严格监控当前对象的状态。因此，在本章中，你将了解控制对象的访问以及监控对象的技术。

我们从 getter 和 setter 开始，这两个方法是用于控制、访问指定对象的属性。在第 5 章和第 7 章中出现过这两个方法。在本章中，将介绍这两个方法的一些内置特性，以及如何将其用于日志记录、数据校验、定义计算属性值。

接着介绍代理，代理是 ES6 中引入的全新的对象类型。通过代理对象可以控制对其他对象的访问。在本章中你将了解代理对象的工作原理，如何使用代理对象方便、有效地扩展代码，处理对象属性的交叉访问的问题，例如性能评估、日志记录，以及如何使用自动设置对象属性避免 null 异常。让我们对 getter 和 setter 的认识提高到一个新的层次吧。

- 通过 getter 和 setter 访问属性值有什么好处？
- 代理与 getter 和 setter 的主要区别是什么？
- 代理对象 的常见问题是什么？列举 3 项代理对象的常见问题。

8.1 使用 getter 与 setter 控制属性访问

在 JavaScript 中，对象是相对简单的属性集合。保持程序状态的主要方法是修改对象的这些属性。例如，查看如下代码：

```
function Ninja (level) {
  this.skillLevel = level;
}
const ninja = new Ninja(100);
```

这里我们定义了构造函数 Ninja，使用该构造函数创建实例 ninja，它仅具有一个属性 skillLevel。然后，如果我们想要改变属性 skillLevel，我们可以通过代码实现：ninja.skillLevel = 20。

这样的实现很方便，但在下列情况下会发生什么呢？

- 我们需要避免意外的错误发生，例如错误赋值。举例来说，需要避免赋了错误类型的值：ninja.skillLevel = "high"。
- 我们需要记录 skillLevel 属性的变化。
- 我们需要在网页的 UI 中显示 skillLevel 属性的值。我们自然需要显示 skillLevel 属性的更新值，但是如何轻松地做到这一点呢？

通过 getter 和 setter 方法，我们可以很优雅地实现这一切。

在第 5 章中，我们曾见过 getter 与 setter，在 JavaScript 的闭包中实现模拟私有对象属性。让我们回顾一下，在清单 8.1 中我们只通过 getter 与 setter 方法访问 ninja 的私有属性 skillLevel。

清单 8.1 使用 getter 和 setter 保护私有属性

```
function Ninja () {
  let skillLevel;                  ◄─── 定义私有变量 skillLevel

  this.getSkillLevel = () => skillLevel;    ◄─┐ getter 方法控制对私有变
                                               │ 量 skillLevel 的访问

  this.setSkillLevel = value => {            ┐
    skillLevel = value;                      │ setter 方法控制对私有变
  };                                         │ 量 skillLevel 的赋值
}
```

```
const ninja = new Ninja();
ninja.setSkillLevel(100);
assert(ninja.getSkillLevel() === 100,
       "Our ninja is at level 100!");
```

通过setter方法为skillLevel 变量赋值

通过getter方法获取 skillLevel变量的值

我们通过 Ninja 构造器创建 ninja 实例,该实例具有私有属性 skillLevel,该属性只能通过 getSkillLevel 与 setSkillLevel 方法访问:只能通过 getSkillLevel 方法获取属性值,也只能通过 setSkillLevel 方法设置新值。

现在,如果我们想要记录所有对 skillLevel 属性的访问,我们可以扩展 getSkillLevel 方法。同理,如果我们想要记录对 skillLevel 属性赋值,我们可以扩展 setSkillLevel 方法,代码片段如下:

```
function Ninja () {
  let skillLevel;

  this.getSkillLevel = () => {
    report("Getting skill level value");
    return skillLevel;
  };

  this.setSkillLevel = value => {
    report("Modifying skillLevel property from:",
           skillLevel,"to:",value);
    skillLevel = value;
  }
}
```

通过 getter,我们可以记录任何一次对 skillLevel 属性的访问

通过 setter,我们可以记录任何一次对 skillLevel 的赋值

这很棒。我们可以轻松应对所有交互属性,例如插入日志、数据验证或其他副作用,如界面修改等。

但可能你已经有了挥之不去的担忧。skillLevel 属性是数值,而不是函数,例如数值(如数字 100)。糟糕的是,为了利用所有访问控制的优点,我们所有与 skillLevel 属性交互的地方都必须显式地调用相关方法,说实话略显尴尬。

好在,JavaScript 自身支持真正的 getter 和 setter:用于访问普通数据属性(例如 ninja.skillLevel),同时可以计算属性值、校验属性值,或其他我们想做的事。

8.1.1 定义 getter 和 setter

在 JavaScript 中,可以通过两种方式定义 getter 和 setter。

- 通过对象字面量定义,或在 ES6 的 class 中定义。
- 通过使用内置的 Object.defineProperty 方法。

自 ES5 以来，明确支持 getter 和 setter 方法已经有一段时间了。像往常一样，让我们通过示例研究语法。在本例中，对象 ninjaCollection 中存了 ninjas 列表，我们想要获取并设置 ninjas 列表中的第一个值，如清单 8.2 所示。

清单 8.2　在对象字面量中定义 getter 和 setter

```
const ninjaCollection = {
  ninjas: ["Yoshi", "Kuma", "Hattori"],
  get firstNinja(){
    report("Getting firstNinja");      定义 firstNinja 的 getter 方法，返回 ninjas
    return this.ninjas[0];              列表中第一个值，并记录一条消息
  },
  set firstNinja(value){
    report("Setting firstNinja");       定义 firstNinja 的 setter 方法，设置 ninjas 列
    this.ninjas[0] = value;             表中第一个值，并记录一条消息
  }
};

assert(ninjaCollection.firstNinja === "Yoshi",    如同访问标准对象属性一
      "Yoshi is the first ninja");                样访问 firstNinja 属性

ninjaCollection.firstNinja = "Hachi";             如同操作标准对象属性一
                                                  样为 firstNinja 属性赋值

assert(ninjaCollection.firstNinja === "Hachi"
   && ninjaCollection.ninjas[0] === "Hachi",      验证属性修改
      "Now Hachi is the first ninja");            成功并生效
```

本例定义 ninjaCollection 对象，该对象具有标准属性 ninjas 数组，同时具有 firstNinja 的 getter 和 setter 属性。getter 和 setter 的一般语法如图 8.1 所示。

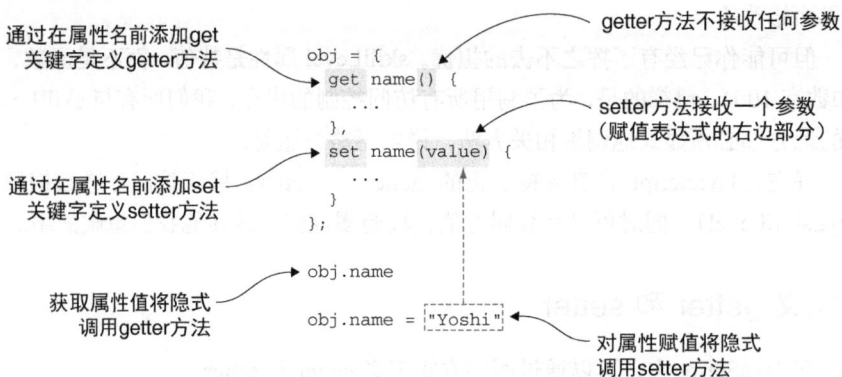

图 8.1　定义 getter 和 setter 的语法，在属性名之前添加关键字 set 或 get

如图 8.1 所示，我们通过在属性名前添加关键字 get 定义 getter 方法，通过在属性名前添加关键字 set 定义 setter 方法。

在清单 8.2 中，getter 与 setter 都记录日志。同时，getter 返回索引为 0 的 ninja，setter 在同一个位置赋值：

```
get firstNinja(){
  report("Getting firstNinja");
  return this.ninjas[0];
},
set firstNinja(value){
  report("Setting firstNinja");
  this.ninjas[0] = value;
}
```

接着，我们验证访问 getter 属性返回第一个 ninja，Yoshi：

```
assert(ninjaCollection.firstNinja === "Yoshi",
    "Yoshi is the first ninja");
```

注意 getter 属性与标准对象属性的访问方法一致。

访问 getter 属性时，隐式调用关联的 getter 方法，记录了获取 firstNinja 的日志，并返回索引值为 0 的 ninja。

继续使用 setter 方法设置 firstNinja 属性，正如直接为普通对象属性赋值过程一样：

```
ninjaCollection.firstNinja = "Hachi";
```

与前一个案例类似，由于 firstNinja 属性具有 setter 方法，无论何时对 firstNinja 属性赋值，都会隐式调用 setter 方法，日志记录设置 firstNinja 的值，修改索引为 0 的 ninja 的值。

最后，验证修改生效，索引为 0 的 ninja 值可以通过 ninjaCollection 访问，也可以通过 getter 方法访问：

```
assert(ninjaCollection.firstNinja === "Hachi"
    && ninjaCollection.ninjas[0] === "Hachi",
    "Now Hachi is the first ninja");
```

图 8.2 显示了清单 8.2 的输出。当通过 getter 访问属性时（例如 ninjaCollection.firstNinja），将立即调用 getter 方法，本例中，会立即记录日志。然后，我们验证输出的是 Yoshi，这是记录的第一条日志。我们继续对 firstNinja 属性赋值，可以看到程序输出，隐式调用 setter 方法，日志记录、设置 firstNinja 的值。

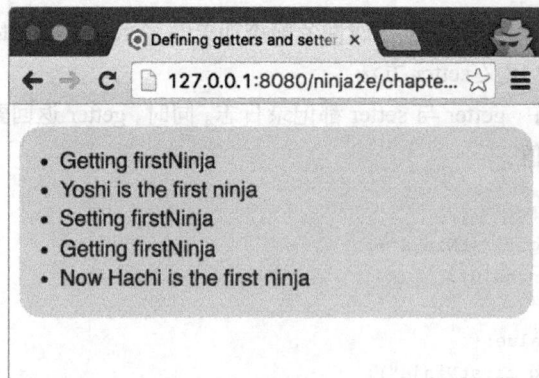

图 8.2　清单 8.2 的输出：如果一个属性具有 getter 和 setter 方法，访问该属性时
将隐式调用 getter 方法，为该属性赋值时将隐式调用 setter 方法

　　需要强调的是，可以通过原生的 getter 和 setter 设置标准属性，但是这些方法是在
访问属性时立即执行的。进一步说明查看图 8.3。

```
const ninjaCollection = {
    ninjas: ["Yoshi", "Kuma", "Hattori"],
    get firstNinja() {
        report("Getting firstNinja");
        return this.ninjas[0];
    },
    ...
};

assert(ninjaCollection.firstNinja === "Yoshi",
        "Yoshi is the first ninja");
```

执行上下文栈

get firstNinja
执行上下文

全局执行上下文

访问具有getter方法
的属性立即隐式
调用对应的getter

调用getter方法，创建对应的执
行上下文，压入调用栈。这与
标准函数的调用过程一致

图 8.3　访问具有 getter 方法的属性时隐式调用对应的 getter。这个过程看起来与标准方法调用一致，
执行了 getter 方法。通过 setter 对属性赋值的过程也类似

　　定义 getter 与 setter 的语法很简单，毫不令人意外，其他情况下我们可以使用相同
的语法来定义 getter 和 setter。清单 8.3 中我们使用 ES6 的 class。

清单 8.3　在 ES6 的 class 中使用 getter 和 setter

```
class NinjaCollection {
  constructor(){
    this.ninjas = ["Yoshi", "Kuma", "Hattori"];
```

```
  }
  get firstNinja(){
    report("Getting firstNinja");
    return this.ninjas[0];
  }
  set firstNinja(value){
    report("Setting firstNinja");
    this.ninjas[0] = value;
  }
}
const ninjaCollection = new NinjaCollection();

assert(ninjaCollection.firstNinja === "Yoshi",
      "Yoshi is the first ninja");


ninjaCollection.firstNinja = "Hachi";

assert(ninjaCollection.firstNinja === "Hachi"
    && ninjaCollection.ninjas[0] === "Hachi",
      "Now Hachi is the first ninja");
```

在 ES6 的 class 中使用 getter 和 setter

使用 ES6 的 class 来修改清单 8.2 中的代码。保留测试语句验证示例的运行符合预期。

注意 针对指定的属性不一定需要同时定义 getter 和 setter。例如,通常我们仅提供 getter。如果在这种情况下试图写入属性值,具体的行为取决于代码是在严格模式还是非严格模式。如果在非严格模式下,对仅有 getter 的属性赋值不起作用,JavaScript 引擎默默地忽略我们的请求。另一方面,如果在严格模式下,JavaScript 引擎将会抛出异常,表明我们试图将给一个仅有 getter 没有 setter 的属性赋值。

尽管通过 ES6 类和对象字面量指定 getter 和 setter 是很容易的,但你可能已经注意到一些问题。传统上,getter 和 setter 方法用于控制访问私有对象属性,如清单 8.1 所示。遗憾的是,从第 5 章中我们已经知道 JavaScript 没有私有对象属性。我们可以通过闭包模拟私有属性,通过定义变量和指定对象包含这些变量。由于对象字面量与类、getter 和 setter 方法不是在同一个作用域中定义的,因此那些希望作为私有对象属性的变量是无法实现的。幸运的是,可以通过 Object.defineProperty 方法实现。

在第 7 章中我们看到 Object.defineProperty 方法可以用于定义新的属性,传入属性描述对象即可。属性描述对象可以包含 get 和 set 来定义 getter 和 setter 方法。

我们使用这种特性重新编写清单 8.1 中的示例,来实现内置的 getter 和 setter,控制私有对象属性的访问，如清单 8.4 所示。

清单 8.4 通过 Object.defineProperty 定义 getter 和 setter

使用内置的 Object.defi- neProperty 定义属性 skillLevel

定义构造函数

定义私有变量，将通过闭包访问该变量

```
function Ninja() {
  let _skillLevel = 0;

  Object.defineProperty(this, 'skillLevel', {
    get: () => {
      report("The get method is called");
      return _skillLevel;
    },
    set: value => {
      report("The set method is called");
      _skillLevel = value;
    }
  });
}

const ninja = new Ninja();

assert(typeof ninja._skillLevel === "undefined",
       "We cannot access a 'private' property");
assert(ninja.skillLevel === 0, "The getter works fine!");

ninja.skillLevel = 10;
assert(ninja.skillLevel === 10, "The value was updated");
```

访问属性 skillLevel 时将调用 get 方法

对属性 skillLevel 赋值时将调用 set 方法

创建新的 Ninja 实例

无法直接访问私有变量，但可以通过 getter 访问

对属性 skillLevel 属性赋值时隐式调用 set 方法

在本例中，我们首先定义了一个 Ninja 构造函数，该构造函数含有_skillLevel 属性作为私有变量，如清单 8.1 所示。

接着，通过 this 引用新创建的对象，通过内置的 Object.defineProperty 方法：

```
Object.defineProperty(this, 'skillLevel', {
  get: () => {
    report("The get method is called");
    return _skillLevel;
  },
  set: value => {
    report("The set method is called");
    _skillLevel = value;
  }
});
```

由于我们希望通过 skillLevel 属性控制访问私有变量，因此我们定义了 set 和 get 方法。

注意，与对象字面量和类中的 getter 和 setter 不同，通过 Objcct.defineProperty 创建的 get 和 set 方法，与私有 skillLevel 变量处于相同的作用域中。get 和 set 方法分别创建了含有私有变量的闭包，我们只能通过 get 和 set 方法访问私有变量。

剩下的代码运行的效果与前面的示例一致。我们创建新的 ninja 实例，验证无法直接访问私有变量。所有的交互都必须通过 getter 和 setter，与标准对象属性无差异：

```
ninja.skillLevel === 0         ◁──── 访问 skillLevel 属性将隐式调用 get 方法
ninja.skillLevel = 10          ◁──── 对 skillLevel 属性赋值将隐式调用 set 方法
```

正如你所看到的，Object.defineProperty 方法比对象字面量或类更为复杂。但是，当我们需要实现私有对象属性时，Object.defineProperty 方法派上了用场。

不管定义方式，getter 和 setter 允许我们定义对象属性与标准对象属性一样，但是当访问属性或对属性赋值时，将会立即调用 getter 和 setter 方法。这是一个非常有用的功能，使我们能够执行日志记录，验证属性值，甚至在发生变化时可以通知其他部分代码。让我们来探讨一些应用。

8.1.2 使用 getter 与 setter 校验属性值

当对属性赋值时，会立即调用 setter 方法。我们可以利用这一特性，在代码试图更新属性的值时实现一些行为。例如，我们可以实现值的校验。看一看清单 8.5 的代码，skillLevel 属性只能被赋值为整型。

清单 8.5 通过 setter 校验赋值

```
function Ninja() {
  let _skillLevel = 0;

  Object.defineProperty(this, 'skillLevel', {          校验传入的值是否是整型。
    get: () => _skillLevel,                              如果不是，则抛出异常
    set: value => {
      if(!Number.isInteger(value)){
        throw new TypeError("Skill level should be a number");
      }
      _skillLevel = value;
    }
  });
}

const ninja = new Ninja();
                                                         我们可以将整型值赋
ninja.skillLevel = 10;                                   值给属性 skillLevel
assert(ninja.skillLevel === 10, "The value was updated");
```

```
try {
  ninja.skillLevel = "Great";
  fail("Should not be here");
} catch(e){
  pass("Setting a non-integer value throws an exception");
}
```

试图将非整型值(如字符串)赋值给属性 skillLevel，将从 setter 方法抛出异常

这是清单 8.4 的简单扩展。主要区别是现在无论何时对 skillLevel 属性赋值，我们都会校验该值是否是整型。如果不是，则抛出异常，并且不会修改属性_skillLevel 的值。如果是整型，则对属性_skillLevel 赋值：

```
set: value => {
  if(!Number.isInteger(value)){
    throw new TypeError("Skill level should be a number");
  }
  _skillLevel = value;
}
```

当测试这段代码时，我们首先检查赋值为整数时是否一切都正常：

```
ninja.skillLevel = 10;
assert(ninja.skillLevel === 10, "The value was updated");
```

然后我们测试错误地分配另一种类型的值，如字符串类型。在这种情况下会抛出异常。

```
try {
  ninja.skillLevel = "Great";
  fail("Should not be here");
} catch(e){
  pass("Setting a non-integer value throws an exception");
}
```

这段代码显示了如何规避指定属性发生类型错误异常。当然，这会增加性能开销，但是，在 JavaScript 这种动态类型语言中，为了安全需要付出性能开销。

这是 setter 方法的有用案例，还有许多其他的实践。例如，可以使用同样的规则跟踪值的变化，提供性能日志，提供值发生变化的提示等，我们不再一一探讨。

8.1.3　使用 getter 与 setter 定义如何计算属性值

除了能够控制指定对象属性的访问之外，getter 与 setter 还可以用于定义属性值的计算方法，即每次访问该属性时都会进行计算属性值。计算属性不会存储具体的值，它们提供 get 和（或）set 方法，用于直接提取、设置属性。在以下示例中，对象 shogun 具

有 name 与 clan 两个属性，通过这两个属性来计算 fullTitle 属性值。

清单 8.6 定义如何计算属性

```
const shogun = {
  name: "Yoshiaki",
  clan: "Ashikaga",
  get fullTitle() {
    return this.name + " " + this.clan;
  },
  set fullTitle(value) {
    const segments = value.split(" ");
    this.name = segments[0];
    this.clan = segments[1];
  }
};
```

在对象字面量上定义属性fullTitle
的getter方法，该方法将name与clan
两个属性值拼接在一起

在对象字面量上定义属性fullTitle
的setter方法，该方法将传入的参
数值通过空格分隔开，并分别更新
标准属性name与clan的值

```
assert(shogun.name === "Yoshiaki", "Our shogun Yoshiaki");
assert(shogun.clan === "Ashikaga", "Of clan Ashikaga");
assert(shogun.fullTitle === "Yoshiaki Ashikaga",
       "The full name is now Yoshiaki Ashikaga");

shogun.fullTitle = "Ieyasu Tokugawa";
assert(shogun.name === "Ieyasu", "Our shogun Ieyasu");
assert(shogun.clan === "Tokugawa", "Of clan Tokugawa");
assert(shogun.fullTitle === "Ieyasu Tokugawa",
       "The full name is now Ieyasu Tokugawa");
```

name与clan属性均是普
通属性，具有直接属性
值。而访问fullTitle属性
的值时将调用对应的get
方法计算属性值

对 fullTitle 属性赋值时将调用对应的 set 方法，该
方法将计算后分别赋值给 name 与 clan 属性

在本例中，我们定义 shogun 对象，它具有两个标准属性 name 与 clan。此外，我们还定义了计算属性 fullTitle 的 getter 与 setter 方法：

```
const shogun = {
  name: "Yoshiaki",
  clan: "Ashikaga",
  get fullTitle(){
    return this.name + " " + this.clan;
  },
  set fullTitle(value) {
    const segments = value.split(" ");
    this.name = segments[0];
    this.clan = segments[1];
  }
};
```

当访问 fullTitle 属性时调用 get 方法计算该属性值，并连接 name 与 clan 属性的值。同时，set 方法使用内置的 split 方法，对传入的参数使用空格进行分隔。分隔后的第一段赋值给 name 属性，第二段赋值给 clan 属性。

这需要同时考虑两个方面：读取 fullTitle 属性时计算属性值，设置 fullTitle 属性值时修改属性值的构成属性的属性值。

说实话，我们不需要使用计算属性。名为 getFullTitle 的方法可能同样有用，但计算属性可以使得代码的概念更为清晰。如果一个属性值（本例中 fullTitle）取决于对象内部的状态（本例为 name 与 clan），这样更为清晰地表明该值是一个数据字段、一个属性值，而不是函数。

这就是对 getter 和 setter 方法的研究。我们看到它们对于 JavaScript 语言是很有用的，可以处理日志记录、数据验证、属性值变化检测等。糟糕的是，getter 和 setter 方法有时并不够。在特殊情况下，我们需要控制对象的全部交互类型，在这种情况下，我们可以使用一种全新的对象类型：代理。

8.2　使用代理控制访问

代理（proxy）是我们通过代理控制对另一个对象的访问。通过代理可以定义当对象发生交互时可执行的自定义行为——如读取或设置属性值，或调用方法。可以将代理理解为通用化的 setter 与 getter，区别是每个 setter 与 getter 仅能控制单个对象属性，而代理可用于对象交互的通用处理，包括调用对象的方法。

过去使用 setter 与 getter 处理日志记录、数据校验、计算属性等操作，均可使用代理对它们进行处理。代理更加强大。使用代理，我们可以很容易地在代码中添加分析和性能度量；自动填充对象属性以避免讨厌的 null 异常；包装宿主对象，例如 DOM 用于减少跨浏览器的不兼容性。

注意　代理是 ES6 提出的。如需了解当前浏览器支持情况，可查看 http://mng.bz/9uEM。在
　　　　JavaScript 中，可通过内置的 Proxy 构造器创建代理。我们从简单示例开始，创建用于
　　　　控制对象属性读取与设置的代理对象。

清单 8.7　通过 Proxy 构造器创建代理

emperor 是目标对象

```
const emperor = { name: "Komei" };
const representative = new Proxy(emperor, {
```

通过 Proxy 构造器创建代理，传入对象 emperor，以及包含 get 与 set 方法的对象，用于处理对象属性的读写操作

```
  get: (target, key) => {
    report("Reading " + key + " through a proxy");
    return key in target ? target[key]
                         : "Don't bother the emperor!"
  },
  set: (target, key, value) => {
    report("Writing " + key + " through a proxy");
    target[key] = value;
  }
});
```

（接上）

分别通过目标对象和代理对象访问 name 属性

```
assert(emperor.name === "Komei", "The emperor's name is Komei");
assert(representative.name === "Komei",
       "We can get the name property through a proxy");
```

直接访问目标对象上不存在的nickname属性将返回undefined

```
assert(emperor.nickname === undefined,
       "The emperor doesn't have a nickname ");
assert(representative.nickname === "Don't bother the emperor!",
       "The proxy jumps in when we make inproper requests");
```

通过代理对象访问时，将会检测到 nickname 属性不存在，并因此返回警告

```
representative.nickname = "Tenno";
assert(emperor.nickname === "Tenno",
       "The emperor now has a nickname");
assert(representative.nickname === "Tenno",
       "The nickname is also accessible through the proxy");
```

通过代理对象添加nickname属性后，分别通过目标对象和代理对象均可访问nickname属性

我们首先创建基础对象 emperor，该对象仅含有 name 属性。然后，通过使用内置的 Proxy 构造函数，将对象 emperor（通常称为目标对象）包装为代理对象 representative。同时向代理构造函数传入第 2 个参数，第 2 个参数是一个对象，该对象内定义了在对象执行特定行为时触发的函数：

```
const representative = new Proxy(emperor, {
  get: (target, key) => {
    report("Reading " + key + " through a proxy");
    return key in target ? target[key]
                         : "Don't bother the emperor!"
  },
  set: (target, key, value) => {
    report("Writing " + key + " through a proxy");
    target[key] = value;
  }
});
```

在本例中,我们指定两个方法:试图通过代理对象访问对象属性时调用的 get 方法,以及试图对对象属性赋值时调用的 set 方法。get 执行以下功能:如果目标对象具有该属性,则返回该属性值;如果目标对象不具有该属性,则返回消息以示警告。

```
get: (target, key) => {
  report("Reading " + key + " through a proxy");
  return key in target ? target[key]
                       : "Don't bother the emperor!"
}
```

然后,验证可以分别通过目标对象 emperor 和代理对象访问 name 属性:

```
assert(emperor.name === "Komei", "The emperor's name is Komei");
assert(representative.name === "Komei",
      "We can get the name property through a proxy");
```

若通过目标对象 emperor 直接访问 name 属性,则返回 Komei。但是,若通过代理对象访问,则隐式调用 get 方法。由于在目标对象上可以找到 name 属性,因此也会返回 Komei。如图 8.4 所示。

注意　需要强调的是,激活代理方法与 getter 和 setter 是一致的。一旦执行交互(如访问代理对象属性),就会隐式调用对应的 get 方法,此时 JavaScript 引擎的执行过程与显式调用的普通函数类似。

另一方面,如果通过目标对象 emperor 直接访问不存在的属性 nickname,毫无疑问将返回 undefined。但是如果通过代理对象访问不存在的属性 nickname,将会激活 get。由于目标对象不具有 nickname 属性,get 方法将会返回消息 Don't bother the emperor!。

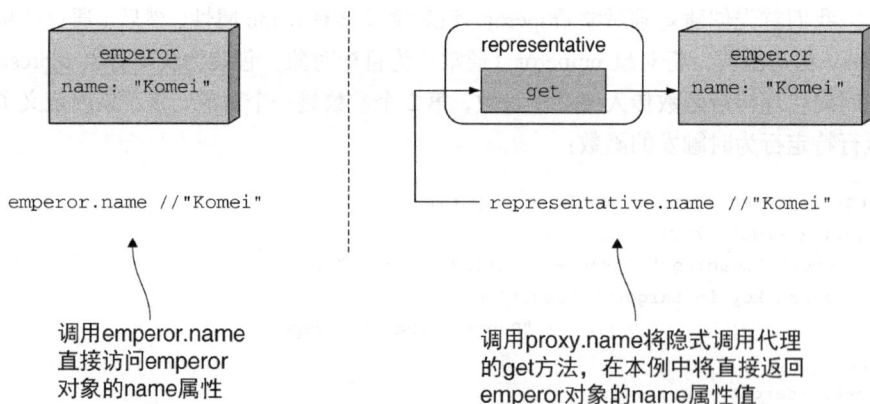

图 8.4　直接访问(左)与通过代理对象间接访问(右)name 属性

示例中接着通过代理对象分配一个新的属性:representative.nickname = "Tenno"。由于是通过代理对象进行分配的，因此调用 set，记录日志消息，并对目标对象 emperor 设置新属性：

```
set: (target, key, value) => {
    report("Writing " + key + " through a proxy");
    target[key] = value;
}
```

当然，同时可以通过代理对象和目标对象访问新创建的属性：

```
assert(emperor.nickname === "Tenno",
    "The emperor now has a nickname");
assert(representative.nickname === "Tenno",
    "The nickname is also accessible through the proxy");
```

使用代理对象的要点：通过 Proxy 构造器创建代理对象，代理对象访问目标对象时执行指定的操作。

在本例中，我们使用 get 与 set，还有许多其他的内置方法用于定义各种对象的行为（详见 http://mng.bz/ba55）。例如：

- 调用函数时激活 apply，使用 new 操作符时激活 construct。
- 读取/写入属性时激活 get 与 set。
- 执行 for-in 语句时激活 enumerate。
- 获取和设置属性值时激活 getPrototypeOf 与 setPrototypeOf。

我们可以拦截许多操作，但是详细介绍这些方法超出了本书的范围。现在，我们把注意力集中在这些操作符上：相等 (== 或 ===)、instanceof 以及 typeof 操作符。

例如，表达式 x == y（或 x === y）用于验证 x 与 y 是否指向相同的对象（或是否是相同的值）。相等操作具有一些假设。例如，被比较的两个对象总是能返回相同的值，如果这个值是由用户指定的函数，就不是我们能保证的。另外，比较两个对象的行为不应该访问这些对象，否则有可能激活 equality 方法。出于类似的原因，不能调用 instanceof 和 typeOf 操作符。

现在我们知道了代理的工作原理以及如何创建代理对象，让我们研究一些实际用处，比如如何使用代理记录日志、性能测量、自动填充属性和实现可以进行负索引的数组。我们将从日志记录开始。

8.2.1 使用代理记录日志

当试图弄明白代码是如何工作的或当试图查找严重错误的根源时，最有力的工具之一是日志记录，我们在特定的时刻输出有用的行为信息。例如，我们可能想知道调用了哪个函数，已经执行多长时间，读取或写入了哪些属性等。

遗憾的是，为了实现日志记录，我们通常在整个代码中布满日志语句。看一看本章之前使用的例子，如清单 8.8 所示。

清单 8.8 不使用代理实现日志记录

```
function Ninja() {
  let _skillLevel = 0;

  Object.defineProperty(this, 'skillLevel', {
    get: () => {
      report("skillLevel get method is called");    ←──┐ 当读取 skillLevel
      return _skillLevel;                                │ 属性时记录日志
    },
    set: value => {
      report("skillLevel set method is called");    ←──┐ 当写入 skillLevel 属
      _skillLevel = value;                               │ 性时也记录日志
    }
  });
}

                                                    ┌ 读取 skillLevel 属性
const ninja = new Ninja();                          │ 时将触发 get 方法
ninja.skillLevel;                              ←────┘
ninja.skillLevel = 4;                    ←──┐ 写入 skillLevel 属性
                                            └ 时将触发 set 方法
```

我们定义构造器 Ninja，并为 skillLevel 属性添加 getter 与 setter，分别记录读取与写入 skillLevel 属性的日志。

注意到这并不是最理想的解决方案，这混合了对象属性读写的代码与日志代码。此外，如果将来我们需要 ninja 对象更多的属性，我们不得不小心翼翼地为每个属性都添加日志记录语句。

幸好，代理的直接用途之一是在我们读写属性时使用一种更好的、更清洁的方式启用日志记录。考虑清单 8.9 的示例。

清单 8.9 使用代理更易于在对象上添加日志

```
                                            ┌ 定义形参为 target 的
                                            │ 函数，并使得 target
                                            │ 可以记录日志
        function makeLoggable(target){ ←────┘
针对 target  ┌→  return new Proxy(target, {
对象创建    │      get: (target, property) => {       ┌ 通过 get 方法实
代理        │        report("Reading " + property);    │ 现属性读取时
           │        return target[property];           │ 记录日志
           │      },                                  ┘
```

```
        set: (target, property, value) => {
          report("Writing value " + value + " to " + property);
          target[property] = value;
        }
      });
    }

    let ninja = { name: "Yoshi"};
    ninja = makeLoggable(ninja);

    assert(ninja.name === "Yoshi", "Our ninja Yoshi");
    ninja.weapon = "sword";
```

创建新的 ninja 对象，并作为目标对象传入 makeLoggable 方法，使其可以记录日志

通过 set 方法实现属性赋值时记录日志

对代理对象进行读写操作时，均会通过代理方法记录日志

我们定义 makeLoggable 函数，使用 target 对象作为形参，返回一个新的代理对象，该代理对象具有 get 和 set 方法。get 和 set 方法会在读取对象属性时记录日志。

接着，我们创建具有 name 属性的 ninja 对象，将该 ninja 对象传进 makeLoggable 函数，作为新创建的代理对象的目标函数。将代理对象重新赋值给 ninja 标识符。（别担心，我们最初的 ninja 对象作为代理对象的目标对象会保持活跃。）

每当试图读取属性（如 ninja.name）时，程序将调用 get 方法，记录对应的读取日志。同理，当写入属性 ninja.weapon = "sword"时也会记录日志。

这种日志记录方式比使用标准的 getter 或 setter 方法更容易、更透明。我们不会把原有代码与日志代码混淆，也不需要为每个对象属性添加单独的日志。所有读写属性的操作都会进入代理方法。记录日志的代码只需在一处指定，无论读写属性多少次、无论属性增加多少，都可以记录对应的日志。

8.2.2　使用代理检测性能

除了用于记录属性访问日志之外，代理还可以在不需要修改函数代码的情况下，评估函数调用的性能。例如我们想要评估计算一个数值是否是素数的函数的性能，如清单 8.10 所示。

清单 8.10　使用代理评估性能

```
function isPrime(number){
  if(number < 2) { return false; }

  for(let i = 2; i < number; i++) {
    if(number % i === 0) { return false; }
  }
```

定义 isPrime 函数的简单实现

使用代理包装
isPrime 方法

```
    return true;
  }

isPrime = new Proxy(isPrime, {
  apply: (target, thisArg, args) => {
    console.time("isPrime");

    const result = target.apply(thisArg, args);

    console.timeEnd("isPrime");

    return result;
  }
});

isPrime(1299827);
```

定义 apply 方法,当代理对
象作为函数被调用时将会
触发该 apply 方法的执行

启动一个计时器,
记录isPrime函数
执行的起始时间

调用目标函数

停止计时器的执
行并输出结果

同调用原始方法一样,调用isPrime方法

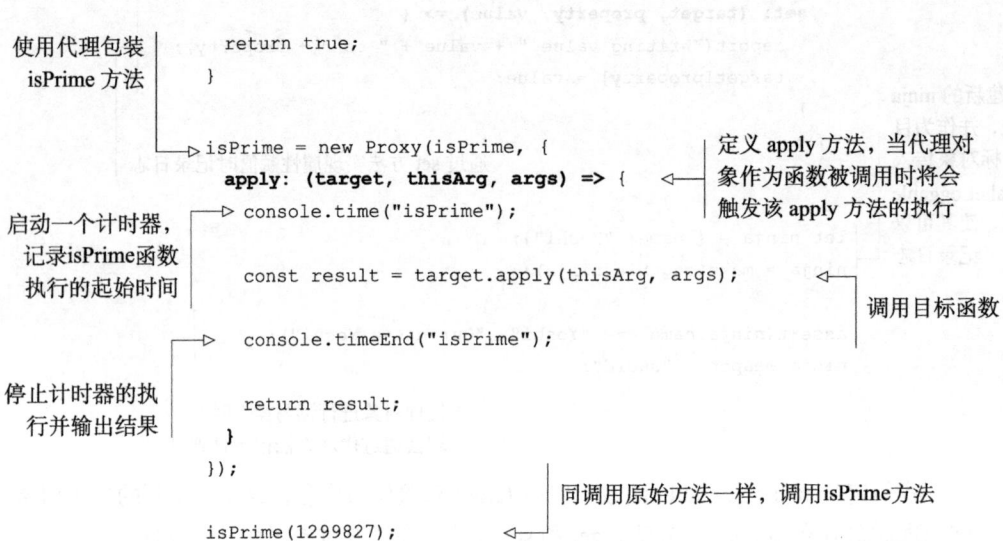

　　在本例中,我们简单定义 isPrime 方法。(与函数本身无关,我们把这个可以执行一段时间的函数作为示例。)

　　现在想象一下我们需要评估 isPrime 函数的性能,并且不能修改该函数的代码。我们可以使用代理包装该函数,添加一个一旦调用该函数就会被触发的方法:

```
isPrime = new Proxy(isPrime, {
  apply: (target, thisArg, args) => {
...
  }
});
```

　　使用 isPrime 函数作为代理的目标对象。同时,添加 apply 方法,当调用 isPrime 函数时就会调用 apply 方法。

　　与之前的示例类似,我们将新创建的代理对象赋值给 isPrime 标识符。这样,我们无需修改 isPrime 函数内部代码,就可以调用 apply 方法实现 isPrime 函数的性能评估,程序代码的其余部分可以完全无视这些变化。("忍者"隐身行为看起来如何?)

　　每当调用 isPrime 函数时,都会进入代理的 apply 方法,开启内置的 console.time 方法秒表计时(见第 1 章),调用原始的 isPrime 函数,记录运行时间,最后返回 isPrime 调用的结果。

8.2.3　使用代理自动填充属性

　　除了简化日志,代理还可用于自动填充属性。例如,假设需要抽象计算机的文件夹结构模型,一个文件夹对象既可以有属性,也可以是文件夹。现在假设你需要长路径的文

件模型，如：

```
rootFolder.ninjasDir.firstNinjaDir.ninjaFile = "yoshi.txt";
```

为了创建这个长路径文件模型，你可能会按照以下思路设计代码：

```
const rootFolder = new Folder();
rootFolder.ninjasDir = new Folder();
rootFolder.ninjasDir.firstNinjaDir = new Folder();
rootFolder.ninjasDir.firstNinjaDir.ninjaFile = "yoshi.txt";
```

似乎有点不必要的烦琐，不是吗？这时就需要自动填充属性登场，看看清单 8.11 的例子。

清单 8.11 使用代理自动填充属性

```
function Folder() {
  return new Proxy({}, {
    get: (target, property) => {            记录所有读取对
      report("Reading " + property);   ◁   象属性的日志

      if(!(property in target)) {           如果对象不具有该属
        target[property] = new Folder();    性，则创建该属性
      }

      return target[property];
    }
  });
}


const rootFolder = new Folder();
                                            每当访问属性时，都会执行代理方法，
try {                                        若该属性不存在，则创建该属性
  rootFolder.ninjasDir.firstNinjaDir.ninjaFile = "yoshi.txt";  ◁
  pass("An exception wasn't raised");   ◁
}                                           不会抛出异常
catch(e){
  fail("An exception has occurred");
}
```

通常情况下，我们思考如下代码，预期是抛出一个异常：

```
const rootFolder = new Folder();
rootFolder.ninjasDir.firstNinjaDir.ninjaFile = "yoshi.txt";
```

我们访问 ninjasDir 上未定义的属性 firstNinjaDir。但是当我们执行代码时会发现，一切都运行正常，如图 8.5 所示。

正是因为我们使用了代理，所以每次访问属性时，代理方法都被激活。如果访问的属性在文件夹对象存在，则直接返回对应的值；如果不存在，将会创建新的文件夹并赋值给该属性。这是 ninjasDir 与 firstNinjaDir 属性被创建的原因。

最后，我们实现了摆脱讨厌的 null 异常的工具！如图 8.5 所示。

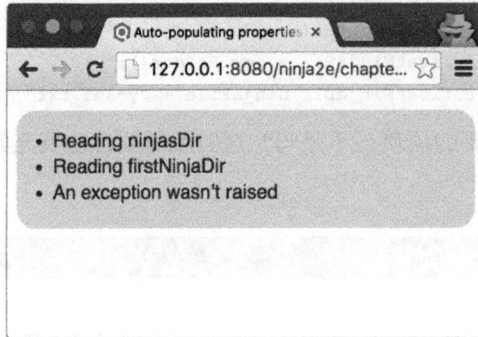

图 8.5　执行清单 8.11 的输出结果

8.2.4　使用代理实现负数组索引

在我们的日常编程中，我们通常会使用大量的数组。让我们研究如何利用代理可以更愉快地处理数组。

如果你的编程背景语言是 Python、Ruby 或 Perl，你可能习惯了数组的负索引，它使得你可以使用负索引来逆向检索数组元素，代码如下所示：

```
const ninjas = ["Yoshi", "Kuma", "Hattori"];

ninjas[0]; //"Yoshi"
ninjas[1]; //"Kuma"
ninjas[2]; //"Hattori"

ninjas[-1]; //"Hattori"
ninjas[-2]; //"Kuma"
ninjas[-3]; //"Yoshi"
```

访问数组元素的标准方法，使用正索引

使用负索引可以逆向访问数组元素，如为-1，则返回最后一项数组元素

现在将常用访问数组最后一项的代码 ninjas [ninjas.length-1]与负索引 ninjas[-1]进行对比。可以看出，负数组是多么优雅！

遗憾的是，JavaScript 不支持数组负索引，但是，我们可以使用代理进行模拟。为了研究这个概念，我们来看看 Sindre Sorhus 写的一个稍微简化版本的代码（https://github.com/sindresorhus/negative-array），如清单 8.12 所示。

清单 8.12 使用代理实现数组负索引

返回新的代理。该代理使用传入的数组作为代理目标

如果传入的参数不是数组，则抛出异常

当读取数组元素时，调用 get 方法

使用一元+操作符将属性名变成的数值

如果访问的是负向索引，则逆向访问数组。如果访问的是正向索引，则正常访问数组

当写入数组元素时，调用 set 方法

```
function createNegativeArrayProxy(array) {
  if (!Array.isArray(array)) {
    throw new TypeError('Expected an array');
  }

  return new Proxy(array, {
    get: (target, index) => {
      index = +index;
      return target[index < 0 ? target.length + index : index];
    },
    set: (target, index, val) => {
      index = +index;
      return target[index < 0 ? target.length + index : index] = val;
    }
  });
}
```

创建标准数组

分别通过原始数组和代理数组访问数组元素

将数组传入 create-NigativeArrayProxy，创建代理数组

```
const ninjas = ["Yoshi", "Kuma", "Hattori"];
const proxiedNinjas = createNegativeArrayProxy(ninjas);

assert(ninjas[0] === "Yoshi" && ninjas[1] === "Kuma"
    && ninjas[2] === "Hattori",
      "Array items accessed through positive indexes");

assert(proxiedNinjas[0] === "Yoshi" && proxiedNinjas[1] === "Kuma"
    && proxiedNinjas[2] === "Hattori",
      "Array items accessed through positive indexes on a proxy");

assert(typeof ninjas[-1] === "undefined"
    && typeof ninjas[-2] === "undefined"
    && typeof ninjas[-3] === "undefined",
       "Items cannot be accessed through negative indexes on an array");

assert(proxiedNinjas[-1] === "Hattori"
    && proxiedNinjas[-2] === "Kuma"
    && proxiedNinjas[-3] === "Yoshi",
      "But they can be accessed through negative indexes");

proxiedNinjas[-1] = "Hachi";
assert(proxiedNinjas[-1] === "Hachi" && ninjas[2] === "Hachi",
       "Items can be changed through negative indexes");
```

验证无法通过标准数组直接使用负向索引访问数组元素

但是可以通过代理使用负向索引访问数组元素，因为代理 get 方法进行了必要的处理

通过代理，我们也可以通过负向索引设置数组元素

在本例中，我们定义了创建代理数组的函数。因为我们不希望代理处理其他类型的数据，因此，如果参数不是数组，将抛出异常：

```
if (!Array.isArray(array)) {
    throw new TypeError('Expected an array');
}
```

接着，创建并返回代理，该代理具有读取数组元素时将被调用的 get 方法，以及写入数组元素时被调用的 set 方法：

```
return new Proxy(array, {
  get: (target, index) => {
    index = +index;
    return target[index < 0 ? target.length + index : index];
  },
  set: (target, index, val) => {
    index = +index;
    return target[index < 0 ? target.length + index : index] = val;
  }
});
```

函数体是类似的。首先，我们使用一元+操作符将属性名变成数值(index = +index)。然后，如果索引值小于 0，则逆向访问数组；如果索引值大于 0 或等于 0，则使用标准的数组元素。

最后，我们执行多种测试，验证正常的数组上我们只能使用正索引。如果使用代理数组，则同时可以使用正索引和负索引。

现在，你已经了解了使用代理可以实现一些有趣的特性，例如自动填充属性值、使用负索引访问数组。如果没有代理这些都无法实现，让我们研究代理最重要的缺点：性能问题。

8.2.5   代理的性能消耗

我们已经知道，代理是我们通过代理对象控制对另一个对象的访问。代理可以定义执行特定操作时同时调用的方法。并且，你已经看到，我们可以使用代理方法实现有用的功能，如日志记录、性能评估、自动填充属性、数组负索引等。遗憾的是，代理也有缺陷。事实上，我们所有的操作都通过代理添加了一个间接层，使我们能够实现所有这些很酷的特性，但与此同时它引入了大量的额外的处理，会影响性能。

为了测试性能问题，我们利用清单 8.12 的数组负索引的示例，比较正常数组访问元素时的执行时间和通过代理数组访问元素的执行时间，如清单 8.13 所示。

清单 8.13　检查代理的性能限制

在一个长时间运行的循环中访问集合中的元素

```
function measure(items){
  const startTime = new Date().getTime();
  for(let i = 0; i < 500000; i++){
    items[0] === "Yoshi";
    items[1] === "Kuma";
    items[2] === "Hattori";
  }
  return new Date().getTime() - startTime;
}

const ninjas = ["Yoshi", "Kuma", "Hattori"];
const proxiedNinjas = createNegativeArrayProxy(ninjas);

console.log("Proxies are around",
            Math.round(measure(proxiedNinjas)/ measure(ninjas)),
            "times slower");
```

测量循环体的执行时间

在执行循环体之前获取当前时间

比较标准数组访问和通过代理访问的执行时间差异

创建标准数组和代理数组

　　因为对代码的任意单个操作发生得太迅速难以衡量可靠性，所以要多次执行代码获得可衡量的值。通常，需要执行成千上万次，甚至上百万次，这取决于代码本身。简单的试验以及错误信息，我们得以选择一个合理的值：本例采用 500 000 次。

　　我们需要获取代码执行的两个 new Date().getTime() 时间戳：一个开始执行时，一个执行结束时。两个时间之差表示代码的执行时间。最后，我们可以比较代理数组与标准数组的性能。

　　在我们的机器上，代理数组结果更差。在 Chrome 浏览器，代理数组的执行时间大约为正常数组的 50 倍，在 Firefox 浏览器大约为 20 倍。

　　现在，我们建议谨慎使用代理。尽管使用代理可以创造性地控制对象的访问，但是大量的控制操作将带来性能问题。可以在多性能不敏感的程序里使用代理，但是若多次执行代码时仍然要小心谨慎。像往常一样，我们建议你彻底地测试代码的性能。

8.3　小结

- 我们可以使用 getter、setter 和代理监控对象。
- 通过使用访问器方法（getter 和 setter），我们可以对对象属性的访问进行控制。
  - 可以通过内置的 Object.defineProperty 方法定义访问属性，或在对象字面量中使用 get 和 set 语法或 ES6 的 class。

- 当读取对象属性时会隐式调用 get 方法，当写入对象属性时隐式调用 set 方法。
- 使用 getter 方法可以定义计算属性，在每次读取对象属性时计算属性值；同理，setter 方法可用于实现数据验证与日志记录。
- 代理是 JavaScript ES6 中引入的，可用于控制对象。
  - 代理可以定制对象交互时行为（例如，当读取属性或调用方法时）。
  - 所有的交互行为都必须通过代理，指定的行为发生时会调用代理方法。
- 使用代理可以优雅地实现以下内容。
  - 日志记录。
  - 性能测量。
  - 数据校验。
  - 自动填充对象属性（以此避免讨厌的 null 异常）。
  - 数组负索引。
- 代理效率不高，所以在需要执行多次的代码中需要谨慎使用。建议进行性能测试。

8.4　练习

1. 执行以下代码，执行哪句表达式会抛出异常，为什么？

```
const ninja = {
  get name() {
    return "Akiyama";
  }
}
```

a. ninja.name();

b. const name = ninja.name;

2. 在以下代码中，哪种机制允许 getter 访问对象私有变量？

```
function Samurai() {
  const _weapon = "katana";
  Object.defineProperty(this, "weapon", {
    get: () => _weapon
  });
}
const samurai = new Samurai();
assert(samurai.weapon === "katana", "A katana wielding samurai");
```

3. 以下哪句断言会通过?

```
const daimyo = { name: "Matsu", clan: "Takasu"};
const proxy = new Proxy(daimyo, {
  get: (target, key) => {
    if (key === "clan") {
      return "Tokugawa";
    }
  }
});


assert(daimyo.clan === "Takasu", "Matsu of clan Takasu");
assert(proxy.clan === "Tokugawa", "Matsu of clan Tokugawa?");


proxy.clan = "Tokugawa";


assert(daimyo.clan === "Takasu", "Matsu of clan Takasu");
assert(proxy.clan === "Tokugawa", "Matsu of clan Tokugawa?");
```

4. 以下哪句断言会通过?

```
const daimyo = {name: "Matsu",clan: "Takasu",armySize: 10000};
const proxy = new Proxy(daimyo, {
  set: (target, key, value) => {
    if (key === "armySize") {
      const number = Number.parseInt(value);
      if (!Number.isNaN(number)) {
        target[key] = number;
      }
    } else {
      target[key] = value;
    }
  },
});


assert(daimyo.armySize === 10000, "Matsu has 10 000 men at arms");
assert(proxy.armySize === 10000, "Matsu has 10 000 men at arms");


proxy.armySize = "large";
assert(daimyo.armySize === "large", "Matsu has a large army");


daimyo.armySize = "large";
assert(daimyo.armySize === "large", "Matsu has a large army");
```

第 9 章　处理集合

本章包括以下内容:
- 创建、修改数组
- 使用、复用数组函数
- 使用 Map 创建字典
- 使用 Set 创建不重复的对象的集合

　　我们花了一些时间讨论 JavaScript 中面向对象的特性,本章我们将继续讨论与之密切相关的话题:数据集合。数组是 JavaScript 中最基本的集合类型,从数组开始,看看数组的特性与其他语言有哪些不同。深入研究数组的内置方法,有助于编写更优雅的数组处理代码。

　　接着,本章讨论 ES6 的两个新集合:Map 与 Set。使用 Map 可以创建字典类型,建立键值对的映射关系,在处理特殊的编程任务时这种集合非常有用。而 Set 集合中的成员都是唯一的,不允许出现重复的成员。让我们从最简单、最常见的集合数组开始。

你知道吗?
- 使用对象作为字典或 Map 的常见缺陷有哪些?
- 在 Map 中,键值对可以是哪些类型?
- Set 中的成员必须是相同类型吗?

9.1　数组

　　数组是最常见的数据类型之一。使用数组,可以处理数据集合。如果你的编程背景是强类型语言如 C 语言，你可能会认为数组是连续的内存块，存储相同的数据类型，每个内存块大小固定，都有一个关联的索引，可以通过索引轻松访问每个数据项。

但是与 JavaScript 中许多情况类似，数组仅仅是对象。虽然这会产生许多不好的副作用，主要是性能方面，但是也有好的方面。例如，数组可以访问方法，与其他对象方法一样，这样使用起来更容易。

在本节中，我们首先看看创建数组的不同方法。然后研究如何向数组的不同位置添加元素、删除元素。最后，查看数组的内置方法，以便更优雅地编写处理数组的代码。

9.1.1　创建数组

创建数组有两种基本方式。

- 使用内置的 Array 构造函数。
- 使用数组字面量 []。

我们从创建简单的数组 ninjas 和数组 samurai 开始，如清单 9.1 所示。

清单 9.1　创建数组

使用内置 Array 构造函数创建数组

使用数组字面量[]创建数组

```
const ninjas = ["Kuma", "Hattori", "Yagyu"];
const samurai = new Array("Oda", "Tomoe");

assert(ninjas.length === 3, "There are three ninjas");
assert(samurai.length === 2, "And only two samurai");

assert(ninjas[0] === "Kuma", "Kuma is the first ninja");
assert(samurai[samurai.length-1] === "Tomoe",
    "Tomoe is the last samurai");

assert(ninjas[4] === undefined,
    "We get undefined if we try to access an out of bounds index");

ninjas[4] = "Ishi";
assert(ninjas.length === 5,
    "Arrays are automatically expanded");

ninjas.length = 2;
assert(ninjas.length === 2, "There are only two ninjas now");
assert(ninjas[0] === "Kuma" && ninjas[1] === "Hattori",
    "Kuma and Hattori");
assert(ninjas[2] === undefined, "But we've lost Yagyu");
```

通过索引访问数组元素，第 1 个元素的索引是 0，最后一个元素的索引是数组的长度减 1

length 属性告诉我们数组的大小

对超出数组边界的项读取，导致未定义

对超出数组边界的索引写入元素将扩充数组

手动修改数组的 length 属性为更小数值，将会删除多余的元素在清单 9.1 中，我们首先创建两个数组。通过数组字面量创建数组 ninjas：

```
const ninjas = ["Kuma", "Hattori", "Yagyu"];
```

数组 ninjas 中立即填充了 3 个元素：Kuma、Hattori 和 Yagyu。数组 samurai 通过内置的 Array 构造函数创建：

```
const samurai = new Array("Oda", "Tomoe");
```

数组字面量与数组构造函数

　　使用数组字面量创建数组优于数组构造函数。主要原因很简单：[]与 new Array()（2 个字符与 11 个字符）。此外，由于 JavaScript 的高度动态特性，无法阻止修改内置的 Array 构造函数，也就意味着 new Array()创建的不一定是数组。因此，推荐坚持使用数组字面量。

无论使用哪种方式创建的数组，每个数组都具有 length 属性，表示数组的长度。例如，数组 ninjas 的长度是 3，包含 3 个"忍者"。我们可以这样验证：

```
assert(ninjas.length === 3, "There are three ninjas");
assert(samurai.length === 2, "And only two samurai");
```

通过使用索引访问数组元素，第 1 个元素的索引是 0，最后一个元素的索引是数组长度减 1。但是，如果试图访问数组长度范围之外的索引，例如 ninjas[4]，而 ninjas 数组的长度是 3，它不会像其他语言那样抛出异常，而是返回 undefined：

```
assert(ninjas[4] === undefined,
    "We get undefined if we try to access an out of bounds index");
```

这个结果表明，JavaScript 的数组是对象。假如访问不存在的对象，会返回 undefined。访问不存在的数组索引，也会返回 undefined。

另一方面，若在数组边界之外写入元素，例如：

```
ninjas[4] = "Ishi";
```

数组将会扩大以适应新的形势。如图 9.1 所示，实际上我们在数组中建了一个空元素，索引为 3 的元素为 undefined。同时改变了 length 属性，虽然有一个元素是 undefined，但是现在长度变为 5。

与其他大多数语言不同，JavaScript 在 length 属性上，也表现出一种特殊的功能：可以手动修改 length 属性的值。将 length 值改为比原有值大的数，数组会被扩展，新扩展出的元素均为 undefined；将 length 值改为比原有值小的数，数组会被裁减。

浏览了创建数组的基本知识之后，让我们浏览一些最常见的操作数组的方法。

```
var ninjas = ["Kuma", "Hattori", "Yagyu"]
```

"Kuma"	"Hattori"	"Yagyu"
0	1	2	length: 3

```
ninjas[4] = "Ishi";
```

"Kuma"	"Hattori"	"Yagyu"	undefined	"Ishi"
0	1	2	3	4	length: 5

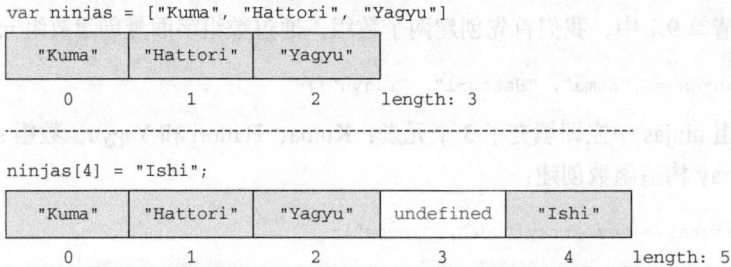

图 9.1　在数组界限之外索引的位置写入元素，扩展数组

9.1.2　在数组两端添加、删除元素

我们从以下简单为数组添加、删除元素的方法开始。

- push: 在数组末尾添加元素。
- unshift: 在数组开头添加元素。
- pop: 从数组末尾删除元素。
- shift: 从数组开头删除元素。

你可能已经使用过这些方法，但是让我们先看看清单 9.2。

清单 9.2　添加、删除数组元素

```
const ninjas = [];                                          创建空数组
assert(ninjas.length === 0, "An array starts empty");


ninjas.push("Kuma");
assert(ninjas[0] === "Kuma",                                在数组末尾添
      "Kuma is the first item in the array");               加一个元素
assert(ninjas.length === 1, "We have one item in the array");


ninjas.push("Hattori");
assert(ninjas[0] === "Kuma",
      "Kuma is still first");
assert(ninjas[1] === "Hattori",                             在数组末尾添
      "Hattori is added to the end of the array");          加第二个元素
assert(ninjas.length === 2),
      "We have two items in the array!");


ninjas.unshift("Yagyu");
assert(ninjas[0] === "Yagyu",
      "Now Yagyu is the first item");                       使用内置的 unshift 方法
assert(ninjas[1] === "Kuma",                                在数组开头添加元素，
      "Kuma moved to the second place");                    其他元素会自动后移
assert(ninjas[2] === "Hattori",
```

```
                 "And Hattori to the third place");
assert(ninjas.length === 3,
        "We have three items in the array!");

const lastNinja = ninjas.pop();
assert(lastNinja === "Hattori",
        "We've removed Hattori from the end of the array");
assert(ninjas[0] === "Yagyu",
        "Now Yagyu is still the first item");
assert(ninjas[1] === "Kuma,
        "Kuma is still in second place");
assert(ninjas.length === 2,
        "Now there are two items in the array");

const firstNinja = ninjas.shift();
assert(firstNinja === "Yagyu",
        "We've removed Yagyu from the beginning of the array");
assert(ninjas[0] === "Kuma",
        "Kuma has shifted to the first place");
assert(ninjas.length === 1,
        "There's only one ninja in the array");
```

从数组末尾移除元素

从数组开头移除元素，其他元素将自动向左移动

在这个示例中，首先创建一个空数组：

```
ninjas = [] // ninjas: []
```

在每个数组中，可以使用内置的 push 方法在数组末尾添加元素，同时改变数组的长度：

```
ninjas.push("Kuma"); // ninjas: ["Kuma"];
ninjas.push("Hattori"); // ninjas: ["Kuma", "Hattori"];
```

使用内置的 unshift 方法可以在数组起始位置添加元素：

```
ninjas.unshift("Yagyu");// ninjas: ["Yagyu", "Kuma", "Hattori"];
```

注意到原有元素的调整方式。例如，在调用 unshift 方法之前，"Kuma"的索引是 0，调用 unshift 方法之后，索引变成 1。

可以分别从数组起始位置和结束位置删除元素。调用 pop 方法从数组末尾删除元素，减小数组长度：

```
var lastNinja = ninjas.pop(); // ninjas:["Yagyu", "Kuma"]
                              // lastNinja: "Hattori"
```

使用 shift 方法从数组起始位置删除元素：

```
var firstNinja = ninjas.shift(); //ninjas: ["Kuma"]
```

```
//firstNinja: "Yagyu"
```

图 9.2 显示了 push、pop、shift 和 unshift 对数组的修改。

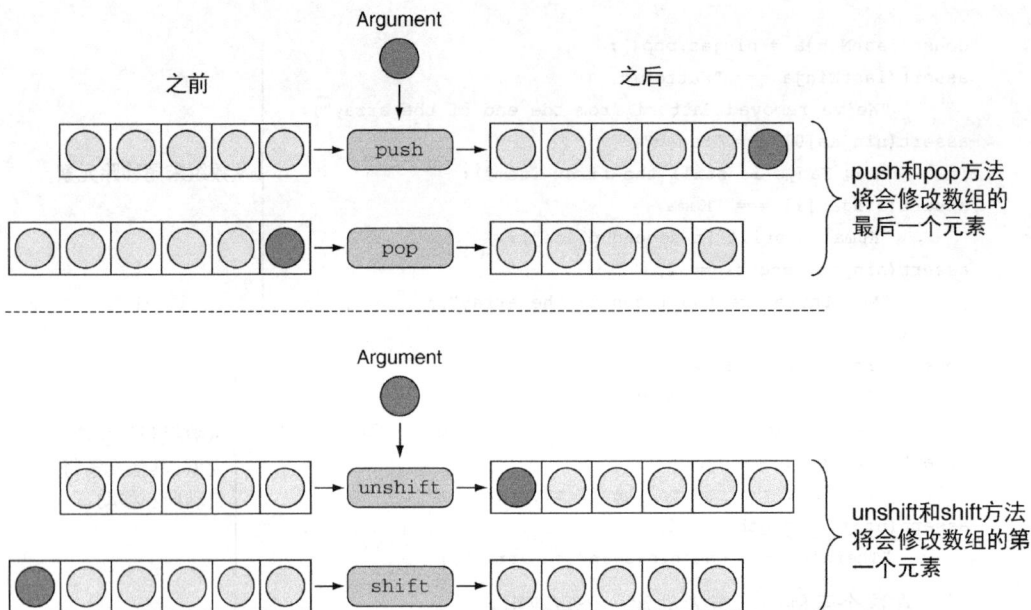

图 9.2　push 和 pop 修改数组结束位置，而 shift 和 unshift 修改数组起始位置

> **性能考虑：pop 和 push 与 shift 和 unshift**
>
> 　　pop 和 push 方法只影响数组最后一个元素：pop 移除最后一个元素，push 在数组末尾增加元素。shift 和 unshift 方法修改第一个元素，之后的每一个元素的索引都需要调整。因此，pop 和 push 方法比 shift 和 unshift 要快很多，非特殊情况不建议使用 shift 和 unshift 方法。

9.1.3　在数组任意位置添加、删除元素

　　上一个例子在数组的起始或结束位置删除元素，约束性太强。通常，我们需要从数组任意位置删除元素。清单 9.3 展示了直接删除元素的方法。

清单 9.3　删除数组元素的粗略方法

```
const ninjas = ["Yagyu", "Kuma", "Hattori", "Fuma"];

delete ninjas[1];                    ◁—— 使用 delete 操作符删除元素

assert(ninjas.length === 4,
       "Length still reports that there are 4 items");
```

```
assert(ninjas[0] === "Yagyu", "First item is Yagyu");
assert(ninjas[1] === undefined, "We've simply created a hole");
assert(ninjas[2] === "Hattori", "Hattori is still the third item");
assert(ninjas[3] === "Fuma", "And Fuma is the last item");
```

> 虽然删除了元素的值，但是数组长度仍然
> 为 4。我们在数组中创建了一个空元素

　　这种删除数组元素的方法无效，只是在数组中创建了一个空元素。数组仍然有 4 个元素，其中我们想要删除的元素是 undefined（如图 9.3 所示）。

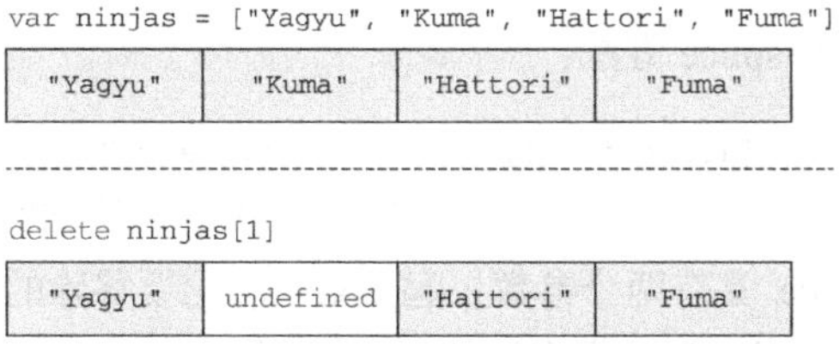

```
var ninjas = ["Yagyu", "Kuma", "Hattori", "Fuma"]
```

"Yagyu"	"Kuma"	"Hattori"	"Fuma"

```
delete ninjas[1]
```

"Yagyu"	undefined	"Hattori"	"Fuma"

图 9.3　从数组删除元素而产生了空元素

　　类似，如果想要在数组任意位置插入元素，从哪里开始呢？ JavaScript 中所有的数组都有 splice 方法：从给出的索引开始，splice 可以完成删除、插入元素。看看清单 9.4。

清单 9.4　在数组任意位置删除、添加元素

> 创建一个含有 4 个
> 元素的新数组

> 使用内置的 splice
> 方法从索引 1 开
> 始，删除 1 个元素

```
const ninjas = ["Yagyu", "Kuma", "Hattori", "Fuma"];

var removedItems = ninjas.splice(1, 1);

assert(removedItems.length === 1, "One item was removed");
assert(removedItems[0] === "Kuma");

assert(ninjas.length === 3,
       "There are now three items in the array");
assert(ninjas[0] === "Yagyu",
       "The first item is still Yagyu");
assert(ninjas[1] === "Hattori",
       "Hattori is now in the second place");
assert(ninjas[2] === "Fuma",
       "And Fuma is in the third place");

removedItems = ninjas.splice(1, 2, "Mochizuki", "Yoshi", "Momochi");
assert(removedItems.length === 2, "Now, we've removed two items");
```

> splice 方法将返回被
> 删除的元素数组。在
> 本例中，返回的是我
> 们删除的一个元素

> 数组 ninjas 中不再含
> 有元素 Kuma，后续
> 元素自动左移

```
assert(removedItems[0] === "Hattori", "Hattori was removed");
assert(removedItems[1] === "Fuma", "Fuma was removed");
assert(ninjas.length === 4, "We've inserted some new items");
assert(ninjas[0] === "Yagyu", "Yagyu is still here");
assert(ninjas[1] === "Mochizuki", "Mochizuki also");
assert(ninjas[2] === "Yoshi", "Yoshi also");
assert(ninjas[3] === "Momochi", "and Momochi");
```

在 splice 方法中添加参数，可以实现在指定位置插入元素

首先创建一个具有 4 个元素的数组：

```
var ninjas = ["Yagyu", "Kuma", "Hattori", "Fuma"];
```

然后调用内置的 splice 方法：

```
var removedItems = ninjas.splice(1,1);//ninjas:["Yagyu","Hattori", "Fuma"];
                                      //removedItems: ["Kuma"]
```

在本例中，splice 具有两个参数：起始索引和需要移除的元素个数（这个参数如果不传，会一直删除元素直到数组末尾的元素）。在本例中，索引是 1 的元素被删除，后续元素自动相应移动。

同时，splice 方法返回被移除的元素数组。在本例，返回的数组只有一个元素：Kuma。使用 splice 方法，也可以实现在数组任意位置插入元素。例如，看看如下代码：

```
removedItems = ninjas.splice(1, 2, "Mochizuki", "Yoshi", "Momochi");
//ninjas: ["Yagyu", "Mochizuki", "Yoshi", "Momochi"]
//removedItems: ["Hattori", "Fuma"]
```

从索引 1 开始，首先移除 2 个元素，然后添加 3 个元素："Mochizuki" "Yoshi" 和 "Momochi"。

复习了数组如何工作之后，继续研究数组上的常用操作，这有助于编写处理数组的代码。

9.1.4 数组常用操作

在本节中，我们研究数组最常用的操作。

- 遍历数组。
- 基于现有的数组元素映射创建新数组。
- 验证数组元素是否匹配指定的条件。
- 查找特定数组元素。
- 聚合数组，基于数组元素计算（例如，计算数组元素之和）。

下面从遍历数组开始。

数组遍历

遍历数组是最常用的操作之一。回顾计算机科学 101（Computer Science 101），通常使用以下方式遍历：

```
const ninjas = ["Yagyu", "Kuma", "Hattori"];

for(let i = 0; i < ninjas.length; i++){
  assert(ninjas[i] !== null, ninjas[i]);     ◁── 报告每个ninja元素的值
}
```

看起来很简单，使用 for 循环查询数组中的每个元素，运行结果如图 9.4 所示。

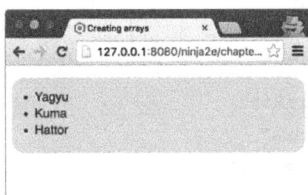

图 9.4 使用 for 循环验证数组元素的执行结果

你可能编写过很多这样的代码，甚至不需要过多思考了。但是，这次让我们再仔细检查一下这个 for 循环。

为了遍历数组，我们创建变量 i，指向数组的长度(ninjas.length)，定义计数器的修改（i++）。有很多这样的相同的操作，这是烦人的缺陷来源，同时导致阅读困难。阅读者不得不跟踪 for 循环中的每一步，确保遍历了数组中的每一个元素，没有遗漏。

为了简化，在这种场景下可以使用 JavaScript 数组内置的 forEach 方法。下面看看清单 9.5 的简单示例。

清单 9.5　使用 forEach 方法

```
const ninjas = ["Yagyu", "Kuma", "Hattori"];

ninjas.forEach(ninja => {
  assert(ninja !== null, ninja);     使用forEach方法遍历数组
});
```

提供回调函数（本例中是箭头函数），遍历每一个数组元素时立即执行。不需要考虑起始索引、结束条件和计步器。JavaScript 引擎解决了全部问题。这段代码更易理解，并且会减小缺陷的发生。

我们继续更进一步考虑如何将数组映射到其他数组。

映射数组

假设有一个数组对象 ninja。每个 ninja 具有 name 和 weapon 属性，需要从这个数组

中提取全部的 weapon。使用 forEach 方法，可以编写如下代码，如清单 9.6 所示。

清单 9.6   提取 weapon 数组的粗略方法

```
const ninjas = [
  {name: "Yagyu", weapon: "shuriken"},
  {name: "Yoshi", weapon: "katana"},
  {name: "Kuma", weapon: "wakizashi"}
];

const weapons = [];
ninjas.forEach(ninja => {
  weapons.push(ninja.weapon);
});

assert(weapons[0] === "shuriken"
    && weapons[1] === "katana"
    && weapons[2] === "wakizashi"
    && weapons.length === 3,
    "The new array contains all weapons");
```

创建一个新数组，并使用
forEach 方法遍历 ninjas，提取
每个元素的 weapon 属性

这么做也不是那么糟糕：首先创建一个空数组，使用 forEach 方法遍历 ninjas 数组。然后，将每个 ninja 对象的 weapon 属性添加到 weapons 数组中。

可以想象，基于已有数组的元素创建数组是非常常见的，因此它具有一个特殊的名称：映射数组。主要思想是将数组中的每个元素的属性映射到新数组的元素上。JavaScript 的 map 函数可以实现便捷操作，如清单 9.7 所示。

清单 9.7   映射数组

```
const ninjas = [
  {name: "Yagyu", weapon: "shuriken"},
  {name: "Yoshi", weapon: "katana"},
  {name: "Kuma", weapon: "wakizashi"}
];

const weapons = ninjas.map(ninja => ninja.weapon);

assert(weapons[0] === "shuriken"
    && weapons[1] === "katana"
    && weapons[2] === "wakizashi"
    && weapons.length == 3, "The new array contains all weapons");
```

内置的 map 方法接收回调
函数作为参数，并对数组
的每个元素执行该函数

内置的 map 方法创建了一个全新的数组，然后遍历输入的数组。对输入数组的每个元素，在新建的数组上，都会基于回调函数的执行结果创建一个对应的元素。map 函数内部工作原理如图 9.5 所示。

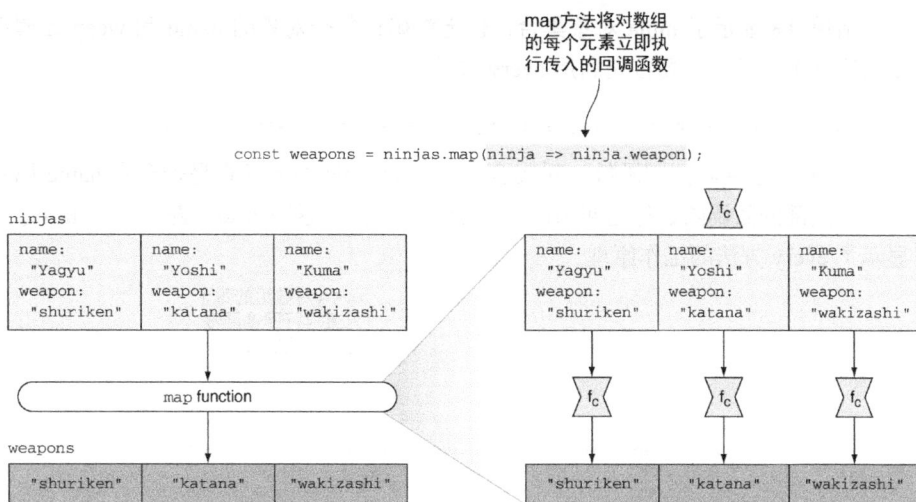

map方法将对数组的每个元素立即执行传入的回调函数

```
const weapons = ninjas.map(ninja => ninja.weapon);
```

图 9.5 map 函数对数组的每个元素执行回调函数，使用返回值创建新数组

现在，我们知道如何映射数组，接下来让我们看看如何测试数组项是否匹配某些条件。

测试数组元素

处理集合的元素时，常常遇到需要知道数组的全部元素或部分元素是否满足某些条件。为了尽可能有效地编写这段代码，JavaScript 数组具有内置的 every 和 some 方法，如清单 9.8 所示。

清单 9.8　使用 every 和 some 方法测试数组

```
const ninjas = [
  {name: "Yagyu", weapon: "shuriken"},
  {name: "Yoshi" },
  {name: "Kuma", weapon: "wakizashi"}
];

const allNinjasAreNamed = ninjas.every(ninja => "name" in ninja);
const allNinjasAreArmed = ninjas.every(ninja => "weapon" in ninja);

assert(allNinjasAreNamed, "Every ninja has a name");
assert(!allNinjasAreArmed, "But not every ninja is armed");

const someNinjasAreArmed = ninjas.some(ninja => "weapon" in ninja);
assert(someNinjasAreArmed, "But some ninjas are armed");
```

内置的 every 方法接收回调函数作为参数，会对每个元素执行该回调函数。如果所有数组元素的回调结果都返回 true 时，every 方法将返回 true，否则返回 false

内置的 some 方法接收回调函数作为参数。只要至少有一项元素的回调结果返回 true，some 方法就返回 true，否则返回 false

清单 9.8 显示了 ninja 对象集合，但无法确认每个对象的 name 和 weapon 属性。想要解决这个问题，需要首先利用 every 方法：

```
const allNinjasAreNamed = ninjas.every(ninja => "name" in ninja);
```

every 方法接收回调函数，对集合中的每个 ninja 对象检查是否含有 name 属性。当且仅当全部的回调函数都返回 true 时，every 方法才返回 true，否则返回 false。图 9.6 显示了 every 方法的工作原理。

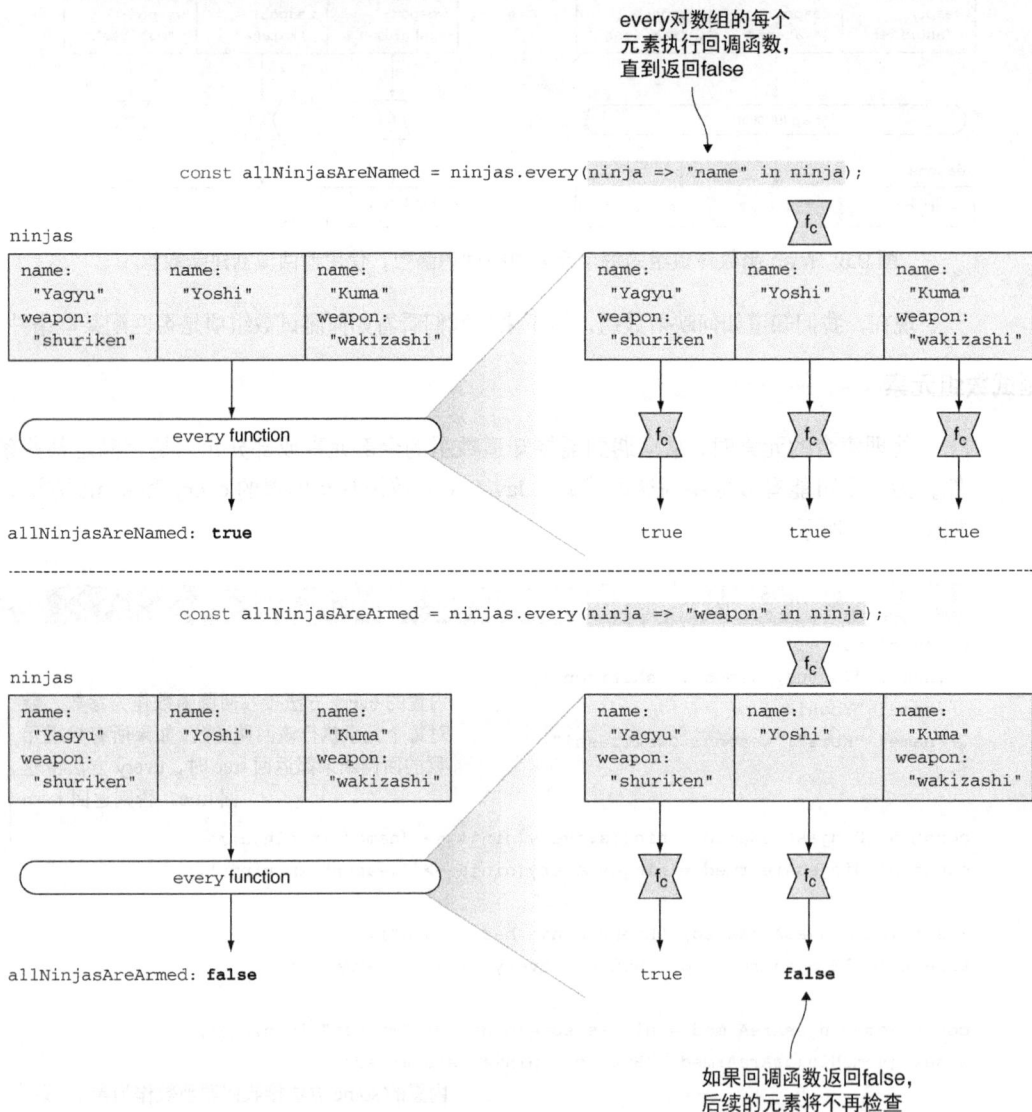

图 9.6　every 方法通过回调函数测试数组中的所有元素是否满足某个条件

有时，我们只关心数组中的部分元素是否满足某些条件。这时，可以使用 some 方法：

```
const someNinjasAreArmed = ninjas.some(ninja => "weapon" in ninja);
```

some 方法从数组的第 1 项开始执行回调函数，直到回调函数返回 true。如果有一项元素执行回调函数时，返回 true，some 方法返回 true；否则，some 方法返回 false。

图 9.7 显示 some 方法的执行机制：在数组中查找满足某些条件的全部或部分元素。接下来我们研究如何在数组中查找指定元素。

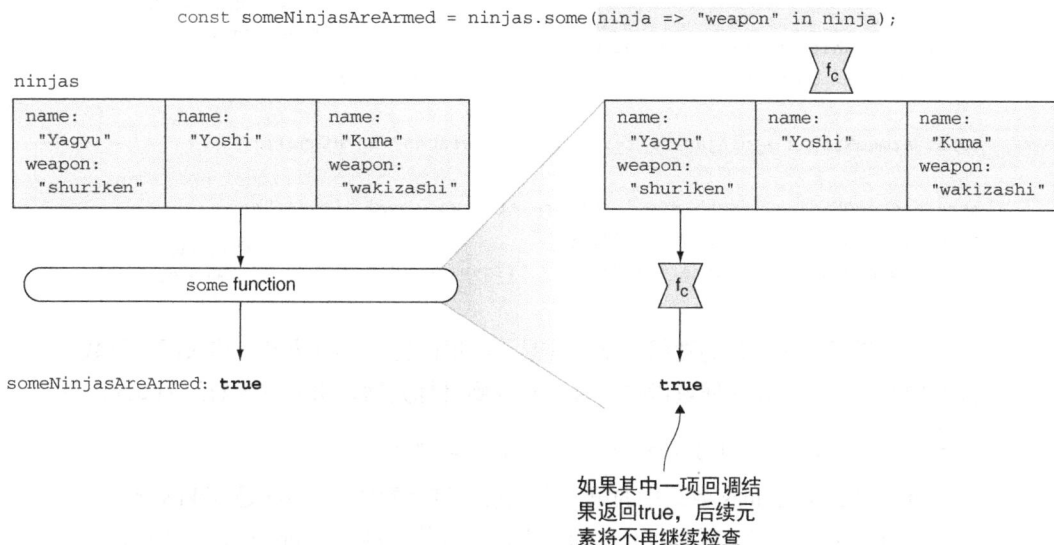

图 9.7 some 通过回调函数检查数组中是否至少有一项满足回调函数中指定的条件

数组查找

你肯定会使用的另一种常见的操作是在数组中查找指定元素。通过另一个内置方法 find 可以简化此任务。让我们研究清单 9.9 的代码。

注意 内置的 find 方法是 ES6 标准。访问 http://mng.bz/U532 查看当前浏览器的兼容性。

清单 9.9 查找数组元素

```
const ninjas = [
  {name: "Yagyu", weapon: "shuriken"},
  {name: "Yoshi" },
  {name: "Kuma", weapon: "wakizashi"}
];

const ninjaWithWakizashi = ninjas.find(ninja => {
  return ninja.weapon === "wakizashi";
```

使用 find 方法查找满足回调函数中指定条件的第 1 个元素

```
});

assert(ninjaWithWakizashi.name === "Kuma"
    && ninjaWithWakizashi.weapon === "wakizashi",
    "Kuma is wielding a wakizashi");

const ninjaWithKatana = ninjas.find(nina => {
  return ninja.weapon === "katana";
});

assert(ninjaWithKatana === undefined,
       "We couldn't find a ninja that wields a katana");

const armedNinjas = ninjas.filter(ninja => "weapon" in ninja);

assert(armedNinjas.length === 2, "There are two armed ninjas:");
assert(armedNinjas[0].name === "Yagyu"
    && armedNinjas[1].name === "Kuma", "Yagyu and Kuma");
```

如果未查找到满足条件的元素，使用 find 方法返回 undefined

使用 filter 方法查找满足条件的多个元素

查找满足一定条件的数组元素很容易：使用内置的 find 方法，传入回调函数，针对集合中的每个元素调用回调函数，直到查找到目标元素。由回调函数返回 true。例如：

```
ninjas.find(ninja => ninja.weapon === "wakizashi");
```

查找 Kuma，ninjas 数组中的第 1 个元素，该元素的 weapon 是 wakizashi。

如果数组中没有一项返回 true 的元素，则查找的结果是 undefined。例如：

```
ninjaWithKatana = ninjas.find(ninja => ninja.weapon === "katana");
```

返回 undefined，因为没有一项数组的 weapon 是 katana。图 9.8 显示了 find 函数的内部工作原理。

如果需要查找满足条件的多个元素，可以使用 filter 方法，该方法返回满足条件的多个元素的数组。例如：

```
const armedNinjas = ninjas.filter(ninja => "weapon" in ninja);
```

创建数组 armedNinjas 包含具有 weapon 属性的 ninja。本例中，排除 Yoshi。图 9.9 显示了 filter 函数的工作原理。

```
const ninjaWithWakizashi = ninjas.find(ninja => ninja.weapon == "wakizashi");
```

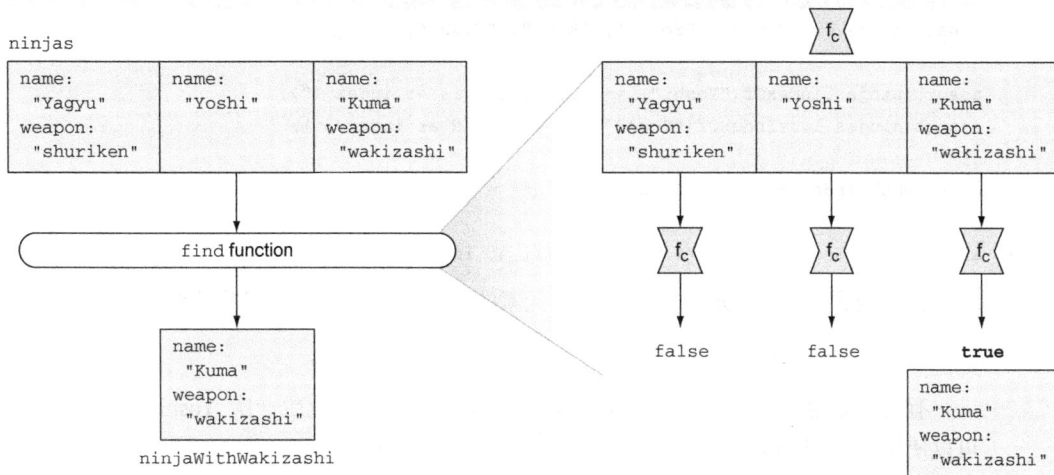

图 9.8 使用 find 函数在数组中查找元素：返回第一个回调函数返回 true 的元素

```
const armedNinjas = ninjas.filter(ninja => "weapon" in ninja);
```

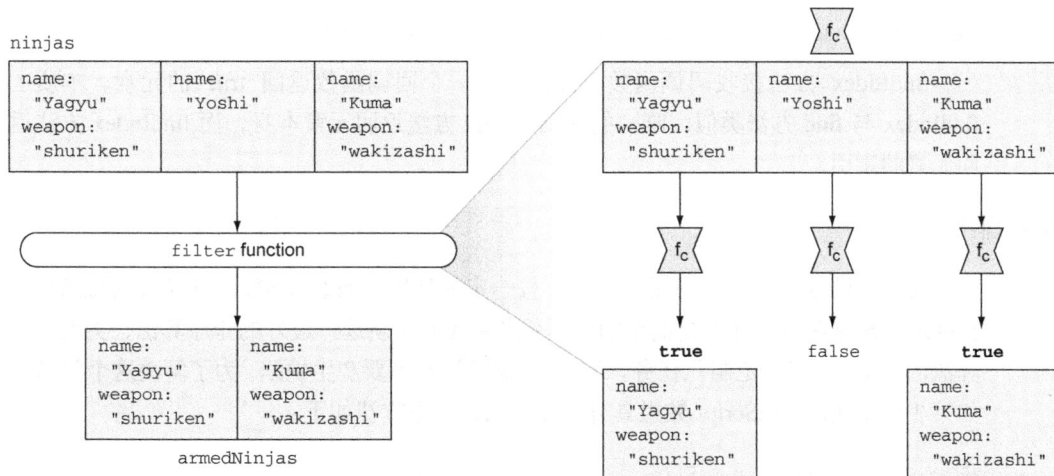

图 9.9 filter 函数创建一个新数组，该数组包含回调函数返回 true 的全部元素

在这个示例中，已经看到如何找到数组中特定的元素，但是在某些情况下，也需要获取元素的索引。仔细查看清单 9.10 的示例。

```
const ninjas = ["Yagyu", "Yoshi", "Kuma", "Yoshi"];

assert(ninjas.indexOf("Yoshi") === 1, "Yoshi is at index 1");
assert(ninjas.lastIndexOf("Yoshi") === 3, "and at index 3");

const yoshiIndex = ninjas.findIndex(ninja => ninja === "Yoshi");

assert(yoshiIndex === 1, "Yoshi is still at index 1");
```

使用内置的 indexOf 方法查找特定元素的索引，传入目标元素作为参数：

```
ninjas.indexOf("Yoshi")
```

有时在数组中具有多个指定的元素（如 Yoshi），查找最后一次 Yoshi 出现的索引，可以使用 lastIndexOf 方法：

```
ninjas.lastIndexOf("Yoshi")
```

最后，在大多数情况下，当不具有目标元素的引用时，可以使用 findIndex 方法查找索引：

```
const yoshiIndex = ninjas.findIndex(ninja => ninja === "Yoshi");
```

findIndex 方法接收回调函数，并返回第一个回调函数返回 true 的元素。本质上 findIndex 与 find 方法类似，唯一的区别是 find 方法返回元素本身，而 findIndex 方法返回元素的索引。

数组排序

最常用的数组操作之一是排序——按一定的秩序对数组元素进行排序。遗憾的是，正确地实现排序算法并不是简单的编程任务：我们必须选择最好的排序算法，实现排序算法，以满足我们的定制化任务，同时，还需要注意不要产生缺陷。为了解决这个问题，如第 3 章所述，JavaScript 数组具有 sort 方法，使用方法如下：

```
array.sort((a, b) => a - b);
```

JavaScript 引擎实现了排序算法。我们需要提供回调函数，告诉排序算法相邻的两个数组元素的关系。可能的结果有如下几种。
- 如果回调函数的返回值小于 0，元素 a 应该出现在元素 b 之前。
- 如果回调函数的返回值等于 0，元素 a 和元素 b 出现在相同位置。
- 如果回调函数的返回值大于 0，元素 a 应该出现在元素 b 之后。

图 9.10 显示了排序算法根据回调函数的返回值进行排序。

	... a b	... b ... a
`returnValue < 0` (a should come before b)	Leave as is	a should be moved before b
`returnValue == 0` (a and b are on equal footing)	Leave as is	Leave as is
`returnValue > 0` (b should come before a)	b should be moved before a	Leave as is

图 9.10 如果回调函数的返回值小于 0，第 1 个元素应该出现在第 2 个元素之前。如果回调函数返回 0，两个元素的先后顺序保持不变。如果回调函数返回值大于 0，第 1 个元素应该出现在第 2 个元素之后

以上是所需了解的排序算法的全部内容。实际的排序是在幕后执行的，不用我们手工移动数组元素。让我们看一个简单的例子。

清单 9.11 数组排序

```
const ninjas = [{name: "Yoshi"}, {name: "Yagyu"}, {name: "Kuma"}];

ninjas.sort(function(ninja1, ninja2) {
  if(ninja1.name < ninja2.name) { return -1; }
  if(ninja1.name > ninja2.name) { return 1; }

  return 0;
});

assert(ninjas[0].name === "Kuma", "Kuma is first");
assert(ninjas[1].name === "Yagyu", "Yagyu is second");
assert(ninjas[2].name === "Yoshi", "Yoshi is third");
```

向内置的 sort 方法传入回调函数，指定排序顺序

清单 9.11 定义数组对象 ninjas，每个元素都具有 name 属性。我们的目标是对数组元素按 name 属性的字母顺序排序，可以使用 sort 函数：

```
ninjas.sort(function(ninja1, ninja2){
  if(ninja1.name < ninja2.name) { return -1; }
  if(ninja1.name > ninja2.name) { return 1; }

  return 0;
});
```

sort 函数只需传入回调函数，用于比较两个元素的大小。因为需要进行词汇比较，描述为如果 ninja1 的 name 小于 ninja2 的 namc，回调函数返回–1（表明 ninja1 应该出现在 ninja2 之前）；如果大于，回调函数返回 1（表明 ninja1 应该出现在 ninja2 之后）；如果相等，回调函数返回 0。我们可以使用小于号(<)和大于号(>)比较 name 属性。

仅此而已！剩下的排序工作都交给 JavaScript 引擎来做，开发者无需担心。

合计数组元素

你编写过如下代码多少次？

```
const numbers = [1, 2, 3, 4];
const sum = 0;

numbers.forEach(number => {
  sum += number;
});

assert(sum === 10, "The sum of first four numbers is 10");
```

这段代码遍历集合中的所有元素进行求和。JavaScript 引擎也帮助我们解决此类问题：reduce 方法，如清单 9.12 所示。

清单 9.12　使用 reduce 合计数组元素

```
const numbers = [1, 2, 3, 4];

const sum = numbers.reduce((aggregated, number) =>          使用 reduce 函数从数
                    aggregated + number, 0);                组中取得累计值

assert(sum === 10, "The sum of first four numbers is 10");
```

reduce 方法接收初始值，对数组每个元素执行回调函数，回调函数接收上一次回调结果以及当前的数组元素作为参数。最后一次回调函数的结果作为 reduce 的结果。图 9.11 显示了更多执行细节。

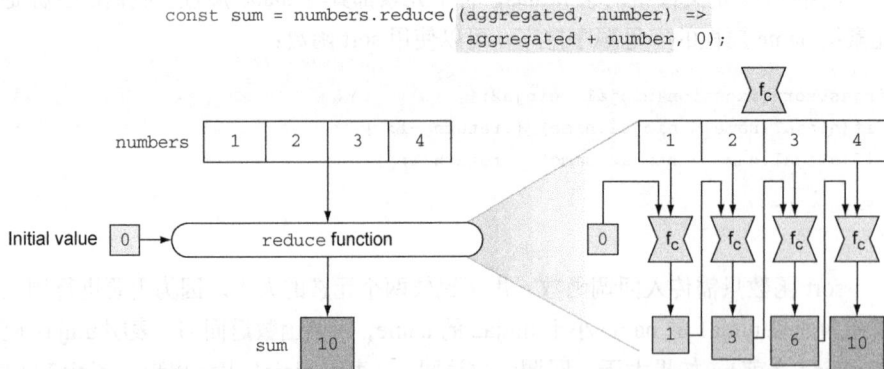

图 9.11　reduce 函数向每个回调函数传入合计值和当前元素，最终返回一个值

相信你已看到 JavaScript 数组包含一些有用的方法，可以使我们的工作变得更加简单，代码更加优雅，不需要再借助 for 循环。如果你想查看更多数组方法，推荐 Mozilla

Developer Network explanation，网址是 http://mng.bz/cS21。

接下来进一步展示如何在自定义对象上复用数组方法。

9.1.5 复用内置的数组函数

有时，我们可能想要创建一个对象，该对象包含一组数据。如果仅仅是集合，我们可以使用数组。但是有时，需要存储更多状态，可能就需要存储更多集合有关的元数据。

一种方式是创建这类对象的新版本，添加元数据属性和方法。我们可以在对象上添加属性和方法，包括数组。然而这种方法效率低，且单调乏味。

让我们看看如何使用简单对象，并加上我们需要的方法。处理集合的方法在 Array 对象上，如何引入到我们自己的对象上呢？清单 9.13 显示了实现方法。

清单 9.13 模拟类数组方法

```
<body>
  <input id="first"/>
  <input id="second"/>
  <script>
    const elems = {
      length: 0,
      add: function(elem) {
        Array.prototype.push.call(this, elem);
      },
      gather: function(id) {
        this.add(document.getElementById(id));
      },
      find: function(callback) {
        return Array.prototype.find.call(this, callback);
      }
    };

    elems.gather("first");
    assert(elems.length === 1 && elems[0].nodeType,
        "Verify that we have an element in our stash");

    elems.gather("second");
    assert(elems.length === 2 && elems[1].nodeType,
        "Verify the other insertion");

    const found = elems.find(elem => elem.id === "second");
    assert(found && found.id === "second",
        "We've found our element");
  </script>
</body>
```

用于模拟数组长度，存储集体中元素的数量

实现向集合添加元素的 add 方法。数组的原型方法既然已经实现，那么为什么不直接使用它，而重新发明轮子呢？

实现通过 ID 查找元素并添加到集合中的方法

复用数组的 find 方法，实现在集合中查找元素的方法在本例中，我们创建对象，并模拟一些数组的行为。首先定义 length 属性用于存储元素的数量，与数组类似。然后定义在末尾添加元素的 add 方法：

```
add: function(elem){
  Array.prototype.push.call(this, elem);
}
```

复用 JavaScript 数组的方法：Array.prototype.push，而不是自己编写代码。

通常，Array.prototype.push 方法通过自身函数上下文执行数组。但是，我们通过使用 call 方法，将上下文改为我们定义的对象。push 方法增加 length 属性（类似于数组的 length 属性），为所添加的元素增加编号。通过这种方式，该对象的行为是颠覆性的，也说明可变对象上下文的用途。

add 方法接收一个待添加到对象中的元素作为参数。有时可能没有类似的元素，因此，我们又定义了一个 gather 方法，该方法更为方便，可以通过 ID 查找元素并添加到对象中。

```
gather: function(id){
  this.add(document.getElementById(id));
}
```

最后，利用内置的数组方法 find 实现自定义对象的 find 方法，用于查找自定义对象中的任意元素：

```
find: function(callback){
  return Array.prototype.find.call(this, callback);
}
```

这个示例不仅展示了可变函数上下文的能力，而且展示了如何复用已经编写的代码，而不用重复造轮子。

我们花了一些时间在数组上，让我们继续研究 ES6 引入的两个新的集合类型：Map 与 Set。

9.2　Map

假设你是 freelanceninja.com 网站的一名开发人员，那么你需要满足更多全球观众的要求。在网站上的每个文本——例如 "Ninjas for hire"——你需要创建对应的语言，例如日语、汉语、韩语等。这种集合，将 key 映射到指定的值上，在不同的编程语言中具有不同的名称，通常称为字典或 Map。

但是在 JavaScript 中如何有效地管理这种定位呢？一种传统的方法是利用对象是属性名与属性值的特性，创建如下字典：

```
const dictionary = {
  "ja": {
    "Ninjas for hire": "レンタル用の忍者"
  },
  "zh": {
    "Ninjas for hire": "忍者出租"
  },
  "ko": {
    "Ninjas for hire":"고용 닌자"
  }
}
assert(dictionary.ja["Ninjas for hire"] === "レンタル用の忍者");
```

乍一看，这似乎是这个问题的一种完美解决方法，对于这个示例来说不错。但是，通常来说这种方法并不可靠。

9.2.1 别把对象当作 Map

假设在网站上需要访问翻译单词的 constructor 属性，将字典示例扩展成清单 9.14 的代码。

```
const dictionary = {
  "ja": {
    "Ninjas for hire": "レンタル用の忍者" },
  "zh": {
    "Ninjas for hire": "忍者出租"
  },
  "ko": {
    "Ninjas for hire":"고용 닌자"
  }
};
assert(dictionary.ja["Ninjas for hire"] === "レンタル用の忍者",
    "We know how to say 'Ninjas for hire' in Japanese!");

assert(typeof dictionary.ja["constructor"] === "undefined",
    dictionary.ja["constructor"]);
```

试图访问 constructor 属性，这是在字典中未定义的单词。在本例中我们期望字典返回 undefined。但是结果并非如此，如图 9.12 所示。

如图 9.12 所示，通过访问 constructor 属性，返回如下字符串：

```
"function Object() { [native code] }"
```

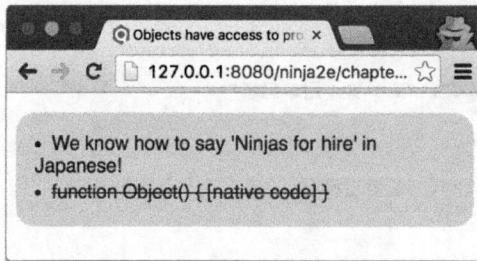

图 9.12　运行清单 9.14，由于可以通过原型访问未显式定义的对象属性，因此对象并非最佳 map

    这是为什么呢？如第 7 章所述，每个对象都有原型，尽管定义新的空对象作为 map，仍然可以访问原型对象的属性。原型对象的属性之一是 constructor（回顾一下，constructor 是原型对象的属性，指回构造函数本身），它正是造成混乱的罪魁祸首。

    同时，对象的 key 必须是字符串。如果想映射为其他类型，它会默默转化为字符串，没有任何提示。例如，假设需要跟踪 HTML 节点信息，如清单 9.15 所示。

清单 9.15　将对象的 key 映射为 HTML 节点

创建两个 HTML 元素，并分别通过 document. getElementById 获取

```
<div id="firstElement"></div>
<div id="secondElement"></div>
<script>
  const firstElement = document.getElementById("firstElement");
  const secondElement = document.getElementById("secondElement");

  const map = {};

  map[firstElement] = { data: "firstElement"};
  assert(map[firstElement].data === "firstElement",
     "The first element is correctly mapped");

  map[secondElement] = { data: "secondElement"};
  assert(map[secondElement].data === "secondElement",
     "The second element is correctly mapped");

  assert(map[firstElement].data === "firstElement",
     "But now the firstElement is overriden!");
</script>
```

定义空对象，使用映射存储 HTML 节点的额外信息

存储第 1 个元素信息，并验证是否正确存储

存储第 2 个元素信息，并验证是否正确存储

第 1 个元素的映射关系无效

    在清单 9.15 中，我们创建了两个 HTML 元素：firstElement 和 secondElement，通过 document.getElementById 方法从 DOM 中获取到这两个元素。为了存储每个元素的更多信息，我们定义一个 JavaScript 对象：

```
const map = {};
```

然后使用 HTML 元素作为对象的 key，存储一些数据：

```
map[firstElement] = { data: "firstElement"}
```

然后检查数据。对第 2 个元素执行相同的过程：

```
map[secondElement] = { data: "secondElement"};
```

看起来一切都很完美，我们成功地将数据关联到 HTML 元素上。但是，如果访问第 1 个元素就会出问题：

```
map[firstElement].data
```

预期是可以取回第 1 个元素的对应数据，但事实并非如此。如图 9.13 所示，返回的是第 2 个元素的信息。

这是因为对象的 key 必须是字符串，这意味着当试图使用非字符串类型如 HTML 元素作为 key 时，其值被 toString 方法静默转换为字符串类型。HTML 元素转换为字符串后的值为[object HTMLDivElement]，第 1 个元素的数据信息被存储在[object HTMLDivElement]属性中。

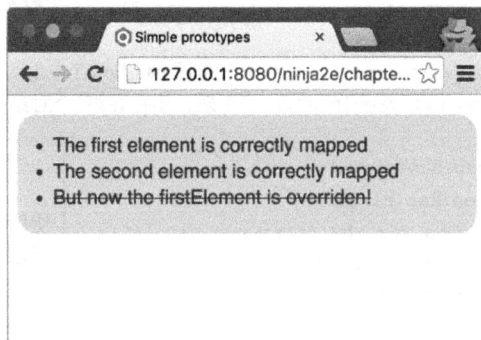

图 9.13　运行清单 9.15 的代码，显示当试图使用对象类型作为 key 时，对象被转换为字符串

接着，当试图为第 2 个元素创建映射时，发生了相同的过程。第 2 个元素也是 HTML 元素，也被转换为字符串，对应的数据也被存储在[object HTMLDivElement]属性上，覆盖了第 1 个元素的值。

由于这两个原因：原型继承属性以及 key 仅支持字符串，所以通常不能使用对象作为 map。由于这种限制，ECMAScript 委员会定义了一个全新类型：Map。

注意　Map 是 ES6 标准的一部分，可访问 http://mng.bz/JYYM 查看浏览器兼容性。

9.2.2　创建 map

创建 map 很简单：使用新的内置构造函数 Map。下面查看清单 9.16。

清单 9.16　创建第 1 个 map

```
const ninjaIslandMap = new Map();        ← 使用Map构造函数创建map

const ninja1 = { name: "Yoshi"};              定义3个ninja
const ninja2 = { name: "Hattori"};            对象
const ninja3 = { name: "Kuma"};
ninjaIslandMap.set(ninja1, { homeIsland: "Honshu"});
ninjaIslandMap.set(ninja2, { homeIsland: "Hokkaido"});

assert(ninjaIslandMap.get(ninja1).homeIsland === "Honshu",
      "The first mapping works");
assert(ninjaIslandMap.get(ninja2).homeIsland === "Hokkaido",
      "The second mapping works");

assert(ninjaIslandMap.get(ninja3) === undefined,
      "There is no mapping for the third ninja!");

assert(ninjaIslandMap.size === 2,
      "We've created two mappings");

assert(ninjaIslandMap.has(ninja1)
   && ninjaIslandMap.has(ninja2),
      "We have mappings for the first two ninjas");
assert(!ninjaIslandMap.has(ninja3),
      "But not for the third ninja!");

ninjaIslandMap.delete(ninja1);
assert(!ninjaIslandMap.has(ninja1)
   && ninjaIslandMap.size === 1,
      "There's no first ninja mapping anymore!");

ninjaIslandMap.clear();
assert(ninjaIslandMap.size === 0,
      "All mappings have been cleared");
```

使用Map的set方法，建立两个ninja对象的映射关系

使用Map的get方法，获取ninja对象

验证第3个ninja对象不存在映射关系

验证map中只存在前两个对象的映射，不存在第3个对象的映射

使用has方法验证map中是否存在指定的key

使用delete方法从map删除key

使用clear方法完全清空map

在本例中，我们调用 Map 构造函数创建 map：

```
const ninjaIslandMap = new Map();
```

然后，创建 3 个 ninja 对象，分别命名为 ninja1、ninja2、ninja3。使用 set 方法：

```
ninjaIslandMap.set(ninja1, { homeIsland: "Honshu"});
```

接下来，通过 get 方法获取前两个 ninja 对象的映射：

```
assert(ninjaIslandMap.get(ninja1).homeIsland === "Honshu",
    "The first mapping works");
```

只有前两个 ninja 对象存在映射，第 3 个对象不存在映射，因为第 3 个对象没有被 set 调用。当前 map 的状态如图 9.14 所示。

除了 get 和 set 方法之外，map 还具有 size 属性以及 has、delete 方法。size 属性告诉我们已经创建了多少个映射。在本例，我们创建了两个映射。

has 方法用于判断指定的 key 是否存在：

```
ninjaIslandMap.has(ninja1); //true
ninjaIslandMap.has(ninja3); //false
```

delete 方法可用于删除映射：

```
ninjaIslandMap.delete(ninja1);
```

处理map时的一个基本概念是确定两个映射的key是否相等。让我们研究这个概念。

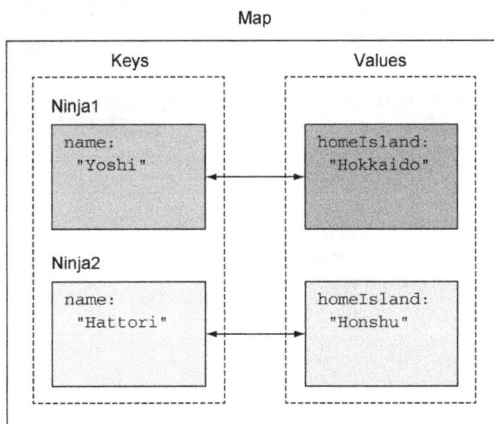

图 9.14　map 是键值对的集合，key 可以是任意类型的值，甚至可以是对象

key 相等

如果你具有传统编程语言的背景，如 C#、Java 或 Python，对清单 9.17 的示例会比较惊讶：

清单 9.17　Key 相等

```
const map = new Map();
const currentLocation = location.href;
```
使用内置的 location. href 属性获取当前页面的 URL

```
const firstLink = new URL(currentLocation);          创建两个当前页面的链接
const secondLink = new URL(currentLocation);

map.set(firstLink, { description: "firstLink"});       分别为两个链接添加映射
map.set(secondLink, { description: "secondLink"});

assert(map.get(firstLink).description === "firstLink",
      "First link mapping" );                           尽管每个链接指向相
assert(map.get(secondLink).description === "secondLink", 同的值，但是仍然具
      "Second link mapping");                           有各自的映射
assert(map.size === 2, "There are two mappings");
```

　　清单 9.17 使用 location.href 属性获取当前页面的 URL。然后，使用 URL 构造函数
创建两个 URL 当前页面链接的对象。接着对每个链接对象关联描述信息。最后，检查
映射是否正确创建，如图 9.15 所示。

　　常用 JavaScript 的同学不会觉得结果出乎意料：两个不同的对象创建不同的映射。
但是，两个 URL 对象指向相同的 URL 地址：当前页面的地址。我们也许会怀疑两个对
象应该相等。但是，在 JavaScript 中，我们不能重载相等运算符，虽然两个对象的内容
相同，但是两个对象仍然不相等。这与其他语言不同，如 Java、C#等，要小心！

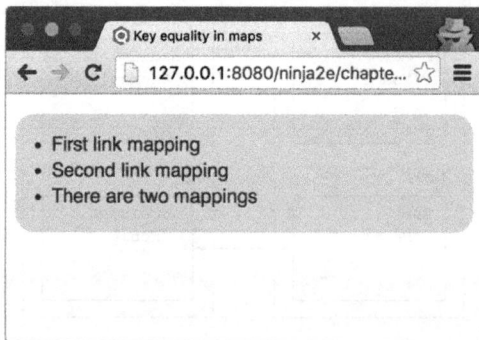

图 9.15　如果运行清单 9.17 中的代码，可以看出基于对象是否相等可判定 key 是否相等

9.2.3　遍历 map

　　目前为止，我们已看出 map 的一些优点：可以确定 map 中只存在你放入的内容，
可以使用任意类型的数据作为 key 等。但还有更多优点！

　　因为 map 是集合，可以使用 for…of 循环遍历 map。（回忆第 6 章中使用 for…of 循
环遍历 generators 创建的值）也可以确保遍历的顺序与插入的顺序一致（在对象上使用
for…of 循环则无法保证）。看看清单 9.18 的示例。

```
const directory = new Map();                        ←─  创建一个新的 map 对象

directory.set("Yoshi", "+81 26 6462");
directory.set("Kuma", "+81 52 2378 6462");          在每个对象中存储电话号码
directory.set("Hiro", "+81 76 277 46");

for(let item of directory){
  assert(item[0] !== null, "Key:" + item[0]);       使用 for-of 循环遍历 directory。每个元
  assert(item[1] !== null, "Value:" + item[1]);     素具有两个值：Key 与 Value
}

for(let key of directory.keys()){
  assert(key !== null, "Key:" + key);               可以使用内置的 keys 方
  assert(directory.get(key) != null,                法遍历所有 Key
        "Value:" + directory.get(key));
}

for(var value of directory.values()){
  assert(value !== null, "Value:" + value);         可以使用 values 方法遍历所有 Value
}
```

如清单代码所示，可以使用 for-of 循环遍历 map：

```
for(var item of directory){
  assert(item[0] !== null, "Key:" + item[0]);
  assert(item[1] !== null, "Value:" + item[1]);
}
```

在每个迭代中，每个元素是具有两个值的数组，第 1 个值是 key，第 2 个值是 value。也可以分别使用 keys 与 values 方法遍历 key 和 value。

了解了 Map 之后，让我们看看另一个新的集合类型：Set，Set 集合中的元素是唯一的。

9.3　Set

在许多实际问题中，我们必须处理一种集合，集合中的每个元素都是唯一的（每个元素只能出现一次），这种集合称为 Set。在 ES6 之前，这种集合只能通过模拟实现。查看清单 9.19 中的例子。

清单 9.19   通过对象模拟 Set

```
function Set(){
  this.data = {};                           使用对象存
  this.length = 0;                          储数据
}

Set.prototype.has = function(item){         检查元素是否
  return typeof this.data[item] !== "undefined";   已经存在
};

Set.prototype.add = function(item){
  if(!this.has(item)){
    this.data[item] = true;                 当 set 中不存在元素
    this.length++;                          时，才进行添加
  }
};

Set.prototype.remove = function(item){
  if(this.has(item)){
    delete this.data[item];                 如果 set 中已经存在
    this.length--;                          元素，则删除
  }
};

const ninjas = new Set();
ninjas.add("Hattori");                      试图添加两次 Hattori
ninjas.add("Hattori");

assert(ninjas.has("Hattori") && ninjas.length === 1,   验证只存在一个 Hattori 值
    "Our set contains only one Hattori");

ninjas.remove("Hattori");                              删除 Hattori，并验
assert(!ninjas.has("Hattori") && ninjas.length === 0,  证已被删除成功
    "Our set is now empty");
```

清单 9.19 显示了如何通过对象模拟 Set 的简单示例。使用对象存储数据，持续跟踪集合中的元素，提供 3 个方法：has，验证集合中是否存在元素；add，如果集合中不存在元素则将元素添加到集合中；remove，删除集合中已经存在的元素。

但这仅仅是模拟。因为 map 不能真正地存储对象，只能存储字符串或数字，仍然存在访问原型对象的风险。由于这些原因，ECMAScript 委员会决定引入一个全新的集合类型：Set。

注意 Set 是 ES6 标准的一部分，可访问 http://mng.bz/JYYM 查看浏览器兼容性。

9.3.1 创建 Set

创建 Set 的方法是使用构造函数：Set。让我们来看一个例子，如清单 9.20 所示。

清单 9.20 创建 Set

Set 构造函数接收数组进行初始化

```
const ninjas = new Set(["Kuma", "Hattori", "Yagyu", "Hattori"]);

assert(ninjas.has("Hattori"), "Hattori is in our set");
assert(ninjas.size === 3, "There are only three ninjas in our set!");
```
丢弃重复项

```
assert(!ninjas.has("Yoshi"), "Yoshi is not in, yet..");
ninjas.add("Yoshi");
assert(ninjas.has("Yoshi"), "Yoshi is added");
assert(ninjas.size === 4, "There are four ninjas in our set!");
```
可以向集合中添加不存在的元素

```
assert(ninjas.has("Kuma"), "Kuma is already added");
ninjas.add("Kuma");
assert(ninjas.size === 4, "Adding Kuma again has no effect");
```
向集合中添加已经存在的元素将不起任何作用

```
for(let ninja of ninjas) {
  assert(ninja !== null, ninja);
}
```
通过 for-of 循环对集合进行遍历

使用内置构造函数创建 Set。如果不传入任何参数，将创建一个空 Set。可以传入一个数组，用来预填充 Set：

```
new Set(["Kuma", "Hattori", "Yagyu", "Hattori"]);
```

Set 成员的值都是唯一的，最重要的作用是避免存储多个相同的对象。在本例中，试图添加两次"Hattori"，但是只成功添加一次。

Set 具有多个可访问的方法。例如，has 方法验证 Set 中是否存在元素：

```
ninjas.has("Hattori")
```

add 方法用于添加唯一成员：

```
ninjas.add("Yoshi");
```

如果想知道 Set 中具有几个元素，可以使用 size 属性。

与 Map 和数组类似，Set 也是集合，因此可以使用 for-of 循环进行遍历。如图 9.16 所示，成员的遍历顺序与插入的顺序一致。

浏览了 Set 的基本知识后，让我们来看 Set 的一些常见操作：并集（Union）、交集（Intersect）和差集（Difference）。

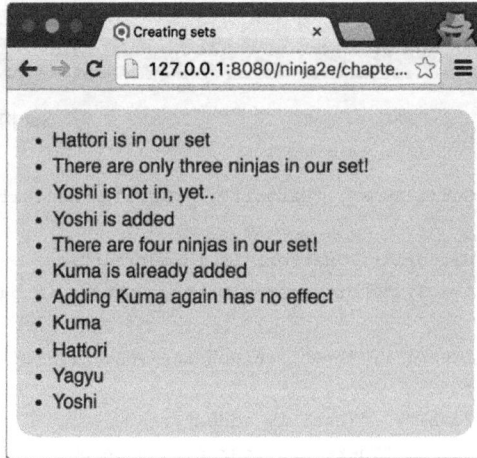

图 9.16　运行清单 9.20 中的代码显示遍历 Set 成员的结果

9.3.2　并集

两个集合的并集指的是创建一个新的集合，同时包含 A 和 B 中的所有成员。当然，在新的集合中的元素也不允许出现两次。详见清单 9.21 的示例。

清单 9.21　使用 Set 执行并集

创建两个数组 ninjas 与 samurai。注意 Hattori 在两个数组中均存在

```
const ninjas = ["Kuma", "Hattori", "Yagyu"];
const samurai = ["Hattori", "Oda", "Tomoe"];
```

创建两个数组的并集

```
const warriors = new Set([...ninjas, ...samurai]);
```

```
assert(warriors.has("Kuma"), "Kuma is here");
assert(warriors.has("Hattori"), "And Hattori");
assert(warriors.has("Yagyu"), "And Yagyu");
assert(warriors.has("Oda"), "And Oda");
assert(warriors.has("Tomoe"), "Tomoe, last but not least");
```

验证新的集合中同时包含数组 ninjas 与 samurai 中的所有元素

```
assert(warriors.size === 5, "There are 5 warriors in total");
```

集合中没有重复的元素。虽然在两个数组中都存在 Hattori，但是并集中只有一个

首先创建两个数组 ninjas 与 samurai，两个数组中都具有 Hattori 元素。假设我们同时需要两个数组中的元素，因此，我们创建一个新的 Set，同时包含 ninjas 与 samurai 两个数组中的元素。虽然在两个数组中都存在 Hattori 元素，但是我们希望在集合中只有一个 Hattori 元素。

在本例中，使用 Set 是最完美的。不需要手动判断元素是否已存在；Set 会自动处理。当创建新的 Set 时，我们使用延展运算符[...ninjas, ...samurai]（见第 3 章）创建包含两个数组的 Set。也许你会想知道在新数组中是否包含两个 Hattori 元素。当数组传入 Set 构造函数时，Set 中只含有一个 Hattori，如图 9.17 所示。

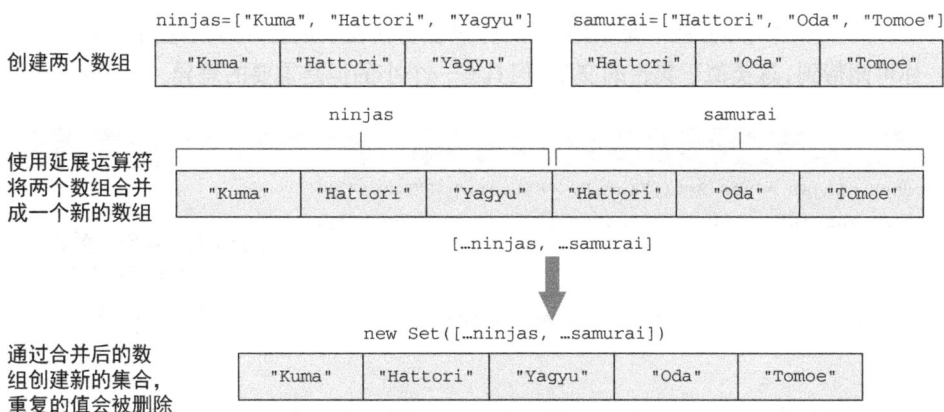

图 9.17 两个集合的并集

9.3.3 交集

两个集合的交集指的是创建新集合，该集合中只包含集合 A 与 B 中同时出现的成员。例如，我们可以看见同时在 ninjas 和 samurai 中出现的元素，如清单 9.22 所示。

清单 9.22 交集

```
const ninjas = new Set(["Kuma", "Hattori", "Yagyu"]);
const samurai = new Set(["Hattori", "Oda", "Tomoe"]);

const ninjaSamurais = new Set(
  [...ninjas].filter(ninja => samurai.has(ninja))
);

assert(ninjaSamurais.size === 1, "There's only one ninja samurai");
assert(ninjaSamurais.has("Hattori"), "Hattori is his name");
```

使用延展运算符将集合转换为数组，以便调用数组的 filter 方法，保留 ninjas 中同时在 samurai 中出现的元素清单 9.22 的主要思想是创建一个新集合，该集合中只包含 ninjas 数组与 samurai 数组中同时存在的元素。通过使用数组的 filter 方法，使得数组中的元素都符合回调函数中指定的特定条件。在本例中，指定的条件是元素在 ninjas 数组与 samurai 数组中同时存在。filter 方法只能操作数组，我们使用延展运算符将 Set 转换为数组：

```
[...ninjas]
```

最后，验证我们找到了 ninjas 数组与 samurai 数组中同时存在的元素：Hattori。

9.3.4　差集

两个集合的差集指的是创建新集合，只包含存在于集合 A、但不在集合 B 中的元素。你可能猜到，这类似于集合的交集，但具有一个小的但是重要的差异。下面查看清单 9.23。

清单 9.23　差集

```
const ninjas = new Set(["Kuma", "Hattori", "Yagyu"]);
const samurai = new Set(["Hattori", "Oda", "Tomoe"]);

const pureNinjas = new Set(
  [...ninjas].filter(ninja => !samurai.has(ninja))      ← 差集将只保留存在于 ninjas 中但不存在于 samurai 中的元素
);

assert(pureNinjas.size === 2, "There's only one ninja samurai");
assert(pureNinjas.has("Kuma"), "Kuma is a true ninja");
assert(pureNinjas.has("Yagyu"), "Yagyu is a true ninja");
```

在表达式 samurai.has(ninja)前面添加 “!”，就得到了我们想要的差集。

9.4　小结

- 数组是特殊的对象，具有 length 属性，原型是 Array.prototype。
- 可以使用数组字面量([])或 Array 构造函数创建数组。
- 通过使用数组对象的方法可以修改数组的内容。
  - 使用 push 与 pop 方法从数组结束位置添加或删除元素。
  - 使用 shift 与 unshift 方法从数组起始位置添加或删除元素。
  - splice 方法可以从任意位置添加或删除元素。
- 数组可以访问很多有用的方法。
  - map 方法可对数组成员调用回调函数，并使用调用结果创建新数组。
  - every 与 some 方法检测全部或部分元素是否匹配某些条件。
  - find 与 filter 方法查找满足某些条件的元素。

- sort 方法对数组排序。
- reduce 方法将数组成员合计为一个值。
- 可以在自定义对象上，显式定义对象方法，使用 call 或 apply 方法对数组的方法进行复用。
- Map 和字典是包含 key 与 value 映射关系的对象。
- JavaScript 中的对象是糟糕的 map，只能使用字符串类型作为 key，并且存在访问原型属性的风险。因此，使用内置的 Map 集合。
- 可以使用 for...of 循环遍历 Map 集合。
- Set 成员的值都是唯一的。

9.5 练习

1. 运行以下代码之后，数组 samurai 的值是多少？

```
const samurai = ["Oda", "Tomoe"];
samurai[3] = "Hattori";
```

2. 运行以下代码之后，数组 ninjas 的值是多少？

```
const ninjas = [];

ninjas.push("Yoshi");

ninjas.unshift("Hattori");

ninjas.length = 3;

ninjas.pop();
```

3. 运行以下代码之后，数组 samurai 的值是多少？

```
const samurai = [];

samurai.push("Oda");
samurai.unshift("Tomoe");
samurai.splice(1, 0, "Hattori", "Takeda");
samurai.pop();
```

4. 运行以下代码之后，变量 first、second 和 third 的值分别是多少？

```
const ninjas = [{name:"Yoshi", age: 18},
                {name:"Hattori", age: 19},
                {name:"Yagyu", age: 20}];
```

```
const first = ninjas.map(ninja => ninja.age);
const second = first.filter(age => age % 2 == 0);
const third = first.reduce((aggregate, item) => aggregate + item, 0);
```

5．运行以下代码之后，变量 first 和 second 的值分别是多少？

```
const ninjas = [{ name: "Yoshi", age: 18 },
                { name: "Hattori", age: 19 },
                { name: "Yagyu", age: 20 }];

const first = ninjas.some(ninja => ninja.age % 2 == 0);
const second = ninjas.every(ninja => ninja.age % 2 == 0);
```

6．以下哪句断言会通过？

```
const samuraiClanMap = new Map();

const samurai1 = { name: "Toyotomi"};
const samurai2 = { name: "Takeda"};
const samurai3 = { name: "Akiyama"};

const oda = { clan: "Oda"};
const tokugawa = { clan: "Tokugawa"};
const takeda ={clan: "Takeda"};

samuraiClanMap.set(samurai1, oda);
samuraiClanMap.set(samurai2, tokugawa);
samuraiClanMap.set(samurai2, takeda);

assert(samuraiClanMap.size === 3, "There are three mappings");
assert(samuraiClanMap.has(samurai1), "The first samurai has a mapping");
assert(samuraiClanMap.has(samurai3), "The third samurai has a mapping");
```

7．以下哪句断言会通过？

```
const samurai = new Set(["Toyotomi", "Takeda", "Akiyama", "Akiyama"]);
assert(samurai.size === 4, "There are four samurai in the set");

samurai.add("Akiyama");
assert(samurai.size === 5, "There are five samurai in the set");

assert(samurai.has("Toyotomi", "Toyotomi is in!");
assert(samurai.has("Hattori", "Hattori is in!");
```

第 10 章　正则表达式

本章包括以下内容：
- 进修正则表达式
- 编译正则表达式
- 使用正则表达式进行捕获
- 使用常见的正则表达式

正则表达式是现代开发中的必需品。虽然许多开发者不用正则表达式也可以顺利完成工作，但是，如果不使用正则表达式，就无法使用 JavaScript 优雅地解决许多问题。

当然，解决同一个问题的方式有很多种。通常，需要编写半屏幕的代码才能解决的问题，通过正则表达式可以压缩成一条语句。正则表达式是每位 JavaScript "忍者" 工具箱中的必备武器。

正则表达式是处理拆分字符串并进行信息查找的过程。在主流的 JavaScript 库中，可以看到开发者大量使用正则表达式解决各种任务。

- 操作 HTML 节点中的字符串。
- 使用 CSS 选择器表达式定位部分选择器。
- 判断一个元素是否具有指定的类名(class)。
- 输入校验。
- 其他任务。

下面我们从示例开始介绍。

注意　精通正则表达式需要大量的练习。可以使用网站如 JS Bin 很方便地练习。有许多网站致力于测试正则表达式，如 JavaScript 正则表达式测试(www.regexplanet. com/advanced/ javascript/index.html)和 regex101(www.regex101.com/#javascript)。regex101 对于新手是特别有用的网站，可以自动生成正则表达式的解读。

你知道吗?
- 何时优先使用正则字面量，而不使用正则对象?
- 什么是粘连匹配，如何开启粘连匹配?
- 使用全局和非全局正则表达式的区别是什么?

10.1　为什么需要正则表达式

假设我们需要验证一个字符串，可能是用户在网页的表单上输入的字符串，它遵循 9 位数字的美国邮政编码格式。我们知道，美国邮政总局非常缺乏幽默感，要求邮政编码符合这种格式：

99999-9999

其中每个数字 9 代表一个十进制数字，格式是使用 "-" 连接 5 位十进制数和 4 位十进制数。如果你使用其他格式，你的包裹或信件会被送到手工筛选部门，也许未来某时会再重新筛选投递，只能祝你好运了。

我们创建一个函数，对指定的字符串验证是否符合美国邮政总局要求的格式。我们可以对每个字符进行比较，但是这种很多不必要的重复对于 "忍者" 来说太不优雅。不过，可以先看看这种解决方案，如清单 10.1 所示。

清单 10.1　使用指定模式校验字符串

```
function isThisAZipCode(candidate) {
    if (typeof candidate !== "string" ||          去除明显不对的候选
        candidate.length != 10) return false;
    for (let n = 0; n < candidate.length; n++) {
        let c = candidate[n];
        switch (n) {                               ◁──┐ 基于字符索引执行测试
        case 0: case 1: case 2: case 3: case 4:
        case 6: case 7: case 8: case 9:
            if (c < '0' || c > '9') return false;
            break;
        case 5:
            if (c != '-') return false;
```

```
        break;
    }
  }
  return true;
}
```

如果都成功，那么返回 true

这段代码利用字符在字符串中的位置，只需要比较检查两种值。执行时，仍然需要比较 9 次，但是每种比较只需要编写一次代码。

尽管如此，会有人认为这种解决方案优雅吗？这比不迭代的方式稍微好一些，但是这么多代码看起来还是很糟。现在看看使用正则表达式的方法：

```
function isThisAZipCode(candidate) {
  return /^\d{5}-\d{4}$/.test(candidate);
}
```

除了函数内部有点儿难懂的正则语法之外，这段代码看起来更简洁、更优雅，对吧？这就是正则表达式的魅力，而且这仅仅是冰山一角。如果你觉得它的语法很难理解，别担心，在了解原理之前，先回顾一下正则表达式。

10.2 正则表达式进阶

我们在有限的篇幅里不能提供一个详尽的正则表达式教程，尽管我们很想这样做，但是正则表达式教程完全可以编写成一整本书。但我们会尽力覆盖到所有的重点内容。

更多的细节可以查看 Jeffrey E. F. Friedl 的《Mastering Regular Expressions》一书，Michael Fitzgerald 的《Introducing Regular Expressions》，Jan Goyvaerts 和 Steven Levithan 写的《Regular Expressions Cookbook》，都是 O'Reilly 出版社出版，这些书都非常受欢迎。

让我们深入探讨一下正则表达式。

10.2.1 正则表达式说明

正则表达式（regular expression）一词源于一位名叫 Stephen Kleene 的数学家，将自动机模型描述为"正则集合"。这对于理解正则表达式没有帮助，所以让我们简单地将正则表达式理解为使用模式匹配文本字符串的表达式。表达式本身具有用于定义模式的术语和操作符。我们很快就会看到这些术语和操作符。

在 JavaScript 中，与其他对象类型类似，创建正则表达式有两种方式。

● 使用正则表达式字面量。

- 通过创建 RegExp 对象的实例。

例如，可以使用以下字面量创建一个简单的正则表达式（简写为 regex），用于精确匹配字符串 test：

```
const pattern = /test/;
```

斜线看起来有点奇怪。与字符串使用引号分隔类似，正则表达式通过斜线进行分隔。

另一种方法是，我们可以创建 RegExp 实例，传入正则表达式字符串：

```
const pattern = new RegExp("test");
```

两种格式创建的正则表达式相同。

注意　当正则表达式在开发环境是明确的，推荐优先使用字面量语法；当需要在运行时动态创建字符串来构建正则表达式时，则使用构造函数的方式。

优先使用字面量语法，原因之一是反斜线在正则表达式中发挥了重要的作用。但是反斜线也用于转义字符，因此，对于反斜线本身则需要使用双反斜线来标识\\。这使得本来就很奇怪的正则表达式表示字符串时看起来更加诡异。

除了表达式本身，还可以使用 5 个修饰符。

- i —— 对大小写不敏感，例如/test/i 不仅可以匹配 test，还可以匹配 Test、TEST、tEsT 等。
- g —— 查找所有匹配项，在查找到第一个匹配时不会停止，会继续查找下一个匹配项。稍后会详细介绍。
- m —— 允许多行匹配，对获取 textarea 元素的值很有用。
- y —— 开启粘连匹配。正则表达式执行粘连匹配时试图从最后一个匹配的位置开始。
- u —— 允许使用 Unicode 点转义符（\u{...}）。

在字面量末尾添加修饰符（如/test/ig），或者作为第 2 个参数传给 RegExp 构造函数（new RegExp("test", "ig")）。

精确匹配字符串（甚至不需要大小写）是无意义的，毕竟我们可以用一个简单的字符串比较来实现。因此，让我们看看正则表达式的术语和操作符的强大能力，以及如何实现更引人注目的模式匹配。

10.2.2　术语和操作符

正则表达式与我们熟悉的大多数其他表达式类似，它由合适的术语和操作符组成。在接下来的小节中，我们将看到如何在表达模式中使用术语和操作符。

精确匹配

除了非特殊字符或操作符之外，字符必须准确出现在表达式中。例如，正则/test/中的 4 个字符，必须完全出现在所匹配的字符串中。

一个接一个的字符直接连在一起，省略了操作符连接。因此/test/的意思是 t 连接 e，e 连接 s，s 连接 t。

匹配字符集

更多时候我们不需要匹配指定的字符串，而更多的是希望匹配一组有限的字符集中的字符。我们可以将我们希望匹配的字符集放在[]中，指定字符集操作符：[abc]。

[abc]表示匹配 a、b、c 中的任意一个字符。虽然这个表达式使用了 5 个字符（3 个字母 2 个括号），但是仅匹配一个字符。

有时，我们希望匹配一组有限字符集以外的任意字符，我们可以在左括号后面添加一个尖角号(^)：

[^abc]

此时，[^abc]表示匹配除了 a、b、c 以外的任意字符。

字符集还有一个更重要的操作：限定范围。例如，匹配 a 和 m 之间的小写字母，虽然可以直接用[abcdefghijklm]表示，但是这样写更简洁：

[a-m]

中横线表示按字母顺序从 a 到 m 之间所有字符的集合。

转义

注意，并不是所有的字符和字符字面量都是等价的。毫无意外字母与数字表示其本身，但是，特殊字符如$、。(.)匹配的是它们本身以外的内容，或者表示操作符。事实上，我们已经看到字符[、]、-、^ 表示它们本身以外的内容。

那么，我们如何匹配字符 [、$ 或 ^ 本身呢？在正则表达式中，反斜线对其后面的字符进行转义，使其匹配字符本身的含义。所以，\[匹配 [字符，而不再表示字符分组的括号。双反斜线 \\ 匹配一个反斜线。

起止符号

我们经常需要确保匹配字符串的开始，或是字符串的结束。尖角号作为正则表达式的第一个字符时，用于匹配字符的开始，如/^test/匹配的是 test 出现在字符串的开头。(注意，这只是字符的重载，尖角号^还可以表示非)

类似地，美元符号$表示字符串的结束：

```
/test$/
```

同时使用 ^ 与 $ 表示匹配整个字符串：

```
/^test$/
```

重复出现

如果想要匹配 4 个连续的字符 a，可以使用/aaaa/完成，但如果想匹配任意数量的相同的字符呢？正则表达式提供了以下几种用于指定重复选项的方式。

- 指定可选字符（可以出现 0 次或 1 次），在字符后添加 ？，例如，/t?est/可以同时匹配 test 与 est。
- 指定字符必须出现 1 次或多次，使用 + ，如/t+est/可匹配 test、ttest、tttest 等。
- 指定字符出现 0 次或 1 次或多次，使用 * ，如/t*est/匹配 test、ttest、tttest 以及 est。
- 指定重复次数，使用括号指定重复次数，例如 /a{4}/，匹配 4 个连续的字符 a。
- 指定重复次数的范围，使用逗号分隔，例如/a{4,10}/匹配 4~10 个连续的字符 a。
- 指定开放区间，省略第 2 个值，保留逗号。例如/a{4,}/匹配 4 个或更多个连续的字符 a。

这些运算符都可以是贪婪的或非贪婪的。默认是贪婪模式，可以匹配所有可能的字符。在运算符后添加?，例如 a+?，使得运算符为非贪婪模式，只进行最小限度的匹配。

例如，对于字符串 aaa，正则表达式/a+/会匹配全部 3 个字符，而非贪婪模式/a+?/则匹配一个字符 a，因为一个字符 a 足以满足 a+术语。

预定义字符集

有些希望匹配的内容无法通过字符字面量来表示（例如，回车符），有时我们还希望匹配字符集，例如一组十进制数字，或一组空格。正则表达式可以预定义表示这些字符或常用集合的元字符，这样我们就可以匹配控制字符，也不需要对常用的字符集作特殊处理。

表 10.1 列出了这些元字符以及所匹配的字符或字符集。预定义集合使得正则表达式看起来不那么神秘了。

表 10.1 预定义字符集与元字符

预定义元字符	匹配的字符集
\t	水平制表符
\b	空格
\v	垂直制表符
\f	换页符
\r	回车符
\n	换行符
\cA:\cZ	控制字符
\u0000:\uFFFF	十六进制 Unicode 码
\x00:\xFF	十六进制 ASCII 码
.	匹配除换行字符（\n、\r、\u2028 和\u2029）之外的任意字符
\d	匹配任意十进制数字，等价于[0-9]
\D	匹配除了十进制数字外的任意字符，等价于[^0-9]
\w	匹配任何字母、数字和下划线，等价于[A-Za-z0-9_]
\W	匹配除了字母、数字和下划线之外的字符，等价于[^A-Za-z0-9_]
\s	匹配任意空白字符（包括空格、制表符、换页符等）
\S	匹配除空白字符外的任意字符
\b	匹配单词边界
\B	匹配非单词边界(单词内部)

分组

目前，你已看到操作符（如 + 和 *）只影响其前面的术语。如果对一组术语使用操作符，可以使用圆括号进行分组，这与数学表达式类似。例如，/(ab)+/匹配一个或多个连续的 ab。

当正则的部分使用圆括号分组时具有两种功能，同时也创建捕获。正则表达式的捕获有很多种，在 10.4 节我们会详细讨论。

或操作符(OR)

使用竖线(|)表示或。例如，/a|b/可以匹配 a 或者 b，/(ab)+|(cd)+/可以匹配一个或多个 ab 或 cd。

反向引用

正则表达式中最复杂的术语是反向引用，反向引用可引用正则中定义的捕获。在 10.4 节中我们详细介绍捕获，现在只需要把捕获看作待匹配的字符串，也就是前面匹配的字符串。反向引用分组中捕获的内容，使用反斜线加上数字表示引用，该数字从 1 开始，第一个分组捕获的为\1，第二个为\2，以此类推。

　　例如正则表达式/^([dtn])a\1/匹配的是：以字母 d、t 或 n 开头，其后连接字母 a，再后连接第一个分组中捕获的内容。最后一点很重要！这种匹配规则与正则表达式/[dtn]a[dtn]/是不同的。a 后面连接的字母不是任意的字母 d、t 或 n，而必须与第一个分组中匹配到的字母完全相同。因此，\1 匹配的具体字母是在运行时才能确定的。

　　在匹配 XML 类型的标记元素时，反向引用很有用。看看以下正则：

`/<(\w+)>(.+)<\/\1>/`

　　这可以匹配简单的元素如whatever。如果没有反向引用，也许无法做到，因为无法预先知道与起始标记相匹配的结束标记是什么。

注意　以上是正则表达式速成班。如果正则表达式的语法仍然令你抓狂、深陷困境，那么强烈建议你查阅之前推荐的相关书籍。

　　现在已经基本掌握了正则表达式，接下来可以看看如何在代码中优雅、合理地使用正则表达式。

10.3　编译正则表达式

　　处理正则表达式经历多个阶段，理解每个阶段的处理有助于使用正则表达式优化 JavaScript 代码。其中两个主要的阶段是编译和执行。

　　编译阶段发生在正则表达式被创建的时期。执行阶段发生在使用编译之后的正则表达式进行匹配字符串的时期。

　　在编译过程中，表达式经过 JavaScript 引擎的解析，转换为内部代码。解析和转换的过程发生在正则表达式创建时期（浏览器会进行内部优化处理工作）。

　　通常来说，浏览器会智能判断使用哪条正则表达式，并缓存该表达式的编译结果。但是我们不指望全部类型的浏览器都能做到这么智能的处理。尤其对于复杂的表达式，我们可以通过预定义（预编译）正则表达式，使得性能得到明显提升。

　　在前一节中，我们了解到在 JavaScript 中有两种创建正则表达式的方法：通过字面量或构造函数创建。让我们看一个简单的示例，如清单 10.2 所示。

清单 10.2　创建正则表达式的两种方法

```
const re1 = /test/i;              ←—— 通过字面量创建正则
const re2 = new RegExp("test", "i");   ←—┐
assert(re1.toString()=== "/test/i",     └ 通过构造函数创建正则
     "Verify the contents of the expression.");
assert(re1.test("TesT"), "Yes, it's case-insensitive.");
assert(re2.test("TesT"), "This one is too.");
assert(re1.toString()=== re2.toString(),
```

```
                          "The regular expressions are equal.");
assert(re1 !== re2, "But they are different objects.");
```

在本例中，两个正则表达式在创建后都处于编译后的状态。可以使用任何标识符来
代替 re1 指向字面量/test/i，每次都会编译相同的正则表达式。因此，编译一次正则表达
式，并将其保存在变量中是很重要的优化过程。

请注意，每个正则表达式都有一个独特的对象表示：每次创建一个正则表达式（也
被编译）都会创建一个新的正则表达式对象。这与原始类型（如 string、number 等）不
同，因为每个正则对象永远是独一无二的。

特别重要的是，通过使用构造函数创建正则表达式(new RegExp(...))，我们可以在运
行时使用字符串创建正则表达式。这对于构建可以重复使用的复杂正则表达式非常有用。

例如，假设我们需要确定文档中哪些元素具有指定 class 名，而 class 的具体值在运
行时才能确定。由于每个元素可以绑定多个 class（存储在使用空格分隔的字符串中），
这是运行时正则表达式编译的有趣示例（示例见清单 10.3）。

清单 10.3 在运行时编译一个供稍后使用的正则表达式

```html
<div class="samurai ninja"></div>                        创建多个用于测试的元素，
<div class="ninja samurai"></div>                        每个元素具有不同的class
<div></div>
<span class="samurai ninja ronin"></span>
<script>
  function findClassInElements(className, type) {
    const elems =                               ◄—— 根据标签类型查找元素
      document.getElementsByTagName(type || "*");
    const regex =                                              ◄——
      new RegExp("(^|\\s)" + className + "(\\s|$)");          使用传入的class
    const results = [];                                       名编译正则
    for (let i = 0, length = elems.length; i < length; i++)
      if (regex.test(elems[i].className)) {     ◄—— 检测是否与正则匹配
        results.push(elems[i]);
      }
    return results;
  }
  assert(findClassInElements("ninja", "div").length === 2,
        "The right amount of div ninjas was found.");
  assert(findClassInElements("ninja", "span").length === 1,
        "The right amount of span ninjas was found.");
  assert(findClassInElements("ninja").length === 3,
        "The right amount of ninjas was found.");
</script>
```

存储最终
结果

从清单 10.3 中我们可以学习到一些有趣的知识。首先，我们创建一组用于测试的 `<div>` 和 `<span>` 元素，这些元素具有不同 class。然后我们定义 class 校验函数，接收 class 作为参数，校验元素是否含有该 class。

然后，我们通过内置的 getElementsByTagName 方法查找匹配的元素类型，创建正则表达式：

```
const regex = new RegExp("(^|\\s)" + className + "(\\s|$)");
```

注意，使用 new RegExp()构造器时，是基于传入的 class 名称进行编译正则表达式的。这是无法使用正则字面量的场景示例，因为无法提前预知所需查找的 class 名称。

我们立即创建（然后编译）正则表达式，是为了避免不必要的、频繁地重复编译。由于表达式是动态生成的（基于传入的 className 参数），可以看出这种方式可以节省大量的性能开销。

该正则表达式匹配字符串开始或空格，接着是指定的 class 名称，最后以空格或字符串结束。注意在正则\\s 中双反斜线（\\）的使用。当使用反斜线创建正则表达式字面量时，只需使用一个反斜线。但是由于在字符串中写反斜线，必须使用双反斜线进行转义。这很烦琐，但是，需要意识到我们是使用字符串构建正则表达式，而不是直接使用字面量。

一旦正则表达式被编译之后,就可以通过该正则表达式的 test 方法收集匹配的元素：

```
regex.test(elems[i].className)
```

推荐使用预创建和预编译的正则表达式，以便以后重复使用，这对性能的提升不容忽视。几乎所有复杂的正则表达式都能从中受益。

本章提到在正则表达式中使用圆括号，不仅可以用于术语，还可创建捕获。接下来让我们了解更多关于捕获的内容。

10.4　捕获匹配的片段

当发现可以捕获正则匹配的结果，并可以对该结果进行处理时，正则表达式的实用性得到了重视。第一步首先是需要判断字符串是否匹配模式，在很多情况下确定匹配到的内容也很有用。

10.4.1　执行简单捕获

假设我们需要提取嵌在复杂字符串中的数值。一个很好的例子是 CSS 的 transform 属性，通过 transform 可以修改 HTML 元素的视觉位置，如清单 10.4 所示。

清单 10.4　一个捕获内嵌值的简单函数

```
<div id="square" style="transform:translateY(15px);"></div>     ◄─── 定义用于测
<script>                                                             试的元素
  function getTranslateY(elem){
    const transformValue = elem.style.transform;
    if(transformValue){
      const match = transformValue.match(/translateY\(([^\)]+)\)/);
      return match ? match[1] : "";
  }

  return "";
}

  const square = document.getElementById("square");

  assert(getTranslateY(square) === "15px",
         "We've extracted the translateY value");
</script>
```

从字符串中提取
translateY的值

我们在元素的样式中定义 15px 的偏移量：

```
"transform:translateY(15px);"
```

浏览器未提供获取元素偏移量的 API。所以创建对应的函数：

```
function getTranslateY(elem){
    const transformValue = elem.style.transform;
    if(transformValue){
      const match = transformValue.match(/translateY\(([^\)]+)\)/);
      return match ? match[1] : "";
    }
     return "";
    }
```

乍一看，解析偏移量的代码看起来有点复杂：

```
const match = transformValue.match(/translateY\(([^\)]+)\)/);
return match ? match[1] : "";
```

但是拆开之后就没那么糟。首先，我们需要确定是否存在 transform 属性。如果不存在，则返回空字符串。如果存在，进一步提取值。如果成功匹配，match 方法返回捕获到的值，若未匹配成功，则返回 null。

match 方法匹配结果通过第一个索引返回，然后每次捕获结果索引递增。所以第 0 个匹配的是整个字符串 translateY(15px)，第 2 个位置是 15px。

在正则表达式中使用圆括号定义捕获。因为我们在正则表达式中仅定义了一个捕获，即在 translate Y 之后的圆括号中定义了一个捕获，因此，当匹配变换值时，其值存储在 [1] 中。

该示例使用局部正则表达式和 match 方法。当使用全局表达式时，情况稍微有所不同。让我们来看看。

10.4.2　使用全局表达式进行匹配

在前一节中，我们看到了使用 String 对象的 match 方法，使用局部正则表达式可以返回数组，该数组中包含全部匹配的内容以及操作中的全部捕获结果。

但是当使用全局正则表达式（添加 g 标识符），却返回不同的结果。虽然返回的仍然是数组，但是全局正则表达式不仅返回第一个匹配的结果，还返回全部的匹配结果，但不会返回捕获结果。

我们可以在清单 10.5 的代码和测试中看到效果。

清单 10.5　全局匹配与局部匹配查找时的区别

```
const html = "<div class='test'><b>Hello</b> <i>world!</i></div>";
const results = html.match(/<(\/?)(\w+)([^>]*?)>/);
assert(results[0] === "<div class='test'>", "The entire match.");
assert(results[1] === "", "The (missing) slash.");
assert(results[2] === "div", "The tag name.");
assert(results[3] === " class='test'", "The attributes.");

const all = html.match(/<(\/?)(\w+)([^>]*?)>/g);
assert(all[0] === "<div class='test'>", "Opening div tag.");
assert(all[1] === "<b>", "Opening b tag.");
assert(all[2] === "</b>", "Closing b tag.");
assert(all[3] === "<i>", "Opening i tag.");
assert(all[4] === "</i>", "Closing i tag.");
assert(all[5] === "</div>", "Closing div tag.");
```

局部匹配正则

全局匹配正则

可以看出，当使用局部匹配 html.match(/<(\/?)(\w+)([^>]*?)>/) 时，只有一个实例被匹配，并返回匹配中的捕获结果。但是当使用全局匹配 html.match(/<(\/?)(\w+)([^>]*?)>/g) 时，返回是所匹配的全部内容列表。

如果捕获结果对我们来说很重要，那么可以在全局匹配中使用正则表达式的 exec 方法。可多次对一个正则表达式调用 exec 方法，每次调用都可以返回下一个匹配的结果。典型的使用方法见清单 10.6。

清单 10.6　使用 exec 方法进行捕获与全局搜索

```
const html = "<div class='test'><b>Hello</b> <i>world!</i></div>";
const tag = /<(\/?)(\w+)([^>]*?)>/g;
```

```
let match, num = 0;
while ((match = tag.exec(html)) !== null) {
  assert(match.length === 4,
         "Every match finds each tag and 3 captures.");
  num++;
}
assert(num === 6, "3 opening and 3 closing tags found.");
```

循环调用exec方法

在本例中，反复调用 exec 方法：

```
while ((match = tag.exec(html)) !== null) {...}
```

该方法保留前一次调用的结果，这样后续每次调用都可以使用全局匹配。每次调用返回的都是下一次的匹配及捕获结果。

通过使用 match 或 exec 方法，可以精确查找匹配项（和捕获结果）。但是如果希望在正则表达式中引用某个捕获的内容，需要进一步研究。

10.4.3　捕获的引用

对捕获结果进行引用有两种方式：一种是在自身匹配，另一种是替换字符串。例如，将清单 10.6（匹配 HTML 的起始标记与结束标记）中的代码按清单 10.7 的方式修改，使其可以匹配标记之内的内容。

清单 10.7　使用反向引用匹配 HTML 标记的内容

```
const html = "<b class='hello'>Hello</b> <i>world!</i>";
const pattern = /<(\w+)([^>]*)>(.*?)<\/\1>/g;
let match = pattern.exec(html);
assert(match[0] === "<b class='hello'>Hello</b>",
    "The entire tag, start to finish.");
assert(match[1] === "b", "The tag name.");
assert(match[2] === " class='hello'", "The tag attributes.");
assert(match[3] === "Hello", "The contents of the tag.");

match = pattern.exec(html);
assert(match[0] === "<i>world!</i>",
    "The entire tag, start to finish.");
assert(match[1] === "i", "The tag name.");
assert(match[2] === "", "The tag attributes.");
assert(match[3] === "world!", "The contents of the tag.");
```

使用反向引用

对字符串执行模式匹配

验证通过定义的模式可匹配到多个捕获

使用\1 指向表达式中的第 1 个捕获，在本例中捕获的是标记的名称。使用第 1 个捕获的内容匹配对应的结束标记。（当然，假设当前标记内部没有嵌套相同的标记，所以，这个标签匹配的示例并不完美）

此外，我们可以调用字符串的 replace 方法，对替代字符串内获取捕获。不使用反向引用，我们可以使用$1、$2、$3 等标记捕获序号，如清单 10.7 所示。

```
assert("fontFamily".replace(/([A-Z])/g, "-$1").toLowerCase() ===
    "font-family", "Convert the camelCase into dashed notation.");
```

在这段代码中，第 1 个捕获值（大写字母 F）通过替代字符进行引用（通过$1）。通过这种方式可以实现在不知道替代值时定义替换规则，直到匹配运行之前还不知道需要替代的值。这是可以让"忍者"发挥的强大武器。

引用捕获可以让很多本来非常复杂的代码变得非常简单。正则表达式对捕获的引用，将原本非常愚钝、复杂又冗长的代码，可以使用简短的语句描述。

由于捕获与分组都使用圆括号表示，对于正则表达式处理器来说，无法区分所添加的是捕获还是分组。处理器会将所有的圆括号同时当做分组和捕获，这将导致捕获会返回比预期更多的内容。在这种情况下我们能做什么呢？

10.4.4 未捕获的分组

圆括号有两项职责：不仅定义分组，而且还可以指定捕获。这通常不是问题，但是对于存在大量分组的正则表达式来说，可能会产生太多不必要的捕获，这会导致处理捕获变得繁琐。思考下面的正则表达式：

```
const pattern = /((ninja-)+)sword/;
```

创建正则表达式时，允许前缀 ninja-在单词 sword 之前出现 1 次或多次，并捕获整个前缀。这个正则表达式需要两套括号。

- 定义捕获的圆括号（字符串 sword 之前的全部内容）。
- 定义 ninja-和+操作符分组的操作符。

一切运行正常，但是返回的结果中不止一个捕获，因为含有用于分组的圆括号。

说明有一组括号不应该产生捕获，正则表达式语法可以在起始圆括号之后使用符号?:。这就是所谓的被动子表达式（passive subexpression）。

将该正则表达式改写成：

```
const pattern = /((?:ninja-)+)sword/;
```

只有外层圆括号会创建捕获。内层圆括号变成一个被动子表达式。

为了验证这一点，看看清单 10.8 的代码。

清单 10.8 不产生捕获的分组

```
const pattern = /((?:ninja-)+)sword/;                          使用被动子表达式
const ninjas = "ninja-ninja-sword".match(pattern);
```

```
assert(ninjas.length === 2,"Only one capture was returned.");
assert(ninjas[1] === "ninja-ninja-",
    "Matched both words, without any extra capture.");
```

运行这些测试，我们可以看到，被动子表达式/((?:ninja-)+)sword/阻止了不必要的捕获。

尽可能在我们的正则表达式中，在不需要捕获的情况下，使用非捕获分组代替捕获，表达式引擎不需要记忆和返回捕获结果，这可以减少很多工作。如果不需要使用捕获，则不需要询问捕获内容。为此我们付出的代价是——正则表达式看起来更加神秘。

现在让我们把注意力转移到另一个正则表达式赋予"忍者"的威力的方式上：在字符串对象的 replace 方法中使用函数。

10.5　利用函数进行替换

String 对象的 replace 方法是既强大又灵活的方法，在讨论捕获时我们简单使用了 replace 方法。当正则表达式作为 replace 方法的第一个参数时，对所匹配到的值会产生一次替换，返回的不再是固定值。

例如，需要将字符串中全部的大写字母替换为 X，可以这样实现：

```
"ABCDEfg".replace(/[A-Z]/g,"X")
```

返回的结果是 XXXXXfg。效果不错。

但是 replace 最重要的特性是不仅支持替换值，而且支持替换函数作为参数。当第 2 个参数是函数时，对每一个所匹配到的值都会调用一遍（全局匹配会返回匹配到的全部内容）。

- 全文匹配。
- 匹配时的捕获。
- 在原始字符串匹配的索引。
- 源字符串。
- 从函数返回的值作为替换值。

这在运行时提供了巨大的回旋余地来确定应该替换的字符串，包括匹配的信息。例如，在清单 10.9 中，使用函数提供动态的替换值，用于将中横线-连接的字符串替换为对应的"骆峰式"字符串。

清单 10.9　将短横线连接的字符串转换为"驼峰式"字符串

```
function upper(all,letter) { return letter.toUpperCase(); }    ← 转为大写
assert("border-bottom-width".replace(/-(\w)/g,upper)    ← 匹配中横线
    === "borderBottomWidth",
    "Camel cased a hyphenated string.");
```

　　这个示例中提供了匹配中横线连续字母的正则表达式。全局匹配捕获表示字符匹配成功。每次调用 upper 函数时（本例调用 2 次），传入的第 1 个参数是匹配的字符串，第 2 个参数是捕获。我们对其他参数不感兴趣，在 upper 函数中没有指定它们。

　　第一次调用 upper 函数时，传入的参数是-b 与 b，第二次调用 upper 函数时，传入的参数是-w 与 w。在本例中，替换字符串是对应的大写字母。使用 B 替换-b，使用 W 替换-w。由于全局正则匹配，对每一个匹配的字符串都会执行替换函数，这种技术超越了机械替代法。可以使用该技术遍历字符串，而不需要在 while 循环中使用 exec()方法。

　　例如，假设需要将查询字符串转换为符合我们所需格式的字符串，需要将查询字符串

```
foo=1&foo=2&blah=a&blah=b&foo=3
```

转换为

```
foo=1,2,3&blah=a,b"
```

　　使用正则表达式及 replace 方法，可以实现非常简洁的代码，如清单 10.10 所示。

清单 10.10   一种查询字符串压缩技术

```
function compress(source) {
  const keys = {};                        ←── 存储目标 key
  source.replace(
   /([^=&]+)=([^&]*)/g,
    function(full, key, value) {          ←── 提取键值对信息
     keys[key] =
       (keys[key] ? keys[key] + "," : "") + value;
     return "";
    }

  );
  const result = [];
  for (let key in keys) {                     收集 key 信息
    result.push(key + "=" + keys[key]);
  }
  return result.join("&");              ←──
}                                            使用&符号链接结果

assert(compress("foo=1&foo=2&blah=a&blah=b&foo=3") ===
     "foo=1,2,3&blah=a,b",
     "Compression is OK!");
```

　　这个例子的最有趣的方面是它使用字符串 replace 方法遍历字符串值，而不采用查找—替换机制。关键有两点：传入函数作为替换值，而不是字符串作为查询方式。

　　示例代码首先声明变量 key，用于存储在查询字符串中匹配的 key 和 value。然后对

source 字符串调用 replace 方法，传入匹配键值对（Hash 结构）的正则表达式，并捕获对应的键值对。同时传入一个函数，接收 3 个参数：full、key、value。捕获的值存储在变量 key 中供后续引用。注意到，返回空字符串是因为我们不关心对 source 字符串的替换，只是使用 replace 方法的副作用，而不关心 replace 方法的执行结果。

当 replace 执行返回时，声明一个数组 result，遍历对象 keys 的属性，将 keys 的属性以及对应的属性值使用 "=" 符号链接，依次 push 到 result 数组中。最后，使用&连接 result 数组中的字符串，并返回结果：

```
const result = [];
for (let key in keys) {
  result.push(key + "=" + keys[key]);
}
return result.join("&");
```

这种技术，我们可以使用 String 对象的 replace 方法作为字符串查询机制。结果不仅快速，而且简单有效。这种技术提供的减少代码的能力不容小觑。

正则表达式的所有技巧对如何在页面中编写脚本可以产生巨大的影响。让我们看看如何应用所学到的知识解决一些常遇到的问题。

10.6　使用正则表达式解决常见的问题

在 JavaScript 中，一些习语往往一次又一次看见，但解决方案并不总是显而易见。正则表达式是一种补救手段，在本节中，我们将讲解一些可以使用一两个正则表达式解决的常见问题。

10.6.1　匹配换行

执行查询时，常常使用.匹配除换行符外的任意字符，但不包括换行符本身。其他语言通常使用标识符来解决这个问题，但是 JavaScript 尚未实现。

让我们看看如何绕过 JavaScript 这个未实现的功能，详见清单 10.11。

清单 10.11　匹配所有字符，包括换行符

定义用于测试的字符串

```
const html = "<b>Hello</b>\n<i>world!</i>";          ◄─────   不匹配换行
assert(/.*/.exec(html)[0] === "<b>Hello</b>",          ◄─────
       "A normal capture doesn't handle endlines.");
assert(/[\S\s]*/.exec(html)[0] ===
       "<b>Hello</b>\n<i>world!</i>",                          使用空白字符匹
       "Matching everything with a character set.");           配所有字符
```

```
assert(/(?:.|\s)*/.exec(html)[0] ===
       "<b>Hello</b>\n<i>world!</i>",
       "Using a non-capturing group to match everything.");
```
第二种匹配所
有字符的方法

本例定义测试的字符串Hello\n<i>world!</i>，包含换行符。然后我们尝试各种方式匹配字符串中的所有字符。

在第 1 个测试中，/.*/.exec(html)[0] === "Hello"，未匹配换行符。第 2 个测试使用正则表达式/[\S\s]*/，定义一个字符集，同时可以匹配非空白字符外的字符，以及任意空白字符。这是所有字符的集合。

在以下测试中使用的方法：

```
/[\S\s]*/.exec(html)[0] === "<b>Hello</b>\n<i>world!</i>"
```

这里我们使用一个替代的正则表达式，/(?:.|\s)*/，通过 . 匹配除换行符外的任意字符，通过\s 匹配空白字符，包括换行。集合的结果是所有字符。使用被动子表达式可以阻止意外捕获。由于其简洁高效，\[\S\s]*通常被认为是最优的。

接下来，让我们进一步扩大视野。

10.6.2　匹配 Unicode 字符

使用正则表达式，我们常常想匹配字母数字字符，例如 CSS 中的 ID 选择器。但字母字符只有英语 ASCII 字符是远远不够的。

需要将集合扩大到 Unicode 字符，Unicode 字符支持多种非传统字母数字字符集（见清单 10.12）。

清单 10.12　匹配 Unicode 字符

```
const text = "\u5FCD\u8005\u30D1\u30EF\u30FC";
const matchAll = /[\w\u0080-\uFFFF_-]+/;
assert(text.match(matchAll),"Our regexp matches non-ASCII!");
```
匹配所有字符，包括Unicode字符

这个清单包括所有的 Unicode 字符，通过创建\w 术语，匹配正常的字符，同时支持从 U+0080 起的全部 Unicode 字符、高 ASCII 字符以及所有 Unicode 字符的基本语言。

精明的你一定发现了通过添加\u0080 以上的全部 Unicode 字符，不仅添加了字母字符，同时添加了 Unicode 标点符号以及其他特殊字符（如箭头等）。这是可以的，因为这个示例只是为了展示如何匹配 Unicode 字符。如果你希望匹配指定范围的字符，使用这个示例，可以添加你希望的任意范围的字符。

进入正则表达式习题之前，让我们解决一个更普遍的问题。

10.6.3　匹配转义字符

页面的作者使用符合程序标识符的名称赋值给页面元素的 ID 属性，但这只是一个惯例。通常 ID 值可以包含字符"单词"以外的字符，包括标点符号。例如，将元素的 ID 值赋值为 form:update。

一个库的开发人员当实现 CSS 选择器引擎时，需要它支持转义字符。这样用户可以使用复杂的名称。让我们编写一个正则表达式，可以匹配转义字符。思考清单 10.13 中的代码。

清单 10.13　在 CSS 选择器中匹配转义字符

创建多个用于测试的字符串。除了最后一个含有非词(:)之外，其他均通过

```
const pattern = /^((\w+)|(\\.))+$/;
const tests = [
  "formUpdate",
  "form\\.update\\.whatever",
  "form\\:update",
  "\\f\\o\\r\\m\\u\\p\\d\\a\\t\\e",
  "form:update"
];
for (let n = 0; n < tests.length; n++) {
  assert(pattern.test(tests[n]),
         tests[n] + " is a valid identifier" );
}
```

该正则表达式允许任意字符序列组成的词，包括一个反斜线紧跟任意字符（包括反斜线本身），或两者兼而有之

执行所有的测试对象

这个特殊的表达式允许匹配单词字符序列，或反斜线连着的任意字符。

注意，如果需要匹配更多转义字符还需要更多的工作。更多详细内容请查看 https://mathiasbynens.be/notes/css-escapes。

10.7　小结

- 正则表达式是一个强大的工具，贯穿于现代 JavaScript 开发中，几乎可用于任意类型的匹配，主要取决于如何在各方面使用正则表达式。本章所介绍的概念能够很好地让你理解高级正则表达式，受益于正则表达式，可以很自信地面对任何具有挑战性的代码。
- 创建正则表达式可以使用正则表达式字面量(/test/)或正则构造函数 RegExp(new RegExp("test"))。对于在开发环境明确的推荐使用正则字面量，在运行时则推荐使用构造函数。
- 每个正则都可以使用 5 个标识符：i——大小写不敏感，g——全局匹配，m——支持多行匹配，y——支持粘连匹配，u——支持 Unicode 转义。在正则后面添加标志位如/test/ig，或作为构造函数的第 2 个参数传入，如 new RegExp("test", "i")。
- 使用 [ ]（例如[abc]）指定一组待匹配的字符。
- 使用 ^ 表示匹配字符串的起始位置，$表示字符串的结束位置。

- 使用 ? 表示可选项，＋表示必须出现 1 次或多次，＊表示可以出现 0 次、1 次或多次。
- 使用 . 匹配任何字符。
- 使用反斜线(\) 转义特殊字符(如 . [$ ^)。
- 使用圆括号 () 对多个术语分组，使用 竖线 | 表示 或。
- 通过反斜线+数字如(\1,\2, _等)，可以对匹配的字符串进行反向引用。
- 每个字符串可以使用 match 函数，match 函数的传入参数是正则表达式，返回值是匹配到的全部字符串以及全部捕获。使用 replace 函数，可以对固定字符串进行替换。

10.8 练习

1. 在 JavaScript 中，可以使用哪种方法创建正则表达式？

   a. 正则表达式字面值

   b. 内置的 RegExp 构造函数

   c. 内置的 RegularExpression 构造函数

2. 以下哪个选项是正则表达式字面量？

   a. /test/

   b. \text\

   c. new RegExp("test");

3. 下列正确的正则表达式标识符是哪个？

   a. /test/g

   b. g/test/

   c. new RegExp("test", "gi");

4. 正则表达式/def/匹配以下哪一个字符串？

   a. 字符串 d，e，f 之一

   b. def

   c. de

5. 正则表达式/[^abc]/匹配以下哪一个字符串？

   a. 字符串 a, b, c 之一

   b. 字符串 d, e, f 之一

   c. 匹配字符串 ab

6. 以下哪一项正则表达式匹配字符串 hello？

   a. /hello/

   b. /hell?o/

    c. `/hel*o/`

    d. `/[hello]/`

7. 正则表达式/(cd)+(de)*/匹配以下哪些字符串？

    a. `cd`

    b. `de`

    c. `cdde`

    d. `cdcd`

    e. `ce`

    f. `cdcddedede`

8. 在正则表达式中使用哪个符号表示或？

    a. `#`

    b. `&`

    c. `|`

9. 正则表达式 /([0-9])2/，我们可以使用哪一项引用匹配的第 1 个数字？

    a. `/0`

    b. `/1`

    c. `\0`

    d. `\1`

10. 正则表达式/([0-5])6\1/匹配以下哪一项？

    a. `060`

    b. `16`

    c. `261`

    d. `565`

11. 正则表达式/(?:ninja)-(trick)?-\1/匹配以下哪项？

    a. `ninja-`

    b. `ninja-trick-ninja`

    c. `ninja-trick-trick`

12. 执行"012675".replace(/[0-5]/g, "a")的结果是哪个？

    a. `aaa67a`

    b. `a12675`

    c. `1267a`

第 11 章　代码模块化

本章包括以下内容：
- 使用模块模式
- 使用当前标准编写模块代码：AMD 和 CommonJS
- 使用 ES6 模块

　　到目前为止，我们已经研究了 JavaScript 的基本类型，如函数、对象、集合和正则表达式。我们有很多工具可以解决 JavaScript 代码的问题。但是，随着应用的发展，另外一系列问题开始涌现，例如如何结构化管理代码等问题。一次又一次的事实证明，小的、组织良好的代码远比庞大的代码更容易理解、更易于维护。因此，很自然，优化程序的结构和组织的方式，就是把它们分成小的、耦合相对松散的片段，这些片段称为模块。

　　模块是比对象和函数更大的代码单元，使用模块可以将程序进行归类。创建模块时，我们应该努力形成一致的抽象和封装。这样有益于思考应用程序，当使用模块的功能时，可以避免被琐碎细节干扰。此外，使用模块意味着可以在应用程序的不同部分更容易复用模块的功能，甚至可以跨应用来复用模块，极大地提高了应用程序的开发效率。

　　正如你在本书之前的章节看到的，JavaScript 到处都是全局变量：当在主线程代码中定义变量，该变量自动被识别为全局变量，并且可以被其他部分的代码访问。对于小程序来说，这也许还不是问题，但是当应用程序开始扩展，引入第三方代码后，命名冲突的可能性会大大提高。在大部分其他编程语言中，可以通过命名空间（C++、C#）或包（Java）来解决，将命名包含在同一命名空间下，可以大大减少命名冲突的概率。

在 ES6 之前，JavaScript 仍未提供高级的内置特性，该内置空间用于在模块、命名空间或包中封装变量。因此，为了解决这个问题，JavaScript 程序员们利用 JavaScript 现有的特性，如对象、立即执行函数和闭包等，开发出了高级模块化技术。本章将讲解其中的一些技巧。

幸运的是，完全放弃这些技术方法只是时间问题，因为 ES6 最终引入了模块技术。但是浏览器还未跟上节奏，因此，我们研究 ES6 模块的工作原理，但是仍没有一个本地浏览器可以测试。

让我们先从目前可以使用的模块化技术开始。

你知道吗？

- 在 JavaScript ES6 之前，可以使用什么现有机制近似实现模块化？
- AMD 和 CommonJS 模块化规范有什么区别？
- 使用 ES6 时，需要使用哪两条语句来使 tryThisOut()函数同时调用一个模块中的 test 和另一个模块中的 guineaPig？

11.1　在 JavaScript ES6 之前的版本中模块化代码

JavaScript ES6 之前，只有两种作用域：全局作用域和函数作用域。没有介于两者之间的作用域，没有命名空间或模块可以将功能进行分组。为了编写模块化代码，JavaScript 开发者们不得不创造性地使用 JavaScript 现有的语法特性。

当决定使用哪个功能时，我们需要谨记，每个模块系统至少应该能够执行以下操作：

- 定义模块接口，通过接口可以调用模块的功能。
- 隐藏模块的内部实现，使模块的使用者无需关注模块内部的实现细节。同时，隐藏模块的内部实现，避免有可能产生的副作用和对 bug 的不必要修改。

在本节中，我们先看看如何使用本书目前已介绍的标准 JavaScript 特性，例如对象、闭包和立即执行函数，创建模块。然后我们继续研究最流行的模块化标准 AMD（Asynchronous Module Definition）和 CommonJS，二者的基础原理稍微有些不同，并讲解如何使用这两种标准，以及二者的优劣。

先从在之前的章节打下的基础开始。

11.1.1　使用对象、闭包和立即执行函数实现模块

回顾模块系统的基本要求：隐藏实现细节、定义模块接口。现在思考可以利用 JavaScript 语言的哪些特性实现模块级别的要求。

- 隐藏模块内部实现——我们已经知道，调用 JavaScript 函数创建新的作用域，我们可以在该作用域中定义变量，此时定义的变量只在当前函数中可见。因此，隐藏模块内部实现的一个选择是使用函数作为模块。采用这种方式，所有函数变量都成为模块内部变量，模块外部不可见。

- 定义模块接口——使用函数实现模块意味着只能在模块内部访问变量。但是，如果使用其他代码调用该模块，我们必须定义简洁的接口，可以通过接口暴露模块提供的功能。一种实现方式是利用对象和闭包。思路是，通过函数模块返回代表模块公共接口的对象。该对象必须包含模块提供的方法，而这些方法将通过闭包保持模块内部变量，甚至在模块函数执行完成之后仍然保持模块变量。

我们已经粗略描述了如何使用 JavaScript 实现模块，接下来让我们一步一步地仔细研究，首先使用函数隐藏模块内部实现。

使用函数作为模块

调用函数将创建新的作用域，我们可以在该作用域中定义变量，此时定义的变量只在当前函数中可见。我们看看以下代码片段，该代码片段实现了统计网页的点击数量：

```
(function countClicks(){
  let numClicks = 0;                              ← 定义一个局部变量，用于存
                                                     储点击次数
  document.addEventListener("click", () => {
    alert( ++numClicks );                         ← 当用户点击时，点击计
  });                                                数器增加，并返回当前
})();                                                次数
```

在本例中，我们创建 countClick 函数，在函数内创建变量 numClicks，在整个文档中注册单击事件。每次单击时，变量 numClicks 递增，并通过 alert 弹出框呈现给用户。这里有以下几点需要注意。

- 变量 numClicks 处于函数 countClicks 内部，在单击事件函数的闭包内保持活跃。该变量只能通过事件处理器调用！这样就屏蔽了从 countClicks 函数外部访问该变量。同时，我们尚未污染程序的全局命名空间，这对于剩余部分的代码来说可能不是那么重要。

- 只有一处调用 countClicks 函数，因此，与其定义函数再单独编写调用语句，不如使用立即执行函数，或使用 IIFE（见第 3 章），定义并立即执行 countClicks 函数。

我们也可看看当前程序的状态，关注内部函数（模块）是如何通过闭包保持变量活跃，如图 11.1 所示。

现在我们理解了如何隐藏模块的内部实现细节，那么如何通过闭包尽可能长时间地

持续保持模块内部变量活跃呢？让我们进入模块的第 2 项基本要求：定义模块接口。

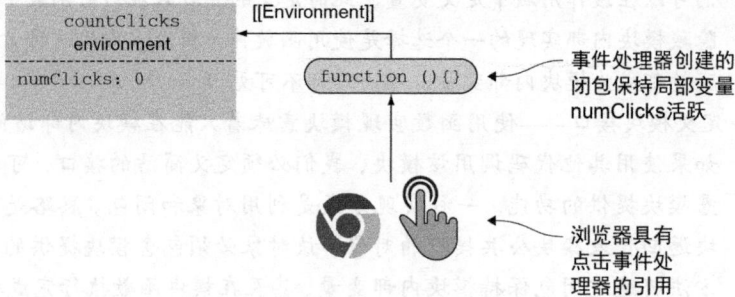

图 11.1　事件处理器通过闭包保持局部变量 numClicks 活跃

模块模式：使用函数扩展模块，使用对象实现接口

模块接口通常包含一组变量和函数。创建接口最简单的方式是使用 JavaScript 对象。例如，为统计页面单击模块创建接口，如清单 11.1 所示。

清单 11.1　模块模式

创建模块私有变量

```
const MouseCounterModule = function() {
  let numClicks = 0;
  const handleClick = () => {
    alert(++numClicks);
  };
  return {
    countClicks: () => {
      document.addEventListener("click", handleClick);
    }
  };
}();
```

创建一个全局模块变量，赋值为立即实行函数的执行结果

创建模块私有函数

返回一个对象，代表模块的接口。通过闭包，可以访问模块私有变量和方法

模块外部可以通过接口访问内部属性

```
assert(typeof MouseCounterModule.countClicks === "function",
       "We can access module functionality");
assert(typeof MouseCounterModule.numClicks === "undefined"
    && typeof MouseCounterModule.handleClick === "undefined" ,
       "We cannot access internal module details")
```

但是无法访问模块内部的实现

本例使用立即执行函数来实现模块。在立即执行函数内部，定义模块内部的实现细

节：一个局部变量 numClicks，一个局部函数 handleClick，都只能在模块内部访问。然后，我们创建并立即返回一个对象作为模块的"公共接口"。该接口包括 countClicks 方法，通过该方法我们可以从模块外部访问模块内部的功能。

同时，由于暴露了模块接口，模块内部细节仍然可以通过接口创建的闭包保持活跃。例如，在本例中，接口的 countClicks 方法使得内部变量 numClicks 和 handleClick 保持活跃，如图 11.2 所示。

最后，保存代表模块接口的变量，通过立即执行函数返回给变量 MouseCounterModule，通过该变量我们可以很容易地使用模块的功能，如：

```
MouseCounterModule.countClicks()
```

基本上是这样。

通过使用立即执行函数，我们可以隐藏指定的模块执行细节。通过添加对象和闭包，我们可以定义模块接口，通过接口暴露模块的功能。

```
const MouseCounterModule = function(){
  let numClicks = 0;
  const handleClick = () => {
    alert(++numClicks);
  };

  return {
    countClicks: () => {
      document.addEventListener("click", handleClick);
    }
  };
}();
```

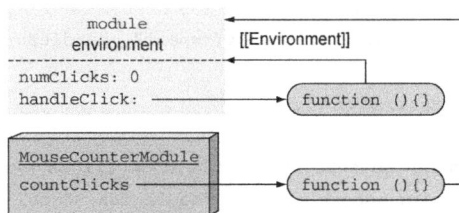

图 11.2   通过返回的对象暴露模块的公共接口。模块内部的实现（私有变量和函数）
通过公共接口创建的闭包保持活跃

这种在 JavaScript 中通过使用立即执行函数、对象和闭包来创建模块的方式称为模块模式。这是由 Douglas Crockford 推广，也是第一个大规模流行的 JavaScript 代码模块化的方法。

一旦我们有能力定义模块，就能够将不同的模块拆分为多个文件（为了更容易管理），或在已有模块上不修改原有代码就可以定义更多功能。

让我们看看是如何做到的。

模块扩展

让我们在前面计算鼠标滚动次数的示例模块 MouseCounterModule 中增加附加特性，但是不能修改 MouseCounterModule 代码，如清单 11.2 所示。

清单 11.2   模块扩展

```
const MouseCounterModule = function() {          ◁────   原始的MouseCounterModule
  let numClicks = 0;
  const handleClick = () => {
    alert(++numClicks);
  };

  return {
    countClicks: () => {
      document.addEventListener("click", handleClick);
    }
  };
}();

(function(module) {                              ◁────   立即调用一个函数,该函数接收需
  let numScrolls = 0;                                    要扩展的模块作为参数
  const handleScroll = () => {                           定义新的私有变
    alert(++numScrolls);                                 量和函数
  }

  module.countScrolls = () => {
    document.addEventListener("wheel", handleScroll);    扩展模块接口
  };
})(MouseCounterModule);
```
将模块传入 / 作为参数

```
assert(typeof MouseCounterModule.countClicks === "function",
       "We can access initial module functionality");

assert(typeof MouseCounterModule.countScrolls === "function",
       "We can access augmented module functionality");
```

扩展模块的过程与重新创建模块的过程类似。调用立即执行函数，并传入需要扩展的模块作为参数：

```
(function(module){
 ...
 return module;
})(MouseCounterModule);
```

在函数内，增加我们所需的变量和函数。在本例中，我们定义一个私有变量和一个

私有函数，计算并显示滚动次数：

```
let numScrolls = 0;
const handleScroll = () => {
  alert(++numScrolls);
}
```

最后，通过立即执行函数的 module 参数扩展模块，这与扩展其他对象的过程类似：

```
module.countScrolls = ()=> {
  document.addEventListener("wheel", handleScroll);
};
```

执行这个简单操作之后，MouseCounterModule 也可以调用 countScrolls 方法。

现在模块公共接口有两个方法，我们可以这样使用模块：

```
MouseCounterModule.countClicks();
MouseCounterModule.countScrolls();
```

模块的初始接口方法之一

通过扩展模块，在模块上新增的方法

我们已经提到，扩展模块的过程与创建新模块的过程类似，即通过立即执行函数扩展模块。闭包会产生副作用，因此在扩展模块之后需要仔细查看程序的状态，如图 11.3 所示。

仔细查看，图 11.3 也显示了一些模块模式的缺点：通过模块扩展无法共享模块的私有变量。例如，countClicks 函数闭包包含变量 numClicks 和 handleClick，那么通过 countClicks 方法可以访问模块私有变量。

遗憾的是，扩展的 countScrolls 方法是在完全独立的作用域中创建的，具有完全私有的变量：numScrolls 与 handleScroll。countScrolls 函数创建的闭包只有 numScrolls 和 handleScroll，而无法访问 numClicks 和 handleClick。

注意　通过独立的立即执行函数扩展模块，无法共享模块私有变量，因为每个函数都分别创建了新的作用域。虽然这是一个缺点，但并不致命，我们仍然可以使用模块模式保持 JavaScript 应用模块化。

注意到在模块模式中，模块就像对象一样，我们可以采用任何合适的方式进行扩展。例如，我们可以在模块上添加新属性：

```
MouseCounterModule.newMethod = ()=> {...}
```

我们也可以使用相同的原则轻松地创建子模块：

```
MouseCounterModule.newSubmodule = () => {
  return {...};
}();
```

　　所有这些方法都有模块模式相同的缺点：扩展的模块无法共享原有模块的内部属性。
糟糕的是，模块模式还有其他问题。当我们开始创建模块化应用时，模块本身常常
依赖其他模块的功能。然而，模块模式无法实现这些依赖关系。我们作为开发者，则不
得不考虑正确的依赖顺序，这样我们的模块才具有执行时所需的完整的依赖。虽然在小
型或中型应用中不是大问题，但是，在使用大量内部模块依赖的大型应用中则是非常严
重的问题。

```
const MouseCounterModule = function() {
  let numClicks = 0;
  const handleClick = () => {
    alert(++numClicks);
  };
  return {
    countClicks: () => {
      document.addEventListener("click", handleClick);
    }
  };
}();

(function (module){
  let numScrolls = 0;
  const handleScroll = () => {
    alert(++numScrolls);
  }

  module.countScrolls = () => {
    document.addEventListener("wheel", handleClick);
  };
})(MouseCounterModule);
```

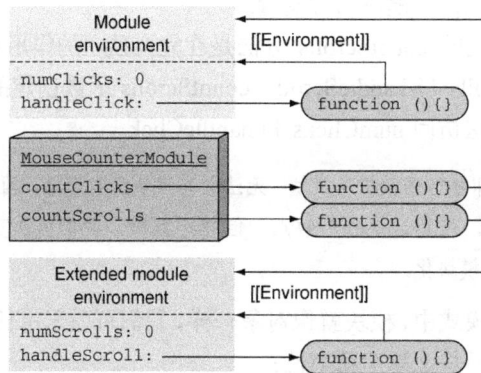

图 11.3　当扩展模块时，我们对其外部接口增加新功能，通常将模块传入立即执行函数。在本例中，我
们为 MouseCounterModule 增加 countScrolls 方法。注意，两个函数是在不同的环境中定义的，不可以
访问对方的内部变量

　　为了解决这个问题，出现了两个相互竞争的标准，即 Asynchronous Module Definition

(AMD) 和 CommonJS。

11.1.2　使用 AMD 和 CommonJS 模块化 JavaScript 应用

AMD 和 CommonJS 是两个相互竞争的标准，均可以定义 JavaScript 模块。除了语法和原理的区别之外，主要的区别是 AMD 的设计理念是明确基于浏览器，而 CommonJS 的设计是面向通用 JavaScript 环境（如 Node.js 服务端），而不局限于浏览器。本节简要概述这两个模块规范，至于在项目中如何配置则超出了本书的范围。如需了解更多信息，推荐阅读 Nicolas G. Bevacqua 的《JavaScript Application Design (Manning, 2015)》一书。

AMD

AMD 源于 Dojo toolkit（https://dojotoolkit.org/），它是构建客户端 Web 应用程序的 JavaScript 流行工具之一。AMD 可以很容易指定模块及依赖关系。同时，它支持浏览器。目前，AMD 最流行的实现是 RequireJS（http://requirejs.org/）。

让我们看看如何定义依赖于 jQuery 的小模块，如清单 11.3 所示。

清单 11.3　使用 AMD 定义模块依赖于 jQuery

```
define('MouseCounterModule',['jQuery'], $ => {     ◁———  使用 define 函数指定模块及其依赖，
  let numClicks = 0;                                     模块工厂函数会创建对应的模块
  const handleClick = () => {
    alert(++numClicks);
  };

  return {                    ◁——— 模块的公共接口
    countClicks: () => {
      $(document).on("click", handleClick);
    }
  };
});
```

AMD 提供名为 define 的函数，它接收以下参数。
- 新创建模块的 ID。使用该 ID，可以在系统的其他部分引用该模块。
- 当前模块依赖的模块 ID 列表。
- 初始化模块的工厂函数，该工厂函数接收依赖的模块列表作为参数。

在本例中，我们使用 AMD 的 define 函数定义 ID 为 MouseCounterModule 的模块。该模块依赖于 jQuery。因为依赖于 jQuery，因此 AMD 首先请求 jQuery 模块，如果需要从服务端请求，那么这个过程将会花费一些时间。这个过程是异步执行的，以避免阻塞。所有依赖的模块下载并解析完成之后，调用模块的工厂函数，并传入所依赖的模块。在本例中，只依赖一个模块，因此传入一个参数 jQuery。在工厂函数内部，是与标准模块

模式类似的创建模块的过程：创建暴露模块公共接口的对象。

可以看出，AMD 有以下几项优点。

- 自动处理依赖，我们无需考虑模块引入的顺序。
- 异步加载模块，避免阻塞。
- 在同一个文件中可以定义多个模块。

现在了解了 AMD 工作原理的基本概念，让我们看看另一个大规模流行的模块定义标准。

CommonJS

AMD 的设计明确基于浏览器，而 CommonJS 的设计是面向通用 JavaScript 环境。CommonJS 目前在 Node.js 社区具有最多的用户。CommonJS 使用基于文件的模块，所以每个文件中只能定义一个模块。CommonJS 提供变量 module，该变量具有属性 exports，通过 exports 可以很容易地扩展额外属性。最后，module.exports 作为模块的公共接口。

如果希望在应用的其他部分使用模块，那么可以引用模块。文件同步加载，可以访问模块公共接口。这是 CommonJS 在服务端更流行的原因，模块加载相对更快，只需要读取文件系统，而在客户端则必须从远程服务器下载文件，同步加载通常意味着阻塞。

再看看如何使用 CommonJS 定义 MouseCounterModule 模块，如清单 11.4 所示。

清单 11.4　使用 CommonJS 定义模块

```
//MouseCounterModule.js
const $ = require("jQuery");          ← 同步引入 jQuery 模块
let numClicks = 0;
const handleClick = () => {
  alert(++numClicks);
};

module.exports = {                    ← 使用 module.exports 定义模块公共接口
  countClicks: () => {
    $(document).on("click", handleClick);
  }
};
```

在另一个文件中引用该模块，可以这样写：

```
const MouseCounterModule = require("MouseCounterModule.js");
MouseCounterModule.countClicks();
```

看，多么简单！

由于 CommonJS 要求一个文件是一个模块，文件中的代码就是模块的一部分。因此，不需要使用立即执行函数来包装变量。在模块中定义的变量都是安全地包含在当前模块中，不会泄露到全局作用域。例如，模块变量（$、numClicks 和 handleClick）虽然是在模块代码顶部（在函数或代码块外部）定义的，但是仍然在模块作用域中；如果在标准 JavaScript 文件中这样的写法将会生成全局变量。

再次强调，只有通过 module.exports 对象暴露的对象或函数才可以在模块外部访问。这个过程与模块模式的类似，唯一的区别是无需返回一个全新的对象，模块已经提供了扩展接口和属性的方法。

CommonJS 具有两个优势。

* 语法简单。只需定义 module.exports 属性，剩下的模块代码与标准 JavaScript 无差异。引用模块的方法也很简单，只需要使用 require 函数。

* CommonJS 是 Node.js 默认的模块格式，所以我们可以使用 npm 上成千上万的包。

CommonJS 最大的缺点是不显式地支持浏览器。浏览器端的 JavaScript 不支持 module 变量及 export 属性，我们不得不采用浏览器支持的格式打包代码，可以通过 Browserify（http://browserify.org/）或 RequireJS（http://requirejs.org/docs/commonjs.html）来实现。

有了两个相互竞争定义模块的标准，即 AMD 和 CommonJS，将人们分成两个，有时甚至相互敌对的阵营。如果你的项目相对封闭，这可能还不是问题，你自己决定选择哪个标准更合适。然而，当我们需要重用对方阵营的代码，会被迫面对各种障碍，这时问题就来了。一种解决方案是采用 UMD（Universal Module Definition, https://github.com/umdjs/umd），这种模式的语法有点复杂，它同时支持 AMD 和 CommonJS。这已经超出本书的范围，如果感兴趣的话，网上有许多高质量的相关资源。

幸运的是，ECMAScript 委员会意识到需要一个支持所有 JavaScript 环境的模块语法，因此，ES6 定义了一个新的模块标准，它将最终解决这些问题。

11.2　ES6 模块

ES6 模块结合了 CommonJS 与 AMD 的优点，具体如下。

* 与 CommonJS 类似，ES6 模块语法相对简单，并且基于文件（每个文件就是一个模块）。

* 与 AMD 类似，ES6 模块支持异步模块加载。

注意　内置模块是 ES6 标准的一部分。很快就可以看到，ES6 模块语法包含语义、关键字（如关键字 export 与 import）。目前部分浏览器尚未支持 ES6。如果现在就需要使用 ES6 模块，我们需要对代码进行编译，可以使用 Traceur（https://github.com/google/traceur-compiler），

Babel（http://babeljs.io/）或 TypeScript（www.typescriptlang.org/）。我们还可以使用 SystemJS library（https://github.com/systemjs/ systemjs），SystemJS 支持目前所有的模块标准：AMD、CommonJS 甚至 ES6 模块。可以在 SystemJS 工程目录（https://github.com/systemjs/ systemjs）查看使用说明。

ES6 模块的主要思想是必须显式地使用标识符导出模块，才能从外部访问模块。其他标识符，甚至在最顶级作用域中定义的（可能是标准 JavaScript 中的全局作用域）标识符，只能在模块内使用。这一点是受到 CommonJS 启发。

为了提供这个功能，ES6 引入两个关键字。

- export —— 从模块外部指定标识符。
- import —— 导入模块标识符。

导入/导出模块的语法比较简单，但是有很多微妙的差别，我们一步一步地慢慢研究。

导出和导入功能

让我们从简单示例开始，清单 11.5 的示例显示如何导出一个模块，并在另一个模块中导入。

清单 11.5 从 Ninja.js 模块中导出

```
const ninja = "Yoshi";          ←—— 在模块中定义一个顶级变量
export const message = "Hello";

                                使用关键字 export 分别导出
                                定义的变量和函数
export function sayHiToNinja() {
  return message + " " + ninja;  ←—— 通过模块公共 API 访问模块内部变量
}
```

我们首先定义变量 ninja，虽然该变量位于最顶部代码中，但是仍然只能在模块内部访问该变量（在 ES6 之前代码是全局作用域）。

接着，我们定义另一个顶级变量 message，通过使用关键字 export，使得可以在模块外部访问该变量。最后，我们创建函数 sayHiToNinja 函数并导出。

就是这样！这就是我们定义模块所需要知道的最少的语法。我们不需要使用立即函数，也不需要记住深奥的语法来导出模块。我们使用标准 JavaScript 编写代码，唯一的区别是，在一些标识符之前（如变量、函数或类）使用关键字 export。

学习如何导入功能之前，我们来看看另一个导出标识符的方法。我们在模块最后一行列出所有我们想要导出的内容，如清单 11.6 所示。

清单 11.6　在模块最后一行导出

```
const ninja = "Yoshi";
const message = "Hello";                  定义所有的模块标识符

function sayHiToNinja() {
  return message + " " + ninja;
}                                          将所有的模块标识符全部导出

export { message, sayHiToNinja };
```

　　这种导出模块标识符的方式与模块模式有一些相似之处，直接函数的返回对象代表模块的公共接口，尤其与 CommonJS 相似，我们通过公共模块接口扩展了 module.exports 对象。无论我们如何导出模块，如果我们需要在另一个模块中导入，我们就必须得使用关键字 import，如清单 11.7 的示例所示。

清单 11.7　从 Ninja.js 模块导入

```
                                          使用关键字 import 从模块中
                                          导入标识符
import { message, sayHiToNinja} from "Ninja.js";   ◁

assert(message === "Hello",
     "We can access the imported variable");       现在我们可以使用导
assert(sayHiToNinja() === "Hello Yoshi",           入的变量与函数
     "We can say hi to Yoshi from outside the module");

assert(typeof ninja === "undefined",
     "But we cannot access Yoshi directly");       不能直接访问未导出的模块变量
```

　　我们使用关键字 import 从模块 Ninja.js 中导入变量 message 和函数 sayHiToNinja：

```
import { message, sayHiToNinja} from "Ninja.js";
```

　　这样我们获得了 Ninja.js 模块中定义的两个标识符。最后，我们可以访问变量 message，并调用 sayHiToNinja 函数进行测试：

```
assert(message === "Hello",
     "We can access the imported variable");
assert(sayHiToNinja() === "Hello Yoshi",
     "We can say hi to Yoshi from outside the module");
```

　　不能访问未导出或未导入的变量。例如，我们不能访问变量 ninja，因为该变量未通过 export 标识：

```
assert(typeof ninja === "undefined",
     "But we cannot access Yoshi directly");
```

通过模块，可以避免滥用全局变量而让代码更安全。没有显式导出的内容仍然可通过模块进行隔离。

在这个示例中，我们使用 export 从一个模块导出多个标识符（如 message 和 sayHiToNinja）。因为我们可以导出大量的标识符，在导入语句中依次罗列标识符就显得冗余。因此，使用简化符号可以导入全部标识符，如清单 11.8 所示。

清单 11.8　导入在 Ninja.js 模块中导出的全部标识符

```
import * as ninjaModule from "Ninja.js";          ← 使用*导入所有的标识符

assert(ninjaModule.message === "Hello",
      "We can access the imported variable");
assert(ninjaModule.sayHiToNinja() === "Hello Yoshi",    通过属性表达式获
      "We can say hi to Yoshi from outside the module");   取对应的名称


assert(typeof ninjaModule.ninja === "undefined",
       "But we cannot access Yoshi directly");      仍然无法访问未导出的标识符
```

如清单 11.8 所示，我们使用符号*导入全部标识符，并指明模块别名（如 ninjaModule）。之后我们可以通过属性表达式访问导出的标识符，例如 ninjaModule.message 和 ninjaModule.sayHiToNinja。但我们仍然不能访问未导出的变量 ninja。

默认导出

通常，我们不需要从模块中导出一组相关的标识符，只需要一个标识符来代表整个模块的导出。常见的情况是，当模块中包含一个类，如清单 11.9 所示。

清单 11.9　Ninja.js 的默认导出

```
export default class Ninja {          ← 使用 export default 关键
  constructor(name) {                    字定义模块的默认导出
    this.name = name;
  }
}


export function compareNinjas(ninja1, ninja2) {    ← 使用默认导出的同时，我们
  return ninja1.name === ninja2.name;              还可以指定导出的名称
}
```

在关键字 export 后面增加关键字 default，指定模块的默认导出。在本例中，模块默认导出类 Ninja。虽然指定了模块的默认导出，但是仍然可以导出其他标识符，如导出函数 compareNinjas。

现在，我们可以使用简单的语法导入模块 Ninja.js 的功能，如清单 11.10 所示。

清单 11.10　导入模块默认导出的内容

```
import ImportedNinja from "Ninja.js";          ←─ 导入模块默认导出的内容，不需要使用
import {compareNinjas} from "Ninja.js";           花括号{}，可以任意指定名称
                                               ←─ 导入指定的内容

const ninja1 = new ImportedNinja("Yoshi");
const ninja2 = new ImportedNinja("Hattori");   ←─ 创建两个实例，
                                                  并验证存在性
assert(ninja1 !== undefined
    && ninja2 !== undefined, "We can create a couple of Ninjas");

assert(!compareNinjas(ninja1, ninja2),
      "We can compare ninjas");                ←─ 可以访问命名的导出
```

　　示例从导入模块默认导出的内容开始。导入已命名的导出内容必须使用花括号，但是导入默认的导出不需要。同时，注意到我们可以为默认导出自定义名称，不一定需要使用导出时的命名。本例中，ImportedNinja 指向文件 Ninja.js 中定义的类 Ninja。

　　接着，导入已命名的导出内容，和前一个示例类似，可证明可以同时导入默认导出和已命名的导出。最后，创建两个 ninja 对象，调用函数 compareNinjas，验证导入的内容可正常工作。

　　在本例中，在同一个文件编写两个 import 语句。ES6 提供了简写语法：

```
import ImportedNinja, {compareNinjas} from "Ninja.js";
```

　　在一条语句中使用逗号操作符，分隔从 Ninja.js 文件导入的默认和命名的导出。

export 与 import 时使用重命名

　　需要时，同时可以重命名 export 和 import。从重命名 export 开始，如下代码所示（注释说明代码所处的文件）：

```
//************* Greetings.js ************/   ←─ 定义函数 sayHi
function sayHi() {
  return "Hello";
}

assert(typeof sayHi === "function"
    && typeof sayHello === "undefined",        ←─ 验证我们只能访问 sayHi 函数，
      "Within the module we can access only sayHi");   而不能通过别名访问

export { sayHi as sayHello }                    ←─ 通过关键字 as 设置别名

//************* main.js ***************/
```

```
import {sayHello } from "Greetings.js";

assert(typeof sayHi === "undefined"                          只能导入 sayHello
    && typeof sayHello === "function",
     "When importing, we can only access the alias");
```

在示例中,我们定义名为 sayHi 的函数,并验证只能通过 sayHi 标识符访问函数,而不能通过模块最后一行定义的别名 sayHello 访问:

```
export { sayHi as sayHello }
```

只能在 export 表达式中进行重命名,不能通过关键字 export 修改变量前缀或函数声明。然后,当对重命名的 export 执行 import 时,只能通过别名导入:

```
import { sayHello } from "Greetings.js";
```

最后,测试只能访问别名,而无法访问原始的标识符:

```
assert(typeof sayHi === "undefined"
    && typeof sayHello === "function",
      "When importing, we can only access the alias");
```

重命名 import 时也是如此,如以下代码片段所示:

```
/************* Hello.js *************/
export function greet() {                              在 Hello.js 文件中导
  return "Hello";                                       出名为 greet 的函数
}


/************* Salute.js *************/
export function greet() {                              在 Salute.js 文件中导
  return "Salute";                                      出名为 greet 的函数
}


/************* main.js *************/
import { greet as sayHello } from "Hello.js";         使用 as 关键字重命名 import
import { greet as salute } from "Salute.js";          的内容,避免命名冲突

assert(typeof greet === "undefined",                  不能通过原始名称访问函数
      "We cannot access greet");

assert(sayHello() === "Hello" && salute() === "Salute",
      "We can access aliased identifiers!");          但可以访问别名
```

与导出标识符类似,在导入模块时也可以使用 as 关键字导入其他模块的标识符。当需要在当前上下文提供更合适的命名,或者避免命名冲突时,别名可以发挥作用。

我们已经研究完 ES6 模块的语法,如表 11.1 所示。

表 11.1 回顾 ES6 模块语法

代 码	含 义
export const ninja = "Yoshi";	导出变量
export function compare(){}	导出函数
export class Ninja{}	导出类
export default class Ninja{}	导出默认类
export default function Ninja(){}	导出默认函数
const ninja = "Yoshi"; function compare(){}; export {ninja, compare};	导出存在的变量
export {ninja as samurai, compare};	使用别名导出变量
import Ninja from "Ninja.js";	导入默认导出
import {ninja, Ninja} from "Ninja.js";	导入命名导出
import * as Ninja from "Ninja.js";	导入模块中声明的全部导出内容
import {ninja as iNinja} from "Ninja.js";	通过别名导入模块中声明的全部导出内容

11.3 小结

- 小的、组织良好的代码远比庞大的代码更容易理解和维护。优化程序结构和组织方式的一种方式是将代码拆分成小的、耦合相对松散的片段或模块。
- 模块是比对象或函数稍大的、用于组织代码的单元，通过模块可以将程序进行分类。
- 通常来说，模块可以降低理解成本，模块易于维护，并可以提高代码的可重用性。
- 在 JavaScript ES6 之前，没有内置的模块，开发者们不得不创造性地发挥 JavaScript 语言现有的特性实现模块化。最流行的方式之一是通过立即执行函数的闭包实现模块。
  - 使用立即执行函数创建定义模块变量的闭包，从外部作用域无法访问这些变量。
  - 使用闭包可以使模块变量保持活跃。
  - 最流行的是模块模式，通常采用立即执行函数，并返回一个新对象作为模块的公共接口。
- 除了模块模式，还有两个流行的模块标准：AMD，可以在浏览器端使用；CommonJS，在 JavaScript 服务端更流行。AMD 可以自动解决依赖，异步加载模块，避免阻塞。CommonJS 语法简单，可以同步加载模块（因此在服务端更流行），通过 npm（node 包管理）可以获取大量模块。

- ES6 结合了 AMD 和 CommonJS 的特点。ES6 模块受 CommonJS 影响，语法简单，并提供了与 AMD 类似的异步模块加载机制。
  - ES6 模块基于文件，一个文件是一个模块。
  - 通过关键字 export 导出标识符，在其他模块中可引用这些标识符。
  - 在其他模块中通过关键字 import 导入标识符。
  - 模块可以使用默认导出，通过一个 export 导出整个模块。
  - export 与 import 都可以通过关键字 as 使用别名。

11.4　练习

1. 在模块模式中，通过哪种机制实现模块私有变量？
   a. Prototypes
   b. Closures
   c. Promises

2. 以下代码采用的是 ES6 的模块，如果导入该模块，可以使用哪个标识符？

```
const spy = "Yagyu";
function command() {
  return general + " commands you to wage war!";
}
export const general = "Minamoto";
```

   a. spy
   b. command
   c. general

3. 以下代码采用的是 ES6 的模块，如果导入该模块，可以使用哪个标识符？

```
const ninja = "Yagyu";
function command() {
  return general + " commands you to wage war!";
}
const general = "Minamoto";

export { ninja as spy};
```

   a. spy
   b. command
   c. general
   d. ninja

4. 以下哪条 import 语句正确？

```
//File: personnel.js
const ninja = "Yagyu";
function command() {
  return general + " commands you to wage war!";
}
const general = "Minamoto";

export {ninja as spy};
```

      a. `import {ninja, spy, general} from "personnel.js"`

      b. `import * as Personnel from "personnel.js"`

      c. `import {spy} from "personnel.js"`

5. 有如下模块代码，哪条语句可以导入 Ninja？

```
//Ninja.js
export default class Ninja {
  skulk() {return "skulking";}
}
```

      a. `import Ninja from "Ninja.js"`

      b. `import * as Ninja from "Ninja.js"`

      c. `import * from "Ninja.js"`

第 4 部分

洞悉浏览器

现在我们已经探索了 JavaScript 语言的基础，接下来把目光投向浏览器——大多数 JavaScript 应用最常被执行的环境。

在第 12 章中，我们将通过探索高效的 DOM 操作来实现快速、高度动态化的 Web 应用，以深入研究 DOM。

第 13 章将带你了解事件，尤其是事件循环，带你感知它在 Web 应用性能上的影响。

最后，是一个没那么轻松但又非常重要的话题：跨浏览器开发。虽然近年来浏览器兼容有了很大改善，不过仍然不能假设我们的代码在每个浏览器中都能有一致的表现。因此，第 14 章会介绍跨浏览器开发中的策略。

第 12 章 DOM 操作

本章包括以下内容：

- 向 DOM 中插入 HTML
- 理解 DOM 的特性和属性
- 获取计算样式
- 处理频繁布局操作

到目前为止，你一直在学习 JavaScript 语言本身，虽然 DOM 开发跟纯 JavaScript 只有很细微的差别，不过当我们真的在 Web 应用开发中使用到 DOM 时，并不会很轻松。实现高度动态化的 Web 应用的重要手段，就是通过修改 DOM 来响应用户的操作。可是当我们随便阅读一个 JavaScript DOM 操作库的源码时，你会发现就算简单的 DOM 操作，背后的代码实现都是冗长而复杂。即使像 cloneNode 和 removeChild 这种操作也不例外。

这里大家估计都会困惑：

- 为什么这些代码要如此复杂？
- 既然这些库已经帮我做好了，为什么我要理解它的实现？

最能让大家信服的原因是为了性能。了解类库中 DOM 操作的实现原理，既可以配合类库写出更高效率的代码，也可以将这些技术灵活运用在自己代码中。

因此，我们将从本章开始，看看如何根据需求，以注入 HTML 的方式来扩充现有页面。我们会通过不断地测试，来破解浏览器抛出的所有关于元素属性和特性的谜题，探寻那些不符合预期的结果背后的原因。

对于层叠样式表（CSS）和元素样式也是如此。构建动态 Web 应用程序时遇到的许多困难，都因为设置和获取元素样式是个复杂的苦差事。这本书不能涵盖处理元素样式时的所有知识（那已经足够再写一本书），但是会讨论处理时的核心要素。

在本章完结之前会介绍因为修改和读取 DOM 信息时的操作不当而引发的性能问题。好了，让我们看看如何向页面注入任意 HTML 吧。

你知道吗？

- 为什么在注入 HTML 之前需要预解析（preparse）页面中可以自动闭合的元素？
- 使用 DOM 片段（DOM fragments）插入 HTML 的好处是什么？
- 如何确定页面上隐藏元素的尺寸？

12.1　向 DOM 中注入 HTML

本章我们一起看一下如何高效地在文档中的任意位置插入一段 HTML 字符串。之所以介绍它，是因为该技术经常被用来开发那些高度动态的网页，或是根据用户操作或者服务端返回数据，来修改 UI 展现。该技术在以下场景中特别有用。

- 在页面中插入任意 HTML 时以及操作并插入客户端模板时。
- 拉取并注入从服务器返回的 HTML 时。

要想完整地实现此类功能，在技术上还是很有挑战性的（尤其是相比于封装面向对象的 DOM 操作 API，封装 API 虽然需要一些额外的抽象，但对比插入 HTML，无疑还是更好实现）。可以使用 jQuery 来实现这个例子，将 HTML 字符串插入到文档中。考虑这样一个例子，从字符串创建 HTML 元素并将其插入到文档中。如果用 jQuery，代码可以这样实现：

```
$(document.body).append("<div><h1>Greetings</h1><p>Yoshi here</p></div>")
```

与只用原生 DOM API 进行对比：

```
const h1 = document.createElement("h1");
h1.textContent = "Greetings";

const p = document.createElement("p");
p.textContent = "Yoshi here";

const div = document.createElement("div");

div.appendChild(h1);
div.appendChild(p);
```

```
document.body.appendChild(div);
```

你会选择哪种方式？

基于这些原因，我们要从头实现一套简洁的 DOM 操作方式。具体步骤如下。

- 将任意有效的 HTML 字符串转换为 DOM 结构。
- 尽可能高效地将 DOM 结构注入到任意位置。

这些步骤给开发者提供了一套插入 HTML 到文档的捷径。

让我们开始吧。

12.1.1　将 HTML 字符串转换成 DOM

HTML 字符串转 DOM 结构不是特别。事实上，它主要用到了一个大家都很熟悉的工具：innerHTML 属性。

转换的步骤如下所示。

1．确保 HTML 字符串是合法有效的。

2．将它包裹在任意符合浏览器规则要求的闭合标签内。

3．使用 innerHTML 将这串 HTML 插入到虚拟 DOM 元素中。

4．提取该 DOM 节点。

这一系列步骤看上去并不复杂，不过在实际插入的时候还是存在着一些陷阱。让我们具体看看每一步。

预处理 HTML 源字符串

首先，需要清理 HTML 源来满足我们的需求。举例来说，如下代码是一个骨架 HTML，它允许我们选择一个"忍者"（通过 option 元素），并在表格中展示所选"忍者"的详细信息，假定在选择之后加入详细信息：

```
<option>Yoshi</option>
<option>Kuma</option>
<table />
```

这段 HTML 代码有两个问题。一，option 元素不能孤立存在。如果遵循良好的 HTML 语义，它们应该被包含在 select 元素内。二，虽然标记语言通常会允许自闭合无子元素的标签，类似
，但 HTML 里只有一小部分元素支持（table 并不在其中）。这之外的元素使用类似写法时，在某些浏览器下会导致异常。

让我们先解决下自闭合元素的问题。为支持该特性，我们可以对 HTML 字符串进行快速预处理，将诸如<table />的元素转换为<table> </table>（保证在各浏览器下的体验一致），如清单 12.1 所示。

使用正则表达式匹配我们不需
要关心的元素名

```
const tags =
  /^(area|base|br|col|embed|hr|img|input|keygen|link|menuitem|meta|param|
     source|track|wbr)$/i;
function convert(html) {
  return html.replace(
         /(<(\w+)[^>]*?)\/>/g, (all, front, tag) => {
    return tags.test(tag) ? all :
                       front + "></" + tag + ">";
  });
}
```

转换函数，通过使用
正则表达式将自闭合
标签转为"正常"形
式的标签对

```
assert(convert("<a/>") === "<a></a>", "Check anchor conversion.");
assert(convert("<hr/>") === "<hr></hr>", "Check hr conversion.");
```

当我们将 convert 函数应用于此示例的 HTML 字符串时，我们最终得到以下结果
（<table />展开了）：

```
<option>Yoshi</option>
<option>Kuma</option>
<table></table>              ◁—— 添加<table/>
```

执行完上面的转换后，我们还需要解决选项元素没有包含在 select 元素中的问题。
让我们看看如何确定一个元素是否需要包装。

包装 HTML

根据 HTML 的语义，一些 HTML 元素必须包装在某些容器元素中，才能被注入。例
如，<option>元素必须包含在<select>中。

我们可以通过两种方式解决这个问题，这两种方式都需要构建问题元素和它们的容
器之间的映射。

- 通过 innerHTML 将该字符串直接注入到它的特定父元素中，该父元素提前使用
  内置的 document.createElement 创建好。尽管大多数情况下的大部分的浏览器都
  支持这种方式，但仍然不能保证完全通用。
- HTML 字符串可以在使用对应父元素包装后，直接注入到任意容器元素中（比
  方<div>），这样更保险，但相对麻烦。

这里更推荐第二种方法，相比第一种，它只需很少的浏览器兼容代码。

幸运的是，需要被包装在特定容器内的问题元素数量非空可控，且只有 7 个。表 12.1
中，...表示元素需要被注入的位置。

表 12.1　需要包含在其他元素中的元素

元素名称	父级元素
`<option>` ， `<optgroup>`	`<select multiple>...</select>`
`<legend>`	`<fieldset>...</fieldset>`
`<thead>` ， `<tbody>` ， `<tfoot>` ，`<colgroup>` ， `<caption>`	`<table>...</table>`

`<tr>`	`<table><thead>...</thead></table>`
	`<table><tbody>...</tbody></table>`
	`<table><tfoot>...</tfoot></table>`

`<td>` ， `<th>`	`<table><tbody><tr>...</tr></tbody></table>`

`<col>`	`<table>`
	　`<tbody></tbody>`
	　`<colgroup>...</colgroup>`
	`</table>`

这里大部分元素的包装都很直接，除了以下几点。

● 使用具有 multiple 属性的`<select>`元素（而不是单选），因为它不会自动检查任何包含在其中的选项（而单选则会自动检查第一个选项）。

● 对 col 的兼容处理需要一个额外的`<tbody>`，否则`<colgroup>`不能正确生成。

知道了不同元素的包装逻辑后，我们就可以开始生成代码了。

利用清单 12.1 中的信息，我们可以生成需要的 HTML 并插入到 DOM 元素中，如清单 12.2 所示。

清单 12.2　将元素标签转为一系列 DOM 节点

```
function getNodes(htmlString, doc) {
    const map = {
        "<td":[3,"<table><tbody><tr>","</tr></tbody></table>"],
        "<th":[3,"<table><tbody><tr>","</tr></tbody></table>"],
        "<tr":[2,"<table><thead>","</thead></table>"],
        "<option":[1,"<select multiple>","</select>"],
        "<optgroup":[1,"<select multiple>","</select>"],
        "<legend":[1,"<fieldset>","</fieldset>"],
        "<thead":[1,"<table>","</table>"],
        "<tbody":[1,"<table>","</table>"],
        "<tfoot":[1,"<table>","</table>"],
        "<colgroup":[1,"<table>","</table>"],
        "<caption":[1,"<table>","</table>"],
```

> 需要特殊父级容器的元素映射表。每个条目都包含新节点的深度，以及父元素的 HTML 头尾片断

匹配
起始
标记
和标
签名

```
        "<col":[2,"<table><tbody></tbody><colgroup>","</colgroup></table>"],
    };

    const tagName = htmlString.match(/<\w+/);
    let mapEntry = tagName ? map[tagName[0]] : null;
    if (!mapEntry) { mapEntry = [0, " "," " ];}

    let div = (doc || document).createElement("div");
    div.innerHTML = mapEntry[1] + htmlString + mapEntry[2];
    while (mapEntry[0]--) { div = div.lastChild;}
    return div.childNodes;
}
assert(getNodes("<td>test</td><td>test2</td>").length === 2,
        "Get two nodes back from the method.");
assert(getNodes("<td>test</td>")[0].nodeName === "TD",
        "Verify that we're getting the right node.");
```

如果映射表中有匹配，使用匹配结果：如果没有，则构造空的"父"标记，深度设为0，作为结果

创建用来包含新节点的 </div>。注意，如果传入了文档(document)对象，使用传入的，否则默认当前 document 对象

返回新创建的元素

使用匹配得到的父级容器元素，包装起传入的 HTML 字符串，并将其注入到新创建的<div>中

参照映射关系定义的深度，向下遍历刚刚创建的 DOM 树，最终得到的应该是新创建的 2 元素。

我们创建了一个包含所有需要放置在特殊父容器中的元素类型映射，它包含节点深度，以及对应的闭合标签。接下来，我们使用正则表达式匹配要插入元素的起始标签和元素名称：

```
const tagName = htmlString.match(/<\w+/);
```

然后我们匹配一个映射条目，如果没有，则创建一个空的父元素标记的虚拟条目：

```
let mapEntry = tagName ? map[tagName[0]] : null;
if (!mapEntry) { mapEntry = [0, " ", " "]; }
```

创建一个新的 div 元素，用映射的 HTML 包围它，并将新创建的 HTML 插入到先前创建的 div 元素中：

```
let div = (doc || document).createElement("div");
div.innerHTML = mapEntry[1] + htmlString + mapEntry[2]
```

最后，找到传入 HTML 的所需节点的父节点，返回新创建的节点：

```
while (mapEntry[0]--) { div = div.lastChild;}
return div.childNodes;
```

做完这些，我们就得到了想要的 DOM 节点，接下来就可以将其插入到文档里了。

如果回到最开始的示例，并应用 getNodes 函数，我们将得到以下结果：

```
<select multiple>
  <option>Yoshi</option>
  <option>Kuma</option>
</select>
<table></table>
```

<option>元素已经被包装
进了<select>里

12.1.2　将 DOM 元素插入到文档中

一旦生成 DOM 节点，就可以将其插入到文档中了。插入操作需要几个步骤，我们将在本节展开介绍。

我们有一个需要插入的元素数组——可能是文档中的任意地方——我们尝试将插入操作步骤减少到最少。为此我们可以使用 DOM 片段（DOM fragments）进行插入。DOM 片段是 W3C DOM 规范的一部分，目前所有浏览器都已经支持。这是一个非常有用的特性，它为我们提供了一个存储临时 DOM 节点的容器。

在我们使用这种机制之前，先重新温习一下清单 12.2 中的 getNodes()代码，并进行一些适当调整，以有效利用 DOM 片段。代码调整很小，只在参数列表中添加了一个 fragment 参数，示例如清单 12.3 所示。

清单 12.3　使用 DOM 片段扩展 getNodes 函数

```
function getNodes(htmlString, doc, fragment){          添加新的
  const map = {                                        fragment参数
    "<td":[3,"<table><tbody><tr>","</tr></tbody></table>"],
    "<th":[3,"<table><tbody><tr>","</tr></tbody></table>"],
    "<tr":[2,"<table><thead>","</thead></table>"],
    "<option":[1,"<select multiple>","</select>"],
    "<optgroup":[1,"<select multiple>","</select>"],
    "<legend":[1,"<fieldset>","</fieldset>"],
    "<thead":[1,"<table>","</table>"],
    "<tbody":[1,"<table>","</table>"],
    "<tfoot":[1,"<table>","</table>"],
    "<colgroup":[1,"<table>","</table>"],
    "<caption":[1,"<table>","</table>"],
    "<col":[2,"<table><tbody></tbody><colgroup>","</colgroup></table>"],
  };
  const tagName = htmlString.match(/<\w+/);
  let mapEntry = tagName ? map[tagName[0]] : null;
  if (!mapEntry) { mapEntry = [0, " "," " ];}
  let div = (doc || document).createElement("div");
  div.innerHTML = mapEntry[1] + htmlString + mapEntry[2];
  while (mapEntry[0]--) { div = div.lastChild;}
```

```
   if (fragment) {
    while (div.firstChild) {
      fragment.appendChild(div.firstChild);
    }
   }

   return div.childNodes;
 }
```

如果 fragment 存在，将节
点插入进去

这个例子中，我们做了两处改动。首先，我们修改了函数的参数列表，在最后添加了 fragment 参数：

```
function getNodes(htmlString, doc, fragment) {...}
```

如果传了这个 fragment 参数，则期望将新节点注入到修改的 fragment 参数对应的 DOM 片段中，以供以后使用。

为此，我们在函数的 return 语句之前添加以下代码，以将节点添加到该 fragment 中：

```
if (fragment) {
 while (div.firstChild) {
   fragment.appendChild(div.firstChild);
 }
}
```

现在让我们来看看它的用法。

如清单 12.4 所示，假设 getNodes 函数在作用域内，创建一个 DOM 片段（fragment）并将其传递给该函数（可能你还记得，将传入的 HTML 字符串转换为 DOM 元素）。执行完后 DOM 已经附加到该 fragment 上了。

清单 12.4　在 DOM 的多个位置插入 DOM 片段

```
<div id="test"><b>Hello</b>, I'm a ninja!</div>
<div id="test2"></div>
<script>
  document.addEventListener("DOMContentLoaded", () => {
    function insert(elems, args, callback) {
      if (elems.length) {
        const doc = elems[0].ownerDocument || elems[0],
            fragment = doc.createDocumentFragment(),
            scripts = getNodes(args, doc, fragment),
            first = fragment.firstChild;

        if (first) {
          for (let i = 0; elems[i]; i++) {
            callback.call(root(elems[i], first),
```

准备测试节点

创建DOM片段，用来
插入HTML节点

通过字符串
创建HTML
节点

```
                i > 0 ? fragment.cloneNode(true) : fragment);
      }
    }
  }
}
const divs = document.querySelectorAll("div");
insert(divs, "<b>Name:</b>", function (fragment) {
  this.appendChild(fragment);
});

insert(divs, "<span>First</span> <span>Last</span>",
    function (fragment) {
      this.parentNode.insertBefore(fragment, this);
    });
});
</script>
```

如果需要将节点插入到多个元素中，那么我们需要复制多份 DOM 片段

这里还有一个要点：如果要将一个元素插入到文档中的多个位置，那么我们每个位置都需要复制一次片段。如果我们不使用 DOM 片段，我们必须每次复制每个单独的节点，而不是一次复制整个 DOM 片段。

有了这个，我们开发了一种以直观的方式生成和插入任意 DOM 元素的方法。接下来让我们通过查看 DOM 属性以及属性之间的差异来继续对 DOM 的探索。

12.2 DOM 的特性和属性

当访问元素的特性值时，我们有两种选择：使用传统的 DOM 方法 getAttribute 和 setAttribute，或使用 DOM 对象上与之相对应的属性。

举例来说，一个元素保存在变量 e 中，要获取其 id 的话，我们可以使用如下方式：

```
e.getAttribute('id')
e.id
```

无论哪种方式，都能获取到 id 的值。让我们通过清单 12.5 的代码，继续理解特性值和对应属性的行为。

清单 12.5 通过 DOM 方法和属性访问特性值

```
<div></div>
<script>
  document.addEventListener("DOMContentLoaded", () => {
    const div = document.querySelector("div");
    div.setAttribute("id","ninja-1");
    assert(div.getAttribute('id') === "ninja-1",
```

获取一个元素引用

使用 setAttribute 改变 id 的值，再使用 getAttribute 检验是否发生了变化

```
                      "Attribute successfully changed");
         div.id = "ninja-2";
         assert(div.id === "ninja-2",           改变属性值，测试是否发生变化
              "Property successfully changed");

         assert(div.getAttribute('id') === "ninja-2",
              "Attribute successfully changed via property");
         div.setAttribute("id","ninja-3");       改变特性值，对
         assert(div.id === "ninja-3",            应属性值也随之
              "Property successfully changed via attribute");  改变
         assert(div.getAttribute('id') === "ninja-3",
              "Attribute successfully changed");
       });
</script>
```

改变属性后，对应特性值也随之改变

　　此例揭示了元素特性和属性之间的有趣行为。首先定义一个简单的<div>元素作为测试对象。然后在页面 DOMContentLoaded 的处理程序中（以确保 DOM 已经完成加载），获取该<div>元素的引用——const div = document.querySelector("div")，最后再运行测试。

　　在第一个测试中，通过 setAttribute()方法，将 id 特性的值设置为 ninja-1。然后断言 getAttribute()获取该特性应该返回同样的值。不出意外的话，页面加载完成后是可以通过测试的：

```
div.setAttribute("id", "ninja-1");
assert(div.getAttribute('id') === "ninja-1",
      "Attribute successfully changed");
```

　　同样，在接下来的测试中，我们将 id 属性的值设置为 ninja-2，然后验证该属性的值，也确实改变了。测试通过，没有问题。

```
div.id = "ninja-2";
assert(div.id === "ninja-2",
      "Property successfully changed");
```

　　第 3 个测试就变得有趣了。我们再次将 id 属性的值设置为一个新值 ninja-3，然后验证，该属性的值被改变了。同时还断言，不仅属性值发生了变化，id 特性值（attribute）也发生了变化。这两个断言测试都通过了。通过这些测试验证，我们知道 id 属性和 id 特性是以某种方式联系在一起的。修改 id 属性的值，id 特性的值也会跟着改变。

```
div.id = "ninja-3";
assert(div.id === "ninja-3",
      "Property successfully changed");
assert(div.getAttribute('id') === "ninja-3",
```

```
        "Attribute successfully changed via property");
```

　　最后一个测试，证明了另外一个方式也同样生效：设置特性的值，也会改变属性的值。

```
div.setAttribute("id","ninja-4");
assert(div.id === "ninja-4",
        "Property successfully changed via attribute");
assert(div.getAttribute('id') === "ninja-4","Attribute changed");
```

　　但不要被这个结论欺骗，认为属性和特性共享一个相同的值——其实并没有。我们稍后将在本章看到，特性和对应的属性虽然有联系，但并不总是相同的。

　　请注意，并非所有元素特性都能被属性表示。虽然 HTML DOM 的原生特性，通常都能被属性表示，但是页面元素上我们放置的自定义特性（custom attributes）并不能自动被元素属性表示。访问这些自定义属性值，我们需要使用 DOM 方法 getAttribute()和 setAttribute()。

　　如果无法判断某个特性的属性是否存在，可以通过测试判定，如果不存在，则使用 DOM 方法来获取。示例如下：

```
const value = element.someValue ? element.someValue
                                : element.getAttribute('someValue');
```

注意　在 HTML5 中，为遵循规范，建议使用 **data-**作为自定义属性的前缀。这是一个很好的约定，方便清楚区分自定义特性和原生特性。

12.3　令人头疼的样式特性

　　与一般特性的获取和设置相比，样式特性的获取和设置可谓是让人相当头疼。就像我们在上一节研究的特性和属性一样，本节我们也是用两种方式来处理 style 值：特性值，以及从特性值中创建的元素属性。

　　最常用的是 style 元素属性，它不是字符串，而是一个对象，该对象的属性与元素标签内指定的样式相对应。此外，我们将介绍一下可以访问元素所有计算后的样式信息的 API。该"计算样式"是对所有集成样式和应用样式求值以后，在该元素上应用的实际样式。

　　本节概述了在浏览器中使用样式时需要了解的事项。让我们来看看样式信息被记录在哪里。

12.3.1 样式在何处

元素的样式信息位于 DOM 元素中的 style 属性上，初始值是在元素的 style 特性上设置的。例如，style="color:red"，将会把该样式信息保存在样式对象中。在页面执行期间，脚本可以设置或修改样式对象中的值，并且这些修改会直接作用于元素的展示上。

许多脚本作者失望地发现，在元素的样式对象中没有来自页面上的<style>元素或外部样式表中的值。但不会让大家一直失望，马上会介绍一种获取完整信息的方式。

现在，先让我们来看一下 style 属性是如何获取到值的。阅读清单 12.6 中代码。

清单 12.6　检测 Style 属性

声明一个页面内嵌样式表，
设置字体大小和边框

```
<style>
  div { font-size: 1.8em; border: 0 solid gold; }
</style>
<div style="color:#000;" title="Ninja power!">
  忍者ハワー
</div>
<script>
  document.addEventListener("DOMContentLoaded", () => {
    const div = document.querySelector("div");
    assert(div.style.color === 'rgb(0, 0, 0)' ||
           div.style.color === '#000',
           'color was recorded');
    assert(div.style.fontSize === '1.8em',
           'fontSize was recorded');
    assert(div.style.borderWidth === '0',
           'borderWidth was recorded');
    div.style.borderWidth = "4px";
    assert(div.style.borderWidth === '4px',
           'borderWidth was replaced');
  });
</script>
```

该测试元素将从多个地方接收多个样式，包括自己 style 特性和内联样式表

验证内联的 color 样式被记录了

验证继承的字体大小样式被记录了

验证继承的边框样式被记录了

修改边框宽度值

对边框值进行测试

在此示例中，我们设置了一个<style>元素以建立一个内部样式表，其值将应用于页面上的元素。样式表指定所有<div>元素将以比默认值大 1.8 倍的字体大小显示，并且带有宽度为 0 的纯色边框。应用此元素的任何元素都将具有边框，但它不可见，因为它的宽度为 0。

```
<style>
  div { font-size: 1.8em; border: 0 solid gold; }
```

```
</style>
```

　　然后创建一个具有内联样式属性的<div>元素，将元素的文本颜色设置为黑色：

```
<div style="color:#000;" title="Ninja power!">
  忍者ハワー
</div>
```

　　然后开始测试。取得对<div>元素的引用后，我们测试 style 属性是否接收到了分配给该元素的 color 属性。需要注意，即使颜色在内联样式中指定为#000，但在大多数浏览器的样式属性中被设置后，它也会被标准化为RGB符号（因此我们检查这两种格式）。

```
assert(div.style.color === 'rgb(0, 0, 0)' ||
       div.style.color === '#000',
       'color was recorded');
```

　　测试结果如图 12.1 所示，我们看到此测试通过。

　　图 12.1 测试表明，内联样式和新赋值样式被记录，但是继承的样式没有。

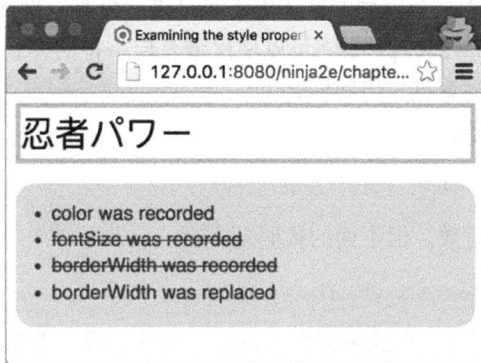

图 12.1　运行测试代码，可以看到内联样式的赋值样式，但是未记录继承样式

　　然后，我们开始测试内联样式表中指定的字体和边框样式，看是否已经记录在样式对象中。但是即使可以在图 12.1 中看到字体大小已应用于元素，测试结果却仍然失败。这是因为样式对象中不反映从 CSS 样式表中继承的任何样式信息：

```
assert(div.style.fontSize === '1.8em',
       'fontSize was recorded');
assert(div.style.borderWidth === '0',
       'borderWidth was recorded');
```

　　继续，我们使用赋值的方式，将 style 对象中的 borderWidth 属性的值更改为 4 像素宽，并测试应用是否更改。我们可以在图 12.1 中看到测试通过，并且之前不可见的边框应用于元素。此分配导致 borderWidth 属性出现在元素的样式属性中，如测试所见。

```
div.style.borderWidth = "4px";
assert(div.style.borderWidth === '4px',
       'borderWidth was replaced');
```

需要注意的是，元素的 style 属性中的任何值，都优先于样式表继承的值（即使样式表规则使用!important 的注释）。

在清单 12.6 中你可能已经注意到这一点，CSS 中指定字体大小属性为 font-size，但是在脚本中可以通过 fontSize 引用。这是为什么呢？

12.3.2   样式属性命名

用 CSS 特性跨浏览器访问样式时，出现的浏览器兼容问题相对较少。但是，CSS 样式名称和脚本中使用的名称之间的差异确实是存在的。并且有些样式名称在不同的浏览器中还不一样。

CSS 特性将多于一个单词的样式用连字符进行分割。例如：font-weight、font-size、background-color。JavaScript 中，可以使用带有连字符的样式名称，但是如果使用连字符，就不能使用点运算符来访问样式了。

看一下这个例子：

```
const fontSize = element.style['font-size'];
```

上述代码完全有效。但下面的代码却不行：

```
const fontSize = element.style.font-size;
```

JavaScript 解析器会将连字符作为减法运算符，没人希望看到这种结果。为了不强迫开发人员总是使用一般的属性访问样式，多个单词的 CSS 样式名称作为属性名时，会转换为驼峰格式。因此，font-size 会转换为 fontSize，background-color 会转换为 backgroundColor。

我们可以记住这种转换规则，或者编写一个简单的 API，无论是在设置还是获取样式时，自动将样式转换为驼峰格式。具体如清单 12.7 所示。

清单 12.7   一种访问样式的简单方法

定义处理样式的函数，它能够：如果传入 value，将相应样式属性值赋值为 value；如果没有传入 value，返回该样式属性值。我们可以通过它来设置/读取样式属性

```
<div style="color:red;font-size:10px;background-color:#eee;"></div>
<script>
  function style(element,name,value){
    name = name.replace(/-([a-z])/ig, (all,letter) => {      将name转为驼峰格式
```

```
      return letter.toUpperCase();
    });
    if (typeof value !== 'undefined') {
      element.style[name] = value;
    }
    return element.style[name];
  }
  document.addEventListener("DOMContentLoaded", () => {
    const div = document.querySelector("div");
    assert(style(div,'color') === "red", style(div,'color'));
    assert(style(div,'font-size') === "10px", style(div,'font-size'));
    assert(style(div,'background-color') ===
    "rgb(238, 238, 238)",style(div,'background-color'));
  });
</script>
```

返回样式属性值 ← return element.style[name];

如果传入value，将相应样式属性值设置为value

该样式方法有以下两个特点：

- 它使用正则表达式将名称参数转换为驼峰表示（如果正则表达式驱动的转换操作让你觉得头大，你可能需要阅读第 10 章）。
- 使用 setter 和 getter，通过检查参数列表可以实现不同的功能。例如，我们可以通过 style(div, 'font-size') 获取 font-size 属性的值，我们可以使用 style(div, 'font-size', '5px'）设置一个新值。

看一下这个例子：

```
function style(element,name,value){
  ...
  if (typeof value !== 'undefined') {
    element.style[name] = value;
  }

  return element.style[name];
}
```

　　如果 value 参数有值，则该函数充当 setter，将传入的参数设置为样式属性值。如果不传 value，则该函数充当 getter，检索执行属性的值。任一种方式，都会返回属性的值，这使得它在任何情况下都十分易用。

　　元素的 style 属性并不包含它在样式表中继承的样式信息。不过很多情境下，我们会希望获取该元素的完整的计算后样式信息，让我们看一下如何获得这些信息。

12.3.3　获取计算后样式

　　在任何时候，一个元素的计算后样式（computed style）都是应用在该元素上的所有样式的组合，这些样式包括样式表、元素的 style 特性，以及脚本对 style 做的各种操作。

　　所有现代浏览器实现的标准方法，是 getComputedStyle 方法。该方法接收要计算其样式的元素，并返回一个接口，通过该接口可进行属性查询。返回的接口提供了一个名为 getPropertyValue 的方法，用于检索特定样式属性的计算风格。

　　与元素样式对象不同，getPropertyValue 方法接收 CSS 属性名称（例如 font-size 和 background-color），而不是这些名称的驼峰式版本，如图 12.2 所示。

样式表中的样式

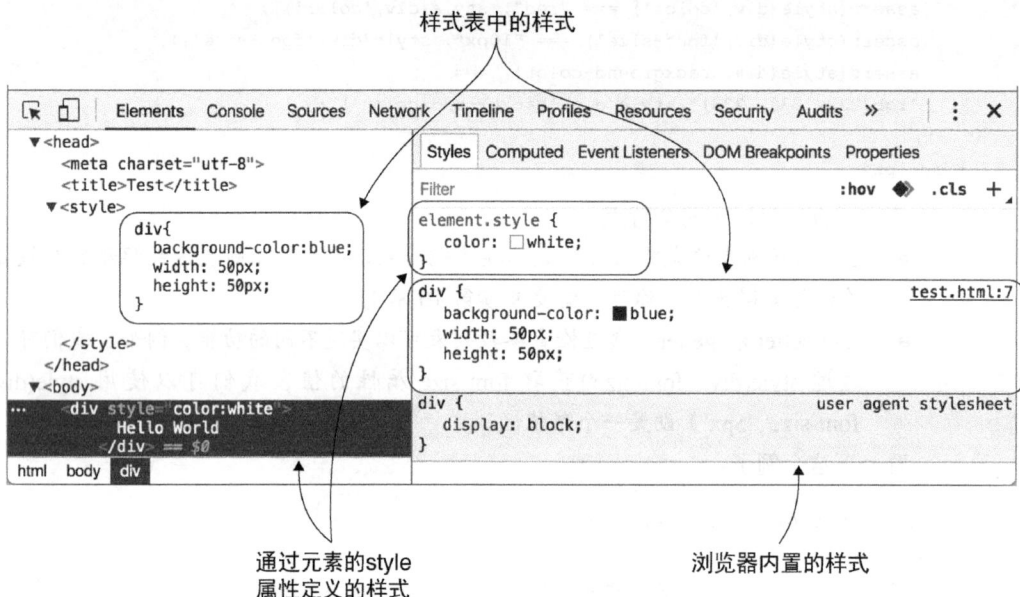

通过元素的style
属性定义的样式

浏览器内置的样式

图 12.2　与元素相关联的最终样式可以来自许多方面：浏览器内置样式（用户代理样式表），通过样式属性赋值的样式，以及 CSS 代码中定义的 CSS 规则的样式

　　清单 12.8 是一个简单的示例。

清单 12.8　获取计算后样式信息

```
<style>
  div {
    background-color: #ffc; display: inline; font-size: 1.8em;
    border: 1px solid crimson; color: green;
  }
</style>
<div style="color:crimson;" id="testSubject" title="Ninja power!">
  忍者パワー
```

创建一个用于测试的元
素，该元素具有style属性

定义一个
函数，用
于获取样
式属性的
计算值

使用内置的getComputedStyle
方法获取描述对象

```
</div>
<script>
  function fetchComputedStyle(element,property)
    const computedStyles = getComputedStyle(element);
    if (computedStyles) {
        property = property.replace(/([A-Z])/g,'-$1').toLowerCase();
        return computedStyles.getPropertyValue(property);
    }
  }
  document.addEventListener("DOMContentLoaded", () => {
    const div = document.querySelector("div");
    report("background-color: " +
            fetchComputedStyle(div,'background-color'));
    report("display: " +
            fetchComputedStyle(div,'display'));
    report("font-size: " +
            fetchComputedStyle(div,'fontSize'));
    report("color: " +
            fetchComputedStyle(div,'color'));
    report("border-top-color: " +
            fetchComputedStyle(div,'borderTopColor'));
    report("border-top-width: " +
            fetchComputedStyle(div,'border-top-width'));
  });
</script>
```

将驼峰
转为中
横线分
隔

我们可以使
用不同的符
号来获得各
种样式属性
的值

为了测试我们创建的函数，我们既给元素设置了 style 特性，同时也设置了应用于该元素的样式表。我们期望获得的计算后样式，是它俩叠加后的结果。

然后我们定义了一个新函数，接收元素和具体的 style 属性两个参数，返回我们想要获取的 style 属性值。为了保持开发者友好（毕竟，我们是代码"忍者"——致力于让工作更简便），针对多个单词的样式属性，我们要同时兼容驼峰式和连字符。换句话说，我们同时支持 backgroundColor 和 background-color。让我们看看如何达到这一点。

首先要做的事情就是，获取计算样式的接口，并将其保存在一个变量中稍后引用。我们这样做的原因是，提升性能，尽量避免不必要的重复。

```
const computedStyles = getComputedStyle(element);
if (computedStyles) {
  property = property.replace(/([A-Z])/g,'-$1').toLowerCase();
  return computedStyles.getPropertyValue(property);
}
```

如果成功获取到了（虽然也想不出任何理由会失败，但通常还是谨慎下），就调用接口的 getPropertyValue()方法来获取计算后样式的值。但首先需要调整属性的名称，以同时兼容驼峰式和连字符式。getPropertyValue()方法要求使用连字符，因此我们使用了 String 里的 replace 方法，利用正则表达式，在每个大写字符前插入一个连字符，然后将所有的字符都转换成小写。（打赌这种处理方式肯定比你原本想象的要容易）

要测试该函数，需要以不同的格式传入不同的样式名称，对该函数进行多次调用，并显示结果，如图 12.3 所示。

注意，不论是显式声明在 style 特性上的，还是继承自样式表的，都可以获取。还要注意，虽然两种方式都制定了 color 属性，但是返回的是在元素 style 上指定的值。因为元素 style 特性指定的样式，优先级永远高于集成的样式，即便集成的样式标记为!important 也没用。

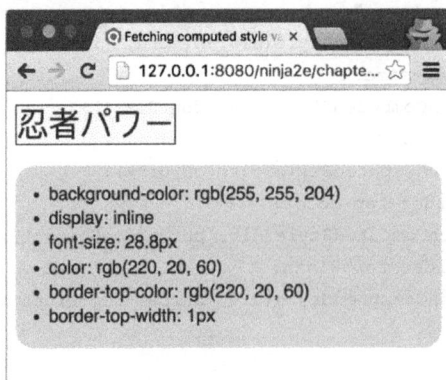

图 12.3　计算样式包含所有的样式，包括在元素上定义的样式以及从样式表中继承的样式

在处理样式属性的时候，还有一个问题需要注意：混合属性（amalgam properties）。CSS 允许我们使用快捷方式表示混合属性，比如 border-属性。不必强迫单独对 4 个边框都分别指定颜色、宽度和边框样式，只需要使用如下规则即可：

```
border: 1px solid crimson;
```

我们在清单 12.8 中使用了该规则。这种规则节省了大量的输入，但是需要注意，在获取属性时，我们需要检索的是底层的单个属性。我们不能检索 border，而是应该检索像 border-top-color 和 border-top-width 这种的属性，就像示例中做的那样。

可能会有点麻烦，尤其是 4 个边框都想设置为同样式的时候，但这就是我们的处理方式。

12.3.4　转换像素值

设置样式时，需要考虑的另外一个问题，是如何给表示像素的结果赋值。为样式属性设置数值时，我们必须指定单位，以使其在所有浏览器中可靠地运行。例如，假设我们要将元素的高度样式值设置为 10 像素。下面两种方式，都能保证跨浏览器的安全执行：

```
element.style.height = "10px";
element.style.height = 10 + "px";
```

但以下方式却是不安全的：

```
element.style.height = 10;
```

您可能会认为，给清单 12.7 的 style()函数添加一些逻辑很容易，只需要将 px 粘贴到函数中的数值结尾。但并不是这样！并非所有的数值都代表像素！有很多 style 的属性值表示的不是像素尺寸。

- z-index
- font-weight
- opacity
- zoom
- line-height

对于这些（以及其他我们所能想到的）属性，请继续扩展代码清单 12.6 中的函数，以便自动处理非像素值。同样，在尝试获取 style 特性的像素值时，应该使用 parseFloat 方法进行转换操作，以确保在任何情况下获取的值都是预期值。

现在，让我们来看一组很难处理的重要 style 属性。

12.3.5 测量元素的高度和宽度

height 和 width 这样的 style 属性造成了另外一个特殊问题，在不指定值的情况下，它们的默认值是 auto，以便让元素的大小根据其内容进行决定。因此，除非显式提供特性字符串，我们是不能使用 height 和 width 来获取准确的值的。

值得庆幸的是，offsetHeight 和 offsetWidth 都提供了这样的功能：可以相当可靠地访问实际元素的高度和宽度。但是请注意，这两个属性的值都包含了元素的 padding 值。如果我们想将一个元素相对于另外一个元素定位，这些信息通常是我们所需要的。但有的时候，我们想获取的元素尺寸，可能包括也可能不包括边框（border）或者内边距（padding）。

然而，需要当心的是，在高度交互的网站中，元素的隐藏（display 值设置为 none 时），可能会花一些时间，而且一个元素如果不显示的话，它就没有尺寸。在非显示元素上，尝试获取 offsetWidth 或 offsetHeight 属性值，结果都是 0。

对于这样的隐藏元素，如果需要获取它在非隐藏状态时的尺寸，我们可以使用一个技巧，暂时取消元素的隐藏，然后获取值，然后再将其隐藏。当然，我们希望这种做法不要在视觉上漏出破绽，而是在幕后操作。那如何才能将一个隐藏元素，在不可见的情况下编程不隐藏呢？

使用我们的"忍者"技艺，我们可以做到！具体方法如下。

1．将 display 属性设置为 block。

2．将 visibility 设置为 hidden。

3．将 position 设置为 absolute。

4．获取元素尺寸。

5．恢复先前更改的属性。

将 display 属性修改为 block，可以让我们获取 offsetHeight 和 offsetWidth 的真实值，但元素会变成可见。为了使元素不可见，我们将 visibility 属性设置为 hidden。但是（总有一个"但是"），这种做法会导致在元素的位置上显示一片空白，所以我们需要将 position 属性设置为 absolute，以便将元素移出正常的可视区。

所有这些听起来比实现更复杂，如清单 12.9 所示。

清单 12.9　获取隐藏元素的尺寸

```
<div>
  Lorem ipsum dolor sit amet, consectetur adipiscing elit.
  Suspendisse congue facilisis dignissim. Fusce sodales,
  odio commodo accumsan commodo, lacus odio aliquet purus,
  <img src="../images/ninja-with-pole.png" id="withPole" alt="ninja pole"/>
  <img src="../images/ninja-with-shuriken.png"
       id="withShuriken" style="display:none" alt="ninja shuriken" />
  vel rhoncus elit sem quis libero. Cum sociis natoque
  penatibus et magnis dis parturient montes, nascetur
  ridiculus mus. In hac habitasse platea dictumst. Donec
  adipiscing urna ut nibh vestibulum vitae mattis leo
  rutrum. Etiam a lectus ut nunc mattis laoreet at
  placerat nulla. Aenean tincidunt lorem eu dolor commodo
  ornare.
</div>
<script>
  (function(){         ◁─── 创建私有作用域
    const PROPERTIES = {         ◁── 定义目标属性
      position: "absolute",
      visibility: "hidden",
      display: "block"
    };
    window.getDimensions = element => {    ◁─── 创建一个新函数
      const previous = {};         ◁── 存储设置
      for (let key in PROPERTIES) {
```

```
      previous[key] = element.style[key];
      element.style[key] = PROPERTIES[key];    ◁——— 替换设置
    }
    const result = {                           ◁——— 获取维度
      width: element.offsetWidth,
      height: element.offsetHeight
    };
    for (let in PROPERTIES) {                   ◁——— 存储设置
      element.style[key] = previous[key];
    }
    return result;
  };
})();
document.addEventListener("DOMContentLoaded", () => {
  setTimeout(() => {
  const withPole = document.getElementById('withPole'),
      withShuriken = document.getElementById('withShuriken');
  assert(withPole.offsetWidth === 41,
        "Pole image width fetched; actual: " +
        withPole.offsetWidth + ", expected: 41");   ◁——— 测试可见元素
  assert(withPole.offsetHeight === 48,
        "Pole image height fetched: actual: " +
        withPole.offsetHeight + ", expected 48");
  assert(withShuriken.offsetWidth === 36,        ◁——— 测试隐藏元素
        "Shuriken image width fetched; actual: " +
        withShuriken.offsetWidth + ", expected: 36");
  assert(withShuriken.offsetHeight === 48,
        "Shuriken image height fetched: actual: " +
        withShuriken.offsetHeight + ", expected: 48");
  const dimensions = getDimensions(withShuriken);   ◁——— 使用新函数
  assert(dimensions.width === 36,            ◁┐
        "Shuriken image width fetched; actual: " +   │ 重新测试隐藏元素
        dimensions.width + ", expected: 36");
  assert(dimensions.height === 48,
        "Shuriken image height fetched: actual: " +
        dimensions.height + ", expected: 48");
  },3000);
  });
</script>
```

该代码清单非常长，但大多数都是测试代码，尺寸获取函数的实现代码只有几十行而已。

让我们来逐步分析一下。首先，我们创建一些要测试的元素：一个<div>元素包含一大段嵌有两个图片的文本。通过外部样式表，将其左对齐。这些图像元素就是我们要

测试的内容：一个是可见的，另一个是隐藏的。

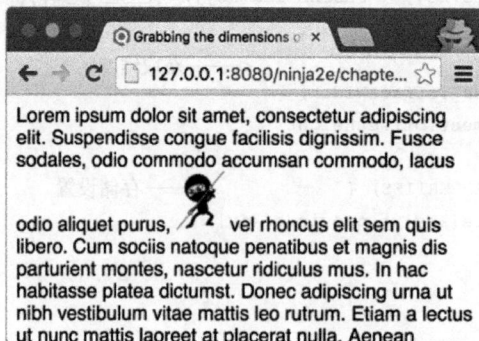

图 12.4   我们使用两张图像———一张可见图像，一张隐藏图像———用于测试获取隐藏元素的尺寸

在运行任何脚本之前，这些元素如图 12.4 所示。如果第二个图像没有被隐藏，就会在第一个"忍者"右边显示。

然后，开始定义新函数。我们使用一个散列来保存一些重要的信息，但我们不想用这个散列来污染全局命名空间，我们希望它只在局部作用域内有效。

我们通过将该散列的定义和函数定义包裹在一个立即执行函数里，从而创建局部作用域。在立即执行函数之外，是无法访问该散列的，但我们在立即执行函数定义的 getDimensions 方法却是可以的。很漂亮，不是吗？

```
(function(){
  const PROPERTIES = {
    position: "absolute",
    visibility: "hidden",
    display: "block"
  };
  window.getDimensions = element => {
    const previous = {};
    for (let key in PROPERTIES) {
      previous[key] = element.style[key];
      element.style[key] = PROPERTIES[key];
    }
    const result = {
      width: element.offsetWidth,
      height: element.offsetHeight
    };
    for (let key in PROPERTIES) {
      element.style[key] = previous[key];
    }
    return result;
```

```
    };
  })();
```

　　然后声明新的尺寸获取函数，并接收要进行尺寸测量的元素。在该函数中，我们首先创建一个名为 previous 的散列值，在该变量内存储 style 属性的原始值，以便稍后可以恢复它们。循环替换属性，然后记录它们之前的每个值，并用新的值替换这些值。

　　替换完毕后，就可以对元素进行测量了，该元素此时是显示状态，但并不可见，且是绝对定位的。元素的尺寸保存在变量 result 中。

　　这时候，偷来的东西可以还回去了，将修改过的属性值恢复成原有的值，然后将包含 width 和 height 属性的 result 值进行返回。

　　代码不错，但是实际能用吗？让我们来验证一下。

　　在 load 处理程序中，我们在一个 3 秒的定时器回调中进行测试。大家可能会问为什么。因为 load 处理程序，可以确保我们在 DOM 构建完成以后才开始执行，定时器则确保在测试运行时，能看到显示结果，确保我们在修改隐藏元素时，没有显示故障。毕竟，如果运行测试时，页面显示受到任何干扰，则达不到测试目的了。

　　在定时器回调中，首先获得测试对象（两个图像）的引用，可以断言我们能够通过 offset 属性获取可见图像的尺寸。如图 12.5 所示，可以看到该测试通过了。

　　然后对隐藏元素进行同样的测试，错误的假设 offset 在隐藏图像中也能使用。测试失败了，毫不奇怪，因为我们已经知道 offset 属性不能工作了。

　　接下来，在隐藏元素上调用我们的新函数，并重新运行上述测试。测试通过！如图 12.5 所示。

注意　检查 offsetWidth 和 offsetHeight 属性值是否为 0，可以非常有效地确定一个元素的可见性。

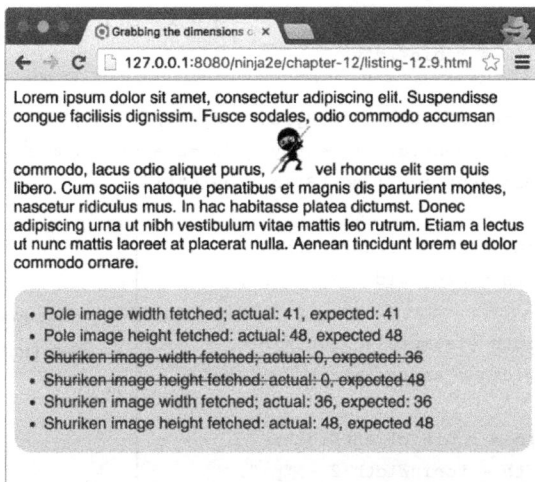

图 12.5　通过临时调整隐藏元素的属性，我们可以顺利地获取隐藏元素的尺寸

12.4　避免布局抖动

到目前为止，你应该已经学会了如何从容地修改 DOM：创建和插入新元素，删除现有元素以及修改其属性。修改 DOM 是实现高度动态 Web 应用程序的基础工具之一。

但是这个工具也有一定副作用，最重要的一个是可能造成布局抖动。当我们对 DOM 进行一系列连贯的读写操作时，会发生布局抖动，而此过程中浏览器是无法执行布局优化的。

在深入研究之前，需要意识到，改变一个元素的特性（或修改其内容）时，不一定只影响该元素；相反，它可能会导致级联的变化。例如，设置一个元素的宽度可能导致元素的子节点、兄弟节点和父节点的更改。所以每当进行更改时，浏览器都必须计算这些更改的影响。在某些情况下，我们无法做到这一点，我们需要进行这些更改。与此同时，我们不应该继续加重浏览器的不良影响力，从而导致 Web 应用程序的性能下降。

因为重新计算布局十分昂贵，浏览器尽可能得少、尽可能延缓布局的工作。他们尝试在队列中批处理 DOM 上尽可能多的写入操作，以便一次性执行这些操作。然后，当需要最新布局的操作时，浏览器勉强服从，并执行所有批量操作，最后更新布局。但有时候，我们编写代码的方式并不能让浏览器有足够的空间来执行这些优化，我们强制浏览器执行大量（可能不需要的）的重新计算。这就是造成布局抖动的元凶。当我们的代码对 DOM 进行一系列（通常是不必要的）连续的读取和写入时，浏览器就无法优化布局操作。核心问题在于，每当我们修改 DOM 时，浏览器必须在读取任何布局信息之前先重新计算布局。这种对性能的损耗十分巨大。我们来看清单 12.10 的例子。

清单 12.10　连续一系列的读取和写入导致布局抖动

```
<div id="ninja">I'm a ninja</div>
<div id="samurai">I'm a samurai</div>          定义一组 HTML 元素
<div id="ronin">I'm a ronin</div>
<script>
  const ninja = document.getElementById("ninja");
  const samurai = document.getElementById("samurai");       通过 DOM 获取元素
  const ronin = document.getElementById("ronin");

  const ninjaWidth = ninja.clientWidth;
  ninja.style.width = ninjaWidth/2 + "px";

  const samuraiWidth = samurai.clientWidth;              执行一系列连续的读写操
  samurai.style.width = samuraiWidth/2 + "px";           作，修改 DOM 使得布局失
                                                          效
  const roninWidth = ronin.clientWidth;
  ronin.style.width = roninWidth/2 + "px";
</script>
```

读取元素的 clientWidth 属性值，是众多需要浏览器重新计算布局的操作之一。通过对不同元素的 width 属性执行连续读写操作，浏览器便无法智能地执行惰性计算。相反，由于我们在每次布局修改后都会阅读布局信息，所以每次浏览器都必须重新计算布局，以确保我们一直都能获得正确的信息。

避免布局抖动的一种方法，就是使用不会导致浏览器重排的方式编写代码。例如，我们可以将清单 12.10 重写为以下内容。

清单 12.11　批量 DOM 读取和写入以避免布局抖动

```
<div id="ninja">I'm a ninja</div>
<div id="samurai">I'm a samurai</div>
<div id="ronin">I'm a ronin</div>
<script>
  const ninja = document.getElementById("ninja");
  const samurai = document.getElementById("samurai");
  const ronin = document.getElementById("ronin");

  const ninjaWidth = ninja.clientWidth;          批量读取所有的布局属性
  const samuraiWidth = samurai.clientWidth;
  const roninWidth = ronin.clientWidth;
  ninja.style.width = ninjaWidth/2 + "px";
  samurai.style.width = samuraiWidth/2 + "px";   批次写入所有的布局属性
  ronin.style.width = roninWidth/2 + "px";
</script>
```

这里我们批量读取和写入，因为我们知道元素的尺寸之间不存在依赖关系：设置"忍者"元素的宽度不会影响武士元素的宽度。这样可以让浏览器进行批量修改 DOM 的操作。

布局抖动对于精简页面无需过分考虑，但是在开发复杂的 Web 应用程序时需要特别注意，特别是在移动设备上。因此最好能记住所有会引起布局抖动的方法和属性，如表 12.2 所示（从 http://ricostacruz.com/cheatsheets/layout-thrashing.html 获取）。

表 12.2　引起布局抖动的 API 和属性

接口对象	属性名
Element	clientHeight, clientLeft, clientTop, clientWidth, focus, getBoundingClientRect, getClientRects, innerText, offsetHeight, offsetLeft, offsetParent, offsetTop, offsetWidth, outerText, scrollByLines, scrollByPages, scrollHeight, scrollIntoView, scrollIntoViewIfNeeded, scrollLeft, scrollTop, scrollWidth
MouseEvent	layerX, layerY, offsetX, offsetY
Window	getComputedStyle, scrollBy, scrollTo, scroll, scrollY
Frame, Document, Image	height, width

已经有许多第三方库会尽量减少布局抖动。其中最受欢迎的是 FastDom
(https://github.com/wilsonpage/fastdom)。FastDom 的仓库里含有示例,可以清楚地看到,
通过分批 DOM 读/写操作(https://wilsonpage.github.io/fastdom/examples/aspect-ratio.html)
来实现性能的提升。

> **React 的虚拟 DOM**
>
> React 的虚拟 DOM 中最流行的客户端库是 Facebook 的 React(https://facebook.github.
> io/react/)。React 使用虚拟 DOM 和一组 JavaScript 对象,通过模拟实际 DOM 来实现极佳的
> 性能。当我们在 React 中开发应用程序时,我们可以对虚拟 DOM 执行所有修改,而不考虑布
> 局抖动。然后,在恰当的时候,React 会使用虚拟 DOM 来判断对实际 DOM 需要做什么改变,
> 以保证 UI 同步。这种创新的批处理方式,进一步提高了应用程序的性能。

12.5   小结

- 将 HTML 字符串转换为 DOM 元素包括以下步骤。
  - 确保 HTML 字符串是有效的 HTML 代码。
  - 将其包装成封闭的标记,符合浏览器规则要求。
  - 通过 DOM 元素的 innerHTML 属性将 HTML 插入虚拟 DOM 元素。
  - 将创建的 DOM 节点提取出来。
- 为了快速插入DOM节点,请使用DOM片段,因为可以在单个操作中注入片段,
  从而大大减少了操作次数。
- DOM 元素属性和特性,尽管挂钩,但并不总是相同! 我们可以通过使用
  getAttribute 和 setAttribute 方法读取和写入 DOM 属性,同时也可以使用对象属
  性符号方式写入 DOM 属性。
- 使用属性和特性时,也有必要了解自定义属性。我们在 DOM 元素上自定义的
  特性,仅用于自定义信息,不能与元素属性等同看待或使用。
- 元素 style 属性是一个对象,它含有与元素标记中指定的样式值相对应的属性。
  要获得计算后样式,需要同时考虑样式表中设置的样式,请使用内置的
  getComputedStyle 方法。
- 要获取 HTML 元素的尺寸,请使用 offsetWidth 和 offsetHeight 属性。
- 当代码对 DOM 进行一系列连续的读取和写入操作时,浏览器每次都会强制重
  新计算布局信息,这会引起布局抖动。这进而导致 Web 应用程序运行和响应速
  度变慢。
- 请批量更新 DOM!

12.6 练习

1. 以下代码中, 哪些断言会通过?

```
<div id="samurai"></div>
<script>
  const element = document.querySelector("#samurai");

  assert(element.id === "samurai", "property id is samurai");
  assert(element.getAttribute("id") === "samurai",
        "attribute id is samurai");

element.id = "newSamurai";

assert(element.id === "newSamurai", "property id is newSamurai");
assert(element.getAttribute("id") === "newSamurai",
      "attribute id is newSamurai");
</script>
```

2. 结合以下代码, 我们如何访问元素的 border-width 样式属性?

```
<div id="element"style="border-width:1px;
                        border-style:solid:border-color:red">
</div>
<script>
  const element=document queryselector("#element");
</script>
```

     a. `element.border-width;`

     b. `element.getAttribute("border-width");`

     c. `element.style["border-width"];`

     d. `element.style.borderWidth;`

3. 哪些内置方法可以获取应用于指定元素上的所有样式 (浏览器默认样式、样式表应用的样式以及通过 style 属性设置的样式) ?

     a. `getStyle`

     b. `getAllStyles`

     c. `getComputedStyle`

4. 什么时候发生布局抖动?

第13章 历久弥新的事件

本章包括以下内容:

- 了解事件循环
- 使用计时器处理复杂任务
- 使用计时器管理动画
- 使用事件冒泡和委派
- 使用自定义事件

    第 2 章简要讨论了 JavaScript 单线程执行模型,并介绍了事件循环和事件队列,即事件的调度方法。在讨论 Web 页面生命周期,特别是讨论某些 JavaScript 代码执行的顺序时,这些知识非常有用。不过,掌握这些知识也只能算有个大概了解,为了更全面地了解浏览器的工作原理,我们将在本章中花很大篇幅来探讨事件循环的方方面面。这将有助于我们更好地了解 JavaScript 和浏览器中固有的一些性能限制。反过来,我们也将使用这些知识来开发更加流畅的应用程序。

    在这次探索过程中,我们将特别关注 JavaScript 的定时器功能——一种 JavaScript 特性,能够在一段时间后异步执行代码。乍一看,内容可能看起来不是很多,但是我们将展示如何使用计时器,来将那些导致应用程序缓慢甚至不响应的长时间任务,分解成不会阻塞浏览器的小任务。这将有助于我们开发出性能更好的应用程序。

    我们的探索,将会通过介绍事件在 DOM 树中的传播方式,以及如何使用这些知识编写更简单、更少内存占用的代码,来一步步展开。最后,我们会通过创建自定义事件来减少应用程序各部分间的耦合，以此作为本章的结尾。闲言少叙，我们开始深入了解事件循环。

你知道吗？

- 为什么不能保证定时器回调的时机？
- 如果 setInterval 定时器每 3ms 执行一次，而事件处理程序需要运行 16ms，那么定时器的回调函数将被添加到微任务队列中多少次？
- 为什么事件处理程序的函数上下文有时与事件的目标不同？

13.1　深入事件循环

正如你可能已经想到的，事件循环比第 2 章中的演示更复杂。对于初学者，事件循环不仅仅包含事件队列，而是具有至少两个队列，除了事件，还要保持浏览器执行的其他操作。这些操作被称为**任务**，并且分为两类：宏任务（或通常称为任务）和微任务。

宏任务的例子很多，包括创建主文档对象、解析 HTML、执行主线程(或全局)JavaScript 代码，更改当前 URL 以及各种事件，如页面加载、输入、网络事件和定时器事件。从浏览器的角度来看，宏任务代表一个个离散的、独立工作单元。运行完任务后，浏览器可以继续其他调度，如重新渲染页面的 UI 或执行垃圾回收。

而**微任务**是更小的任务。微任务更新应用程序的状态，但必须在浏览器任务继续执行其他任务之前执行，浏览器任务包括重新渲染页面的 UI。微任务的案例包括 promise 回调函数、DOM 发生变化等。微任务需要尽可能快地、通过异步方式执行，同时不能产生全新的微任务。微任务使得我们能够在重新渲染 UI 之前执行指定的行为，避免不必要的 UI 重绘，UI 重绘会使应用程序的状态不连续。

注意　ECMAScript 规范没有提到事件循环。不过，事件循环在 HTML 规范（https://html.spec.whatwg.org/#event-loops）中有详细说明，里面也讨论了宏任务和微任务的概念。ECMAScript 规范提到了处理 promise 回调（http://mng.bz/fOlK）的功能（类似于微任务）。虽然只有 HTML 规范中定义了事件循环，但其他环境（如 Node.js）也都在使用它。

事件循环的实现至少应该含有一个用于宏任务的队列和至少一个用于微任务的队列。大部分的实现通常会更多用于不同类型的宏任务和微任务的队列。这使得事件循环能够根据任务类型进行优先处理。例如，优先考虑对性能敏感的任务，如用户输入。另一方面，由于在市面上的浏览器和 JavaScript 执行环境多如牛毛，所以如果发现所有任务都在一个队列的事件循环，也不要过分惊讶。

事件循环基于两个基本原则：

- 一次处理一个任务。
- 一个任务开始后直到运行完成，不会被其他任务中断。

我们来看看图 13.1，它描绘了这两个原则。

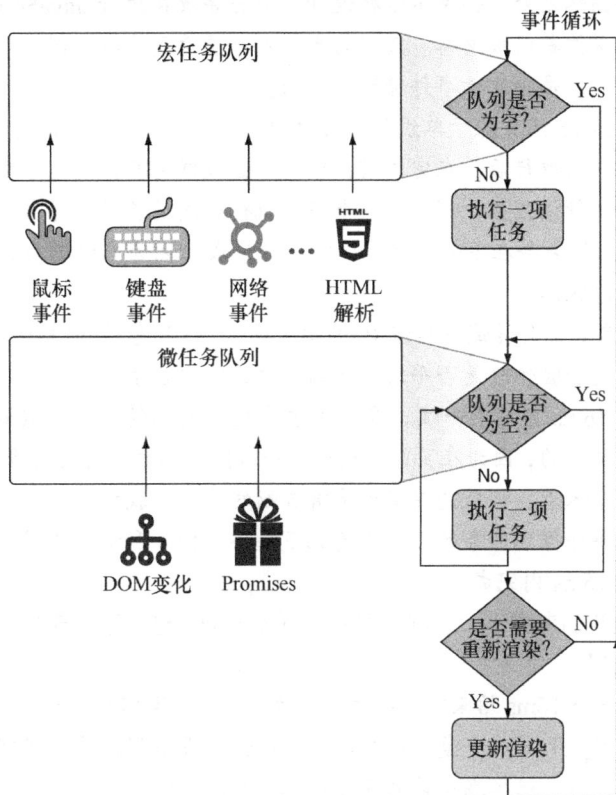

图 13.1 事件循环通常至少需要两个任务队列：宏任务队列和微任务队列。
两种队列在同一时刻都只执行一个任务

全局来看，图 13.1 展示了在一次迭代中，事件循环将首先检查宏任务队列，如果宏任务等待，则立即开始执行宏任务。直到该任务运行完成（或者队列为空），事件循环将移动去处理微任务队列。如果有任务在该队列中等待，则事件循环将依次开始执行，完成一个后执行余下的微任务，直到队列中所有微任务执行完毕。注意处理宏任务和微任务队列之间的区别：单次循环迭代中，最多处理一个宏任务（其余的在队列中等待），而队列中的所有微任务都会被处理。

当微任务队列处理完成并清空时，事件循环会检查是否需要更新 UI 渲染，如果是，则会重新渲染 UI 视图。至此，当前事件循环结束，之后将回到最初第一个环节，再次检查宏任务队列，并开启新一轮的事件循环。

现在我们对事件循环有了全面的了解，我们来看一下图 13.1 展示的一些有趣的细节。

- 两类任务队列都是独立于事件循环的，这意味着任务队列的添加行为也发生在事件循环之外。如果不这样设计，则会导致在执行 JavaScript 代码时，发生的任何事件都将被忽略。正因为我们不希望看到这种情况，因此检测和添加任务的行为，是独立于事件循环完成的。
- 因为 JavaScript 基于单线程执行模型，所以这两类任务都是逐个执行的。当一个任务开始执行后，在完成前，中间不会被任何其他任务中断。除非浏览器决定中止执行该任务，例如，某个任务执行时间过长或内存占用过大。
- 所有微任务会在下一次渲染之前执行完成，因为它们的目标是在渲染前更新应用程序状态。
- 浏览器通常会尝试每秒渲染 60 次页面，以达到每秒 60 帧（60 fps）的速度。60fps 通常是检验体验是否平滑流畅的标准，比方在动画里——这意味着浏览器会尝试在 16ms 内渲染一帧。需要注意图 13.1 所示的"更新渲染"是如何发生在事件循环内的，因为在页面渲染时，任何任务都无法再进行修改。这些设计和原则都意味着，如果想要实现平滑流畅的应用，我们是没有太多时间浪费在处理单个事件循环任务的。理想情况下，单个任务和该任务附属的所有微任务，都应在 16ms 内完成。

现在，让我们考虑下，在浏览器完成页面渲染，进入下一轮事件循环迭代后，可能发生的 3 种情况。

- 在另一个 16ms 结束前，事件循环执行到"是否需要进行渲染"的决策环节。因为更新 UI 是一个复杂的操作，所以如果没有显式地指定需要页面渲染，浏览器可能不会选择在当前的循环中执行 UI 渲染操作。
- 在最后一次渲染完成后大约 16ms，事件循环执行到"是否需要进行渲染"的决策环节。在这种情况下，浏览器会进行 UI 更新，以便用户能够感受到顺畅的应用体验。
- 执行下一个任务（和相关的所有微任务）耗时超过 16ms。在这种情况下，浏览器将无法以目标帧率重新渲染页面，且 UI 无法被更新。如果任务代码的执行不耗费过多的时间（不超过几百毫秒），这时的延迟甚至可能察觉不到，尤其当页面中没有太多的操作时。反之，如果耗时过多，或者页面上运行有动画时，用户可能会察觉到网页卡顿而不响应。在极端的情况下，如果任务的执行超过几秒，用户的浏览器将会提示"无响应脚本"的恼人信息。（不必担心，在本章的后面我们会介绍如何将复杂的任务分解为不阻塞事件循环的小任务）

注意　请注意事件处理函数的发生频率以及执行耗时。例如，处理鼠标移动（mouse-move）事件时应当特别小心。因为移动鼠标将导致大量的事件进入队列，因此在鼠标移动的处理函数中执行任何复杂操作都可能导致 Web 应用的糟糕体验。

现在我们已经介绍了事件循环的工作原理，接下来看几个具体的例子。

13.1.1 仅含宏任务的示例

JavaScript 单线程执行模型一种不可避免的结果是，同一时刻只能执行一个任务。这意味着所有任务都必须在队列中排队等待执行时机。

让我们看看一个简单的 Web 页面，包括如下内容。

- 全局 JavaScript 代码。
- 两个按钮以及对应的两个单击处理器（一个按钮一个处理器）。

清单 13.1　单一任务队列示例的伪代码

```
<button id="firstButton"></button>
<button id="secondButton"></button>
<script>
  const firstButton = document.getElementById("firstButton");
  const secondButton = document.getElementById("secondButton");
  firstButton.addEventListener("click", function firstHandler() {
   /*Some click handle code that runs for 8 ms*/
  });
  secondButton.addEventListener("click", function secondHandler() {
    /*Click handle code that runs for 5ms*/
  });
  /*Code that runs for 15ms*/
</script>
```

在第一个按钮上注册点击事件处理器

在第二个按钮上注册另一个点击事件处理器

清单 13.1 的代码需要发挥一些想象空间，避免添加不必要的聚合代码，我们要求读者想象以下内容。

- 主线程 JavaScript 代码执行时间需要 15ms。
- 第一个单击事件处理器需要运行 8ms。
- 第二个单击事件处理器需要运行 5ms。

让我们继续发挥想象，假设有一个手快的用户在代码执行后 5ms 时单击第一个按钮，随后在 12ms 时单击第二个按钮。图 13.2 描绘了这种情形。

这里有大量的信息需要消化，完全理解它有助于了解事件循环的工作原理。在图 13.2 的上方，是一个从左到右的时间轴（单位是毫秒）。时间轴下方的矩形框中呈现了在执行过程中的部分 JavaScript 代码，以及相应的执行耗时。例如，主线程 JavaScript 代码块需要运行约 15ms，第一个按钮的单击事件需要运行约 8ms，第二个按钮的单击事件需要运行约 5ms。时间轴上可以看出事件是何时发生的。例如，第 5ms 单击第一个按钮，第 12ms 单击第二个按钮。图 13.2 底部显示了在应用程序执行过程中宏任务队列的多种状态。

单击
firstButton

单击
secondButton

页面可以
重新渲染

页面可以
重新渲染

执行主线程JS   第一次单击处理器   第二次单击处理器   时间

❶ 0 ms   ❷ 5 ms   ❸ 12 ms   ❹ 15 ms   ❺ 23 ms   ❻ 28 ms

给单击事件添加处理器

❶ 宏任务队列@0ms

1. 执行主线程JS

第一个任务是执行主线程JS代码（当前执行任务）

❷ 宏任务队列@5ms

1. 执行主线程JS	2. 单击 firstButton

单击事件firstButton添加队列中，不影响主线程的执行

❸ 宏任务队列@12ms

1. 执行主线程JS	2. 单击 firstButton	3. 单击 secondButton

单击secondButton的事件添加到队列中，也不影响主线程的执行

❹ 宏任务队列@15ms

1. 单击 firstButton	2. 单击 secondButton

主线程完成执行，并从队列中移出。进行下一项任务：处理firstButton单击事件

❺ 宏任务队列@23ms

1. 单击 secondButton

单击firstButton事件处理器执行完成，并从队列中移出。进行下一个任务：处理secondButton单击事件

❻ 宏任务队列@28 ms

单击secondButton事件处理器执行完成，并从队列中移出。队列为空

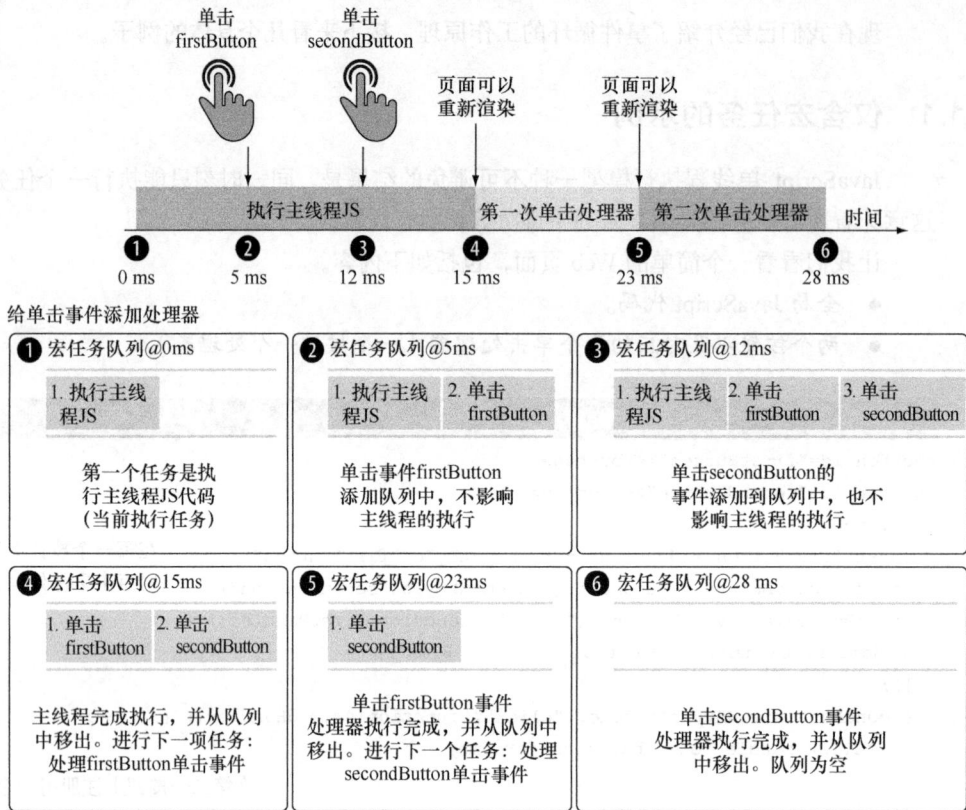

图 13.2   时间表显示了当事件发生时任务是如何添加到队列中的。当一个任务执行完成，事件循环将该任务移除队列，并开始执行下一个任务

程序从执行主线程 JavaScript 代码开始。立即从 DOM 获取 firstButton 和 secondButton 元素，并注册 firstHandler 和 secondHandler 事件处理器。

```
firstButton.addEventListener("click", function firstHandler(){...});
secondButton.addEventListener("click", function secondHandler(){...});
```

主线程执行 15ms。在主线程执行过程中，用户在第 5ms 单击 firstButton，第 12ms 单击 secondButton。

由于 JavaScript 基于单线程执行模型，单击 firstButton 并不会立即执行对应的处理器。（记住，一个任务一旦开始执行，就不会被另一个任务中断）firstButton 的事件处理器则进入任务队列，等待执行。当单击 secondButton 时发生类似的情况：对应的事件处理器进入队列，等待执行。注意，事件监测和添加任务是独立于事件循环的，尽管主线程仍在执行，仍然可以向队列添加任务。

在任务队列第 12ms 的快照中，可以看到以下 3 个任务。

1．执行主线程 JavaScript 代码——当前执行任务。

2．单击 firstButton——当单击 firstButton 时，创建事件。

3．单击 secondButton——当单击 secondButton 时，创建事件。

这些任务如图 13.3 所示。

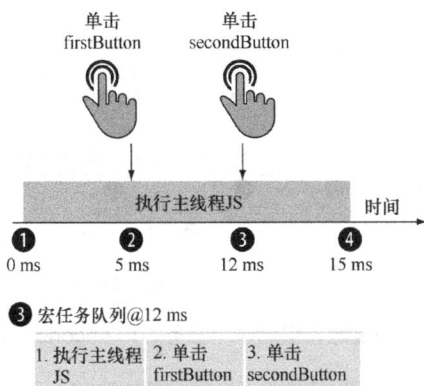

图 13.3　在程序执行到第 12ms 时，任务队列中有 3 个任务：一个任务是执行主线程 JavaScript 代码，另外两个是按钮单击事件处理

　　接着在程序执行到 15ms 时，发生有趣的事：主线程 JavaScript 代码执行完成。如图 13.1 所示，任务执行完成后，事件循环转向处理微任务。本例中不存在微任务（我们甚至没有在图中显示微任务，因为微任务不存在），则跳过此步骤直接更新 UI。在本例中，UI 发生变化需要消耗一些时间，为了简单起见，我们不讨论这一点。这样事件循环完成第一层交互，通过任务队列，进入第二层交互。

　　接着，firstButton 单击任务开始执行。图 13.4 显示第 15ms 时应用程序的任务队列。执行 firstHandler，需要运行 8ms 且不被中断，secondButton 在队列中等待。

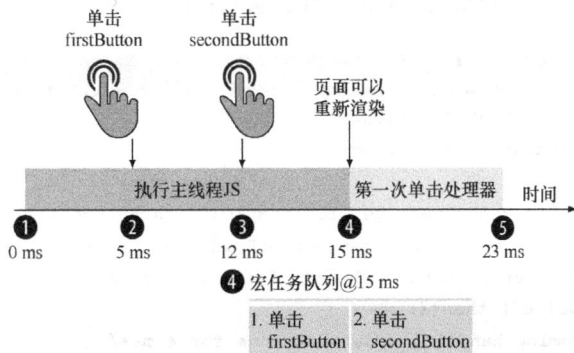

图 13.4　应用程序执行到第 15ms 时，任务队列中含有两个事件。第一个任务正在执行

接着,在第 23ms 时,firstButton 单击任务执行完成,对应的任务从任务队列中移除。浏览器又一次检查微任务队列,微任务仍为空,那么,如果需要的话重新渲染页面。

最后,在第三次循环迭代中,secondButton 单击事件开始执行,如图 13.5 所示。secondHandler 需要执行 5ms,执行完成之后,在第 28ms 时,任务队列为空。

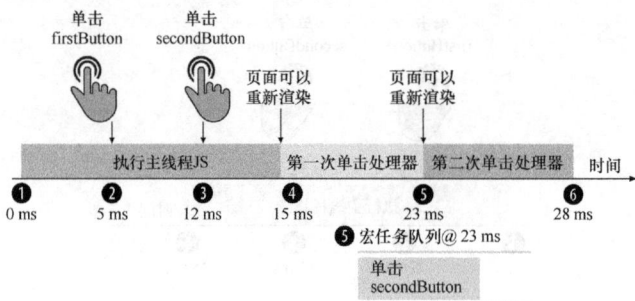

图 13.5   应用程序执行到第 23ms 时,仅剩一个任务,即 secondButton 的单击事件,开始执行

本示例强调如果其他任务正在执行,那么事件则需要按顺序等待执行。例如,尽管在第 12ms 时单击 secondButton,但是其对应的事件处理任务在第 23ms 时才开始执行。现在让我们在本段代码中加入微任务。

13.1.2   同时含有宏任务和微任务的示例

现在我们已经看到事件循环基于一个任务队列时是如何运行的,让我们在示例中添加微任务队列。最简单的方式是在第一个按钮的单击处理器中加入 promise,添加 promise 兑现时的处理。回想第 6 章所述,promise 是一个占位符,指向一个目前还没有但将来会有的值,承诺我们最终会取得异步计算的结果。正因如此,promise 的处理通过 then 方法添加回调,总是异步执行的。

清单 13.2 显示了修改之后的两个任务队列示例。

清单 13.2   同时包含两个任务队列的事件循环伪代码

```
<button id="firstButton"></button>
<button id="secondButton"></button>
<script>
  const firstButton = document.getElementById("firstButton");
  const secondButton = document.getElementById("secondButton");
  firstButton.addEventListener("click", function firstHandler(){
    Promise.resolve().then(() => {
      /*Some promise handling code that runs for 4 ms*/
    });
    /*Some click handle code that runs for 8 ms*/
```

立即对象 promise,并且执行
then 方法中的回调函数

```
  });

  secondButton.addEventListener("click", function secondHandler(){
    /*Click handle code that runs for 5ms*/
  });
/*Code that runs for 15ms*/
</script>
```

在本例中，我们假设发生以下行为：

- 第 5ms 单击 firstButton。
- 第 12ms 单击 secondButton。
- firstButton 的单击事件处理函数 firstHandler 需要执行 8ms。
- secondButton 的单击事件处理函数 secondHandler 需要执行 5ms。

与之前的示例唯一的区别是，在 firstHandler 代码中我们创建立即兑现的 promise，并需要运行4ms的传入回调函数。因为promise表示当前未知的一个未来值，因此promise处理函数总是异步执行。

在本例中，我们创建立即兑现的 promise。说实话，JavaScript 引擎本应立即调用回调函数，因为我们已知 promise 成功兑现。但是，为了连续性，JavaScript 引擎不会这么做，仍然会在 firstHandler 代码执行（需要运行 8ms）完成之后再异步调用回调函数。通过创建微任务，将回调放入微任务队列。让我们看看本例执行的时间轴，如图 13.6 所示。

本例的时间轴与图 13.2 的类似。仔细看看第 12ms 时程序运行快照，可以看到完全相同的任务队列：当主线程 JavaScript 代码正在处理中，单击 firstButton 和 secondButton 按钮这两个任务处于等待执行状态（如图 13.3 所示）。但是，除了宏任务队列之外，本例重点关注微任务队列，在第 12ms 时微任务队列仍为空。

下一个有趣的执行状态发生在第 15ms，此时主线程 JavaScript 代码运行结束。完成执行了一个任务时，事件循环会检查微任务队列，若微任务队列为空时，则按需进行渲染页面。为了简单起见，在时间轴中我们不显示渲染阶段。

在下一个事件循环迭代中，处理 firstButton 按钮单击相关任务的代码如下：

```
firstButton.addEventListener("click", function firstHandler(){
  Promise.resolve().then(() => {
    /*Some promise handling code that runs for 4ms*/
  });
  /*Some click handle code that runs for 8ms*/
});
```

单击
firstButton

单击
secondButton

Promise
已完成

页面可以
重新渲染

页面可以
重新渲染

| 执行主线程JS | 第一次单击处理器 | Promise处理方法 | 第二次单击处理器 | 时间 |

0 ms　　5 ms　　12 ms　❶　15 ms　　❷　23 ms　　❸　27 ms　❹　32 ms

为单击事件添加事件处理器

宏任务队列@ 12 ms

| 1. 执行主线程 JS | 2. 单击 firstButton | 3. 单击 secondButton |

❶ 微任务队列@ 12 ms

微任务队列为空

宏任务队列@ 15 ms

| 1. 单击 firstButton | 2. 单击 secondButton |

❷ 微任务队列@ 15 ms

事件循环执行宏任务
中的下一个任务：处理
firstButton的点击。微任
务队列仍为空

宏任务队列@ 15 ms

| 1. 单击 on firstButton | 2. 单击 secondButton |

微任务队列@ 15 ms

| 1. Promise success |

第一个点击事件创建
并立即兑现promise，
进入微任务队列

宏任务队列@ 23 ms

| 1. 单击 secondButton |

❸ 宏任务队列@ 23 ms

| 1. Promise success |

第一个单击事件处理器执行完
成之后，从微任务中挑选任务
（尽管宏任务中仍然有任务等）

宏任务队列@ 27 ms

| 1. 单击 secondButton |

❹ 宏任务队列@ 27 ms

微任务队列为空之后，
事件循环重新回到处理
宏任务队列

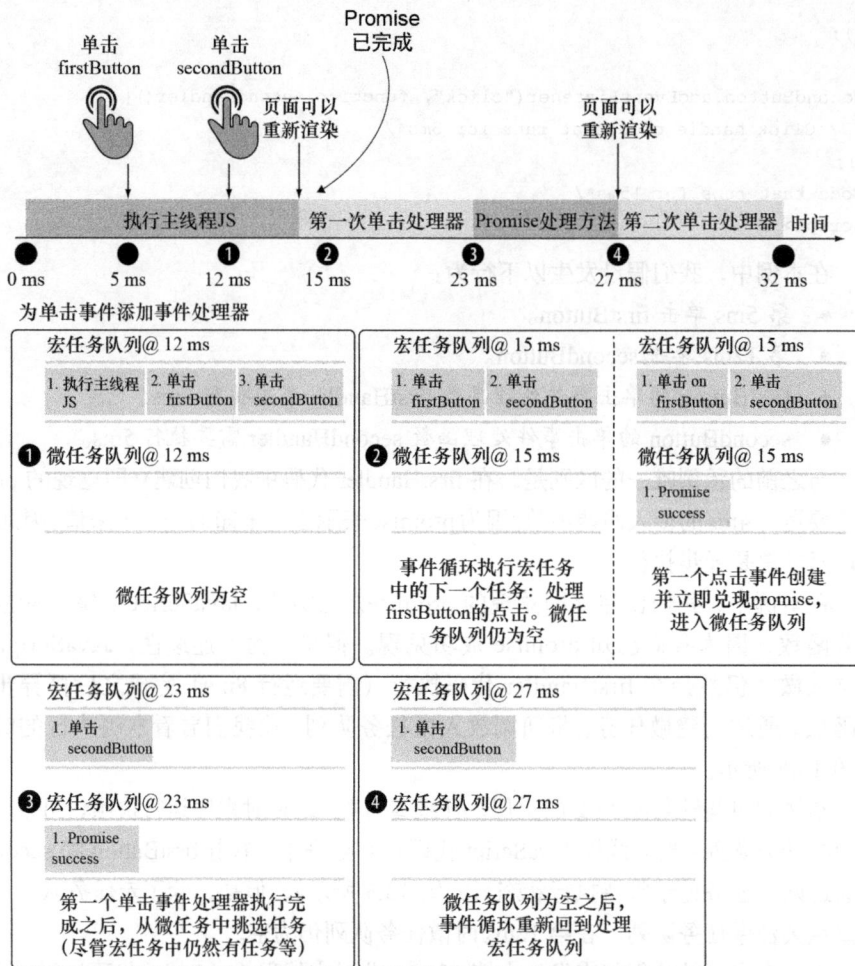

图 13.6　如果微任务队列中含有微任务，不论队列中等待的其他任务，微任务都将获得优先执行权。在
本例中，promise 微任务优先于 secondButton 单击任务开始执行

firstHandler 函数通过调用 Promise.resolve()创建一个已兑现的 promise，传入
Promise.resolve()中的回调函数一定会执行。此时创建了一个调用回调函数的微任务。
将该微任务置入微任务队列，第一个按钮的单击事件处理器继续执行 8ms。当前任
务队列的状态如图 13.7 所示。

在第 23ms 时重新查看程序执行的任务队列，此时 firstButton 单击处理器执行完成，
并移出队列。

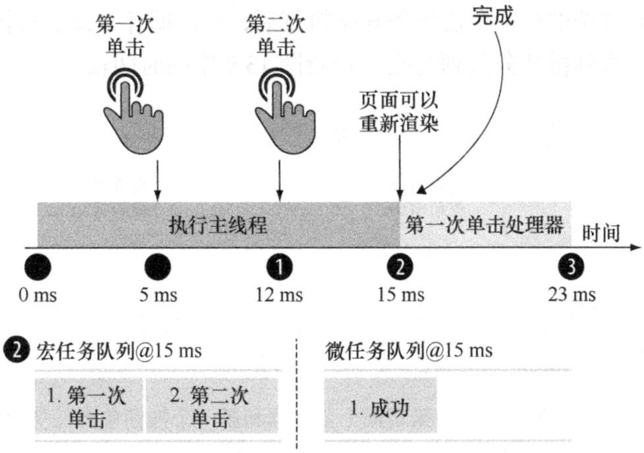

图 13.7 在第一个按钮的单击处理器执行过程中，创建一个已兑现的 promise。在微任务队列中，出现一个在等待中的微任务，该微任务会尽可能快地被执行，但是不会中断当前正在运行中的任务

此时，事件循环必须选择接下来执行的任务。在程序执行的第 12ms 时，添加了一个宏任务处理 secondButton 单击事件；在程序执行的第 15ms 时，添加了一个微任务处理 promise 成功兑现。

如果按先后顺序，那么应该先执行 secondButton 单击事件才算公平，但是我们已经提到过，微任务是很小的任务，需要尽可能快地执行。微任务具有优先执行权，回头再看图 13.1，就会发现每当执行一个任务时，事件循环总是首先检查微任务队列，目的是在处理其他任务之前把所有的微任务执行完毕。

正因如此，当 firstButton 单击事件执行完成之后，立即执行 promise 对象成功的回调函数，而更早在队列中等待的 secondButton 单击任务则继续等待，如图 13.8 所示。

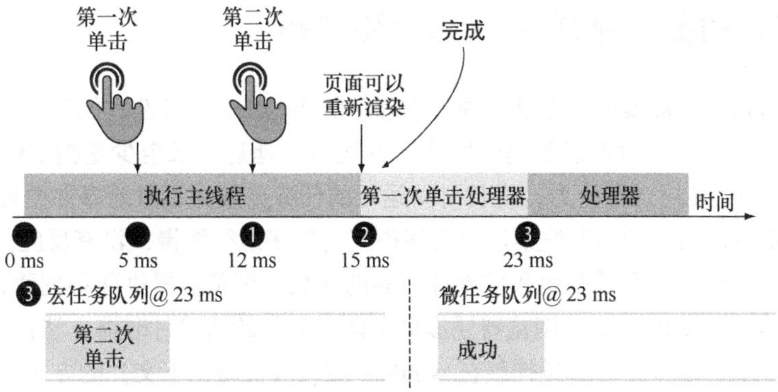

图 13.8 当一个任务执行完成时，事件循环优先处理微任务队列中的所有任务。在本例中，在执行 secondButton 单击任务之前，优先处理 promise 成功的任务

需要重点强调的是，在宏任务开始执行后，事件循环立即执行微任务，而不需要等待页面渲染，直到微任务队列为空。查看图 13.9 中的时间轴。

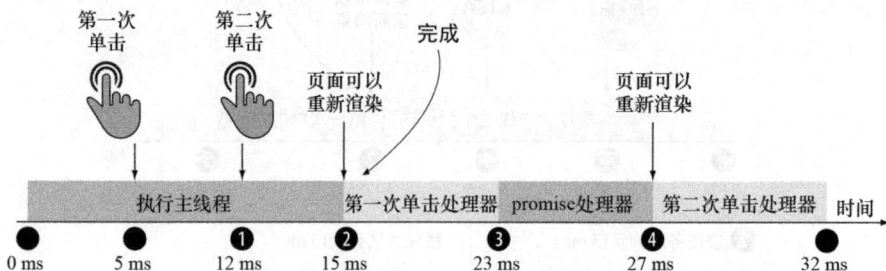

图 13.9　在两个宏任务之间，可以重新渲染页面（主线程和第一个按钮单击任务之间），而在微任务执行之前不允许重新渲染页面（在处理 promise 之前）

图 13.9 显示可以在两个宏任务之间重新渲染页面，当且仅当两个宏任务之间没有微任务。在本例中，可以在主线程和第一个按钮单击任务之间重新渲染页面，但是在第一个按钮单击任务处理完成之后无法立即重新渲染页面，而需要优先处理 promise。

在微任务处理完成之后，当且仅当微任务队列中没有正在等待中的微任务，才可以重新渲染页面。在我们的示例中，当 promise 处理器运行结束，在第二个按钮单击处理器执行之前，浏览器可以重新渲染页面。

注意到无法停止微任务运行，无法在微任务队列之前添加其他微任务，所有微任务的优先权高于 secondButton 单击任务。只有当微任务队列为空时，事件循环才会开始重新渲染页面，继续执行 secondButton 单击任务，需要注意！

现在已经理解了事件循环的工作机制，接下来一种特殊类型的事件：计时器。

13.2　玩转计时器：延迟执行和间隔执行

计时器常常被误用，它是一种疏于理解的 JavaScript 特性，但若使用得当，有助于开发复杂应用。计时器能延迟一段代码的运行，延迟时长**至少**是指定的时长（单位是 ms）。我们将使用这种能力，将长时间运行的任务分解为不阻塞事件循环的小任务，以阻止浏览器渲染，浏览器渲染过程会使得应用程序运行缓慢、没有反应。

首先，让我们看看创建和控制计时器的函数。浏览器提供两种创建计时器的方法：setTimeout 和 setInterval。浏览器还提供了两个对应的清除计时器方法：clearTimeout 和 clearInterval。这些方法都是挂载在 window 对象（全局上下文）的方法。与事件循环类型不同，这些方法不是 JavaScript 本身定义的，而是由宿主环境提供的（如浏览器或 Node.js）。表 13.1 列出了创建和清除计时器的方法。

表 13.1 JavaScript 计时器处理方法（全局 window 对象上的方法）

Method	Format	Description
setTimeout	id = setTimeout(fn,delay)	启动一个计时器，在指定的延迟时间结束时执行一次回调函数，返回标识计时器的唯一值
clearTimeout	clearTimeout(id)	当指定的计时器尚未触发时，取消（消除）计时器
setInterval	id = setInterval(fn,delay)	启动一个计时器，按照指定的延迟间隔不断执行回调函数，直至取消。返回标识计时器的唯一值
clearInterval	clearInterval(id)	取消（消除）指定的计时器

这些方法允许设置或清除计时器，在单个时间触发，或以指定的时间间隔定时触发。实际上，大部分浏览器都允许使用 clearTimeout 或 clearInterval 清除任意类型的计时器，但是为了清晰化，建议使用与之对应的清除方法。

注意 无法确保计时器延迟的时间，理解这一点非常重要。在下一小节中我们会看到，在事件循环中需要处理非常多的任务。

13.2.1 在事件循环中执行计时器

你已经仔细研究了在事件循环中可能会发生的情况。但是计时器与标准事件不同，让我们看看与之前的示例类似的案例。示例如清单 13.3 所示。

清单 13.3 延迟执行和间隔执行示例

```
<button id="myButton"></button>
<script>
    setTimeout(function timeoutHandler(){          注册 10ms 后延迟执行函数
        /*Some timeout handle code that runs for 6ms*/
    }, 10);

    setInterval(function intervalHandler(){         注册每 10ms 执行的周
        /*Some interval handle code that runs for 8ms*/   期函数
    }, 10);

    const myButton = document.getElementById("myButton");
    myButton.addEventListener("click", function clickHandler(){
        /*Some click handle code that runs for 10ms*/     为按钮单击事件注册
    });                                                   事件处理器

    /*Code that runs for 18ms*/
</script>
```

这个示例中只有一个按钮，但是注册了两个计时器。首先，注册延迟执行计时器，延迟 10ms：

```
setTimeout(function timeoutHandler(){
    /*Some timeout handler code that runs for 6ms*/
}, 10);
```

延迟执行回调函数需要执行 6ms。接着，我们也注册了一个间隔执行计时器，每隔 10ms 执行一次：

```
setInterval(function intervalHandler(){
    /*Some interval handler code that runs for 8ms*/
}, 10);
```

间隔执行回调函数需要执行 8ms。我们继续注册一个单击事件处理器，需要执行 10ms：

```
const myButton = document.getElementById("myButton");
myButton.addEventListener("click", function clickHandler(){
    /*Some click handler code that runs for 10ms*/
});
```

本例中的代码块需要运行 18ms（又一次想象一些复杂的代码）。

现在，假设某毫无耐心的用户在程序执行 6ms 时快速单击按钮。图 13.10 显示程序执行的前 18ms 的时间轴。

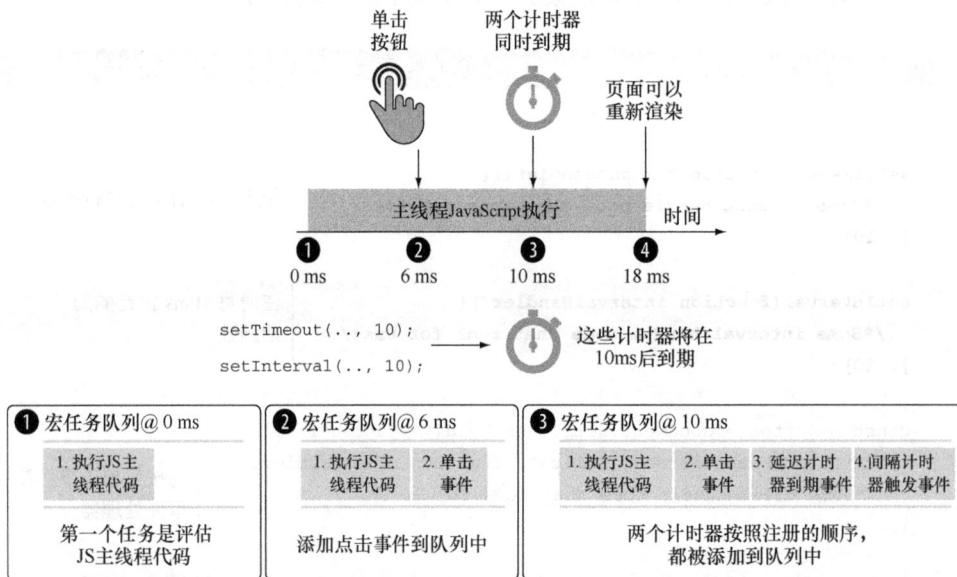

图 13.10　时间轴显示程序前 18ms 的执行状态。起初，当前运行中的任务是执行主线程 JavaScript 代码。执行主线程代码需要耗时 18ms。在执行主线程代码时，发生 3 个事件：鼠标单击事件、延迟计时器到期事件和间隔计时器触发事件

与之前的示例类似，在队列中的第一个任务是执行主线程 JavaScript 代码，需要运行 18ms。在执行过程中，发生 3 个重要事件。

1．在 0ms 时，延迟计时器延迟 10ms 执行，间隔计时器也是间隔 10ms。计时器的引用保存在浏览器中。

2．在 6ms 时，单击鼠标。

3．在 10ms 时，延迟计时器到期，间隔计时器的第一个时间间隔触发。

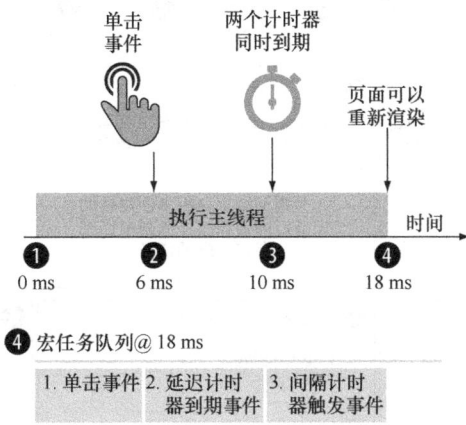

图 13.11 计时器事件到期时才被添加到队列中

从之前的研究中我们已经知道，一个任务一旦开始执行，就无法被其他任务中断。新创建的任务都在任务队列中耐心等待运行时机。当第 6ms 时单击按钮，该任务被添加到队列中。类似的情况在第 10ms 时发生，此时计时器到期，间隔计时器触发。计时器事件与 input 输入框的输入事件类似（如鼠标事件），都被添加到队列中。注意，延迟计时器和间隔计时器都是在 10ms 之后，添加对应的任务到队列中。后面我们会详细介绍这个问题，现在只需知道添加顺序与初始化顺序一致即可：首先是延迟计时器，然后是间隔计时器。

运行 18ms 之后，初始化代码结束执行。由于微任务队列中没有任务，因此浏览器可以重新渲染（为了简单起见，仍然忽略渲染时间），进行下一个事件循环迭代。此时任务队列如图 13.11 所示。

在第 18ms 初始化代码结束执行时，3 个代码片段正在等待执行：单击事件处理器、延迟计时处理器和间隔计时处理器。这意味着单击事件处理器开始执行（假设需要耗时 10ms）。图 13.12 显示另一个时间轴。

setTimeout 函数只到期一次，setInterval 函数则不同，setInterval 会持续执行直到被清除。因此，在第 20ms 时，setInterval 又一次触发。但是，此时间隔计时器的实例已经在队列中等待执行，该触发被中止。浏览器不会同时创建两个相同的间隔计时器。

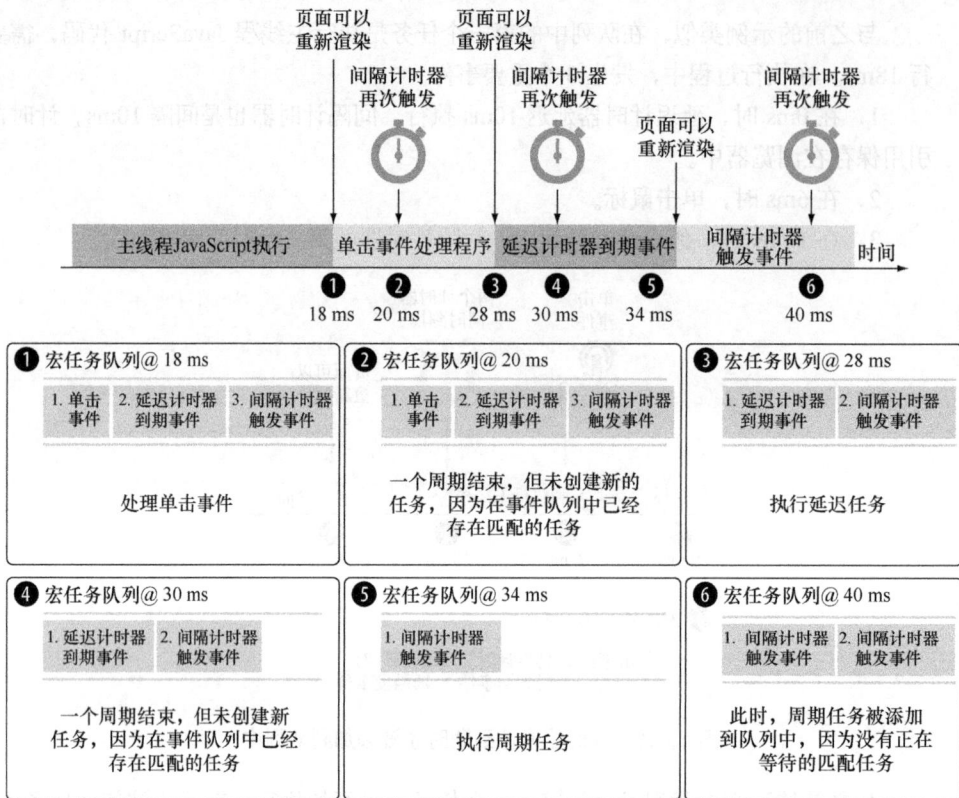

图 13.12　如果 interval 事件触发，并且队列中已经有对应的任务等待执行时，则不会再添加新任务。反之不会进行任何处理，如 20ms 和 30ms 的队列所示

　　单击事件处理器在第 28ms 时运行完成，浏览器允许在事件循环进行下一次迭代之前重新渲染页面。第 28ms 时，事件循环进行下一次迭代，执行延迟计时器任务。重新思考本实例初始部分。我们通过如下代码创建延迟计时器：

```
setTimeout(function timeoutHandler(){
    /*Some timeout handle code that runs for 6ms*/
}, 10);
```

　　这是本程序的第一个任务，期待延迟计时器恰好在 10ms 之后执行，这并不奇怪。但是，图 13.12 显示了第 28ms 才执行延迟计时器。

　　这就是为什么我们需要特别小心，计时器提供一种异步延迟执行代码片段的能力，至少要延迟指定的毫秒数。因为 JavaScript 单线程的本质，我们只能控制计时器何时被加入队列中，而无法控制何时执行。现在，我们解开谜题了，让我们继续应用程序的剩余部分。

　　延迟计时处理器需要执行 6ms，将会在第 34ms 时结束执行。在这段时间内，第 30ms

时另一个间隔计时器到期。这一次仍然不会添加新的间隔计时器到队列中，因为队列中已经有一个与之相匹配的间隔计时器。在第 34ms 时，延迟计时处理器运行结束，浏览器又一次获得重新渲染页面的机会，然后进入下一个事件循环迭代。

最后，间隔计时处理器在第 34ms 时开始执行，此时距离添加到队列相差 24ms。又一次强调传入 setTimeout(fn, delay) 和 setInterval(fn, delay) 的参数，仅仅指定计时器添加到队列中的时间，而不是准确的执行时间。

间隔计时处理器需要执行 8ms，当它执行时，另一个间隔计时器在 40ms 时到期。此时，由于间隔处理器正在执行（不是在队列中等待），一个新的间隔计时任务添加到任务队列中，应用程序继续执行，如图 13.13 所示。设置间隔时间 10ms 并不意味着每 10ms 处理器就会执行完成。由于任务在队列中等待，每一个任务的执行时间有可能不同，一个接一个地依次执行，如本例的第 42ms 和第 50ms 时。

最终，50ms 之后，时间间隔稳定在每 10ms 执行一次。需要记住的重要概念是，事件循环一次只能处理一个任务，我们永远不能确定定时器处理程序是否会执行我们期望的确切时间。间隔处理程序尤其如此。在这个例子中我们看到，尽管我们预定间隔在 10、20、30、40、50、60 和 70ms 时触发，回调函数却在 34、42、50、60 和 70ms 时执行。在本例中，少执行了两次回调函数，有几次回调函数没在预期的时间点执行。可以看出，时间间隔需要特殊考虑，并不适用于延迟执行。让我们看得更仔细些。

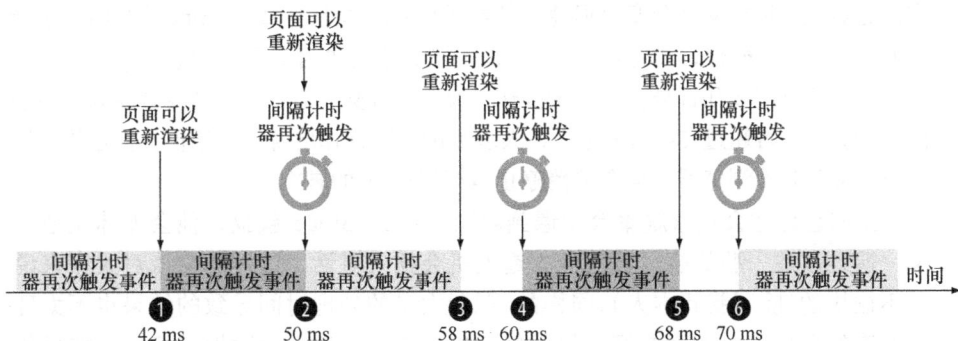

图 13.13　在间隔处理器开始按每 10ms 执行之前，由单击处理和延迟执行引起的周折，需要花费一些时间

延迟执行与间隔执行的区别

乍一看，间隔执行看起来像一个延迟执行的定期重复。但二者的差异不止如此。让我们从示例中查看 setTimeout 与 setInterval 的区别：

```
setTimeout(function repeatMe(){
  /* Some long block of code... */      注册延迟任务，每 10ms 重
  setTimeout(repeatMe, 10);             新执行自身
}, 10);
setInterval(() => {
  /* Some long block of code... */      注册周期任务，每 10ms 执
}, 10);                                 行一次任务
```

　　两段代码看起来功能是等价的，但实际未必。很明显，setTimeout 内的代码在前一个回调函数执行完成之后，至少延迟 10ms 执行（取决于事件队列的状态，等待时间只会大于 10ms）；而 setInterval 会尝试每 10ms 执行回调函数，不关心前一个回调函数是否执行。从上一节的例子中可以看到，间隔执行函数可以一个接一个地依次执行。

　　我们知道当超过时间结束时，无法保证超时回调精准执行。不是像间隔函数那样每 10ms 触发一次，它是重新安排每 10ms 后执行。

　　所有的这些都是非常重要的知识。了解 JavaScript 引擎是如何处理异步代码的，尤其是在一个页面中存在大量异步事件时，它是创建先进的应用程序代码的基础。

　　有了以上知识，我们看看我们理解的定时器和事件循环如何有助于避免性能缺陷。

13.2.2　处理计算复杂度高的任务

　　在复杂应用开发中 JavaScript 单线程特性是最大的问题。当 JavaScript 忙于执行时，在浏览器上的用户交互会变得迟钝，甚至无响应。由于当 JavaScript 执行时，重新渲染页面的更新都被暂停，浏览器将会卡顿，看起来似乎处于假死状态。

　　减少所有需要几百毫秒的复杂操作，为了保持交互可用，有必要减少到可控的范围。若脚本执行超过 5s 仍未停止，大多数浏览器会弹出警告对话框，提示用户脚本无响应，部分其他浏览器甚至会悄悄停止运行超过 5s 的脚本。

　　正如也许你会在家庭聚会中遇到喋喋不休的 Bruce 叔叔，他会无休止地、一遍又一遍地叙述一些故事。若其他人毫无机会插入对话，这样的交谈对大家来说势必是不愉快的（除了叔叔本人）。同样的，耗费大量的处理时间导致的结果也不太理想，无响应的用户界面不会友好。但仍然会出现需要处理大量数据的情况，如操作几千个 DOM 元素。

　　这种情况下计时器非常有用。因为计时器能够有效地中止一段 JavaScript 的执行，直到一段时间之后，还可以把代码的各个部分分解成片段，这些片段的执行消耗时间不足以导致浏览器挂起。考虑到这一点，我们可以将循环和操作转化为非阻塞操作。

　　让我们看看清单 13.4 的示例，这个示例中的任务可能需要很长时间。

清单 13.4 一个长时间运行的任务

创建20000
行，堪称非
常多

查找 tbody 元
素，我们将在其
中创建大量的
行数

为每一行创
建 6 个单元
格，每一个
单元格有一
个文本节点

创建一行

将新创建的行添加到父元素中

```
<table><tbody></tbody></table>
<script>
  const tbody = document.querySelector("tbody");
  for (let i = 0; i < 20000; i++) {
    const tr = document.createElement("tr");
    for (let t = 0; t < 6; t++) {
      const td = document.createElement("td");
      td.appendChild(document.createTextNode(i + "," + t));
      tr.appendChild(td);
    }
    tbody.appendChild(tr);
  }
</script>
```

在这个例子中，我们创建了 240 000 个 DOM 节点，创建一个 20 000 行、每行 6 列的表格，表格中的每个单元格都包含一个文本节点。这个操作的消耗是惊人的，会导致浏览器挂起一段时间，这段时间内用户无法正常操作（如同 Bruce 叔叔主宰了家庭聚会中的谈话）。

我们需要做的就是让 Bruce 叔叔定期闭嘴，这样其他人才有机会加入谈话。在代码中，我们可以引入定时器来创建这样的"中断谈话"，如清单 13.5 所示。

清单 13.5 使用一个计时器来中断一个长时间运行的任务

```
const rowCount = 20000;          ◁—— 初始化数据
const divideInto = 4;
const chunkSize = rowCount / divideInto;
let iteration = 0;
const table = document.getElementsByTagName("tbody")[0];
setTimeout(function generateRows() {
  const base = chunkSize * iteration;     ◁—— 计算上一次离开的地方
  for (let i = 0; i < chunkSize; i++) {
    const tr = document.createElement("tr");
    for (let t = 0; t < 6; t++) {
      const td = document.createElement("td");
      td.appendChild(
        document.createTextNode((i + base) + "," + t +
                                  "," + iteration));
      tr.appendChild(td);
    }
```

```
安排
下一个      table.appendChild(tr);
阶段      }
        iteration++;
        if (iteration < divideInto)
          setTimeout(generateRows, 0);
      }, 0);
```

将超时延迟设置为0来表示下一
次迭代应该"尽快"执行，但仍
然必须在UI更新之后执行

在这个修改的例子中，我们将冗长的操作分解成 4 个小操作，每个操作分别创建 DOM 节点。这些较小的操作不太可能打断浏览器的运行流，如图 13.14 所示。注意，假设需要将操作分解成 10 段操作，我们通过设置，通过变量即可控制需要分解操作的数目（rowCount、divideInto 和 chunkSize）。

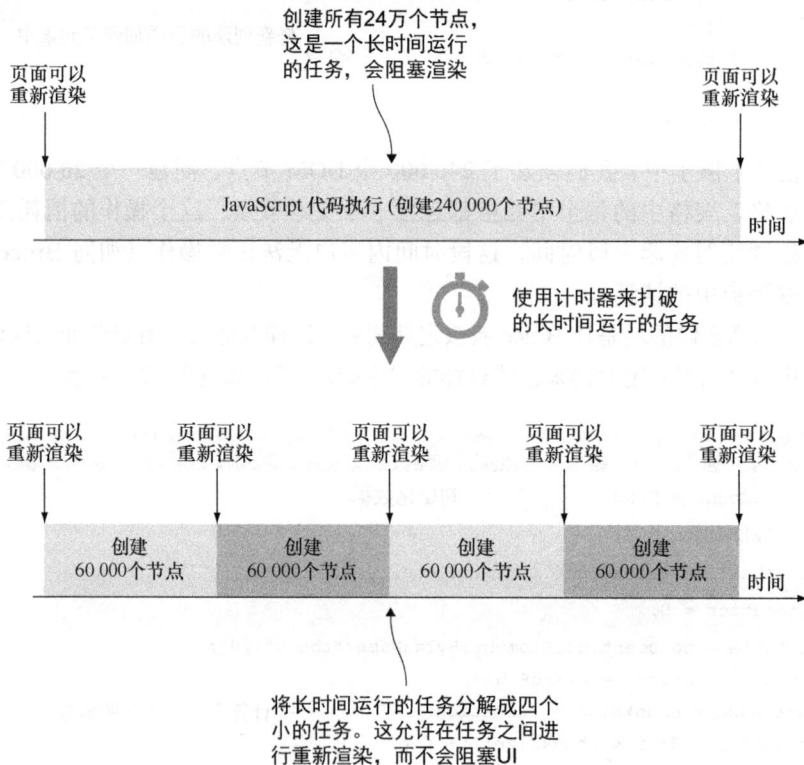

图 13.14　使用计时器将长时间运行的任务分解成不会堵塞事件循环的小任务

还需要注意的一点是，需要通过计算以跟踪从前面的迭代中离开的位置，base = chunkSize * iteration，以及我们如何自动安排下一个迭代，直到我们确定完成所有的操作：

```
if (iteration < divideInto)
```

```
setTimeout(generateRows, 0);
```

令人印象深刻的是，可以使用异步的方法让小段的代码适应变化。还有一些工作需要处理，如跟踪当前程序的执行，确保每个代码片段正确执行以及安排每个执行的部分。但除此之外，代码的核心类似于我们之前介绍的内容。

注意 在本例中，我们使用 0 作为超时时间。如果关注事件循环是如何工作的，就会知道这并不意味着将在 0ms 时执行回调。使用 0，意味着通知浏览器尽快执行回调，但与其他微任务不同，在回调之前可以执行页面渲染。允许浏览器更新 UI，使得 Web 应用程序交互性更强。

通过这种技术，从用户的角度可察觉的最显著的变化是，一个长时间的浏览器挂起，替代为 4 次（次数可修改）页面更新。尽管浏览器尝试尽可能快地执行代码片段，但仍然是依次执行 DOM 渲染。在这段代码的初始版本中，页面更新需要等待很长时间。

大多数情况下，用户是察觉不到这种类型的更新的，但需要记住有时是可察觉的。我们需要努力确保页面中引入的代码不会影响用户的正常操作。

这种技术的作用是惊人的。通过理解事件循环的机制，我们可以越过浏览器环境中单线程的限制，为用户提供友好的交互体验。

现在我们已经理解了事件循环，以及在复杂操作中定时器可以发挥的作用。接下来，让我们更进一步查看事件本身是如何工作的。

13.3　处理事件

当发生某一事件时，我们可以在代码中处理。在本书看到的许多示例中，一种常用的注册事件处理器的方法是使用内置的 addEventListener 方法，如清单 13.6 所示。

清单 13.6　注册事件处理器

```
<button id="myButton">Click</button>
<script>
  const myButton = document.getElementById("myButton");
  myButton.addEventListener("click", function myHandler(event){
  assert(event.target === myButton,
        "The target of the event is also myButton");

  assert(this === myButton,
        "The handler is registered on myButton");
  });
</script>
```

使用 addEventListener 方法注册事件处理程序

通过传入事件的目标属性访问事件发生的元素

在处理函数中，this 指向已经注册了处理程序的元素

在这段代码中，我们定义了一个名为 myButton 的按钮，并使用内置的

addEventListener 方法注册单击事件处理器，addEventListener 方法所有元素均可访问。

当单击事件发生之后，浏览器调用相关的处理器，在本例中是 myHandler 函数。浏览器向该处理器传入一个事件对象，该对象的属性包括事件本身的许多信息，如鼠标的位置、所单击的按钮元素，如果是键盘事件则传入所按下的键。

该对象上的一个属性是 target 属性，该属性指向发生事件的元素的引用。

注意 与其他大多数函数类似，在事件处理器内部，我们可以使用 this 关键字。通常来说在事件处理器内部，this 指向事件发生的对象，但很快我们会发现，这并不准确。this 关键字指向事件处理器所注册的元素。虽然通常注册的元素就是事件发生的元素，但是总有例外。很快我们就会研究这种情况。

13.3.1　通过 DOM 代理事件

在第 2 章中我们已经了解了在 HTML 文档中，元素组织在 DOM 树上。一个元素可以有若干子元素，每个元素都有一个父元素（除根元素 HTML 外）。现在，假设我们要处理页面中一个元素，该元素处于另一个元素中，这两个元素分别都具有单击处理器，如清单 13.7 所示。

清单 13.7　嵌套元素与单击处理器

```html
<html>
  <head>
   <style>
    #outerContainer {width: 100px; height: 100px;background-color: blue;}
    #innerContainer {width: 50px; height: 50px; background-color: red;}
   </style>
  </head>
  <body>
<div id="outerContainer">          创建两个嵌套的元素
  <div id="innerContainer"></div>
</div>
<script>
  const outerContainer = document.getElementById("outerContainer");
  const innerContainer = document.getElementById("innerContainer");

  outerContainer.addEventListener("click", () => {    在外层容器上注册单击事件
   report("Outer container click");
  });

  innerContainer.addEventListener("click", () => {    在内部容器上注册单击事件
   report("Inner container click");
```

```
  });

  document.addEventListener("click", () => {    ◁────┐ 为整个文档注册单击事件
    report("Document click");
  });
 </script>
 </body>
</html>
```

本例中，我们具有两个 HTML 元素：outerContainer 和 innerContainer，与其他所有 HTML 元素一样，都包含于全局 document 对象。在这 3 个元素上，我们分别注册单击处理器。

假设用户单击 innerContainer 元素。因为 innerContainer 元素在 outerContainer 元素内部，二者又包含于 document 之内，显然会触发 3 个事件处理器，输出 3 条消息。但 3 个事件处理器的执行顺序无法确定。

是否遵循事件的注册顺序呢？是从事件发生的元素向上推移吗？抑或是从顶部下移直到目标元素吗？回到最初的两大浏览器厂商，即 Netscape 与 Microsoft，他们做出了相反的选择。

在 Netscape 的事件模型中，事件处理器从顶部元素开始，直到事件目标元素。在本例中，事件处理器按以下顺序执行：document 单击处理器、outerContainer 单击处理器，最后是 innerContainer 单击处理器。这称为事件捕获。

Microsoft 则采用了相反的方向：从目标元素开始，按 DOM 树向上冒泡。在本例中，事件处理器按如下顺序执行：innerContainer 单击处理器、outerContainer 单击处理器和 document 单击处理器。这称为事件冒泡。

W3 委员会(www.w3.org/TR/DOM-Level-3-Events/)设立标准，它同时包含两种方式，所有现代浏览器都实现了该标准。一个事件的处理有两种方式。

1．捕获——首先被顶部元素捕获，并依次向下传递。

2．冒泡——目标元素捕获之后，事件处理转向冒泡，从目标元素向顶部元素冒泡。

这两种方式如图 13.15 所示。

我们可以向 addEventListener 传递参数，很容易地选择希望的事件处理顺序。第 3 个参数如果传入 true，将采用事件捕获；如果传入 false，则采用事件冒泡。因此，某种意义上来说，W3C 标准更倾向于优先选择事件冒泡，默认是事件冒泡。

回到清单 13.7，仔细查看我们注册事件的方式：

```
outerContainer.addEventListener("click", () => {
  report("Outer container click");
});

innerContainer.addEventListener("click", () => {
```

```
  report("Inner container click");
});

document.addEventListener("click", () => {
  report("Document click");
});
```

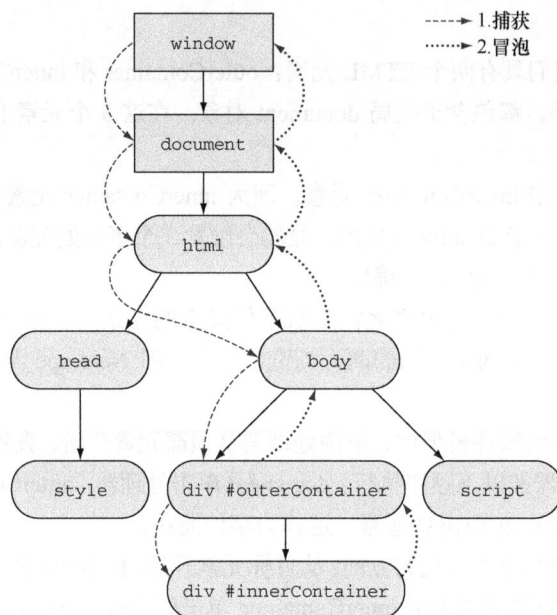

图 13.15　通过捕获，事件最终传递到目标元素。通过冒泡，事件从目标元素向上冒泡

　　可以看出，3 次调用 addEventListener 方法都只传入了两个参数，意味着使用默认选项：冒泡。因此，在本例中，如果单击 innerContainer 元素，事件处理器的执行顺序是：innerContainer 单击处理器、outerContainer 单击处理器、document 单击处理器。

　　让我们按清单 13.8 中的方式修改清单 13.7 中的代码。

清单 13.8　捕获与冒泡

```
const outerContainer = document.getElementById("outerContainer");
const innerContainer = document.getElementById("innerContainer");

document.addEventListener("click", () => {
  report("Document click");                      如果没有指定第三个参数，则启用默认的
});                                              冒泡模式

outerContainer.addEventListener("click", () => {
  report("Outer container click");
```

```
},  true);
```
← 第三个参数传入 ture，则启用捕获模式

```
innerContainer.addEventListener("click", () => {
  report("Inner container click");
},  false);
```
← 传入 false，启用冒泡模式

这一次，将 outerContainer 元素注册为捕获模式（通过在第 3 个参数传入 true），将 innerContainer 元素（通过在第 3 个参数传入 false）以及 document（使用默认值）注册为冒泡模式。

已经知道一个事件可以触发多次事件处理器的执行，每个事件处理器可以是捕获或冒泡模式。因此，事件首先通过捕获，从顶部元素传递到目标元素。当到达目标元素时，激活冒泡模式，从目标元素传回到顶部元素。

在本例中，从顶部开始捕获，从 window 对象传递到 innerContainer 元素，目标是查找所有具有捕获模式的单击处理器的元素。仅查找到一个元素，outerContainer，执行对应的单击处理器，这是第一个事件处理器。

事件继续沿着捕获路径传递，但没有查找到匹配的元素。当事件传递到 innerContainer 元素时，事件转为冒泡模式，从目标元素向顶部元素传递，执行所有冒泡模式的处理器。

在本例中，innerContainer 单击处理器作为执行的第二个事件处理器，document 单击处理器是第三个。innerContainer 元素单击输出以及传播路径，如图 13.16 所示。

本例表明了事件处理的元素不一定是发生事件的元素。例如，本例中，事件发生在 innerContainer 元素上，但是事件处理器发生在 DOM 的更高层级上，如 outerContainer 和 document 元素。

回到事件处理器中的 this 关键字，强调 this 关键字指向的是事件处理器注册的元素，不一定是发生事件的元素。

让我们再次修改本例，如清单 13.9 所示。

清单 13.9　事件处理器中 this 与 event.target 的区别

```
const outerContainer = document.getElementById("outerContainer");
const innerContainer = document.getElementById("innerContainer");

innerContainer.addEventListener("click", function(event) {
  report("innerContainer handler");
  assert(this === innerContainer,
         "This referes to the innerContainer");
  assert(event.target === innerContainer,
         "event.target refers to the innerContainer");
});
```
在 innerContainer 处理器中，this 与 event.target 均指向 innerContainer 元素

```
outerContainer.addEventListener("click", function(event) {
  report("outerContainer handler");
  assert(this === outerContainer,
         "This refers to the outerContainer");
  assert(event.target === innerContainer,
         "event.target refers to the innerContainer");
});
```

在 outerContainer 处理器中，如果处理作用在 innerContainer 元素上的事件，this 将会指向 outerContainer，而 event.target 则指向 innerContainer

⓫ 冒泡
```
document.addEventListener("click", () => {
  report("Document click");
});
```

❺ 捕获
```
outerContainer.addEventListener("click", () => {
  report("Outer container click");
}, true);
```

❼ 冒泡
```
innerContainer.addEventListener("click", () => {
  report("Inner container click");
}, false);
```

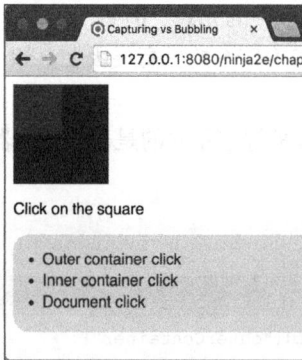

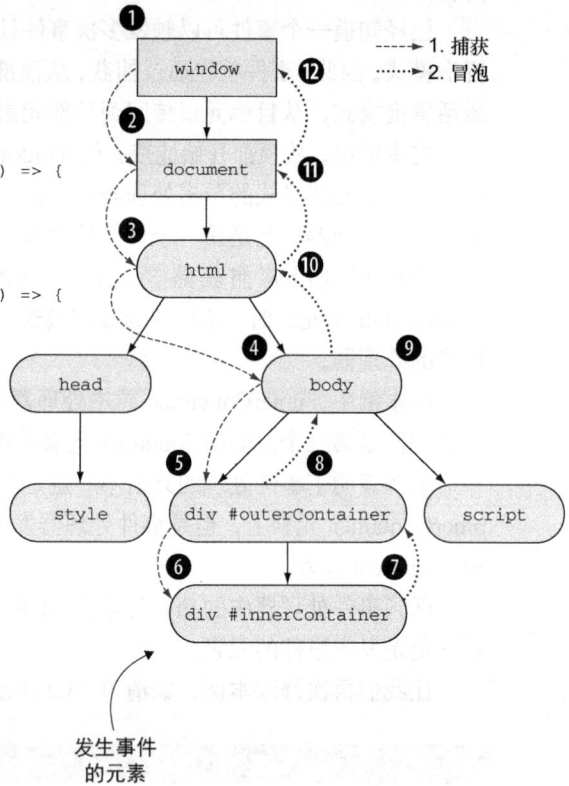

图 13.16　首先事件自顶向下，执行所有捕获模式的处理器。当到达目标元素时，事件冒泡至顶部，执行所有冒泡模式的处理器

　　当单击事件发生在 innerContainer 元素上时，观察应用程序的执行。两个事件处理器都采用冒泡模式（未向 addEventListener 方法传入第 3 个参数），首先调用 innerContainer 的单击处理器。在处理器内部，检查 this 关键字和 event.target 属性是否均指向 innerContainer 元素：

```
assert(this === innerContainer,
      "This refers to the innerContainer");
assert(event.target === innerContainer,
      "event.target refers to the innerContainer");
```

　　this 指向 innerContainer 元素，是因为指向当前处理器注册的元素；而 event.target 属性指向 innerContainer 元素，是因为指向事件发生的元素。

　　接着，事件冒泡到 outerContainer 元素。这一次，this 和 event.target 指向不同的元素：

```
assert(this === outerContainer,
      "This refers to the outerContainer");
assert(event.target === innerContainer,
      "event.target refers to the innerContainer");
```

　　this 关键字指向 outerContainer 元素符合预期，是因为指向注册的元素。而 event.target 属性指向 innerContainer 元素是因为指向事件发生的元素。

　　现在我们理解了事件是如何通过 DOM 树进行代理的，以及如何访问事件发生的元素，接下来让我们看看如何应用这些知识，减少编写消耗内存的代码。

在祖先元素上代理事件

　　假设我们需要指出用户在表格中单击的是哪一个单元格，可以将所有的单元格背景色设置为白色，当单击单元格时，将被单击的单元格设置为黄色。我们可以遍历所有的单元格，分别建立处理器，处理背景色的变化：

```
const cells = document.querySelectorAll('td');
for (let n = 0; n < cells.length; n++) {
  cells[n].addEventListener('click', function(){
    this.style.backgroundColor = 'yellow';
  });
}
```

　　这样可以达到目的，但是优雅吗？一点也不优雅。我们将同一个事件处理器注册到成千上万个元素上，事实上，要做的事都一样。

　　更优雅的做法是，创建唯一的处理器，注册到比单元格更高层级的元素上，通过冒泡可以处理所有的单元格单击事件。我们知道单元格是表格的后代元素，通过 event.target 即可获得被单击的元素。将事件处理器代理到表格上优雅得多，如：

```
const table = document.getElementById('someTable');
table.addEventListener('click', function(event){
  if (event.target.tagName.toLowerCase() === 'td')    ◄── 当且仅当单击事件发生在 cell 元
    event.target.style.backgroundColor = 'yellow';        素上，才执行动作（而不是随机
});                                                         的后代元素）
```

这里我们仅创建一个处理器，当表格中任意单元格被单击时，可以很容易地修改对应的单元格的颜色。这样更高效、更优雅。

通过事件代理，我们必须确保代理的元素是目标元素的祖先元素。这样，我们可以确定单击事件最终会冒泡到事件代理注册的元素上。

到目前为止，我们处理的是浏览器提供的事件，你是不是迫不及待地想了解**自定义事件**呢？

13.3.2　自定义事件

假设某些场景下，你希望执行某些行为，但你又希望在一系列条件下才能被触发。这些条件位于不同的代码片段，甚至不同的脚本文件中。初学者也许会在需要的时候重复编写相同的代码。熟练工也许会创建全局函数，在需要的时候进行调用。而"忍者"将会采用自定义事件。为什么呢？

松耦合

假设以共享模式处理业务，我们想让页面上的代码知道何时达到指定的条件。如果我们使用熟练工常用的全局函数的方法，劣势是我们共享的代码为函数，需要定义一个固定的名称，并且使用共享函数的所有页面的代码均需要使用这样的一个函数。

此外，如果指定的条件发生时需要处理多件事该如何操作？发送多条通知势必会非常麻烦、混乱。这些缺点是**紧耦合**的结果，检测匹配条件的代码需要了解满足条件的代码细节。

松耦合，当代码触发匹配条件时，不需要指定关于条件的细节代码。事件处理器的优点之一是，我们可以创建任意数量的事件处理器，并且事件处理器之间是完全独立的。所以事件处理是松耦合很好的例子。按钮单击事件时触发，触发事件的代码完全不知道我们已经在页面上创建了处理程序，甚至不知道页面上是否存在事件处理器。而事件由浏览器推入任务队列，任何触发事件的代码无需关心触发事件之后会发生什么。如果单击事件处理程序已创建，最终的调用是完全独立的。

松耦合还有许多优点。在我们的场景中，当共享代码检测到一个有趣的条件时，触发一个某种类型的信号，并通知"这发生了一件有趣的事，任何感兴趣的可以处理它"，当然不是任何人都感兴趣的。让我们研究一个具体的例子。

一个 Ajax-Y 示例

假设我们已经写好一些共享的代码，用于执行一个 Ajax 请求。当在 Ajax 请求的开始和结束时，使用这段代码的页面希望得到通知；当这些"事件"发生时，每一个页面都有自己的事情需要做。

例如，在某个使用了该软件包的页面上，我们想要在 Ajax 请求开始时展示一个旋转的风车，然后在该请求结束时将其隐藏，以此作为处理请求的视觉反馈。如果我们将开始条件作为事件，名为 ajax-start，结束为 ajax-complete，如果在页面上为这些事件创建事件处理器，那么是不是可以实现显示和隐藏图像呢？

假设：

```
document.addEventListener('ajax-start', e => {
  document.getElementById('whirlyThing').style.display = 'inline-block';
});
document.addEventListener('ajax-complete', e => {
  document.getElementById('whirlyThing').style.display = 'none';
});
```

遗憾的是这些事件不存在，但我们可以让这些事件存在。

创建自定义事件

自定义事件是模拟真实的事件（为了共享代码），但是在应用程序上下文中自定义事件才有意义。清单 13.10 显示了触发自定义事件的一个例子。

清单 13.10　使用自定义事件

```
<style>
  #whirlyThing {display: none; }
</style>
<button type="button" id="clickMe">Start</button>      ← 单击按钮，模拟 Ajax 请求
<img id="whirlyThing" src="whirly-thing.gif" />        ← 使用旋转的图片表示正在加载

<script>
  function triggerEvent(target, eventType, eventDetail) {
    const event = new CustomEvent(eventType, {          ← 使用 CustomEvent 构造器创建一个新事件
      detail: eventDetail                               ← 通过 detail 属性为事件对象传入信息
    });
    target.dispatchEvent(event);                        ← 使用内置的 dispatchEvent 方法向指定的元素派发事件
  }

  Function performAjaxOperation() {
    triggerEvent(document, 'ajax-start', {url: 'my-url'});
    setTimeout(() => {
      triggerEvent(document, 'ajax-complete');
    }, 5000);                                           ← 使用延迟计时器模拟 Ajax 请求。开始执行时，触发 ajax-start 事件，一段时间过去之后，激活 ajax-complete 事件。传入 URL 作为事件额外信息
  }

  const button = document.getElementById('clickMe');
  button.addEventListener('click', () => {             ← 当单击一个按钮时，Ajax 操作开始
    performAjaxOperation();
```

显示旋转
图片，处理
ajax-start
事件

验证我们可以访问
附加的事件数据

```
    });

    document.addEventListener('ajax-start', e => {
      document.getElementById('whirlyThing').style.display = 'inline-block';
      assert(e.detail.url === 'my-url', 'We can pass in event data');
    });

    document.addEventListener('ajax-complete', e => {
        document.getElementById('whirlyThing').style.display = 'none';
    });
  </script>
```

处理ajax-complete事件，
隐藏旋转图片

　　在这个例子中，我通过在前一节中描述的场景中，探讨自定义事件：在 Ajax 操作过程中显示或隐藏一个动画纸风车图片。引发的操作是单击一个按钮。

　　使用完全解耦的方式，定义一个名为ajax-start的自定义事件，一个名为ajax-complete的自定义事件。在事件处理器中分别显示和隐藏纸风车图像：

```
button.addEventListener('click', () => {
  performAjaxOperation();
});

document.addEventListener('ajax-start', e => {
  document.getElementById('whirlyThing').style.display = 'inline-block';
  assert(e.detail.url === 'my-url', 'We can pass in event data');
});

document.addEventListener('ajax-complete', e => {
    document.getElementById('whirlyThing').style.display = 'none';
});
```

　　注意，这 3 个处理程序不知道彼此的存在。特别是，按钮单击处理程序不负责显示和隐藏图像。

　　Ajax 操作本身是使用以下代码模拟的：

```
function performAjaxOperation() {
  triggerEvent(document, 'ajax-start', { url: 'my-url'});
  setTimeout(() => {
    triggerEvent(document, 'ajax-complete');
  }, 5000);
}
```

　　这个函数触发 ajax-start 事件，发送事件中的数据（URL 属性），假设即将创建 Ajax 请求。函数随后创建一个超时 5s 的计时器，模拟 Ajax 请求需要消耗 5s。当计时器到期，我们假设请求返回，触发 ajax-complete 事件，表示 Ajax 操作已经完成。

注意这个例子是高度解耦的。当事件触发时，共享的 Ajax 操作代码不知道页面将要做的事情，设置不知道页面是否触发代码。页面代码模块化为小的处理程序，彼此之间不知道。而且，页面代码不知道共享代码所做的事，页面只响应可能触发、也可能不触发的事件。

这种级别的解耦有助于保持代码模块化，易于编写代码，并且出现错误时更容易调试。它也容易分享部分代码，方便移动，而不用担心违反耦合的代码片段之间的依赖关系。使用自定义事件的基本优势是解耦，它允许我们开发更富有表现力和灵活的应用程序。

13.4　小结

- 事件循环任务代表浏览器执行的行为。任务分为以下两类。
  - 宏任务是分散的、独立的浏览器操作，如创建主文档对象、处理各种事件、更改 URL 等。
  - 微任务是应该尽快执行的任务。包括 promise 回调和 DOM 突变。
- 由于单线程的执行模型，一次只能处理一个任务，一个任务开始执行后不能被另一个任务中断。事件循环通常至少有两个事件队列：宏任务队列和微任务队列。
- 异步定时器提供延迟执行一段代码的能力，至少延迟指定的毫秒数。
- 使用 setTimeout 函数在指定的延迟时间后执行回调。
- 使用 setInterval 函数来启动一个计时器，将尝试在指定的延迟间隔执行回调，直至被清除。
- 两个函数均返回对应的计时器 ID，通过 clearTimeout 和 clearInterval 函数，我们可以使用计时器 ID 来取消计时器。
- 使用计时器，将计算开销很高的代码分解成可管理的、不阻塞浏览器的代码块。
- DOM 是元素的分层树，发生在一个元素（target）上的事件通常是通过 DOM 进行代理的，有以下两种机制。
  - 事件捕获模式：事件从顶部元素向下传递到目标元素。
  - 事件冒泡模式：事件从目标元素向上冒泡到顶部元素。
- 当调用事件处理器时，浏览器也会传入一个事件对象。通过该对象的属性可访问发生事件的目标元素。通过处理器，使用 this 关键字引用在处理器上注册过的元素。
- 通过内置的 CustomEvent 构造函数和 dispatchEvent 方法，创建和分发自定义事件，减少应用程序不同部分之间的耦合。

13.5　练习

1．为什么添加任务到任务队列中必须在事件循环之外？

2．为什么每一次事件循环的迭代不应超过 16ms？

3．运行如下代码 2s 之后输出什么？

```
setTimeout(function(){
  console.log("Timeout ");
}, 1000);

setInterval(function(){
  console.log("Interval ");
}, 500);
```

　　a. `Timeout Interval Interval Interval Interval`

　　b. `Interval Timeout Interval Interval Interval`

　　c. `Interval Timeout Timeout`

4．运行如下代码 2s 之后输出什么？

```
const timeoutId = setTimeout(function(){
  console.log("Timeout ");
}, 1000);

setInterval(function(){
  console.log("Interval ");
}, 500);

clearTimeout(timeoutId);
```

　　a. `Interval Timeout Interval Interval Interval`

　　b. `Interval`

　　c. `Interval Interval Interval Interval`

5．运行如下代码，单击 inner 元素，输出什么？

```
<body>
  <div id="outer">
    <div id="inner"></div>
  </div>
  <script>
    const innerElement = document.querySelector("#inner");
    const outerElement = document.querySelector("#outer");
    const bodyElement = document.querySelector("body");
```

```
    innerElement.addEventListener("click", function() {
        console.log("Inner");
    });

    outerElement.addEventListener("click", function() {
        console.log("Outer");
    }, true);

    bodyElement.addEventListener("click", function() {
        console.log("Body");
    })
  </script>
</body>
```

a. Inner Outer Body

b. Body Outer Inner

c. Outer Inner Body

第 14 章 跨浏览器开发技巧

本章包括以下内容：

- 编写可复用的、可跨浏览器运行的 JavaScript 代码
- 分析需要解决的跨浏览器问题
- 优雅地解决这些问题

使用 JavaScript 开发单页应用时，为了保证代码在多种浏览器上无瑕疵地运行，开发者往往会深刻体会到其中的痛苦。包括为当前需求提供基本开发，为未来发布的浏览器版本做适配准备，在尚未创建的页面上复用代码。

编写跨多种浏览器代码确实是一项重要的任务，需要根据我们的开发方法和项目可用资源进行平衡。同时，我们希望网页在所有现有的、未来的浏览器上完美地运行，可是现实是残酷的，我们必须意识到我们的开发资源有限。我们必须精心计划、适当地使用开发资源，从而获得最大的收益。

正因为以上原因，我们在本章开始建议选择需要支持的浏览器类型。这是跨浏览器开发主要讨论的问题，同时会影响到解决问题的有效策略。让我们讨论如何精心选择需要支持的浏览器。

你知道吗？

- 处理不同浏览器行为不一致的常见方法是什么？
- 你的代码在别人的页面上可用的最佳方式是什么？

● 为什么在跨浏览器编写脚本时垫片非常有用？

14.1　跨浏览器注意事项

完善 JavaScript 编程技能需要大量的时间和实践，特别是现在 JavaScript 已经不仅限于浏览器的领域，还通过 Node.js 适用于服务端。但是，当开发基于浏览器的 JavaScript 应用时（本书重点关注的内容），迟早都要面对多种浏览器的各种各样的问题和不一致性。

在理想的世界里，所有的浏览器都应该是无 bug，并且始终如一地完美支持 Web 标准，但是我们知道我们并不是生活在理想世界中。虽然近年来浏览器的质量有了很大的提高，但仍然也一些 bug，缺乏 API，我们仍然需要面对浏览器的怪异行为。开发解决浏览器问题的完整方案，以及非常熟悉浏览器之间的差异和怪异行为，与熟练使用 JavaScript 本身同样重要。

当编写浏览器应用时，选择需要支持的浏览器类型很重要。我们也非常希望能支持所有的浏览器，但是在有限的开发和测试资源情况下，这是不可能完成的。因此，选择支持哪些浏览器，支持到什么程度呢？

一种可取的方法是借用 Yahoo!的浏览器分级策略。通过这种方法，我们创建浏览器支持矩阵，作为浏览器重要程度的快照。在表格中，在横轴上列出目标平台，在纵轴上列出需要支持的浏览器。然后，在单元格中填入等级（从 A 到 F，或是其他分级方法）。表 14.1 展示了假设的示例。

表 14.1　假设需要支持的浏览器矩阵

	Windows	OS X	Linux	iOS	Android
IE 9		N/A	N/A	N/A	N/A
IE10		N/A	N/A	N/A	N/A
IE11		N/A	N/A	N/A	N/A
Edge		N/A	N/A	N/A	N/A
Firefox				N/A	
Chrome					
Opera					
Safari			N/A		N/A

注意我们尚未填写等级。平台以及对应的浏览器的等级取决于需求和项目的要求，以及其他一些重要的因素，例如目标受众。通过这种方法进行分级，有助于对浏览器和平台的重要性进行衡量，结合支持的成本，以便支持最优组的浏览器。

当我们选择支持浏览器时，我们通常会做出以下承诺。

● 我们将使用测试套件积极测试浏览器。

- 我们将修复 bug 并回归有关浏览器。
- 浏览器执行代码的性能水平合理。

由于基于平台/浏览器组合进行开发非常重要，因此，我们必须权衡支持多种浏览器的付出与收益。分析时需考虑多种不一致性，主要如下：

- 目标受众的期望和需要。
- 浏览器的市场份额。
- 浏览器支持所需的工作量。

第一条是主观的，只有你的项目才可以确定。而市场份额通过可用的信息经常可以测量出来。粗略估计浏览器的支持，可以通过考虑浏览器的功能以及对现代标准的支持情况来确定。

图 14.1 显示了一个浏览器使用的信息的示例图表（来自 http://gs.statcounter.com for April 2016）。任何可重用的 JavaScript 代码，不论是流行的 JavaScript 库或是我们自己的线上代码，应该尽可能多地支持不同的环境，专注于重要的浏览器和平台对于最终用户非常重要。对于流行的库，目标受众非常广；对于其他确定的应用，目标受众相对更小。

贪多嚼不烂，不应以牺牲质量赢取覆盖率。其重要性足以重复一遍，可以大声地读出来：不应以牺牲质量赢取覆盖率。

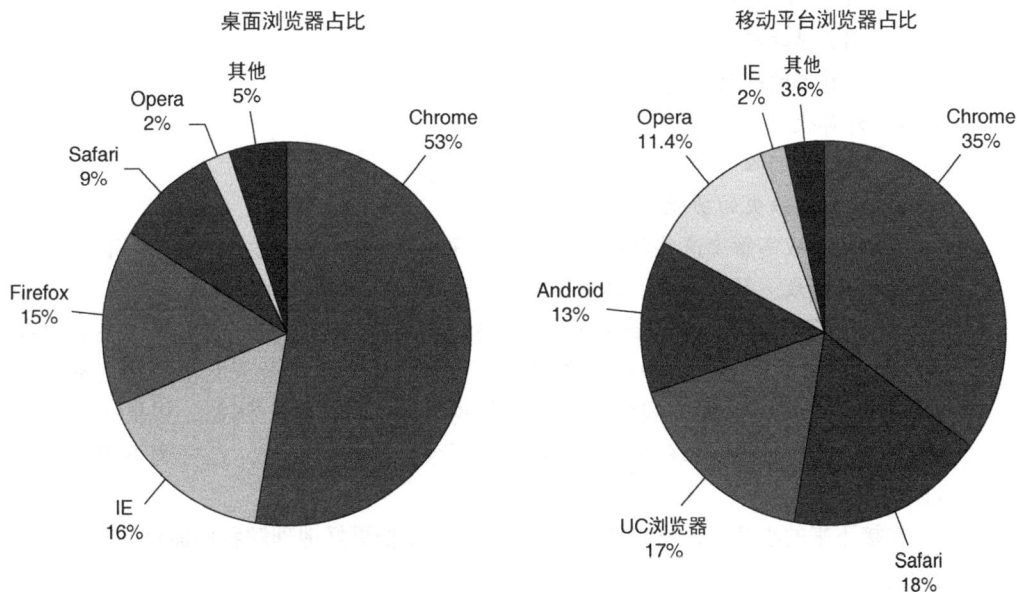

桌面浏览器占比

Chrome 53%
其他 5%
Opera 2%
Safari 9%
Firefox 15%
IE 16%

移动平台浏览器占比

Chrome 35%
其他 3.6%
IE 2%
Opera 11.4%
Android 13%
UC浏览器 17%
Safari 18%

图 14.1 看看桌面浏览器和移动设备的数据，可以得到一些需要重点关注的浏览器的信息

在本章中，我们将检查 JavaScript 代码对于跨浏览器的支持情况。然后我们将考察

一些最好的编码方式，目的是缓解这些情况造成的任何潜在问题。这对于你决定哪些技术是值得花时间采用的大有帮助，也可以帮助你填写自己的浏览器支持图表。

14.2　五大开发问题

任意一段重要的代码都需要关注无数的开发问题。但是，其中对可复用 JavaScript 代码挑战最大的五项问题如图 14.2 所示。

图 14.2　对可复用 JavaScript 代码挑战最大的五项问题

五大开发问题如下。
- 浏览器缺陷。
- 浏览器的缺陷修复。
- 外部代码。
- 浏览器回归。
- 浏览器缺失的功能。

我们需要权衡解决这些问题所花费的时间与得到的收益。这些是不得不回答的问题。你分析潜在受众、开发资源、开发排期等，这些都是决定性因素。

当试图开发可复用的 JavaScript 代码，我们需要考虑所有的因素，还需要考虑目前最流行的浏览器，因为这些浏览器是我们的目标受众最可能使用的浏览器。其他不那么流行的浏览器，我们至少保证代码可以优雅降级。例如，如果一个浏览器不支持某 API，我们应该小心我们的代码不会抛出任何异常，这样剩下的代码仍然可以顺利执行。

在接下来的小节中，我们将讲解这些问题，以便更好地理解我们面对的挑战以及如何应对。

14.2.1　浏览器的 bug 和差异

当我们开发可复用性 JavaScript 代码时，需要考虑解决的问题之一是处理我们确定需要兼容的多种浏览器 bug 以及 API 的差异。尽管浏览器越来越标准化，但是代码还是必须得完全符合浏览器提供的特性。

实现这一目标的方法很直接：我们需要完整的测试工具，足以覆盖代码常用的和不常用的用例。充分测试之后，在知道开发的代码将在支持的浏览器中工作后，我们会感到安全。假设浏览器没有后续变化，不会打破向后兼容性，我有一个模糊的预感，代码甚至会在未来版本的浏览器中工作。在 14.3 节中，我们会观察特定的策略来处理浏览器 bug 和差异。

复杂的地方是，当前浏览器 bug 会在未来的浏览器版本中被修复。

14.2.2　浏览器的 bug 修复

浏览器永远存在特定的错误是很愚蠢的——大部分浏览器 bug 最终都会修复，把希望寄托在浏览器 bug 上是很危险的开发策略。最佳方式是使用 14.3 节中的技术，使用不会过时的变通方案。

在编写一个可重用的 JavaScript 代码时，我们希望它可以持续运行很长时间。编写任何方面的网站（CSS、HTML 等），浏览器发布新版本后，我们不希望再回去修复代码。

假设浏览器 bug 引起常见的网站问题：为解决浏览器 bug 使用特殊技巧，将来浏览器发布新版本修复了 bug，就会出现问题。

处理浏览器漏洞的问题是双重的：

- *当 bug 最终被修复，我们的代码容易损坏。*
- *我们无法为了避免网站损坏而说服浏览器厂商不修复 bug。*

最近恰好发生了第 2 种情况的有趣的事例，关于 scrollTop 的 bug（https://dev.opera.com/articles/fixing-the-scrolltop-Bug/）。

当处理 HTML DOM 时，可以使用 scrollTop 和 scrollLeft 属性，修改当前元素的滚动位置。但是当我们对根元素使用这些属性时，根据规范，将会返回滚动的位置，IE11 与 Firefox 浏览器严格遵循了这则规范。而 Safari、Chrome 和 Opera 并没有遵守。如果试图修改根元素的滚动位置时，不会发生任何事情。为了实现相同的效果，我们只能在 body 元素上使用 scrollTop 和 scrollLeft 属性。

当面对浏览器的不一致性时，Web 开发者们常常检测当前浏览器的名字（通过用户代理字符串，后续会详细介绍），然后在 IE11 和 Firefox 上对 HTML 元素使用 scrollTop 和 scrollLeft 属性，而在 Safari、Chrome 和 Opera 上则对 body 元素使用 scrollTop 和 scrollLeft 属性。规避这类问题将会造成灾难性后果。因为许多网页明确编码指定在 Safari、

Chrome 或 Opera 上使用 body 元素,这些浏览器无法真正修复这个 bug,因为一旦修复,许多网页都无法运行。

　　这引出了另一个关于 bug 的观念:在确定某一功能是否是潜在的错误时,使用规范进行验证!

　　浏览器的 bug 不同于未指明的 API。参考浏览器规范非常重要,因为规范提供了确切的标准,浏览器使用这些标准进行开发和完善代码。相比之下,一个未指明的 API 的实现可能会在任何时候发生改变(特别是试图成为标准化的实现)。在未指明的 API 不一致的情况下,你应该对预期输出进行测试。警惕这些 API 未来可能发生的变化。

　　另外,bug 修复和 API 的变化是有区别的。bug 修复是很容易预见的——浏览器最终将修复 bug,即使要花很长的时间,API 变化更难发现。标准 API 不太可能改变,尽管不是完全闻所未闻,变化更有可能出现未指明的 API 中。

　　幸运的是,大多数 Web 应用程序出问题的情况很少发生。万一出现问题,有效地提前预知是无效的办法(除非我们逐一测试相关的 API——但是这样一个过程的开销是可怕的)。这种 API 的变化应该做回归处理。

　　下一个需要关心的问题是,没有人是一座孤岛,我们的代码也不是,让我们研究代码的影响范围。

14.2.3　外部代码和标记

　　任何可重用代码必须与围绕它的代码共存。我们希望代码运行在自己编写的网站或是他人开发的网站上,我们都需要确保代码可以与其他代码共存。

　　这是一把双刃剑:我们的代码不仅必须能够经受住可能写得很遭的外部代码,还必须得克服环境对代码的不利影响。

　　我们需要警惕的程度很大程度上取决于所使用的代码对环境的关注。例如,如果我们仅为单个或有限个网站编写可重用的代码,在某种程度上可以控制,可以少一些担心,因为我们知道代码的运行对外部代码的影响程序,而且一旦有问题,我们可以自行修复。

> **注意**　这个问题的重要程度足以用一本书来阐述。如果你想更深入地探究,我们强烈推荐 Ben
> Vinegar 和 Anton Kovalyov 编写的《第三方 JavaScript》一书(Manning, 2013, https://
> www.manning.com/books/third-party-javascript)。

　　如果开发代码将广泛用于未知环境(不可控的)中,则我们需要双重确认代码的健壮性。接下来讨论一些实现代码健壮性的策略。

代码封装

为了避免我们的代码影响页面上的其他代码，最佳实践是使用封装。通常来说，封装指代码（如同）存放在容器里。从广义上来说，是一种限制访问其他对象组件的语言机制。Aunt Mathilda 也许会总结为"各人自扫门前雪，莫管他人瓦上霜"。

在页面上引入我们的代码时，尽可能少地影响全局代码，将会使 Aunt Mathilda 非常开心。事实上，尽可能少地使用全局变量，甚至最好仅限一个，是很容易的。

第 12 章中的 jQuery，它是最流行的客户端 JavaScript 库，也是最好的范例。jQuery 引入一个名为 jQuery 的全局变量（一个函数），别名为$，它甚至允许其他网页为$设置别名避免冲突。

jQuery 中几乎所有的操作都通过 jQuery 函数完成。其他函数（工具函数）被定义为 jQuery 的属性（第 3 章介绍如何将函数定义为另一个函数的属性），使用 jQuery 作为命名空间。我们可以使用相同的策略。假设我们需要定义一组函数，我们将其定义在命名空间 ninja 下。

与 jQuery 类似，我们可以定义名为 ninja() 的全局函数以操作传入的变量。例如：

```
var ninja = function(){ /* implementation code goes here */ }
```

使用我们设定好的命名空间定义工具函数：

```
ninja.hitsuke = function(){ /* code to distract guards with fire here */ }
```

如果我们不需要 ninja 作为函数，仅作为一个命名空间即可，我们可以使用如下定义方式：

```
var ninja = {};
```

创建空对象，随后在该对象上定义属性或方法即可。为了保证代码的封装，需要避免其他操作，如修改已经存在的变量、函数原型甚至 DOM 元素。修改我们自己代码之外的任何内容，都可能引起潜在的冲突和混淆。另外，尽管我们小心翼翼地严格遵守最佳实践封装代码，但我们仍然无法保证代码的行为。

模范代码

有一个老笑话 Grace Hopper 在 Cretaceous 时期为接替人员清除蛀虫时说："你最不恶心的代码就是你自己写的代码。"看起来很讽刺，但是当我们的代码与不可控的代码同时运行时，为了安全起见，我们需要假设最糟的情况。

尽管一些代码编写工整，但也有可能潜在地做一些出乎意料的事，例如修改函数属性、对象属性和 DOM 元素的方法。这些都可能设有陷阱。

在这种情况下，我们的代码只能做一些无伤大雅的事，例如使用 JavaScript 数组，一般情况下 JavaScript 数组只能是 JavaScript 数组。但是，如果一些页面上修改了数组的行为，我们的代码将无法运行，当然不是我们自身的原因。

遗憾的是，处理这种问题没有固定的原则标准，但是我们可以采取一些措施。我们将在后续小节中介绍保护性方法。

应对 ID 滥用

大部分浏览器具有一些反特性（我们不能称之为 bug，因为这些特性是有意而为之），这些特性会使得代码不可预期地落入陷阱从而运行失败。这些特性使得原始元素与添加在元素上的 id 或 name 属性产生关联。但是当 id 或 name 属性与元素上已经存在的部分属性产生冲突时，就会发生一些意料之外的情况。

查看以下 HTML 代码片段，观察 id 属性的滥用：

```
<form id="form" action="/conceal">
  <input type="text" id="action"/>
  <input type="submit" id="submit"/>
</form>
```

现在，在浏览器中可以这样调用：

```
var what = document.getElementById('form').action;
```

我们期望返回合理的 form 的 action 属性。大部分情况下是可以返回的。但是当检查值的时候你会发现，返回的却是 input#action 元素。为什么？让我们试试其他元素：

```
document.getElementById('form').submit();
```

这条语句本应引起 form 提交，但是却返回 script 错误：

```
Uncaught TypeError: Property 'submit' of object #<HTMLFormElement> is not a function
```

发生了什么呢？

浏览器将<form>元素内所有 input 元素都作为表单 form 的属性。这一特性开始看起来很便利，添加到 form 属性的名称是 input 元素的 id 或 name 属性。如果 input 元素的 id 或 name 属性恰好使用了 form 元素的属性，例如 action 或 submit，这些 form 元素的初始属性就被替换为新的属性值，通常被错误地指向 DOM。因此，在 input#submit 元素创建之前，form.action 的引用应指向<form>的 action 属性。在 input#action 元素创建之后，form.action 的引用指向 input#action 元素。form.submit 属性也发生了相同的情况。

这是为了兼容过去的浏览器的处理方法，老式浏览器不具备获取 DOM 元素的方法。浏览器厂商添加这种特性是为了方便获取 form 元素。现如今我们可以轻松地获取 DOM 元素，但是仍然留下了副作用。无论如何，浏览器这种特殊的"特性"可能引起代码中大量扑朔迷离的问题，在调试时需要谨记于心。当我们遇到属性被意外地转变成非预期的内容时，罪魁祸首有可能是 DOM 滥用。幸好我们可以在自己的代码中避免这种问题，避免编写有可能与标准属性发生冲突的过于简单的 id 或 name 属性，并可以推荐其他开发者使用类似的策略。开发过程中尤其需要避免 submit 值，以免造成令人沮丧和困惑的 bug 行为。

样式和脚本的加载顺序

通常我们期望 CSS 规则在代码执行时已经可用。确保在样式代码中定义的 CSS 规则在 JavaScript 代码执行时已经可用的最佳方式之一是，将外部样式表单放置在外部脚本文件之前。如果不这样做，可能引起意料之外的结果，因为脚本可能试图访问未定义的样式信息。遗憾的是，这种问题无法通过 JavaScript 脚本进行矫正，只能通过手动修改用户文件解决。

后续几节中会介绍一些关于外部代码对于代码运行的影响的基础示例。当其他用户试图将我们的代码集成进他们的网站时，会暴露出一些问题，那么应该如何诊断这些问题，如何设计合适的测试用例来解决这些问题呢？有时，当我们试图将其他人的代码集成进自己的页面时，会发现类似的问题，希望本节介绍的建议有助于解决这些问题。糟糕的是，对于解决代码集成问题，除了采用一些聪明的方式来编写防御性代码，没有其他更好的方式。接下来继续关注下一个问题。

14.2.4　回归

回归是在编写可复用、可维护性 JavaScript 代码时，遇到的最难的问题之一。因为浏览器的 bug 或不向后兼容的 API 发生变化（通常是未详细说明的 API）导致代码不可预期地中断了。

注意　这里我们使用术语回归的经典定义：过去使用的特性不再运行了。这通常是无意的，也有可能是仔细考虑后的结果。

预期的变化

一些 API 发生的可预见性的变化，我们可以提前检测并处理，如代码清单 14.1 所示。例如，Microsoft 在 IE 9 引入对 DOM 2 的事件处理机制（使用 addEventListener 方法绑定事件），而过去的 IE 版本使用 IE 内置的 attachEvent 方法。对于 IE 9 之前的代码，使用简单的特性检测可以处理这种变化。

清单 14.1　预期即将发生的 API 变化

```
function bindEvent(element, type, handle) {
  if (element.addEventListener) {                      使用标准API绑定
    element.addEventListener(type, handle, false);   ◄
```

```
}
else if (element.attachEvent) {
    element.attachEvent("on" + type, handle);    ←──── 使用专有API
}
}
```

在本例中，不会过时的代码提前预知 Microsoft 将在 IE 浏览器中引入 DOM 标准。使用特性检测来判断浏览器是否支持标准 API，若支持，则使用 addEventListener 方法。如果不支持，则检测是否支持 attachEvent 方法。

大部分未来的 API 变化是不容易预测到的，并且无法预测未来的 bug。这是本书强调测试的最重要原因之一。面对不可预期的变化对我们代码的影响，最佳实践是在浏览器发行的版本中模拟测试，以快速发现问题。

使用优秀的测试套件并密切关注即将发行的浏览器版本是处理未来的退化问题的最佳方式。不是在开发周期中，而是在日常测试中进行。在新发行的浏览器版本中运行的这些测试，应该分解到开发周期中进行。

从以下网站可以获取即将发行的浏览器信息。

- Microsoft Edge (继承 IE): http://blogs.windows.com/msedgedev/。
- Firefox: http://ftp.mozilla.org/pub/firefox/nightly/latest-trunk/。
- WebKit (Safari): https://webkit.org/nightly/。
- Opera: https://dev.opera.com/。
- Chrome: http://chrome.blogspot.hr/。

勤奋很重要。因为我们无法完全预测浏览器未来可能产生的 bug，可行的最佳方式就是对未来可能发生的情况时刻保持警惕。

浏览器厂商为了避免回归问题的发生，做了很多事情。浏览器通常将 JavaScript 库的测试套件集成进浏览器测试套件中，确保未来的回归不会直接影响这些库。虽然无法覆盖所有的问题（肯定无法完全覆盖），但这是一个很好的开端，表明浏览器厂商在尽可能地避免发生那样的情况。

在本节中，我们介绍了开发可复用性代码时面对的 4 种主要问题：浏览器 bug、浏览器 bug 修复、外部代码、浏览器回归。浏览器特效缺失需要特别强调，我们将在下一节中介绍，包括其他与跨浏览器 Web 应用相关的实现策略。

14.3　实现策略

知道需要警惕哪些问题已经赢得了一半的胜利。找到有效的解决方案并实现健壮的跨浏览器代码是另一个问题。

实现策略有很多种，并非每种策略都适用于所有的情况，本节介绍的问题包括大部分健壮性代码基础。让我们从简单的问题开始。

14.3.1 安全的跨浏览器修复方法

最简单、最安全的跨浏览器修复方法有以下两个重要的特点。

- 在其他浏览器上没有副作用。
- 不使用浏览器或特性检测。

使用这些修复方式的实例也许很少，但是我们需要从应用代码中将这些修复方法抽离出来。

查看以下示例。以下代码展示了在 IE 中时处理方式的变化（来自 jQuery）：

```
//ignore negative width and height values
if ((key == 'width' || key == 'height') && parseFloat(value) < 0)
  value = undefined;
```

将 height 或 width 样式属性设置为负数时，在 IE 的某一些版本中会抛出异常，其他浏览器会直接忽略负数。这段代码在所有浏览器中都直接忽略负数。这对会抛出异常的 IE 浏览器来说会引起变化，而对于其他浏览器则无任何影响。这种无痛的变化为用户提供统一的 API（不期望抛出异常）。

另一个这种类型的修复方法的示例（也来自 jQuery）出现在属性操作代码中。具体如下：

```
if (name == "type" &&
    elem.nodeName.toLowerCase()== "input" &&
    elem.parentNode)
  throw "type attribute can't be changed";
```

input 元素的 type 属性本身作为 DOM 的一部分，在 IE 浏览器内部是不允许修改的，试图修改这个属性的话，浏览器将抛出异常。jQuery 给出中间方案：在所有浏览器上都不允许所有试图修改 input 的注入属性，并抛出统一的异常信息。

jQuery 中这类基础代码不需要浏览器或特性检测；提供在所有浏览器上表现一致的 API。这种行为仍然抛出异常，但是在所有浏览器上抛出的异常都相同。这种特殊的解决方法可能引发争议。仅因为其中一个浏览器有 bug，就限制所有浏览器上代码库的行为。jQuery 团队小心翼翼地做出这种决定，认为一致的 API、一致的行为，比开发跨浏览器代码更重要。也许你遇到过类似的情况，记得，需要谨慎选择这种限制性的方法，看它是否适合你的目标受众。

重要的是记住这些代码类型的变化，是提供跨浏览器上无缝运行的代码，并且不需要浏览器或特性检测，有效地避免代码修改。尽管使用场景很少，但你仍应该通过这种方式将代码抽离出来。

14.3.2 特性检测和垫片

正如我们之前讨论的，特性检测是在编写跨浏览器代码时经常使用的方法。这种方法简单有效。检测某一对象或对象属性是否存在，如果存在，则假设提供了内置方法。(在下一节中，我们将讨论当这种假设失败时如何处理)

通常，特性检测用于在多种 API 中做出选择，这些 API 提供相同的功能。例如，第 10 章研究数组的 find 方法，用于查找第 1 个满足指定条件的数组元素。遗憾的是，只有支持 ES6 的浏览器可访问 find 方法。那么在不支持 ES6 的浏览器中我们该如何操作呢？我们通常如何处理浏览器缺失的特性呢？

答案是使用垫片(polyfill)，垫片是浏览器备用模式。如果浏览器不支持某一特定的功能，我们可以提供自己的实现。例如，Mozilla Developer Network (MDN)提供了 ES6 的功能强大的垫片，包括 Array.prototype.find 方法(http://mng.bz/d9lU)，如清单 14.2 所示。

清单 14.2　Array.prototype.find 方法的垫片

```
if (!Array.prototype.find) {                              ← 如果当前浏览器不支持find
  Array.prototype.find = function(predicate) {              方法时提供垫片
    if (this === null) {
      throw new TypeError('find called on null or undefined');
    }
    if (typeof predicate !== 'function') {
    throw new TypeError('predicate must be a function');
  }
  var list = Object(this);
  var length = list.length >>> 0;                         ← 确保length是非负整数
  var thisArg = arguments[1];
  var value;

  for (var i = 0; i < length; i++) {
   value = list[i];
   if (predicate.call(thisArg, value, i, list)) {         查找数组中满足指定条件
     return value;                                         的第一个元素
   }
  }
  return undefined;
 };
}
```

定义 find 的实现

在本例中，我们首先使用特性检测，检查当前浏览器是否具有内置的 find 方法：

```
if (!Array.prototype.find) {
 ...
}
```

只要有可能，我们应该使用默认的方法来执行任何操作。如前所述，这将有助于使我们的代码尽可能地不会过时。出于这个原因，对于浏览器已经支持的方法，

我们什么都不做。如果我们处理的浏览器还没有支持 ES6，我们提供自己的实现方法。

事实证明，该方法的核心很简单。我们遍历数组，调用传入 predicate 函数，检查数组元素是否满足我们的标准。如果满足，则返回该元素。

代码中使用了一种有趣的技术，具体如下：

```
var length = list.length >>> 0;
```

>>>操作符是补零右移运算符，将第一个操作数向右移动指定的位数，丢弃多余的部分。在本例中，该操作符用于将长度属性转换为一个非负整数。这样做的原因是 JavaScript 数组索引应该是无符号整数。

特征检测的一个重要用途是发现执行代码的浏览器提供的功能。这样我们可以在代码中使用这些功能，或者确定我们是否需要提供一个备用方法。

下面的代码片段显示了一个基本的例子，检测浏览器特性是否存在，通过使用特征检测来确定我们是否应该提供完整的应用程序的功能或备用体验。

```
if (typeof document !== "undefined" &&
    document.addEventListener &&
    document.querySelector &&
    document.querySelectorAll) {
  // We have enough of an API to work with to build our application
}
else {
  // Provide Fallback
}
```

本例中，我们检测到以下情况。

- 浏览器是否加载文档。
- 浏览器是否提供事件绑定方法。
- 浏览器能否基于选择器查找元素。

最后，这些测试任意一项不通过，我们就采用备用方法。备用方法的功能取决于代码消费者的期望和代码需求，可以考虑以下几个选项。

- 我们可以执行进一步的特征检测，找出如何使用一些 JavaScript 提供一个简版的体验。
- 我们可以选择不执行任何 JavaScript，回到不用脚本的 HTML 页面。
- 我们可以将用户重定向到一个普通版网站。

例如 Google 的 Gmail 就是典型的例子。因为特征检测开销不大（只是一个属性/对象查找），且实现相对简单，所以在 API 和应用程序级别分别提供基本级别的备用方法是好办法。在可重用代码编写第一道防线也是不错的选择。

14.3.3　不可测试的浏览器问题

遗憾的是，JavaScript 和 DOM 有一些问题，要么是无法测试，要么是很难测试。幸运的是这种情况很少，但是我们若遇上了，总是得花时间研究，看看我们可以做什么。

下面的章节将讨论一些已存在的问题，这些问题无法使用传统的 JavaScript 交互测试。

绑定事件处理器

浏览器中令人生气的失误之一是无法以编程方式确定一个事件处理器是否被绑定。浏览器不提供任何方式用以确定函数是否被绑定到元素的事件监听器上。我们无法删除一个元素上绑定的所有事件处理器，除非我们维护所有创建的事件处理器的引用。

事件触发

另一个令人生气的失误是无法检测事件是否触发。虽然可以确定浏览器是否支持事件绑定，但是不可能知道浏览器是否会触发一个事件。这在几个地方会引起问题。

第一种情况是，如果在页面加载完成之后，会动态加载脚本，脚本试图将一个侦听器绑定到等待窗口加载，而事实上，这一事件已经发生了。因为没有办法确定事件是否已经发生，要执行的代码可能会永远处于等待状态。

第二种情况是脚本希望使用自定义事件替代浏览器提供的事件。例如，IE 提供 mouseenter 和 mouseleave 事件，简化判断用户的鼠标进入或离开一个元素的边界。常常使用 mouseover 和 mouseout 事件替代，因为 mouseover 和 mouseout 敏锐度略高于标准事件。但是因为无法确定这些事件是否会触发，我们必须先绑定事件,再等待用户交互，很难在可重用的代码中使用它们。

CSS 属性影响

另一个难点是修改特定 CSS 属性是否会影响显示效果。一些 CSS 属性只影响可视化表示,而一些属性则不影响、不改变周围的元素或影响其他元素上的属性。例如 color、backgroundColor 和 opacity。

没有办法以编程方式确定改变这些样式属性是否会产生所需的效果。验证的唯一方法是直接检查页面的外观。

浏览器崩溃

测试脚本导致浏览器崩溃是另一个令人烦恼的事。代码导致浏览器崩溃的问题尤为严重，因为它不像异常可以很容易捕获和处理，这些总是会导致浏览器中断。

例如，在老版本的 Safari（见 http://Bugs.jquery.com/ticket/1331）中使用 Unicode 字符创建正则表达式，将会导致浏览器崩溃，例如：

```
new RegExp("[\\w\u0128-\uFFFF*_-]+");
```

这里的问题是，无法测试是否存在这个问题，因为在旧版本浏览器上测试总会让浏览器崩溃。

此外，缺陷导致事故发生变得困难，因为尽管部分用户使用的浏览器上的 JavaScript 被禁用，但用户从未接受彻底崩溃的浏览器。

不一致的 API

上一小节中我们看到 jQuery 因为在 IE 浏览器上的一个缺陷，就不允许改变所有浏览器的类型属性。我们可以检测这个功能，只在 IE 中禁用，但这将会产生不协调，在浏览器之间 API 不同。在这些情况下，当一个错误是如此糟糕。导致 API 损坏，唯一的选择就是为了解决受影响的部分，提供不同的解决方案。

除了不可能测试的问题外，还有一些问题可以测试，但非常难以有效地测试。让我们来看看这样的问题。

API 性能

某些 API 在有的浏览器上运行快，在有的浏览器上运行慢。在编写可重用的和健壮的代码时，重要的是要尝试使用提供良好性能的 API。但性能好的 API 并不总是显而易见的。

有效地进行性能分析通常需要大量的数据，还需要较长时间。因此，这不是在页面加载时我们能做到的。

不可测试的功能是很大的麻烦，阻碍了编写可重用的 JavaScript，但是我们经常可以聪明地解决它们。通过使用替代技术，或构建我们的 API，首先排除这些问题，尽管存在极大的困难，但是我们仍然可以编写有效的代码。

14.4 减少假设

编写跨浏览器、可重用的代码是一场关于假设的战役，但是通过使用聪明的检测和程序编写，我们可以减少代码中的假设。当我们在所写的代码中做出假设时，我们会进一步遇到问题。

例如，假设一个问题或缺陷在一个特定的浏览器里总是存在，这本身就是一个巨大的、危险的假设。而测试这个问题（我们在本章所做的）证明是更有效的。在我们的代码中，应该努力减少假设，有效地减少犯错的余地和概率。

在 JavaScript 中常见的假设地带是用户代理检测，分析浏览器提供的用户代理（navigator.userAgent），用于假设浏览器将如何表现（换句话说，浏览器检测）。遗憾的是，大多数用户代理字符串分析是在未来引发错误的根源。假设一个缺陷或问题在某一浏览器上永远存在，这本身就是灾难。

但事与愿违：不可能移除所有的假设。在某种程度上，我们必须假定一个浏览器将做它应该做的事。如何平衡完全取决于开发者。

例如，让我们重新审视事件在本章中已经看到的绑定代码：

```javascript
function bindEvent(element, type, handle) {
  if (element.addEventListener) {
    element.addEventListener(type, handle, false);
  }
  else if (element.attachEvent) {
    element.attachEvent("on" + type, handle);
  }
}
```

不考虑未来的情况，看看你能不能指出这段代码中的 3 个假设。（危险中）

你还好吗？前面的代码至少有以下 3 个假设。

- 我们检查的属性是可调用的函数。
- 它们的功能是正确的，并执行我们期望执行的操作。
- 这两种方法是绑定事件的唯一可能的方法。

通过添加检查属性是否是函数，我们可以很容易地摆脱第一个假设。处理剩下的两个假设更加困难。

在这段代码中，我们总是需要考虑适合我们需求的假设数量以及我们的目标受众。频繁减少假设的数量也增加了代码库的体积和复杂性。试图减少假设完全可能造成精神错乱，在某种程度上我们必须停下来，观察代码，然后说"足够好了"，再继续工作。记住，即使是含有最少假设的代码，浏览器仍然需要回归。

14.5 小结

- 虽然情况有了较大的改善，但是浏览器不可能没有缺陷，并且通常不支持 Web 标准。
- 当编写 JavaScript 应用程序时，选择支持的浏览器和平台是一个重要的考虑因素。
- 由于不可能支持所有组合，因此不应牺牲质量来赢取覆盖率。
- 编写可运行于多种浏览器的 JavaScript 代码，最大的挑战是：缺陷修复、回归、浏览器缺陷、特性缺失以及外部代码。
- 可重用的跨浏览器开发涉及以下几个因素。

- ◆ 代码体积——保持文件体积尽可能小。
- ◆ 性能开销——以优秀作为最低性能标准。
- ◆ API 质量——保证不同浏览器上 API 一致性。
- ● 这些因素的权衡没有绝对的计算公式。
- ● 每位开发人员的个人努力是可用于权衡考虑的因素。
- ● 通过使用智能技术，如功能检测，当可重用代码受到攻击时，我们可以有效抵御，不需要做任何不必要的牺牲。

14.6 练习

1. 当决定支持哪些浏览器时，我们应该考虑哪些因素?
2. 解释贪婪 ID 的问题。
3. 什么是特性检测?
4. 浏览器垫片是什么?

附录 A ES6 附加特性

本附录包括以下内容：
- 模板字符串
- 解构
- 增强版的对象字面量

    本附录包括一些 ES6 的"小"特性，这些特性不适合整理到前面的章节中。**模板字符串**支持字符串插值和多行字符串，**解构**使我们可以轻松地从对象和数组中提取数据，**增强版的对象字面量**是对象字面量的完善。

模板字符串

    模板字符串是 ES6 的新特性，有它可以比过去更愉快地进行字符串操作。回想一下，有多少次被迫写下这么丑陋的代码：

```
const ninja = {
  name: "Yoshi",
  action: "subterfuge"
};

const concatMessage = "Name: " + ninja.name + " "
                    + "Action: " + ninja.action;
```

在这段代码中，我们需要创建一个字符串，其中的数据是动态插入的。为了实现这个目的，我们不得不使用凌乱的串连方法，但以后不再需要了！在 ES6 中，我们可以使用模板字符串，如清单 A.1 所示。

清单 A.1　模板字符串

```
const ninja = {
  name: "Yoshi",
  action: "subterfuge"
};

const concatMessage = "Name: " + ninja.name + " "
                    + "Action: " + ninja.action;
const templateMessage = `Name: ${ninja.name} Action: ${ninja.action}`;

assert(concatMessage === templateMessage,
       "Our messages match");
```

使用反引号可以创建模板字符串，在其中的占位符串行中可以包含 JavaScript 表达式

如代码所示，ES6 提供了一种使用引号(`)的新字符串。该字符串可以包含占位符，用${}语法表示。在这些占位符中，我们可以放置任意 JavaScript 表达式：简单变量、对象属性（ninja.action），甚至是函数调用。

当模板字符串被计算时，占位符替换为包含在这些占位符中的 JavaScript 表达式的结果。

同时，模板字符串并不局限于一行（标准双引号和单引号仅限一行），如清单 A.2 所示。

清单 A.2　多行模板字符串

```
const name = "Yoshi", action = "subterfuge";
const multilineString =
`Name: ${name}
 Yoshi: ${action}`;
```

模板字符串没有一行的限制

我们简要介绍了模板字符串，接下来看看另一个 ES6 特性：解构。

解构

使用解构可以轻松地使用模板从对象或数组中提取数据。例如，需要将一个对象上的两个属性分别赋值给两个变量，如清单 A.3 所示。

清单 A.3　对象的结构

```
const ninja = { name:"Yoshi", action: "skulk", weapon: "shuriken"};
```

```
const nameOld = ninja.name;
const actionOld = ninja.action;
const weaponOld = ninja.weapon;
```
旧的方式：将一个对象上的每个属性分别显
式地赋值给对应的变量

```
const {name, action, weapon} = ninja;
```
对象解构：我们可以一次性将每
个属性都赋值给同名的变量
```
assert(name === "Yoshi", "Our ninja Yoshi");
assert(action === "skulk", "is skulking");
assert(weapon === "shuriken", "with a shuriken");
```

```
const {name: myName, action: myAction, weapon: myWeapon} = ninja;
```
如果需要的话，我们可以
显式指定要赋值的变量
```
assert(myName === "Yoshi", "Our ninja Yoshi");
assert(myAction === "skulk", "is skulking");
assert(myWeapon === "shuriken", "with a shuriken");
```

如清单 A.3 所示，使用对象的解构，我们可以很容易地从一个对象字面量中提取多个变量。思考以下表达式：

```
const {name, action, weapon} = ninja;
```

这句代码将创建 3 个新的变量（分别是 name、action 和 weapon），它们的值分别是右边对象 ninja 对应的 3 个属性（分别是 ninja.name、ninja.action 和 ninja.weapon）。

若不想使用对象属性的名称，可以调整为以下语句：

```
const {name: myName, action: myAction, weapon: myWeapon} = ninja;
```

以上创建了 3 个变量（myName、 myAction 和 myWeapon），并将指定的对象属性的值赋值给它们。

之前提到过，我们还可以解构数组，数组是一种特殊的对象，如清单 A.4 所示。

清单 A.4　数组的解构

```
const ninjas = ["Yoshi", "Kuma", "Hattori"];
const [firstNinja, secondNinja, thirdNinja] = ninjas;
```
数组元素的值按照顺
序赋值给指定的变量
```
assert(firstNinja === "Yoshi", "Yoshi is our first ninja");
assert(secondNinja === "Kuma", "Kuma the second one");

assert(thirdNinja === "Hattori", "And Hattorithe third");
```

```
const [, , third] = ninjas;
assert(third === "Hattori", "We can skip items");
```
我们可以跳过
特定的数组项

```
const [first, ...remaining] = ninjas;
```
我们可以捕获
要追踪的项

```
assert(first === "Yoshi", "Yoshi is again our first ninja");
assert(remaining.length === 2, "There are two remaining ninjas");
assert(remaining[0] === "Kuma", "Kuma is the first remaining ninja");
assert(remaining[1] === "Hattori", "Hattori the second remaining ninja");
```

数组的解构与对象的解构稍微有点不太一样，主要是语法上的区别。字符串的解构使用中括号（对象的解构使用花括号），如以下代码：

```
const [firstNinja, secondNinja, thirdNinja] = ninjas;
```

此时，Yoshi 赋值给变量 firstNinja，Kuma 赋值给变量 secondNinja，Hattori 赋值给变量 thirdNinja。

数组的解构还有一些高级用法。例如，如果想跳过指定的几个元素，可以省略变量名，保留逗号，如

```
const [, , third] = ninjas;
```

在这种情况下，前两个值将被忽略，而第三个值 Hattori，将赋值给第三个变量。

此外，我们还可以提取某些元素，将剩余的元素赋值给新的数组：

```
const [first, ...remaining] = ninjas;
```

第一个元素 Yoshi，赋值给第一个变量 first，剩余的 Kuma 和 Hattori 赋值给新数组 remaining。注意，在本例中，剩余的元素与剩余操作用法一致（...操作符）。

增强版的对象字面量

JavaScript 强大的特性之一是可以使用对象字面量创建对象：定义一组属性，使用花括号包裹起来，即可创建一个对象。在 ES6 中，对象字面量语法有一些新特性。让我们来看一个例子。假设我们需要创建一个 ninja 对象，赋值给当前作用域中的对象的属性，而属性名是动态计算得出的。该对象还具有一个方法，如清单 A.5 所示。

清单 A.5　增强版的对象字面量

```
const name = "Yoshi";
const oldNinja = {
  name: name,                    ←──┐ 在作用域内创建一个与变量同名的属性，
                                     并将该变量的值赋给它

  getName: function() {          ←──┐
    return this.name;                在对象上定义一个方法
  }
};

                                   ┌ 创建一个名称动态生成的属性
oldNinja["old" + name] = true;  ←──┘
```

```
assert(oldNinja.name === "Yoshi", "Yoshi here");
assert(typeof oldNinja.getName === "function", "with a method");
assert("oldYoshi" in oldNinja, "and a dynamic property");

const newNinja = {
  name,
  getName() {
    return this.name;
  },
  ["new" + name]: true
};

assert(newNinja.name === "Yoshi", "Yoshi here, again");
assert(typeof newNinja.getName === "function", "with a method");
assert("newYoshi" in newNinja, "and a dynamic property");
```

属性值简写语法，将同名变量的值
赋给属性

方法定义简写语法；不需要添加冒号和 function
关键字。在属性名之后使用括号表示我们正处
理一个方法

一个动态的属性名

本例使用旧语法创建一个 oldNinja 对象：

```
const name = "Yoshi";
const oldNinja = {
  name: name,
  getName: function(){
    return this.name;
  }
};
oldNinja["old" + name] = true;
```

使用新语法也可以达到相同的目的，但语法更加清晰：

```
const newNinja = {
  name,
  getName() {
    return this.name;
  },
  ["new" + name]: true
};
```

以上是对 ES6 引入的、非常重要的新概念的研究。

附录 B　测试与调试的武器

本附录包括以下内容：
- JavaScript 代码调试工具
- 生成器测试技巧
- 创建测试套件
- 浏览一些受欢迎的测试框架

本附录介绍开发客户端 Web 应用程序的一些基础技能：调试与测试。为我们的代码创建有效的测试用例总是非常重要的。毕竟如果不对代码进行测试，那么如何知道代码是否符合预期呢？测试是确保代码不仅运行，而且正确运行的一种手段。

而且，与健壮的测试策略同等重要的是，当外部因素有可能影响我们的代码的操作时，如跨浏览器 JavaScript 开发时，测试是至关重要的。我们不仅需要面对的典型问题，如确保代码的质量（尤其当多个开发人员在同一个代码基础库上开发时），防范可能破坏 API 的回归（所有程序员需要处理的通用问题），而且我们还需要面对确保代码在选择支持的所有浏览器上正常运转的问题。

在这一章中，我们将看看 JavaScript 代码的调试工具和技术，并基于这些技术生成测试用例，最后构建一个测试套件来可靠地运行这些测试用例。

Web 开发人员工具

很长一段时间，缺乏基本调试的基础工具阻碍了 JavaScript 应用程序的开发。调试 JavaScript 代码的唯一方法就是四处散布 alert 语句，通知我们表达式的值，到处都是奇怪的代码。可以想象得出，这使得调试更加困难（也非常无趣）。

幸运的是，2007 年开发出了 Firefox 的扩展工具：Firebug。Firebug 在许多 Web 开发人员的心里占据着特殊的地位，因为它是第一个开发工具，它提供了非常好的调试体验，并与先进的集成开发环境（IDE）的调试非常接近，如 Visual Studio 或 Eclipse。同时，Firebug 激发其他浏览器开发类似的浏览器开发工具，如内置于 Internet Explorer 和 Microsoft Edge 的 F12 开发工具，内置于 Safari 的 WebKit Inspector，内置于 Chrome 和 Opera 的 Chrome DevTools。让我们稍微研究一下这些调试工具。

Firebug

Firebug 是第一个先进的 Web 应用程序调试工具，专门为 Firefox 浏览器打造，按 F12 键可唤起（或者在页面上的任意位置单击右键，并选择使用 Firebug 检测元素）。在 Firefox 中打开页面（https://getfirebug.com/）根据提示安装 Firebug。Firebug 如图 B.1 所示。

Firebug 提供先进的调试功能，其中一些是开创性的功能。例如，通过 HTML 面板工具（如图 B.1 所示）我们可以很容易地查看 DOM 结构，使用 Console 面板可以在当前页面的上下文中运行定制 JavaScript 代码（详见图 B.1 的底部），通过 Script 面板工具研究 JavaScript 代码的运行状态，甚至可以通过 Net 面板查看网络通信。

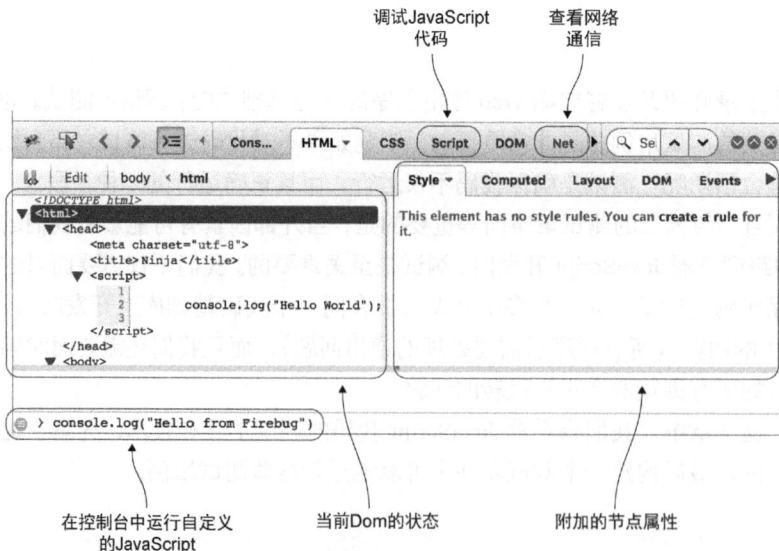

图 B.1　Firebug 在 Firefox 中可用，是第一款针对 Web 应用程序的高级调试工具

FIREFOX 开发者工具

如果你是 Firefox 用户，除了 Firebug，还可以使用内置的 Firefox DevTools，如图 B.2 所示。正如你所看到的，Firefox 开发人员工具的外观类似于 Firebug（除了一些小的布局和标签差异，例如在 Firebug 中的 HTML 面板，在 Firefox 开发人员工具中则是 Inspector 工具）。

图 B.2　Firefox 开发者工具，内建到了 Firefox 中，提供各种 Firebug 功能

Firefox 开发人员工具是 Mozilla 团队开发的，它为 Firefox 引入了一些非常有用的功能。例如，性能面板提供了查看 Web 应用程序性能详情的功能。而且，Firefox 致力于打造现代 Web 开发工具。例如，提供响应式设计模式，有助于根据不同的屏幕尺寸查看 Web 应用程序的外观，如今的用户不仅通过 PC 访问 Web 应用程序，还会从移动设备、平板电脑，甚至电视进行访问。

F12 开发者工具

如果你在 Internet Explorer（IE）营地，你会很高兴了解到 IE 和 Microsoft Edge（IE 的继承者）提供了他们自己的开发工具，即 F12 开发人员工具。（很快就能猜到使用哪个键进行开启和关闭切换）这些工具如图 B.3 所示。

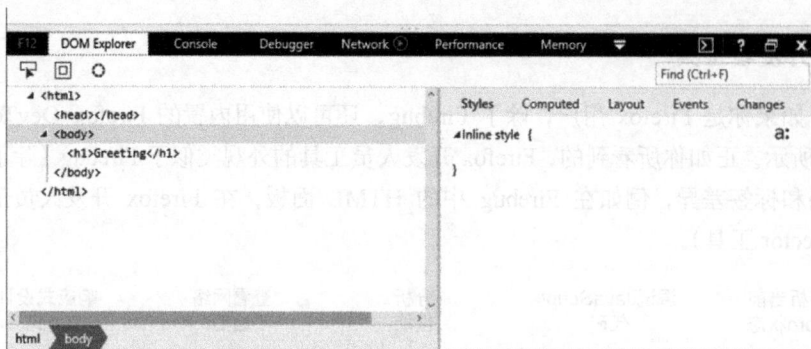

图 B.3　F12 开发者工具（通过按下 F12 来打开或关闭）在 Internet Explorer 和 Edge 中可用

再次注意到 F12 开发工具和 Firefox 的开发工具的相似性（只有个别标签上的差异）。F12 工具支持通过 DOM 面板查看 DOM，通过 console 运行 JavaScript 代码，通过 Debugger 调试 JavaScript 代码，使用 UI Responsiveness 处理响应式布局，通过 Profiler 分析性能，通过 Memory 查看内存开销。

Webkit 检查器

如果你是一个 OS X 用户，则可以使用 Safari 浏览器提供的 WebKit 检查器，如图 B.4 所示。虽然 Safari 的 WebKit 检查器与 F12 开发工具或 Firefox 的开发工具在 UI 上略有不同，但是请放心，WebKit 检查器依然支持所有重要的调试特性。

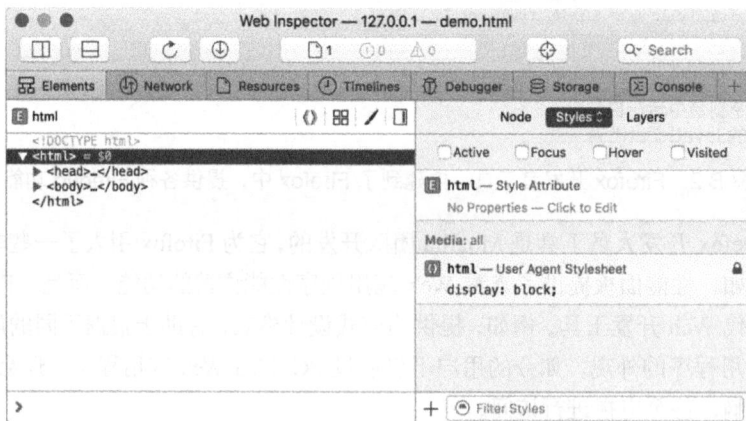

图 B.4　Safari 内置的 Webkit 检查器

Chrome DevTools

最后我们看看 Chrome DevTools，我们认为，当前的 Web 应用程序开发人员工具没有新的创新点。如图 B.5 所示，基本的 UI 和功能都与其他开发人员工具相似。

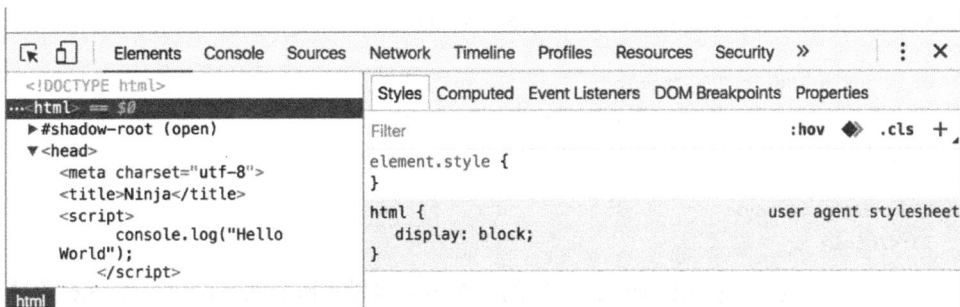

图 B.5　Chrome 和 Opera 上可用的 Chrome DevTools

在本书中，我们约定使用 Chrome DevTools。但是正如在这一节中所看到的，大多数开发工具提供类似的功能（如果其中一个提供工具新的东西，其他的工具很快就会迎头赶上）。你可以使用你的浏览器提供的开发工具。

现在已经简单了解了可以用来调试代码的工具，让我们来探讨一些调试技巧。

调试代码

开发软件时通常需要花费很大一部分时间来解决 bug。虽然有时解决 bug 很有趣，就像侦探小说；但是通常我们会希望代码正常工作，没有错误。

调试 JavaScript 代码具有两个重要的方面：

● 记录日志，将代码正在运行的内容打印出来

● 断点，允许我们暂停代码的执行，查看应用程序的当前状态

在回答"我们的代码在做什么"这个问题上，以上这两点非常有用，从不同的角度提供解决方法。让我们从日志记录开始。

日志

记录日志有助于在不阻碍程序的正常运转的情况下，在程序执行过程中输出有效信息。当我们在代码中添加日志语句(例如，通过使用 console.log 方法)，我们受益于在浏览器的控制台查看消息。例如，如果我们想知道在程序执行的某些点上变量 x 的值，我们可以编写类似清单 B.1 的代码。

清单 B.1　在程序执行的过程中，记录几处变量 x 的值

```
   <!DOCTYPE html>
1: <html>
2:   <head>
3:    <title>Logging</title>
```

```
4:   <script>
5:     var x = 213;
6:     console.log("The value of x is: ", x);
7:
8:     x = "Hello " + "World";
9:     console.log("The value of x is now:", x);
10:  </script>
11:  </head>
12:  <body></body>
13:</html>
```

图 B.6 显示了在 Chrome 浏览器的控制台上这段代码的执行结果。图 B.6 通过日志我们可以看到代码的运行状态。在本例中，我们可以看到，第 6 行记录值为 213，而第 9 行记录的值为 "Hello World"。所有的开发工具，包括 Chrome DevTools，都有一个用于查看日志记录的控制台选项卡。 我们可以看到，浏览器直接把日志消息在 JavaScript 控制台输出，同时显示日志信息和记录日志的代码行数。

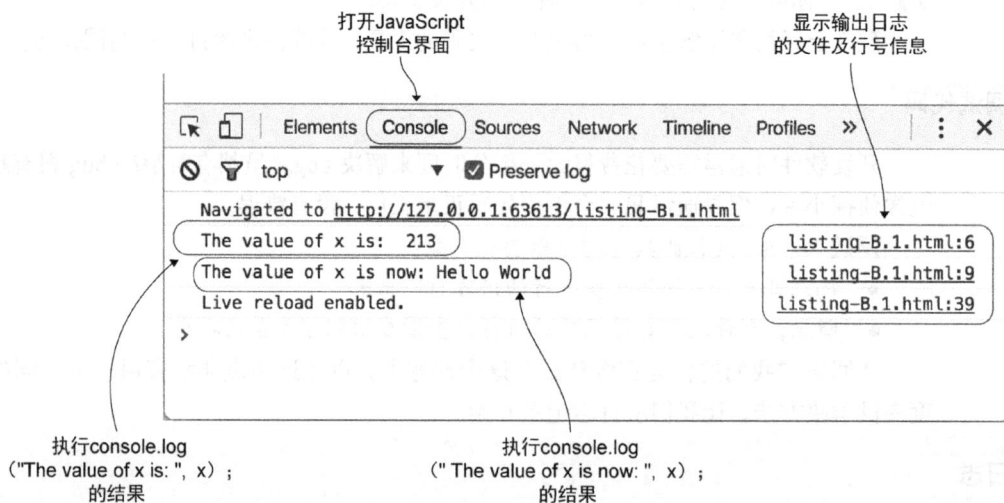

图 B.6

这是一个简单的示例，显示了在程序执行的不同位置记录一个变量的值。但总的来说，可以使用日志来查看应用程序运行的各个方面，例如重要功能的执行，一个重要的对象属性的变化，或特定事件的发生。

在代码运行时，日志用于查看状态信息是非常优秀的；有时我们希望暂停代码的执行，查看某一时刻的周围状态。这就需要断点了。

断点

断点比日志更为复杂，但是断点具有一个显著的优势：断点在指定的某一行停止脚本执行，暂停浏览器运行。这时我们能够悠闲地查看各种事情的状态。假设我们有一个页面记录送给一位著名的"忍者"的祝福，如清单 B.2 所示。

清单 B.2　一个简单的"送给'忍者'的祝福"页面

```
<!DOCTYPE html>
<html>
  <head>
  <title>Ninja greeting</title>
  <script>
    function logGreeting(name) {
      console.log("Greetings to the great " + name);
    }
    var ninja = "Hattori Hanzo";
    logGreeting(ninja);              ⟵——— 这行代码将会中断执行
  </script>
  </head>
  <body>
  </body>
</html>
```

假设在代码清单 B.2 中的调用 logGreeting 函数那一行设置断点（在调试面板单机行号），再刷新页面。在该行处，调试器将停止执行，如图 B.7 所示。

右边的面板显示了代码运行时应用程序的状态，包括变量 ninja 的值（Hattori Hanzo）。调试器在断点的前一行中断代码的执行，在这个示例中，调用 logGreeting 函数的代码尚未执行。

进入函数

如果我们试图调试 logGreeting 函数，我们可能想要进入这个函数里面，看看发生了什么。在调用 logGreeting（我们之前设置一个断点）时代码暂停执行，此时我们单击进入按钮（如图 B.7 所示，在大多数调试器上是一个箭头指向一个点的图标）或按 F11 键，这将导致调试器执行 logGreeting 函数的第一行。效果如图 B.8 所示。

1. 显示当前页面的源代码

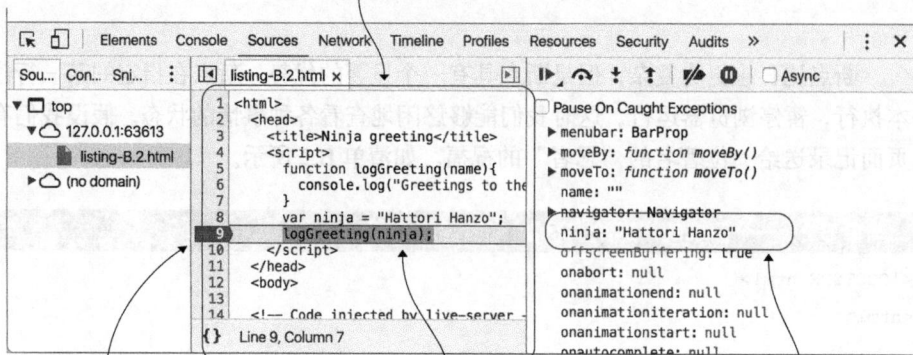

2. 通过单击行号　　　3. 当页面加载时，会在断点处　　　　　4. 应用中当前
创建一个断点　　　　　中断执行，并高亮显示即将要　　　　的状态
　　　　　　　　　　　　被执行的下一行代码

图 B.7　当我们在一行代码上设置断点（单击行号）并重新加载页面，浏览器会在执行这一行代码之前停
　　　　止执行 JavaScript 代码。然后你可以在右边的窗格中悠闲地查看应用程序的当前状态

　　　注意，Chrome DevTools 的外观有所改变（与图 B.7 相比），允许我们查看 logGreeting
函数执行时应用程序的状态。例如，我们现在可以很容易地查看 logGreeting 函数的局部
变量，例如可以看到变量 name 的值为 Hattori Hanzo（内联显示变量值，左边显示源代
码）。在右侧的面板顶部，可以看到调用栈，显示当前我们正在查看 logGreeting 函数内
部，该函数被全局代码调用。

单行执行与离开

　　　除了进入命令，我们可以使用单行执行和离开命令。
　　　单行执行命令逐行执行代码。如果执行中的代码行包含一个函数调用，调试器会执
行该函数（函数将执行，但调试器不会进入它的内部代码）。
　　　如果我们停下来执行一个函数，单击离开按钮将执行函数的全部代码，执行完该函
数之后，调试器将再次暂停。

条件断点

　　　标准断点导致每次执行到某一特定的断点时，调试器都会停止应用程序的执行。在
某些情况下，这可能是很累人的。具体如清单 B.3 所示。

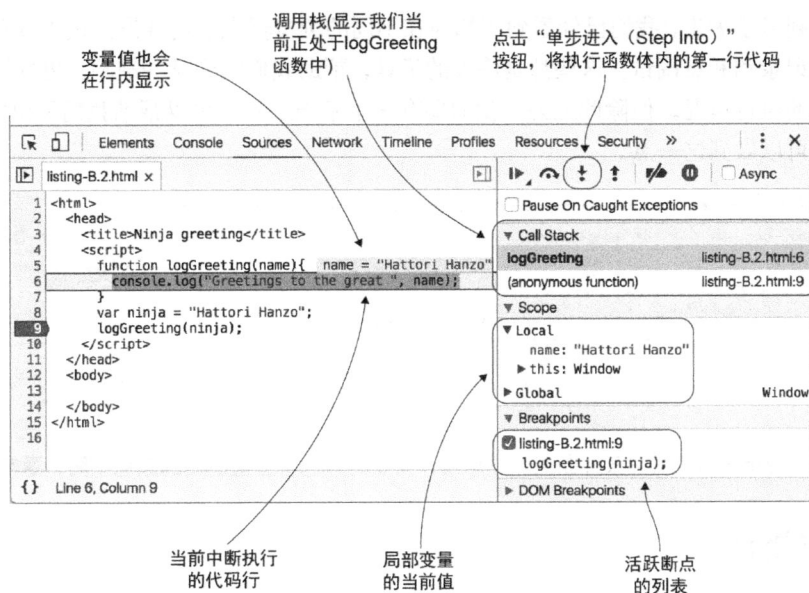

图 B.8　进入函数内部可以查看函数内部的执行情况。我们可以查看当前位置的
调用栈和局部变量的当前值

```
<!DOCTYPE html>
<html>
  <head>
    <script>
      for (var i = 0; i < 100; i++) {
        console.log("Ninjas: " + i);
      }
    </script>
  </head>
  <body>
  </body>
</html>
```

倘若我们希望查看程序执行
50 次后应用的状态,难道我们
要手动跳过前 49 次断点吗?

假设当统计到 50 时,我们想要查看应用程序的状态。在运行到 50 之前,我们需要访问 49 次断点,这多累啊。

欢迎使用条件断点!与传统的断点不同,标准断点每次遇到断点都会停止执行,而条件断点只有当满足条件时才会停止执行,可以通过右键单击行号,然后选择"Add conditional breakpoint"来添加它(如图 B.9 所示)。

通过添加条件断点,条件是表达式 i == 49,只有当满足条件时调试器才会停止执行。通过这种方式,我们可以立刻进入我们感兴趣的部分,忽略不感兴趣的断点。

到目前为止，我们已经看到了如何在不同的浏览器上使用开发人员工具对代码进行日志记录和断点调试。这些都是伟大的工具，帮助我们找到某些缺陷，更好地了解应用程序的执行情况。但除此之外，我们要有一个基础工具，可以帮助我们尽快发现 bug。测试可以做到这一点。

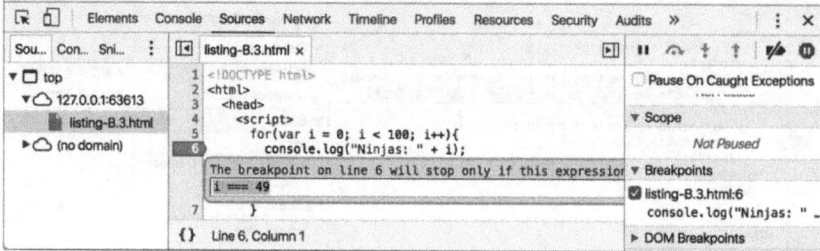

图 B.9　右键单击行号添加条件断点。注意条件断点的颜色与普通断点的颜色不同，通常是黄色

创建测试用例

Robert Frost 曾写道"好篱笆出好邻居"，在开发 Web 应用程序时，事实上任何编程中，优质的测试出优质的代码。注意"优质"这个词。有很多测试套件、测试用例很糟糕，对代码质量提升没有丝毫帮助。

优质的测试有 3 个重要特征。

* 可重复性——重复运行测试应该产生相同的结果。如果测试结果是不确定的，我们怎么能知道哪些结果是有效的、哪些是无效的呢？同时，可重复性需要确保测试不依赖于外部因素，如网络或 CPU 负载。
* 简易性——我们的测试应该只关注测试这一件事。在不影响测试用例意图的情况下，我们应该尽可能努力消除 HTML 标记、CSS 或 JavaScript，消除得越彻底，测试用例只受被测代码的影响的概率越大。
* 独立性——应该单独执行测试。应该避免测试之间的依赖。将测试尽可能集成到最小的单元，这有助于我们确定发生错误的来源。

我们可以使用多种方法来构造测试。两种主要方法是解构和重构。解构测试是减少现有的代码（解构）以便隔离问题，消除任何与被测问题无关的因素。这有助于实现之前列出的 3 个特征。我们可能需要测试一个完整的网站，但删除额外的标记、CSS 和 JavaScript 之后，我们得到一个再现问题的更小案例。重构测试是从已知的、精简的案例开始，直到可以再现问题。使用这种风格的测试，我们需要几个简单的测试文件建立测试，用干净代码的副本生成这些新的测试。

让我们来看一个解构测试的示例。在创建测试用例时，我们可以从一些最小功能的 HTML 文件开始。对于不同功能，我们需要不同的文件。例如，一个文件用于 DOM 操作，一个用于 Ajax 测试，一个用于动画测试等。清单 B.4 显示了一个用于测试 jQuery

的简单 DOM 测试用例。

清单 B.4   一个简化版的 jQuery DOM 测试用例

```
<style>
  #test { width: 100px; height: 100px; background: red; }
</style>
<div id="test"></div>
<script src="dist/jquery.js"></script>
<script>
  $(document).ready(function() {
    $("#test").append("test");
  });
</script>
```

另一种替代方法是使用预先设计好的服务来创建简单的测试用例。例如 JSFiddle （http://jsfiddle.net/）、CodePen（http://codepen.io/）或 JS Bin（http://jsbin.com/）。这些服务都有类似的功能，使我们能够在一个唯一的 URL 上构建测试用例。（你甚至可以引入流行的库）图 B.10 显示了一个 JSFiddle 示例。

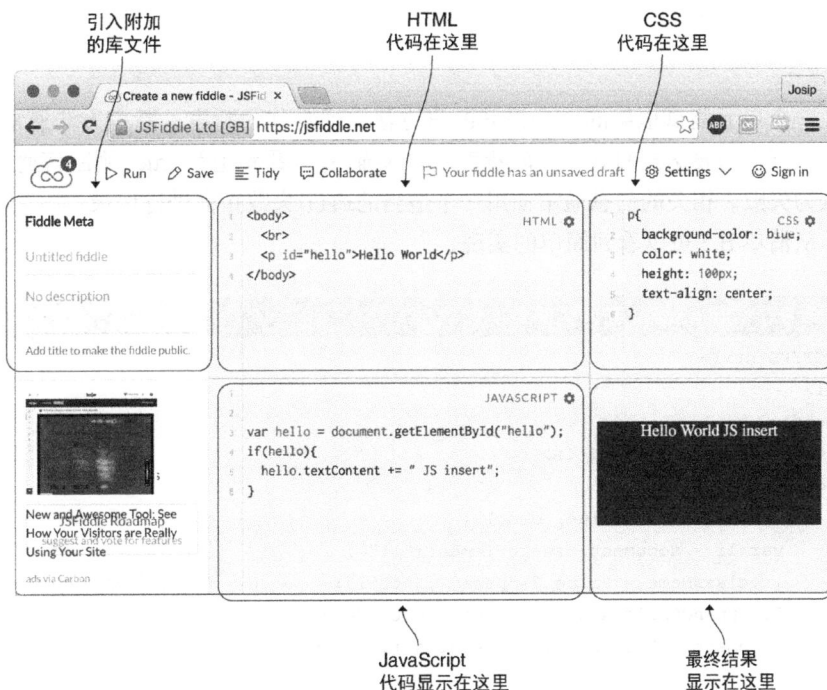

图 B.10   JSFiddle 使我们能够测试组合的 HTML、CSS 和 JavaScript 片段，
查看一切是否按预期的方式工作

使用 JSFiddle（或类似工具）方便实用，当我们要快速测试时，使用它可以很容易

地与他人分享，并可以得到一些有用的反馈。糟糕的是，运行这些测试时，需要我们手动打开测试，手动检查运行的结果。如果只有几个测试，是很方便的，但通常我们会有很多的测试用例，用于检查代码的每个角落和方方面面。出于这个原因，我们希望尽可能自动化测试。让我们来看看如何实现。

测试框架的基本原理

测试框架的主要目的是允许我们定制测试，可以包装成一个单一的测试单元，可以批量运行，并提供很容易反复运行的资源。

为了更好地理解测试框架是如何工作的，我们有必要看看测试框架是如何构造的。也许会令人惊讶的是，构建 JavaScript 测试框架很容易。

你肯定会询问："为什么需要建立一个新的测试框架?"在大多数情况下，没有必要编写自己的 JavaScript 测试框架，因为许多可用框架的质量已经很高（很快就会看到）。但是创建自己的测试框架是很好的学习过程。

断言

一个单元测试框架的核心是其断言方法，通常称为断言。断言方法通常需要一个值——预设的表达式的值以及该断言目的的描述。如果该值为 true，则断言通过；否则，被认为失败。相关的信息通常使用一个适当的通过/失败指标进行记录。

从清单 B.5 可以看到简单的实现。

清单 B.5 JavaScript 断言的简单实现

```
<!DOCTYPE html>
<html>
  <head>
    <title>Test Suite</title>
    <script>
      function assert(value, desc) {
        var li = document.createElement("li");
        li.className = value ? "pass" : "fail";          创建一个 assert 方法
        li.appendChild(document.createTextNode(desc));
        document.getElementById("results").appendChild(li);
      }
      window.onload = function() {
        assert(true, "The test suite is running.");       通过断言执行测试用例
        assert(false, "Fail!");
      };
    </script>
```

```
    <style>
      #results li.pass {color: green;}        定义输出结果的展示样式
      #results li.fail {color: red;}
    </style>
  </head>
  <body>
    <ul id="results"></ul>        <—— 用于展示测试结果
  </body>
</html>
```

assert 函数太简单了。该函数创建一个新的<li>元素，该元素包含描述信息，class 的值取决于断言参数（value），可为 pass 或 fail，最后将<li>添加到文档中。

本示例中有两个简单的测试：一个永远成功，另一个总是失败。

```
assert(true, "The test suite is running."); //Will always pass
assert(false, "Fail!"); //Will always fail
```

通过和失败的样式规则使用不同的颜色来表示成功或失败。在 Chrome 运行我们的测试，运行结果如图 B.11 所示。

在整个本书中，我们还使用了一个 report 函数，很容易地将一些消息显示到屏幕。我们可以通过复用 assert 函数来构建该函数，如下所示：

```
function report(text)
{assert(true,text);}
```

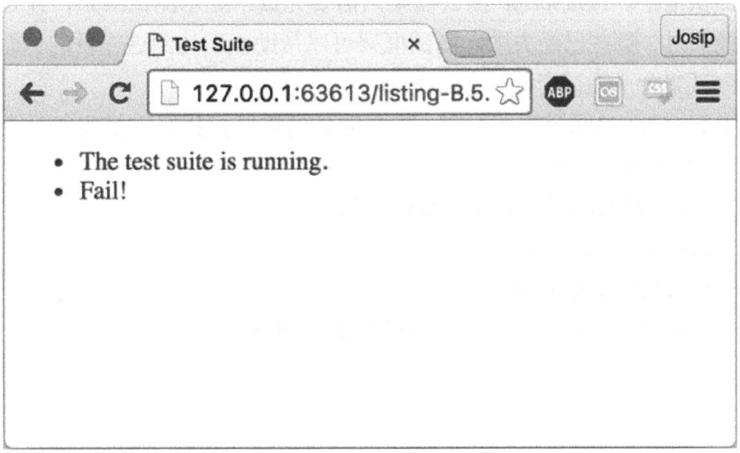

图 B.11　我们的第一个测试套件运行的结果

注意　如果你正在寻找快速方法，则可以使用内置的 console.assert()方法(参见图 B.12)。

现在，我们已经建立了自己的基础测试框架，接下来看一些广泛使用的、更受欢迎的测试框架。

断言通过；控制台没有任何输出

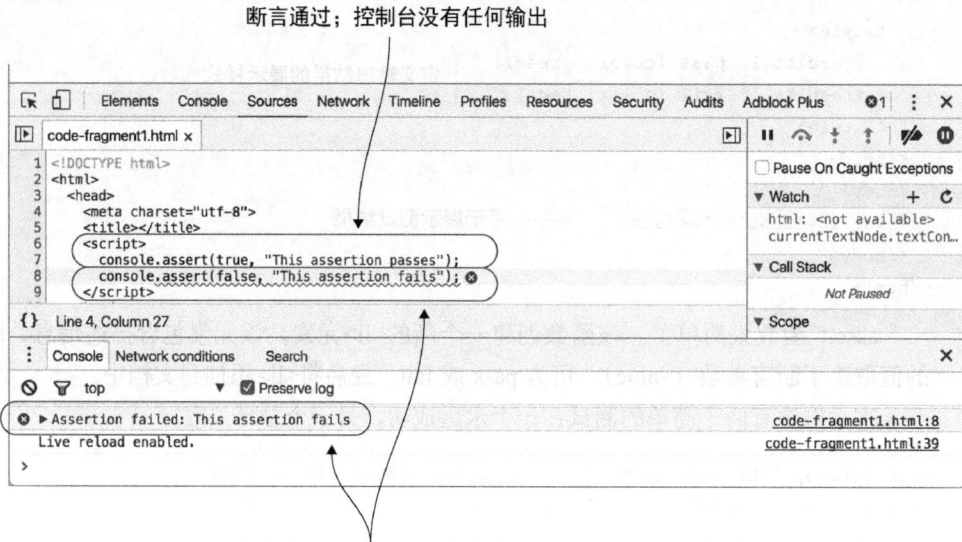

断言失败；控制台输出错误信息

图 B.12　可以使用内置的 console.assert 方法快速测试代码。只有断言失败才会在控制台显示错误信息

流行的测试框架

　　测试框架应该是基本的开发流程的一部分，所以你应该选择适合你的编程风格和代码库的测试框架。JavaScript 测试框架只需要完成：显示测试结果，并且可以确定哪些测试已经通过，哪些已经失败。测试框架可以帮助我们达到这一目的，而不必担心创建测试和测试集合（测试套件）之外的内容。

　　在 JavaScript 单元测试框架中，根据测试的需要，我们需要几个功能。具体如下：

- 模拟浏览器行为的能力（单击、按钮等）。
- 交互式控制测试（暂停、继续测试）。
- 处理异步测试超时。
- 能够过滤已经执行过的测试用例。

　　让我们看看目前最流行的两个测试框架：QUnit 和 Jasmine。

QUnit

　　QUnit 最初是用于测试 jQuery 的单元测试框架。现在它已经扩展并超出其最初的目标，现在它是一个独立的单元测试框架。

　　QUnit 主要用于单元测试的解决方案，它提供最小、易用的 API。QUnit 的特点如下：

- API 简单。

- 支持异步测试。
- 不局限于 jQuery 或使用 jQuery 的代码。
- 特别适用于回归测试。

让我们看一个 QUnit 测试清单，在清单 B.6 中，测试一个函数是否能准确地对"忍者"说"Hi"。

清单 B.6   QUnit 测试示例

```
<!DOCTYPE html>
<html>
  <head>
    <link rel="stylesheet" href="qunit/qunit-git.css" />        引用 QUnit 代码和样式表
<script src="qunit/qunit-git.js"></script>
  </head>
  <body>                                                      创建 QUnit 输出测试结果的 HTML 元素
    <div id="qunit"></div>
<script>
  function sayHiToNinja(ninja) {                    定义我们希望测试的函数          指定一个 QUnit
    return "Hi " + ninja;                                                        测试用例
    }
  QUnit.test("Ninja hello test", function(assert) {
      assert.ok(sayHiToNinja("Hatori") == "Hi Hatori", "Passed");
      assert.ok(false, "Failed");                            一个可以通过的测试断言
  });
</script>
  </body>
</html>
```
一个将会执行失败的断言

当你在浏览器中打开这个示例，得到的结果应该如图 B.13 所示，sayHiToNinja("Hatori")的断言结果是成功，assert.ok(false, "Failed")的断言结果是失败。

QUnit 的更多信息可以在 http://qunitjs.com/上找到。

Jasmine

Jasmine 是另一个流行的测试框架，与 QUnit 稍微不同。框架的主要部分如下。

- describe 函数，描述了测试套件。
- it 函数，指定每个测试。
- expect 函数，检查每个断言。

这些函数的组合使用了很自然地处理会话。例如，清单 B.7 显示了如何使用 Jasmine 测试 sayHiToNinja 函数。

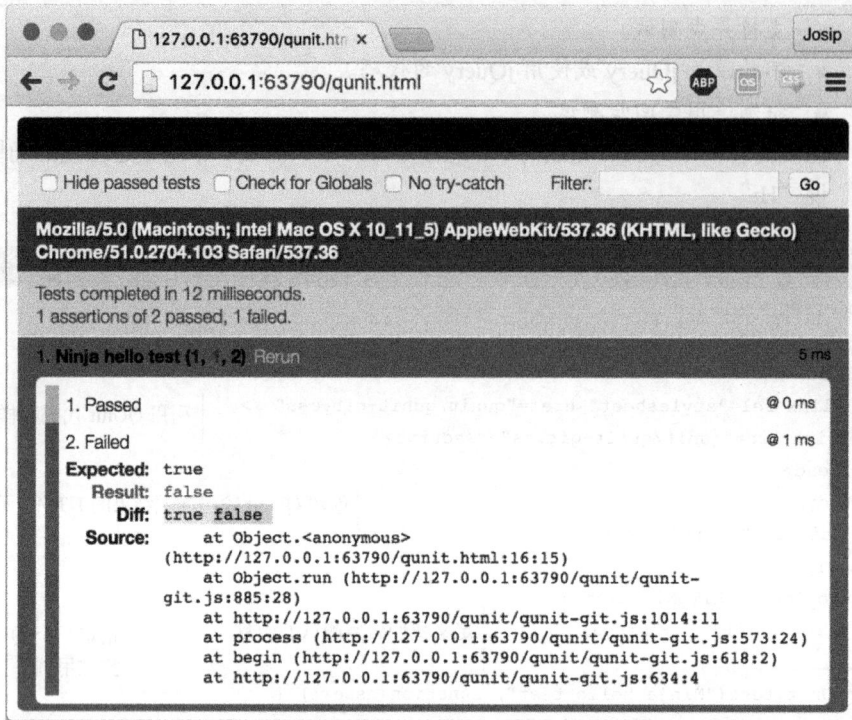

图 B.13 QUnit 测试运行的一个例子。作为测试的一部分，我们有一个通过、一个失败的断言(一个断言通过，一个失败)。着重强调显示失败的结果，以确保我们尽快修复

清单 B.7 Jasmine 测试示例

```html
<!DOCTYPE html>
<html>
<head>
  <link rel="stylesheet" href="lib/jasmine-2.2.0/jasmine.css">

  <script src="lib/jasmine-2.2.0/jasmine.js"></script>          引入 Jasmine 文件
  <script src="lib/jasmine-2.2.0/jasmine-html.js"></script>
  <script src="lib/jasmine-2.2.0/boot.js"></script>
</head>
<body>
 <script>
                                              定义我们希望测试的函数
   function sayHiToNinja(ninja) {
     return "Hi " + ninja;
   }
                                              定义一个名为 "Say Hi Suite" 的测试集
   describe("Say Hi Suite", function() {

     it("should say hi to a ninja", function() {     指定一个检查函数的测试用例
```

```
断言我          expect(sayHiToNinja("Hatori")).toBe("Hi Hatori");
们的函       });
数执行
结果符      it("should fail", function() {
合预期        expect(false).toBe(true);          ◁── 特意另其执行失败
            })
          });
      </script>
      </body>
      </html>
```

在浏览器中的运行结果如图 B.14 所示。Jasmine 的更多信息可以在 http://jasmine.github.io/上找到。

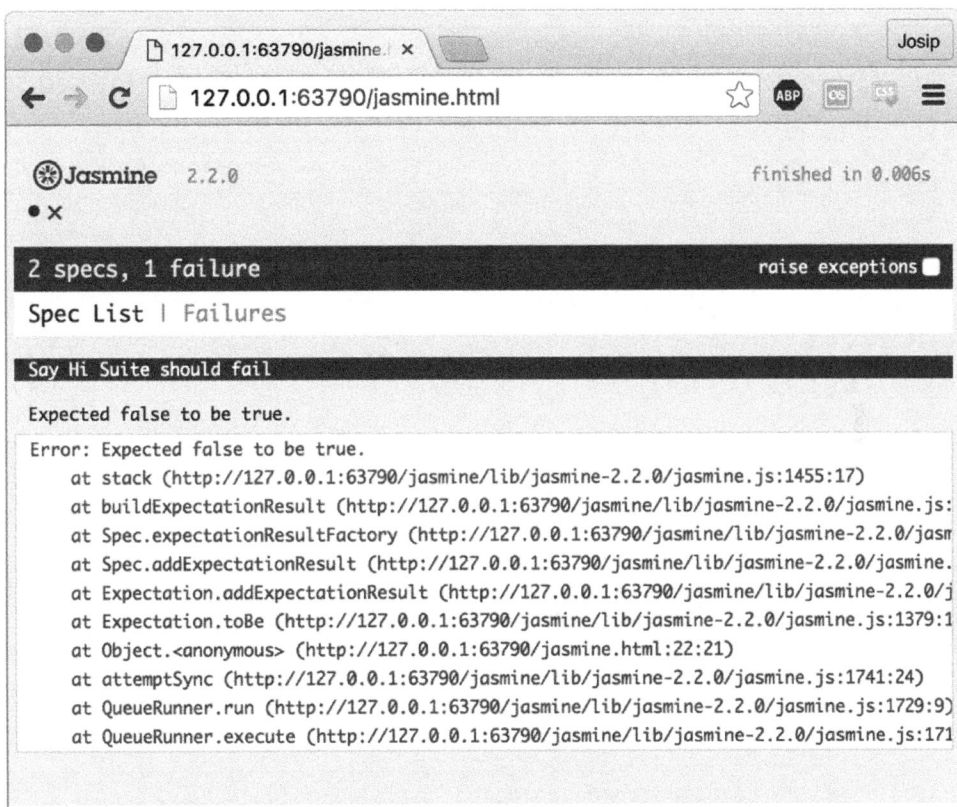

图 B.14　在浏览器中的运行结果。我们有两个测试：一个通过，另一个失败

代码覆盖率测量

很难评价测试用例集合的优劣。理想情况下，我们应该测试程序所有可能执行的路

径。而通常除了最简单的情况，是很难做到的。一种可行的方式是尽可能地测试代码，测试用例集合的代码量称为代码覆盖率。

例如，假设一个测试用例集合有 80% 的代码覆盖率，也就是说可执行到 80% 的代码，而不是 20%。虽然我们不能完全确定这 80% 的代码无 bug(我们可能错过了一个执行路径)，但 20% 仍然未经测试。这就是为什么需要测量代码覆盖率的原因。

在 JavaScript 开发中，我们可以使用这两个库来衡量我们的测试覆盖率：Blanket.js 和 Istanbul。这些库的内容超出了本书的范围，但在各自的网页上提供了正确设置所需的所有信息。

附录 C　习题答案

第 2 章

1. 客户端 Web 应用的两个生命周期阶段是什么？

答案：客户端 Web 应用的生命周期的两个阶段是页面构建和事件处理。在页面构建阶段，页面的用户界面是处理 HTML 代码和执行主线 JavaScript 代码。HTML 节点处理完成之后，页面进入事件处理阶段，执行各种事件的处理。

2. 相比将事件处理器赋值给某个特定元素的属性上，使用 addEventListener 方法来注册事件处理器的优势是什么？

答案：将事件处理程序分配给特定元素的属性，我们只能注册一个事件处理器；使用 addEventListener，我们能够注册必要的多个事件处理器。

3. JavaScript 引擎在同一时刻能处理多少个事件？

答案：JavaScript 是基于一个单线程的执行模型，一次只能处理一个事件。

4. 事件队列中的事件是以什么顺序处理的？

答案：事件处理的顺序与它们生成的顺序一致：先进先出。

第 3 章

1. 下面的代码片段中，哪个函数是回调函数？

```
//sortAsc is a callback because the JavaScript engine
//calls it to compare array items
numbers.sort(function sortAsc(a,b){
  return a - b;
```

```
});

//Not a callback; ninja is called like a standard function
function ninja(){}
ninja();

var myButton = document.getElementById("myButton");
//handleClick is a callback, the function is called
//whenever myButton is clicked
myButton.addEventListener("click", function handleClick(){
  alert("Clicked");
});
```

2．阅读下面的代码片段，根据函数类型进行分类（函数声明、函数表达式和箭头函数）。

```
//function expression as argument to another function
numbers.sort(function sortAsc(a,b){
  return a - b;
});

//arrow function as argument to another function
numbers.sort((a,b) => b - a);

//function expression as the callee in a call expression
(function(){})();

//function declaration
function outer(){
  //function declaration
  function inner(){}
  return inner;
}

//function expression call wrapped in an expression
(function(){}());

//arrow function as a callee
(()=>"Yoshi")();
```

3．执行了如下的代码片段后，变量 samurai 和 ninja 的值分别是什么？

```
//"Tomoe", the value of the expression body of the arrow function
var samurai = (() => "Tomoe")();
//undefined, in case an arrow function's body is a block statement
//the value is the value of the return statement.
```

```
//Because there's no return statement, the value is undefined.
var ninja = ((() => {"Yoshi"})();
```

4．对于如下两次函数调用，参数 test 函数的函数体内 a、b、c 的值分别是什么？

```
function test(a, b, ...c){ /*a, b, c*/}

// a = 1; b = 2; c = [3, 4, 5]
test(1, 2, 3, 4, 5);
// a = undefined; b = undefined; c = []
test();
```

5．在执行了如下代码段后，变量 message1 和 message2 的值分别是什么？

```
function getNinjaWieldingWeapon(ninja, weapon = "katana") {
  return ninja + " " + weapon;
}

//"Yoshi katana" - there's only one argument in the call
//so weapon defaults to "katana"
var message1 = getNinjaWieldingWeapon("Yoshi");

//"Yoshi wakizashi" - we've sent in two arguments, the default
//value is not taken into account
var message2 = getNinjaWieldingWeapon("Yoshi", "wakizashi");
```

第 4 章

1．以下函数通过使用 arguments 对象统计传入的所有参数的和：

```
function sum() {
  var sum = 0;
  for (var i = 0; i < arguments.length; i++) {
      sum += arguments[i];
  }
  return sum;
}

assert(sum(1, 2, 3) === 6, 'Sum of first three numbers is 6');
assert(sum(1, 2, 3, 4) === 10, 'Sum of first four numbers is 10');
```

通过使用前一章介绍的剩余参数，不使用 arguments 对象，重写 sum 函数。
答案：在定义函数时使用剩余参数，简单调整函数体：

```
function sum(...numbers) {
  var sum = 0;
  for (var i = 0; i < numbers.length; i++) {
```

```
    sum += numbers[i];
  }
  return sum;
}
```

```
assert(sum(1, 2, 3) === 6, 'Sum of first three numbers is 6');
assert(sum(1, 2, 3, 4) === 10, 'Sum of first four numbers is 10');
```

2. 运行以下代码，ninja 与 samurai 的值是多少？

```
function getSamurai(samurai) {
  "use strict"

  arguments[0] = "Ishida";

  return samurai;
}

function getNinja(ninja) {
  arguments[0] = "Fuma";
  return ninja;
}

var samurai = getSamurai("Toyotomi");
var ninja = getNinja("Yoshi");
```

答案：samurai 的值是 Toyotomi，ninja 的值是 Fuma。因为 getSamurai 函数使用严格模式，arguments 非函数参数的别名，修改 arguments[0]的值不会修改 samurai 参数。而 getNinja 函数使用非严格模式，对 arguments 参数的修改会直接影响函数实参。

3. 运行以下代码，哪一句断言通过？

```
function whoAmI1() {
  "use strict";
  return this;
}

function whoAmI2() {
  return this;
}

assert(whoAmI1() === window, "Window?");//fail
assert(whoAmI2() === window, "Window?");//pass
```

答案：whoAmI1 函数使用严格模式，作为函数调用时，this 指向 undefined。因此第 2 句断言会通过；非严格模式下，this 指向全局对象（在浏览器中执行时指向 window

对象)。

4．运行以下代码，哪一句断言通过?

```
var ninja1 = {
  whoAmI: function(){
    return this;
  }
};

var ninja2 = {
  whoAmI: ninja1.whoAmI
};

var identify = ninja2.whoAmI;

//pass: whoAmI called as a method of ninja1
assert(ninja1.whoAmI() === ninja1, "ninja1?");

//fail: whoAmI called as a method of ninja2
assert(ninja2.whoAmI() === ninja1, " ninja1 again?");

//fail: identify calls the function as a function
//because we are in non-strict mode, this refers to the window
assert(identify() === ninja1, "ninja1 again?");

//pass: Using call to supply the function context
//this refers to ninja2
assert(ninja1.whoAmI.call(ninja2) === ninja2, "ninja2 here?");
```

5．运行以下代码，哪一句断言通过?

```
function Ninja(){
  this.whoAmI = () => this;
}

var ninja1 = new Ninja();
var ninja2 = {
  whoAmI: ninja1.whoAmI
};

//pass: whoAmI is an arrow function inherits the function context
//from the context in which it was created.
//Because it was created during the construction of ninja1
//this will always point to ninja1
assert(ninja1.whoAmI() === ninja1, "ninja1 here?");

//false: this always refers to ninja1
assert(ninja2.whoAmI() === ninja2, "ninja2 here?");
```

6．运行以下代码，以下哪一句断言通过?

```
function Ninja(){
  this.whoAmI = function(){
    return this;
  }.bind(this);
}

var ninja1 = new Ninja();
var ninja2 = {
  whoAmI: ninja1.whoAmI
};

//pass: the function assigned to whoAmI is a function bound
//to ninja1 (the value of this when the constructor was invoked)
//this will always refer to ninja1
assert(ninja1.whoAmI() === ninja1, "ninja1 here?");
//fail: this in whoAmI always refers to ninja1
//because whoAmI is a bound function.
assert(ninja2.whoAmI() === ninja2, "ninja2 here?");
```

第 5 章

1. 闭包允许函数（   ）。

a. 访问函数创建时所在的作用域内的变量

b. 访问函数调用时所在的作用域内的变量

答案：a. 访问函数创建时所在的作用域内的变量。

2. 闭包是（   ）。

a. 消耗代码成本

b. 消耗内存成本

c. 消耗处理成本

答案：b. 消耗内存成本（闭包始终保持创建时所在的作用域内的变量）。

3. 在如下代码示例中，指出通过闭包访问的变量：

```
function Samurai(name) {
  var weapon = "katana";

  this.getWeapon = function() {
    // accesses the local variable: weapon
    return weapon;
  };

  this.getName = function() {
    // accesses the function parameter: name
    return name;
```

```
}

    this.message = name + " wielding a " + weapon;

    this.getMessage = function() {
      // this.message is not accessed through a closure
      // it is an object property (and not a variable)
      return this.message;
    }
}

var samurai = new Samurai("Hattori");

samurai.getWeapon();
samurai.getName();
samurai.getMessage();
```

4．在如下代码中，创建了几个执行上下文？执行上下文栈的最大长度是多少？

```
function perform(ninja) {
  sneak(ninja);
  infiltrate(ninja);
}

function sneak(ninja) {
  return ninja + " skulking";
}

function infiltrate(ninja) {
  return ninja + " infiltrating";
}


perfom("Kuma");
```

　　答案：调用栈的最大长度是 3，有下述情况：
- 全局代码 -> perform -> sneak。
- 全局代码 -> perform -> infiltrate。

5．在 JavaScript 中，使用哪个关键字可以创建不允许重新赋值为全新的值的变量？
　　答案：const 变量不允许重新赋值。

6．var 与 let 的区别是什么？
　　答案：关键字 var 用于定义函数作用域或全局作用域内的变量，而 let 允许定义块级作用域、函数作用域、全局作用域内的变量。

7．如下代码中，在哪儿会抛出异常？为什么？

```
getNinja();
getSamurai();   //throws an exception
```

```
function getNinja() {
  return "Yoshi";
}

var getSamurai = () => "Hattori";
```

　　答案：当调用 getSamurai 函数时会抛出异常。getNinja 使用函数声明进行定义，会在其余代码执行之前进行调用，可以在 getNinja 函数声明代码之前调用 getNinja 函数。而 getSamurai 函数是一个箭头函数，在执行栈调用时才进行创建，提前调用 getSamurai 函数将会抛出异常。

第 6 章

　　1. 运行如下代码后，a1~a4 的值是什么？

```
function *EvenGenerator(){
  let num = 2;
  while(true){
    yield num;
    num = num + 2;
  }
}

let generator = EvenGenerator();

// 2 the first value yielded
let a1 = generator.next().value;

// 4 the second value yielded
let a2 = generator.next().value;
// 2, because we have started a new generator
let a3 = EvenGenerator().next().value;
//6, we go back to the first generator
let a4 = generator.next().value;
```

　　2. 运行如下代码后 ninjas 数组中的内容是什么？（小提示：思考一下 for-of 循环如何使用 while 循环来实现）

```
function* NinjaGenerator(){
  yield "Yoshi";
  return "Hattori";
  yield "Hanzo";
}

var ninjas = [];
```

```
for(let ninja of NinjaGenerator()){
  ninjas.push(ninja);
}

ninjas;
```

答案：ninjas 数组只含有一个 Yoshi 元素。

3．运行如下代码后，变量 a1 和变量 a2 的值是什么？

```
function* Gen(val) {
  val = yield val * 2;
  yield val;
}

let generator = Gen(2);
//4. The value of the first value passed in through next: 3 is ignored
//because the generator hasn't yet started its execution, and there
//is no waiting yield expression.
//Because the generator is created with val being 2
//the first yield occurs for val * 2, i.e. 2*2 == 4
let a1 = generator.next(3).value;
//5: passing in 5 as a argument to next
//means that the waiting yielded expression will get the value 5
//(yield val * 2) == 5
//because that value is then assigned to val, the next yield expression
//yield val;
//will return 5
let a2 = generator.next(5).value;
```

4．如下代码的输出结果是什么？

```
const promise = new Promise((resolve, reject) => {
  reject("Hattori"); //the promise was explicitly rejected
});

// the error handler will be invoked
promise.then(val => alert("Success: " + val))
       .catch(e => alert("Error: " + e));
```

5．如下代码的输出结果是什么？

```
const promise = new Promise((resolve, reject) => {
  //the promise was explicitly resolved
  resolve("Hattori");
  //once a promise has settled, it can't be changed
  //rejecting it after 500ms will have no effect
  setTimeout(() => reject("Yoshi"), 500);
```

```
});

//the success handler will be invoked
promise.then(val => alert("Success: " + val))
       .catch(e => alert("Error: " + e));
```

第 7 章

1．如果目标对象没有 searched-for 属性，那么，会查询如下哪一个对象的属性？

　　a．class

　　b．instance

　　c．prototype

　　d．pointTo

　　答案：c

2．以下代码执行完成之后，变量 a1 的值是多少？

```
function Ninja() {}
Ninja.prototype.talk = function() {
  return "Hello";
};

const ninja = new Ninja();
const a1 = ninja.talk(); // "Hello"
```

　　答案："Hello"。

3．以下代码执行完成之后，变量 a1 的值是多少？

```
function Ninja() {}
Ninja.message = "Hello";

const ninja = new Ninja();

const a1 = ninja.message;
```

　　答案：undefined。message 属性在构造函数 Ninja 中定义，通过 ninja 对象无法访问。

4．解释如下两段代码中 getFullName 方法的差异。

```
//First fragment
function Person(firstName, lastName){
  this.firstName = firstName;
  this.lastName = lastName;

  this.getFullName = function () {
    return this.firstName + " " + this.lastName;
```

```
  }
}

//Second fragment
function Person(firstName, lastName) {
  this.firstName = firstName;
  this.lastName = lastName;
}

Person.prototype.getFullName = function () {
  return this.firstName + " " + this.lastName;
}
```

　　答案：在第一段代码中，getFullName 方法是在 Person 构造函数内创建的实例中直接定义的。凡是使用 Person 构造函数创建的对象都具有各自的 getFullName 方法。在第二段代码中，getFullName 方法定义在 Person 的原型上。凡是使用 Person 构造函数创建的对象都可以访问此方法。

　　5．执行完以下代码之后，ninja.constructor 指向什么？

```
function Person() {}
function Ninja() {}

const ninja = new Ninja();
```

　　答案：访问 ninja.constructor 时，在 ninja 的原型上找到 constructor 属性。ninja 由 Ninja 构造函数创建，因此 constructor 属性指向 Ninja 函数。

　　6．执行完以下代码之后，ninja.constructor 指向什么？

```
function Person() {}
function Ninja() {}
Ninja.prototype = new Person();
const ninja = new Ninja();
```

　　答案：constructor 是原型对象的属性，指向构造函数。在本例中，使用 new Person() 重写内置的 Ninja 方法的原型。因此，当使用 Ninja 构造函数创建 ninja 对象时，原型指向新的 person 对象。最后，当访问 ninja 对象的 constructor 属性时，由于 ninja 对象本身没有 constructor 属性，会查询原型即 person 对象。person 对象本身也没有 constructor 属性，因此继续查找 person 对象的原型对象 Person.prototype。Person.prototype 具有 constructor 属性，指向 Person 函数。本例说明了使用 constructor 属性时需要担心的原因：尽管 ninja 对象使用 Ninja 函数创建，constructor 属性在重写 Ninja.prototype 时仍被指向 Person 函数。

　　7．解释以下代码中 instanceof 操作符是如何工作的。

```
function Warrior() {}

function Samurai() {}
Samurai.prototype = new Warrior();

var samurai = new Samurai();

samurai instanceof Warrior; //Explain
```

答案：instanceof 操作符用于检测对象是否是某构造函数的实例。instanceof 操作符左边的对象是由 Samurai 函数创建的，原型是 warrior 对象，warrior 对象的原型是 Warrior 函数。instanceof 操作符右边的是 Warrior 函数。因此，本例中的 instanceof 会返回 true。在 samurai 的原型链上可以查找到 Warrior.prototype。

8．将以下 ES6 代码转为 ES5 代码。

```
class Warrior {
  constructor(weapon) {
    this.weapon = weapon;
  }

  wield() {
    return "Wielding " + this.weapon;
  }

  static duel(warrior1, warrior2) {
    return warrior1.wield() + " " + warrior2.wield();
  }
}
```

答案：转换后的代码如下：

```
function Warrior(weapon) {
  this.weapon = weapon;
}

Warrior.prototype.wield = function() {
  return "Wielding " + this.weapon;
};

Warrior.duel = function(warrior1, warrior2) {
  return warrior1.wield() + " " + warrior2.wield();
};
```

第 8 章

1．执行以下代码，执行哪句表达式会抛出异常，为什么？

```
const ninja = {
    get name() {
        return "Akiyama";
    }
}
```

a. ninja.name();

b. const name = ninja.name;

答案：a．调用 ninja.name()时抛出异常，ninja 不具有 name 方法。执行 ninja.name 时激活 getter，变量 name 的值为 Akiyama。

2．在以下代码中，哪种机制允许 getter 访问对象私有变量？

```
function Samurai() {
  const _weapon = "katana";
  Object.defineProperty(this, "weapon", {
    get: () => _weapon
  });
}
const samurai = new Samurai();
assert(samurai.weapon === "katana", "A katana wielding samurai");
```

答案：闭包允许 getter 访问私有对象变量。在本例中，get 方法创建闭包，可访问私有变量_weapon。

3．以下哪句断言会通过？

```
const daimyo = { name: "Matsu",    clan: "Takasu"};
const proxy = new Proxy(daimyo, {
    get: (target, key) => {
        if (key === "clan") {
            return "Tokugawa";
        }
    }
});

assert(daimyo.clan === "Takasu", "Matsu of clan Takasu"); //pass
assert(proxy.clan === "Tokugawa", "Matsu of clan Tokugawa?"); //pass

proxy.clan = "Tokugawa";

assert(daimyo.clan === "Takasu", "Matsu of clan Takasu"); //fail
assert(proxy.clan === "Tokugawa", "Matsu of clan Tokugawa?"); //pass
```

答案：第一句断言通过，因为 daimyo 的 clam 属性值是 Tokugawa。第二句断言通过，因为通过代理访问 clam 属性，代理的 get 方法返回 Tokugawa。

执行表达式 proxy.clan = "Tokugawa" 时，Tokugawa 被存储在 daimyo 的 clan 属性中，因为代理没有设置 set 方法，所以设置属性的默认操作是在目标对象 daimyo 上执行的。

第三句断言执行失败，因为此时 daimyo 的 clan 属性值为 Tokugawa，而不是 Takasu。第四句断言通过，因为代理无论目标对象 clan 属性值是多少，始终返回 Tokugawa。

4．以下哪句断言会通过？

```
const daimyo = {name: "Matsu",    clan: "Takasu",armySize: 10000};
const proxy = new Proxy(daimyo, {
  set: (target, key, value) => {
    if (key === "armySize") {
      const number = Number.parseInt(value);
      if (!Number.isNaN(number)) {
        target[key] = number;
      }
    } else {
       target[key] = value;
    }
  },
});


//pass
assert(daimyo.armySize === 10000, "Matsu has 10 000 men at arms");
//pass
assert(proxy.armySize === 10000, "Matsu has 10 000 men at arms");

proxy.armySize = "large";
assert(daimyo.armySize === "large", "Matsu has a large army");//fail

daimyo.armySize = "large";
assert(daimyo.armySize === "large", "Matsu has a large army");//pass
```

答案：第一句断言通过；daimyo 对象的 armySize 属性值是 10000。第二句断言也通过，因为代理没有设置 get 方法，则直接返回 daimyo 对象的 armySize 属性值。

当执行表达式 expression proxy.armySize = "large"时，代理的 set 方法激活。setter 方法检测传入的值是否是 number 类型，如果是，则赋值给母版属性。在本例中，传入的值不是 number 类型，因此不会修改 armySize 属性。因此，第三句断言失败。

表达式 daimyo.armySize = "large"; 直接通过对象修改 armySize 属性，而不是通过代理，因此第四句断言通过。

第 9 章

1．运行以下代码之后，数组 samurai 的值是多少？

```
const samurai = ["Oda", "Tomoe"];
samurai[3] = "Hattori";
```

答案：数组 samurai 的值是["Oda", "Tomoe", undefined, "Hattori"]。

2．运行以下代码之后，数组 ninjas 的值是多少？

```
const ninjas = [];

ninjas.push("Yoshi");
ninjas.unshift("Hattori");

ninjas.length = 3;

ninjas.pop();
```

答案：数组 ninjas 的值是["Hattori", "Yoshi"]。从空数组开始，在数组末尾添加元素 Yoshi，通过 unshift 方法在数组起始位置添加元素 Hattori。

将数组的长度设置为 3，使得数组索引 2 的值为 undefined。调用 pop 方法将数组末尾的 undefined 元素移除。最终数组为["Hattori", "Yoshi"]。

3．运行以下代码之后，数组 samurai 的值是多少？

```
const samurai = [];

samurai.push("Oda");
samurai.unshift("Tomoe");
samurai.splice(1, 0, "Hattori", "Takeda");
samurai.pop();
```

答案：数组 samurai 的值是["Tomoe", "Hattori", "Takeda"]。从空数组开始，使用 push 在数组末尾添加元素 Oda，使用 unshift 在起始位置添加 Tomoe，这里的 splice 并没有删除任何的项，但是在索引 1 的位置插入了 Hattori 与 Takeda（在 Tomoe 之后），并且最后的 pop 方法从数组的末尾删除了 Oda。

4．运行以下代码之后，变量 first、second 和 third 的值分别是多少？

```
const ninjas = [{name:"Yoshi", age: 18},
    {name:"Hattori", age: 19},
    {name:"Yagyu", age: 20}];

const first = ninjas.map(ninja => ninja.age);
const second = first.filter(age => age % 2 == 0);
const third = first.reduce((aggregate, item) =>  aggregate + item, 0);
```

答案：

A：first: [18, 19, 20]; second: [18, 20]; third: 57

5．运行以下代码之后，变量 first 和 second 的值分别是多少？

```
const ninjas = [{ name: "Yoshi", age: 18 },
                { name: "Hattor", age: 19 },
                { name: "Yagyu", age: 20 }];

const first = ninjas.some(ninja => ninja.age % 2 == 0);
const second = ninjas.every(ninja => ninja.age % 2 == 0);
```

答案：first: true; second: false。

6．以下哪句断言会通过？

```
const samuraiClanMap = new Map();

const samurai1 = { name: "Toyotomi"};
const samurai2 = { name: "Takeda"};
const samurai3 = { name: "Akiyama"};

const oda = { clan: "Oda"};
const tokugawa = { clan: "Tokugawa"};
const takeda ={clan: "Takeda"};
samuraiClanMap.set(samurai1, oda);
samuraiClanMap.set(samurai2, tokugawa);
samuraiClanMap.set(samurai2, takeda);

assert(samuraiClanMap.size === 3, "There are three mappings");
assert(samuraiClanMap.has(samurai1), "The first samurai has a mapping");
assert(samuraiClanMap.has(samurai3), "The third samurai has a mapping");
```

答案：第一句断言失败，samurai2 的 size 为 2。第二句断言通过，因为添加了 samurai1。第三句断言失败，因为未创建 samurai3 映射。

7．以下哪句断言会通过？

```
const samurai = new Set("Toyotomi", "Takeda", "Akiyama", "Akiyama");
assert(samurai.size === 4, "There are four samurai in the set");

samurai.add("Akiyama");
assert(samurai.size === 5, "There are five samurai in the set");

assert(samurai.has("Toyotomi", "Toyotomi is in!");
assert(samurai.has("Hattori", "Hattori is in!");
```

答案：第一句断言失败，因为 Akiyama 只能添加一次。第二句断言失败，因为试图添加两个相同的元素 Akiyama 不会成功，也不会影响 set 的长度。最后两句断言都通过。

第 10 章

1. 在 JavaScript 中，可以使用哪种方法创建正则表达式？
   a. 正则表达式字面量
   b. 内置的 RegExp 构造函数
   c. 内置的 RegularExpression 构造函数

   答案：选项 a 和选项 b 正确。选项 c 错误，不存在内置的 RegularExpression 构造函数。

2. 以下哪个选项是正则表达式字面量？
   a. `/test/`
   b. `\text\`
   c. `new RegExp("test");`

   答案：选项 a。

3. 以下正确的正则表达式标识符是哪个？
   a. `/test/g`
   b. `g/test/`
   c. `new RegExp("test", "gi");`

   答案：选项 a 和选项 c 正确。

4. 正则表达式/def/匹配以下哪一个字符串？
   a. 字符串 d, e, f 其中之一
   b. def
   c. de

   答案：选项 b 正确。

5. 正则表达式/[^abc]/匹配以下哪一个字符串？
   a. 三个字母 a、b、c 中的一个
   b. 三个字母 d、e、f 中的一个
   c. 匹配 abc

   答案：选项 b 正确。

6. 以下哪一项正则表达式匹配字符串 hello？
   a. `/hello/`
   b. `/hell?o/`
   c. `/hel*o/`
   d. `/[hello]/`

答案：选项 a、b、c 都正确。

7. 正则表达式/(cd)+(de)*/匹配以下哪些字符串？

   a. `cd`

   b. `de`

   c. `cdde`

   d. `cdcd`

   e. `ce`

   f. `cdcddedede`

答案：选项 a、c、d、f 正确。

8. 在正则表达式中使用哪个符号表示"或"？

   a. `#`

   b. `&`

   c. `|`

答案：选项 c 正确。

9. 正则表达式 /([0-9])2/，我们可以使用哪一项引用匹配的第 1 个数字？

   a. `/0`

   b. `/1`

   c. `\0`

   d. `\1`

答案：选项 d 正确。

10. 正则表达式/([0-5])6\1/匹配以下哪一项？

    a. `060`

    b. `16`

    c. `261`

    d. `565`

答案：选项 a 和选项 d 正确。

11. 正则表达式/(?:ninja)-(trick)?-\1/匹配以下哪项？

    a. `ninja-`

    b. `ninja-trick-ninja`

    c. `ninja-trick-trick`

答案：选项 c 正确。

12. 执行"012675".replace(/[0-5]/g, "a")的结果是哪个？

    a. `aaa67a`

    b. `a12675`

    c. `a1267a`

答案：选项 a 正确。

第 11 章

1. 在模块模式中，通过哪种机制实现模块私有变量？

    a. Prototypes

    b. Closures

    c. Promises

答案：b。在模块模式中，闭包可以隐藏模块内部实现，模块公共 API 保持模块内部实现活跃。

2. 以下代码采用的是 ES6 的模块，如果导入该模块，可以使用哪个标识符？

```
const spy = "Yagyu";
function command() {
  return general + " commands you to wage war!";
}
export const general = "Minamoto";
```

    a. spy

    b. command

    c. general

答案：c。因为只有变量 general 明确导出，因此，在导入模块时只能访问 general 标识符。

3. 以下代码采用的是 ES6 的模块，如果导入该模块，可以使用哪个标识符？

```
const ninja = "Yagyu";
function command() {
  return general + " commands you to wage war!";
}
const general = "Minamoto";

export {ninja as spy};
```

    a. spy

    b. command

    c. general

    d. ninja

答案：a。在模块外部，只能访问 spy 标识符：导出时 ninja 使用别名 spy。

4. 以下哪条 import 语句正确？

```
//File: personnel.js
const ninja = "Yagyu";
```

```
function command() {
  return general + " commands you to wage war!";
}
const general = "Minamoto";

export {ninja as spy};
```

    a. import {ninja, spy, general} from "personnel.js"

    b. import * as Personnel from "personnel.js"

    c. import {spy} from "personnel.js"

答案：b.c。选项 a 无法导入，因为 personnel 模块未导出 ninja 和 general 标识符。选项 b 可以导入，导入了整个模块，可通过 Personnel 对象访问。选项 c 可以导入 spy 标识符。

5．有如下模块代码，哪条语句可以导入 Ninja？

```
//Ninja.js
export default class Ninja {
  skulk() {return "skulking";}
}
```

    a. import Ninja from "Ninja.js"

    b. import * as Ninja from "Ninja.js"

    c. import * from "Ninja.js"

答案：a.b。选项 a 可以导入模块中默认导出的 Ninja。选项 b 可以导入整个模块。选项 c 无法导入，* 之后必须使用 as 定义名称。

第 12 章

1．以下代码中，哪些断言会通过？

```
<div id="samurai"></div>
<script>
  const element = document.querySelector("#samurai");

  assert(element.id === "samurai", "property id is samurai");
  assert(element.getAttribute("id") === "samurai",
         "attribute id is samurai");

  element.id = "newSamurai";

  assert(element.id === "newSamurai", "property id is newSamurai");
  assert(element.getAttribute("id") === "newSamurai",
         "attribute id is newSamurai");
</script>
```

答案：在这段代码中，所有的断言都通过。id 元素属性与 id 对象属性是相关联的，其中任意一个发生改变都会影响另一个的值。

2．结合以下代码，我们如何访问元素的 border-width 样式属性？

```
<div id="element" style="border-width: 1px;
                         border-style:solid; border-color: red">
</div>
<script>
  const element = document.querySelector("#element");
</script>
```

　　a．`element.border-width`

　　b．`element.getAttribute("border-width");`

　　c．`element.style["border-width"];`

　　d．`element.style.borderWidth;`

答案：选项 c 和选项 d 正确。

3．哪些内置方法可以获取应用于指定元素上的所有样式（浏览器默认样式、样式表应用的样式以及通过 style 属性设置的样式）？

　　a．`getStyle`

　　b．`getAllStyles`

　　c．`getComputedStyle`

答案：选项 c 正确。

4．什么时候发生布局抖动？

答案：当我们的代码执行一系列连续的读取和写入 DOM 时会发生布局抖动，迫使浏览器重新计算布局信息，造成 Web 应用程序产生更慢、更少的响应。

第 13 章

1．为什么添加任务到任务队列中必须在事件循环之外？

答案：若添加任务到任务队列的过程是事件循环的一部分，那么当 JavaScript 代码执行时发生的事件都将被忽略。这毫无疑问会非常糟糕。

2．为什么每一次事件循环的迭代不应超过 16ms？

答案：为了实现应用程序平稳运行，浏览器试图每秒大约渲染 60 次。因为渲染在事件循环结束时执行，每个迭代就不应该超过 16ms 或持续更长时间，除非我们想创建缓慢、卡顿的应用程序。

3．运行如下代码 2s 之后输出什么？

```
setTimeout(function(){
  console.log("Timeout ");
```

```
}, 1000);

setInterval(function(){
  console.log("Interval ");
}, 500);
```

a. Timeout Interval Interval Interval Interval

b. Interval Timeout Interval Interval Interval

c. Interval Timeout Timeout

答案：选项 b 正确。setInterval 方法调用处理器的间隔至少是固定的间隔，直到显式地清除间隔计时器。而 setTimeout 方法，仅在设定的超时时间结束后调用一次回调函数。在本例中，第一个 setInterval 回调在第 500ms 时调用一次。随后 setTimeout 函数在 1000ms 时调用，另一个 setInterval 立即执行。另外两次 setInterval 分别在 1500ms 和 2000ms 时执行。

4．运行如下代码 2s 之后输出什么？

```
const timeoutId = setTimeout(function(){
  console.log("Timeout ");
}, 1000);
setInterval(function(){
  console.log("Interval ");
}, 500);

clearTimeout(timeoutId);
```

a. Interval Timeout Interval Interval Interval

b. Interval

c. Interval Interval Interval Interval

答案：选项 c 正确。setTimeout 回调函数还没有机会执行就被清除了，因此在本例中仅执行 4 次 setInterval 回调。

5．运行如下代码，单击 inner 元素，输出什么？

```
<body>
  <div id="outer">
    <div id="inner"></div>
  </div>
  <script>
    const innerElement = document.querySelector("#inner");
    const outerElement = document.querySelector("#outer");
    const bodyElement = document.querySelector("body");
    innerElement.addEventListener("click", function() {
      console.log("Inner");
    });
    outerElement.addEventListener("click", function() {
```

```
    console.log("Outer");
  }, true);

  bodyElement.addEventListener("click", function() {
    console.log("Body");
  })
  </script>
</body>
```

　　a. Inner Outer Body

　　b. Body Outer Inner

　　c. Outer Inner Body

　　答案：选项 c 正确。innerElement 与 bodyElement 上的单击处理器都注册为冒泡模式，而 outerElement 元素上的是捕获模式。当处理事件时，首先从顶部开始调用捕获模式的处理器。第一条消息将是 Outer。事件到达目标元素时，即 inner 元素，事件转变成冒泡模式。因此，第二条消息是 Inner，第三条是 Body。

第 14 章

　　1．当决定支持哪些浏览器时，我们应该考虑哪些因素?

　　答案：在思考支持哪些浏览器时，我们至少需要考虑以下因素。

● 目标受众的期望和需要。

● 浏览器的市场份额。

● 支持浏览器所需要的工作量。

　　2．解释贪婪 ID 的问题。

　　答案：在处理表单元素时，浏览器将表单内的元素添加到表单的属性上，以每个子元素的 ID 作为属性索引，这样我们可以很容易地通过表单访问其子元素。糟糕的是有可能覆盖内置的 form 属性，如 action 与 submit。

　　3．什么是特征检测?

　　答案：特征检测是通过判断某个对象或对象属性是否存在，如果存在，则假定该浏览器提供了隐含功能。不直接检测用户使用的浏览器类型，而是通过特性检测，然后根据这些信息进行后续的执行。

　　4．浏览器垫片是什么?

　　答案：如果我们需要使用某一功能，但不是所有浏览器都支持该功能，我们可以使用特性检测。如果当前浏览器不支持某一功能，我们提供自己的实现方案，这就是浏览器垫片。

欢迎来到异步社区！

异步社区的来历

异步社区（www.epubit.com.cn）是人民邮电出版社旗下 IT 专业图书旗舰社区，于 2015 年 8 月上线运营。

异步社区依托于人民邮电出版社 20 余年的 IT 专业优质出版资源和编辑策划团队，打造传统出版与电子出版和自出版结合、纸质书与电子书结合、传统印刷与 POD（按需印刷）结合的出版平台，提供最新技术资讯，为作者和读者打造交流互动的平台。

社区里都有什么？

购买图书

我们出版的图书涵盖主流 IT 技术，在编程语言、Web 技术、数据科学等领域有众多经典畅销图书。社区现已上线图书 1000 余种，电子书 400 多种，部分新书实现纸书、电子书同步出版。我们还会定期发布新书书讯。

下载资源

社区内提供随书附赠的资源，如书中的案例或程序源代码。

另外，社区还提供了大量的免费电子书，只要注册成为社区用户就可以免费下载。

与作译者互动

很多图书的作译者已经入驻社区，您可以关注他们，咨询技术问题；可以阅读不断更新的技术文章，听作译者和编辑畅聊好书背后有趣的故事；还可以参与社区的作者访谈栏目，向您关注的作者提出采访题目。

灵活优惠的购书

您可以方便地下单购买纸质图书或电子图书，纸质图书直接从人民邮电出版社书库发货，电子书提供多种阅读格式。

对于重磅新书，社区提供预售和新书首发服务，用户可以第一时间买到心仪的新书。

用户账户中的积分可以用于购书优惠。100 积分 =1 元，购买图书时，在 里填入可使用的积分数值，即可扣减相应金额。

纸电图书组合购买

社区独家提供纸质图书和电子书组合购买方式，价格优惠，一次购买，多种阅读选择。

社区里还可以做什么？

提交勘误

您可以在图书页面下方提交勘误，每条勘误被确认后可以获得 100 积分。热心勘误的读者还有机会参与书稿的审校和翻译工作。

写作

社区提供基于 Markdown 的写作环境，喜欢写作的您可以在此一试身手，在社区里分享您的技术心得和读书体会，更可以体验自出版的乐趣，轻松实现出版的梦想。

如果成为社区认证作译者，还可以享受异步社区提供的作者专享特色服务。

会议活动早知道

您可以掌握 IT 圈的技术会议资讯，更有机会免费获赠大会门票。

加入异步

扫描任意二维码都能找到我们：

异步社区

微信服务号

微信订阅号

官方微博

QQ 群: 436746675

社区网址: www.epubit.com.cn

投稿 & 咨询: contact@epubit.com.cn